全国高职高专测绘类专业通用教材

控制测量技术

Technology of Control Survey

林玉祥 **主编**

测绘出版社

·北京·

内容简介

本书是为适应当前高职高专测绘类专业教育的需要编写的。全书共分九章,涵盖控制测量的整个工作过程,其内容主要包括:控制测量技术设计,控制测量外业测量和内业计算,控制测量技术总结及检查验收。为了提高实用性、方便教学,还加入了常用测量坐标系统及其转换、与教学内容匹配的实训指导等内容。

本书可作为高职高专院校测绘类专业学生选用教材,也可供相关技术人员参考。

图书在版编目(CIP)数据

控制测量技术 / 林玉祥主编. — 北京 : 测绘出版社, 2013.8 (2021.6 重印)
全国高职高专测绘类专业通用教材
ISBN 978-7-5030-3155-7

Ⅰ. ①控… Ⅱ. ①林… Ⅲ. ①控制测量—高等职业教育—教材 Ⅳ. ①P221

中国版本图书馆 CIP 数据核字(2013)第 188061 号

责任编辑　田　力
执行编辑　巩　岩　　**封面设计**　李　伟　　**责任校对**　董玉珍　　**责任印制**　吴　芸

出版发行	测绘出版社	**电　话**	010—68580735(发行部)
地　址	北京市西城区三里河路 50 号		010—68531363(编辑部)
邮政编码	100045	**网　址**	www.chinasmp.com
电子邮箱	smp@sinomaps.com	**经　销**	新华书店
成品规格	184mm×260mm	**印　刷**	北京建筑工业印刷厂
印　张	20	**字　数**	500 千字
版　次	2013 年 8 月第 1 版	**印　次**	2021 年 6 月第 5 次印刷
印　数	11001—14000	**定　价**	42.00 元

书　号　ISBN 978-7-5030-3155-7
本书如有印装质量问题,请与我社发行部联系调换。

参编学校及生产单位

（排名不分先后）

山西交通职业技术学院
山西建筑职业技术学院
天津铁道职业技术学院
无锡水文工程地质勘察院
中国科学院地理所
中国第二冶金建设有限责任公司
甘肃工业职业技术学院
甘肃林业职业技术学院
石家庄铁道学院
石家庄职业技术学院
本溪市桓仁满族自治县国土资源局
包头铁道职业技术学院
辽宁工程技术大学职业技术学院
辽宁地质工程职业学院
辽宁林业职业技术学院
辽宁省交通高等专科学校
辽宁科技学院
扬州环境资源职业技术学院
成都理工大学
江西环境工程职业学院
辽宁水利职业学院
张家口职业技术学院
武汉电力职业技术学院
郑州测绘学校
河北工程技术高等专科学校
河北地质职工大学
河北政法职业学院
河北省制图院
陕西铁路工程职业技术学院
徐州市众望装饰装修监理有限公司
江苏建筑职业技术学院
胶州市规划局
浙江水利水电高等专科学校
黑龙江农业职业技术学院
湖北水利水电职业技术学院
新疆工业高等专科学校

序

当今中国正处于国家信息化大潮之中，国家要通过推进信息化，促进现代化，加速我国经济、社会的发展。正是在国家信息化建设的大背景下促使测绘信息化的发展。国民经济建设和社会可持续发展对诸如时间、空间、属性这类地理空间信息或者说广义测绘信息的需求也在迅速增长。测绘学科和行业在国家信息化和现代化建设中发挥着越来越重要的作用。为了适应国家信息化建设的需求，测绘正开始步入信息化测绘新阶段。由此对测绘人才队伍建设提出了更高的要求。

我国的高等职业教育作为高等教育的重要组成部分，近年来得到了迅速发展，初步形成了适应我国社会主义现代化建设的高等职业教育体系，大大提高了服务社会的能力，也为我们测绘行业培养了大量高素质的技能型测绘专门人才。他们在全国测绘生产、企业部门，形成一支强有力的骨干力量。目前，我国的高职高专教育正处于探索和改革的重要阶段，其主要任务是加强内涵建设，提高教育质量，重点在于提高人才培养质量，因此要努力抓好实践教学和基础课两个课程体系建设，并使两个体系相互交融。通过课程体系、教学内容和教学方法的改革，让专业与职业有效结合，提高学生学习专业与市场需求的吻合度，增强就业竞争能力。因此在我国当前的高职高专教育的教学改革中，以工作过程为导向，突出“工学结合”，融“教、学、做”于一体的教学理念逐渐成为主导。

为了更好地配合高职高专教育教学改革，探索、开发与“工学结合”人才培养模式相适应的高职高专教育测绘类专业课程体系，加快培养能够满足生产、建设、服务和管理第一线需要的测绘类高技能实用人才，测绘出版社组织全国 30 多所高职高专院校中在教学一线工作的骨干教师和生产单位的专家，结合目前测绘技术的最新发展趋势及社会实际生产的技能需求，编写了这一套兼顾通用性与特色、适合高职高专教育测绘类专业的通用教材。

该套教材以高职高专教育教学改革的基本方向和总体要求为指导，从工作岗位和工作任务出发，以培养职业能力为本位，将生产中的实用技术、新技术更多地融入教材内容，很好地使行动导向与理论导向有机地结合，贯彻“工学结合”的编写主旨，表现出体系完整、联系紧密、通用性强、实用性好的特点，既适合高职高专教育测绘类专业教学使用，也可供相关专业工程技术人员学习参考，必将在推动测绘学科建设、促进高职高专教育测绘类专业教学改革和加快测绘高技能实用人才的培养等诸多方面发挥积极的推动作用。

教育部高等学校测绘学科教学指导委员会主任
中国测绘学会测绘教育工作委员会主任
中国工程院院士
2009 年 6 月

前　言

本书是根据教育部《关于全面提高高等职业教育教学质量的若干意见》(教高〔2006〕16号)的文件精神,为配合高职高专教育教学改革,探索、开发与"工学结合"人才培养模式相适应的高职高专教育测绘类专业课程体系,组织全国30多所高职高专院校的骨干教师和生产单位的专家所编写的全国高职高专测绘类专业通用教材之一。

《控制测量技术》是为适应当前测绘技术的发展和测绘类专业高等职业技术教育的特点编写的,可作为高职高专测绘类专业选用教材,也可供测绘类专业和其他相关专业的工程技术人员参考使用。

本书是由传统的《控制测量》、《GPS定位技术》及现行的国家标准等相关内容有机整合而成的技术应用性教材。

本书具有如下特点:

(1)淡化理论的系统性,强化技能性与实用性。本书内容的设置紧密围绕着控制测量生产实际。

(2)将传统的《控制测量》、《GPS定位技术》、测量常用坐标系统及现行的测量规范等相关内容进行了有机整合,极具实用性。本书中加入了业界较新的内容,如RTK和GPS高程测量等。

(3)本书以附录的形式给出了实训指导及大量工程案例,不论是对在校学生,还是工程技术人员都具有一定的指导意义和参考作用。

(4)本书介绍了十余部现行的国家(或行业)技术标准中的相关内容,这对加强"规范"意识及提高控制测量的实际工作技能具有重要意义。

在本书的编写过程中,参阅了大量的文献资料,引用了同类书刊中的部分内容与算例,并引入了大量工程实例,在此谨向有关单位和作者表示衷心感谢!

本书由林玉祥担任主编,林乐胜、朱永担任副主编。编写人员及分工为:林乐胜编写了第1章和第7章,朱永编写了第5章,孙艳崇编写了第2章,张慧慧编写了第4章,林子寒编写了附录7至附录13,其他部分全部由林玉祥编写。

建议本书全部内容在120～130学时内完成,各院校也可根据各自不同的需要,酌情选定教学内容及所需教学课时。

书中工程案例涉及的老版本国家(或行业)技术标准多已过时,其技术条款与现行标准会有所不同,敬请读者注意。

由于时间仓促,加之作者水平有限,书中难免出现错误和不妥之处,恳请使用本书的老师和广大读者提出宝贵意见,以便进一步修正与完善。

编者

2013年1月

目　录

第1章 绪 论

§1.1 控制测量的任务、作用及内容

1.1.1 控制测量的任务

控制测量技术是如何精确测定地面控制点空间位置的技术，它是在大地测量学的基本理论基础上以工程建设测量为主要服务对象而发展和形成的。其主要任务是：在一定的区域范围内设置一系列能够长期保存、便于应用的固定点，称为控制点，由控制点按一定的网型构成水平控制网和高程控制网，并对其进行观测和计算，从而得到控制点的精确空间位置，即平面坐标(x,y)和高程(H)。

控制测量主要为各种工程建设服务，同时也为城镇建设、道路交通、国土测绘与规划等工作提供基础控制。控制测量的测量范围比大地测量要小，通常测区面积在2 000 km^2以下，并且在观测手段和数据处理方法上也具有多样化的特点。

工程建设工作在进行过程中，大体上可分为设计、施工和运营三个阶段。相应于这三个阶段，控制测量的具体任务体现在以下三个方面。

1. 在工程设计阶段建立用于测绘大比例尺地形图的测图控制网

在工程的设计阶段，设计人员要在大比例尺地形图上进行构造物的设计或规划，控制测量的任务是布设作为图根控制依据的测图控制网，以保证地形图测绘的精度和各幅地形图之间的准确拼接。

此外，对于随着改革开放而发展起来的我国房地产事业和土地资源的合理使用，这种测图控制网也可为地籍测量提供基础控制。

2. 在施工阶段建立施工控制网

在工程的施工阶段，施工测量的主要任务是将图纸上设计的构造物放样到实地上，以便指导施工的进行。施工放样所需的位置、方向、距离等放样元素都是依据施工控制网计算出来的，因而在施工放样之前，需建立具有必要精度的施工控制网。

对于不同的工程来说，施工测量的具体任务和技术要求有所不同，建立施工控制网时应予以充分考虑。例如，隧道施工测量的主要任务是保证对向开挖的隧道能按照规定的精度贯通；建筑施工测量的主要任务是使各建筑物按照设计的位置修建；水库大坝施工控制测量是要保证坝体的合龙及蓄水后的变形监测等。

3. 在工程竣工后的运营阶段，建立以监测建筑物变形为目的的变形观测专用控制网

如超高层建筑和大型水库等建设工程，由于在工程施工阶段改变了地面的原有状态，加之建筑物本身的重量，都将会引起地基及其周围地层的不均匀变化。此外，建筑物本身及其基础，也会由于地基的变化而产生变形，这种变形，如果超过了某一限度，就会影响建筑物的正常使用，严重的还会危及建筑物的安全；在一些大城市（如我国的上海、天津），由于地下水的过量

开采，也会引起市区大范围的地面沉降，从而造成危害。因此，在工程竣工后的运营阶段，需对这种重点建筑物或市区进行变形监测，故需布设变形观测控制网。由于这种变形的数值一般都很小，为了能足够精确地测出变形量，要求变形观测控制网应具有非常高的精度。

以上第一阶段布设的控制网称为测图控制网，第二、三阶段布设的两种控制网统称为专用控制网。

1.1.2 控制测量的作用

由上所述，控制测量在工程建设的各个不同阶段的基本任务都是建立控制网，以精确确定控制点的位置。控制点构成了控制网，控制网又是控制测量的具体体现。控制网主要作用有以下三个方面。

1. 控制网是进行各项测量工作的基础

对测图控制网而言，基本控制网是图根控制和测图的基础；对施工控制网而言，基本控制网是各种工程建设施工放样的基础。

2. 控制网具有控制全局的作用

对测图控制网而言，控制网的作用是控制全局、保证所测的各幅地形图具有足够精度、能互相拼接成一个整体；对施工控制网而言，其作用是控制全局、保证各建筑物轴线之间的相关位置具有必要的精度，以满足设计与施工的精度要求。

3. 控制网具有限制测量误差的传递和积累的作用

建立控制网时所采用的分级布网、逐级控制的基本原则，从技术上看具有限制测量误差的传递和积累的作用。

由于工程建设的规划设计阶段、施工阶段及运营阶段均须用到控制测量，可见控制测量技术对于工程建设的重要性。

1.1.3 控制测量的基本内容

控制测量工程和其他工程一样，也分为三个阶段，分别是设计阶段、施测阶段和使用阶段。各个阶段的基本内容为：

(1)在控制网的设计阶段，主要内容是进行网的可行性论证，估计网的技术、经济指标，撰写技术设计书等。

(2)在控制网的施测阶段，主要是根据技术设计书进行控制网的布设与观测，即踏勘、选点、埋石、观测及数据处理等内外业过程。

(3)在控制网的使用阶段，主要是对控制网的成果进行有效管理，以便能够迅速、准确地为各项工程建设提供有用的控制点资料，此外还包括对网的维护和补测等。

应说明的是，以上三个阶段的划分界线并不是十分明确。例如，在施测阶段，有可能发现技术设计不符合实际，因而需进行局部的设计修改，实际上是又重新进行了设计；在控制网的使用阶段，由于包含了网的维护与补测，因而部分地重复前两个阶段的工作内容也时有发生。

§1.2 控制网布设的基本形式

要确定地面控制点的坐标 (x,y) 与高程 H，需要布设控制网。控制网一般分为平面控制网和高程控制网。控制网是进行各种测量工作的控制基础，大都是在国家高等级网的基础上进行加密，或与其联测。控制网的布设，应从实际出发，根据不同的情况和要求选择适宜的布设方案。

1.2.1　平面控制网的布设形式

就目前而言，平面控制测量的形式主要有：卫星定位测量、导线测量和三角形网（也称边角组合网）测量。卫星定位测量是借助卫星发射信号所进行的导航与定位，目前可用于卫星测量定位的系统有：①美国的全球定位系统（Global Position System，GPS）；②俄罗斯的GLONASS卫星定位系统，该系统于1996年1月18日正式启用；③我国独立研发的北斗卫星导航定位系统；④欧盟委员会Galileo卫星系统，该系统于2002年3月26日启动发射计划，拟建成世界上第一个民用卫星导航系统，我国也加入了该计划。

卫星定位测量技术以其精度高、速度快、全天候、操作简便而著称，已被广泛应用于测绘领域。根据工程测量部门现时的情况和发展趋势，首级网大多采用卫星定位网中的GPS网，加密网采用导线网或GPS网形式。三角形网用于较大区域的首级控制和加密控制已极少使用。

1. GPS网

20世纪90年代以来，随着卫星定位技术的引进，许多大中城市的测绘单位及工程测量单位都广泛应用GPS方法布设控制网。GPS技术的出现，给控制测量带来了革命性改变。由于GPS具有测量精度高、测量速度快、经济省力、操作简便、全天候工作等优点，目前GPS方法已经占据平面控制测量绝对的主导地位。

GPS相对定位精度，在几十千米的范围内边长相对误差可小于10^{-6}，完全可以满足城市测量和各种工程测量的精度要求。

GPS网宜布设为全面网，当需增设骨架网加强控制网精度时，也可分级布网。城市或工程GPS网按与邻点的平均距离和精度划分为二、三、四等和一、二级GPS网（见CJJ/T 73—2010《卫星定位城市测量技术规范》或GB 50026—2007《工程测量规范》）。GPS网点与点之间不要求通视，但需考虑常规测量方法加密时的应用，每个点应尽量有一个以上通视方向。GPS网应由一个或若干个独立观测环构成，也可采用附合路线形式。布设工程GPS网时，应与附近的国家地面控制网联测，联测点数应在2～3个以上，并均匀分布于测区中。图1-1中的GPS控制网由三个异步环组成，网内有3个已知点和7个未知点。

2. 导线网

在局部较小的范围内，特别是在隐蔽地区、城市街区、地下工程及GPS接收机天线接收信号受限的区域，用电磁波测距导线布设控制网的方法就显得特别实用。导线（网）的基本形式有以下几种。

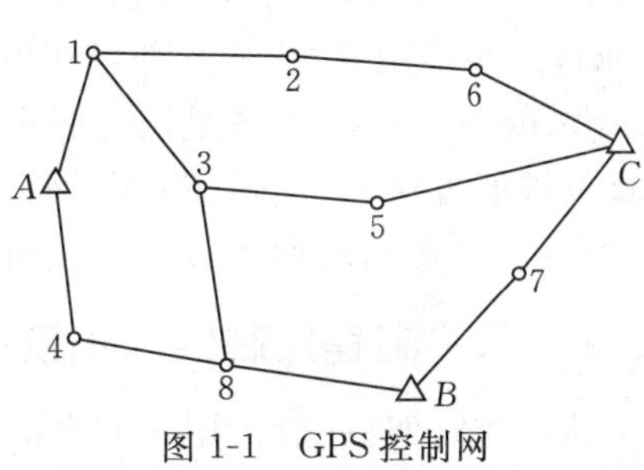

图 1-1　GPS控制网

1）单一附合导线

附合导线都有附合条件，这些附合条件可能是方位附合，可能是坐标附合，也可能是二者组合。图1-2中，（a）为方位附合导线；（b）为坐标附合导线，也叫无定向导线；（c）为方位坐标附合导线。

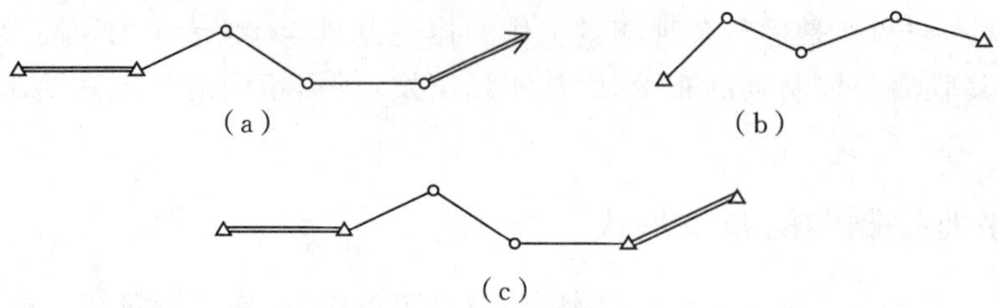

图 1-2 单一附合导线

2)闭合导线

闭合导线是从一个已知控制点出发,最后仍闭合到这一已知点的导线,见图 1-3。

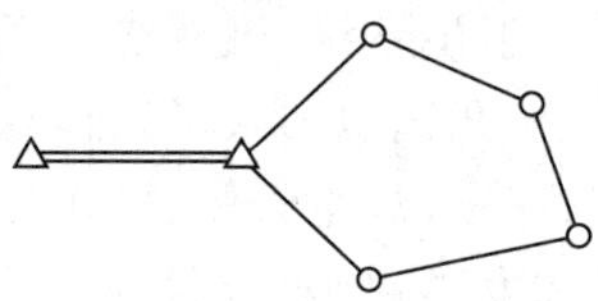
图 1-3 闭合导线

3)导线网

导线网是由若干条导线汇合,形成一个或多个节点,整体构成一个网络,见图 1-4。

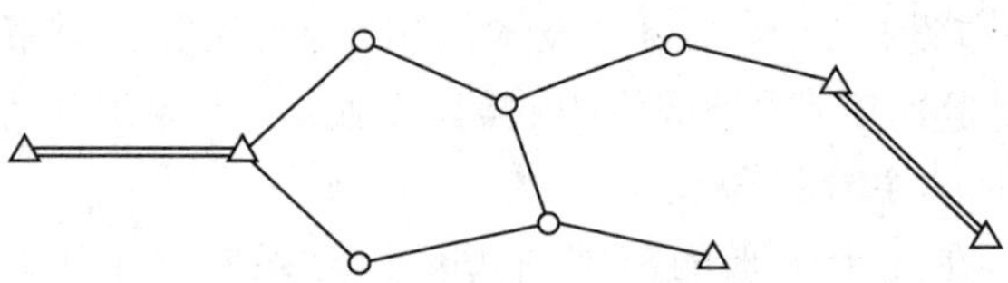
图 1-4 导线网

4)支导线

支导线是从一个已知控制点出发,既不附合到另一个已知控制点,也不闭合原来的起始点。支导线没有检核条件,因而不易发现错误,故一般不宜采用,见图 1-5。

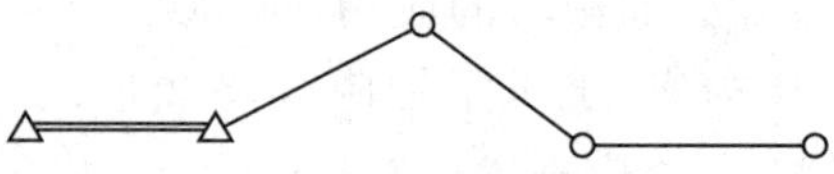
图 1-5 支导线

3. 三角形网

《工程测量规范》中将传统的三角网、三边网和边角网统称为三角形网(triangular network),三角形网是由一系列相连的三角形构成的测量控制网。三角形网测量(triangular control network survey)是通过测定三角形网中各三角形的顶点水平角、边的长度,来确定控制点位置的方法。目前,三角形网已极少用于建立大面积控制或控制网加密。《城市测量规范》中将三角形网也称为边角组合网。

1.2.2 高程控制网的布设形式

高程控制网,一般采用几何水准网和三角高程导线布设,近期,也有不少采用 GPS 高程测量技术布设的。当精度要求较高时,采用几何水准网形式,几何水准测量可以胜任各个等级高程控制测量工作;当精度要求较低或地形起伏较大时,采用三角高程导线形式或 GPS 高程测量形式,按目前现行的规范要求,三角高程和 GPS 高程测量可替代四等(及以下)水准测量。

1. 几何水准网

利用水准仪进行的水准测量称为几何水准测量。用该方法测定高程，是建立高程控制网的主要方法，可以达到很高的精度。工程高程控制网通常是在国家一、二等水准网基础上加密的。根据测区内已知高级水准点的分布情况、测区的形状和精度要求进行布设，水准网可布设成如下形式。

1）单一附合水准路线

如图 1-6 所示，A、B 为高级水准点。

2）闭合水准路线

如图 1-7 所示，从高级水准点 A 出发，最后又闭合到 A 点上。

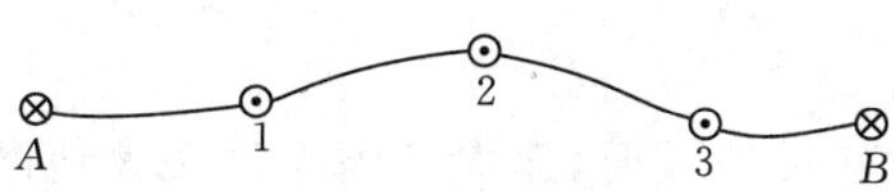

图 1-6　附合水准路线

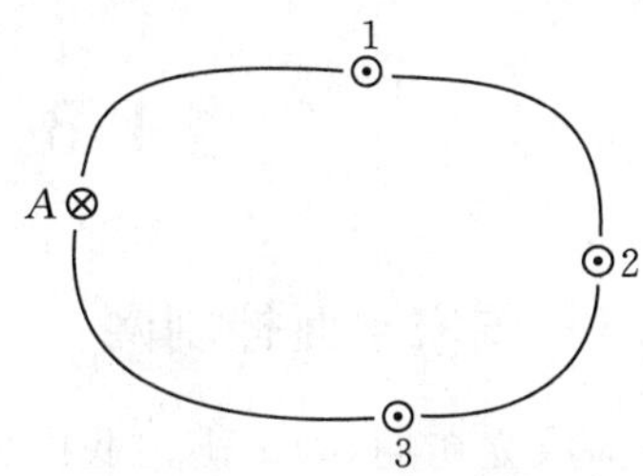

图 1-7　闭合水准路线

3）节点水准网

如图 1-8 所示，在 A、B、C、D 等多个高级水准点之间组成节点交叉路线。如图 1-9 所示，在 A、B 两高级水准点间，布设由多条水准路线组成的网状节点路线。

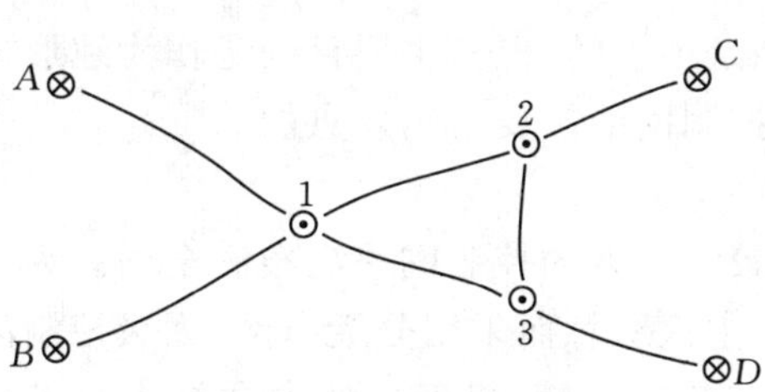

图 1-8　节点水准网

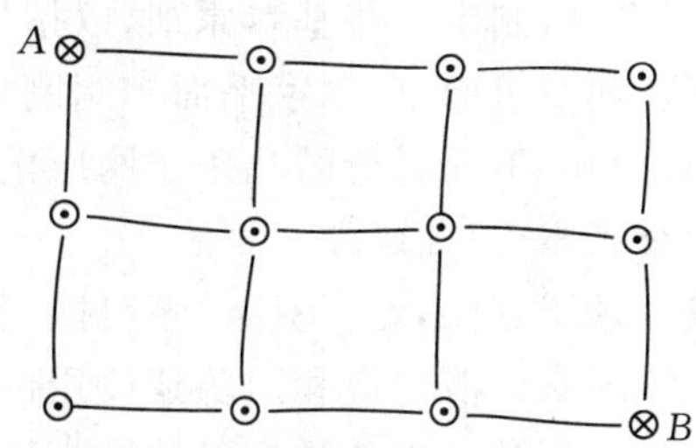

图 1-9　网状节点水路线

4）水准支线

如图 1-10 所示，水准支线就是仅有一个高级水准点的单一水准路线。

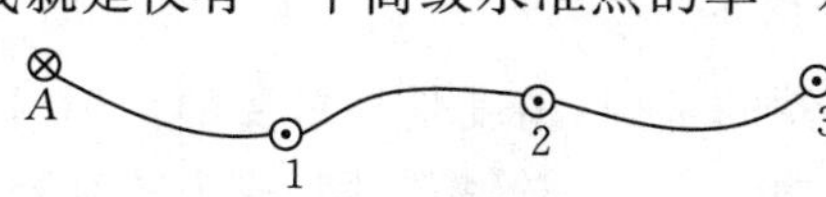

图 1-10　支水准路线

由上可以看出，水准网的布设比较灵活。实际作业时可根据测图和工程的需要，以及测区的形状，选择其布设的方法。若测区面积广阔呈方形，就可布成方形网；若测区呈带状则可布成带状网。但不论布成何种形状，水准路线都应尽可能布成闭合环形，或附合于已知水准点上构成附合路线。

2. 三角高程导线

三角高程导线测量是进行高程控制测量的一种辅助方法，通常用来测定平面控制点的高程，与导线测量一并进行，有时也布设专门的高程导线。实践证明，在一定密度的水准点控制下，并注意防止三角高程测量粗差的产生的基础上，三角高程测量具有布设灵活、方便快捷的优势，同样能满足测绘大比例尺地形图的需要。

就目前而言，对于测图控制网和工程控制网的高程控制，在满足精度要求的前提下，应较多地采用三角高程导线测量形式。

3. GPS 高程测量

用 GPS 进行平面控制测量，可以满足各个等级平面控制测量的技术要求。由于 GPS 测量可得到三维坐标结果，高程信息仍有利用的必要和可能。虽然 GPS 高程测量的精度只能达到四等，但仍可满足一些精度要求相对较低的高程控制测量需求。更重要的是，在进行 GPS 平面控制测量的同时，无需多余的观测工作即可获得这些高程信息。

§1.3 国家控制网的布设

1.3.1 国家平面控制网

新中国成立初期，为了满足我国经济建设和国防建设的需要，建立了国家天文大地网，即当时的国家平面控制网。限于当时的技术水平和仪器条件，新建的国家天文大地网的首选形式肯定是三角网（锁），而个别困难地区采用导线的形式。

1. 布设原则

在我国广阔的领土上，建立国家平面控制网，是一项规模巨大的工程。事先必须全面规划、统筹安排，制定一些基本原则，以指导建网工作。

就客观要求而言，国家平面控制网要解决的问题是很多的，但其主要目的是作为地形测图的基础控制。下面讨论的几条建网原则就是以测图控制网的需要为出发点的。

1）分级布网、逐级控制

我国领土辽阔，地形复杂，不可能用最高精度和较大密度的控制网一次布满全国。为了适时地保障国家经济建设和国防建设用图的需要，根据主次缓急而采用分级布网、逐级控制的原则是十分必要的。也就是先以精度高而点位稀疏的一等三角锁，沿经纬线方向纵横交叉地布满全国，形成统一的骨干大地控制网，然后按不同地区、不同特点的实际需要，依次逐级布设二、三、四等三角网。

2）应有足够的精度

国家大地控制网是测图控制的基础，精度是最重要的指标，控制网的精度应根据需要和可能来确定。作为国家大地控制网骨干的一等控制网，应力求高精度，有利于为科学研究和应用提供可靠的资料。对于用于测图控制的各等级三角网，它的精度必须保证各种比例尺测图的实际需要。

为了保证国家大地控制网的精度，必须对起算数据和观测元素的精度、网中图形角度的大小、观测方法等，提出适当的要求和规定。这些要求和规定均列于《国家三角测量和精密导线测量规范》中。

3）应有足够的密度

控制点的密度，主要根据测图方法及测图比例尺的大小而定。例如，用航测方法成图时，控制点密度要求的经验数值见表 1-1。

表 1-1　各种比例尺航测成图时对平面控制点的密度要求

测图比例尺	每幅图控制点数/个	每个三角点控制面积/km^2	三角网平均边长/km	等　级
1∶50 000	3	约 150	13	二等
1∶25 000	2～3	约 50	8	三等
1∶10 000	1	约 20	2～6	四等

由于控制网的边长与点的密度有关，所以在布设控制网时，对点的密度要求是通过规定控制网的边长而体现出来的。对于三角网而言，边长 S 与点的密度(每个点的控制面积)Q 之间的关系近似为 $S=1.07\sqrt{Q}$。将表 1-1 中的数据代入此式得

$$\left.\begin{aligned} S_{二等}&=1.07\sqrt{150}\approx 13(\text{km})\\ S_{三等}&=1.07\sqrt{50}\approx 8(\text{km})\\ S_{四等}&=1.07\sqrt{20}\approx 5(\text{km})\end{aligned}\right\} \tag{1-1}$$

因此国家规范中规定，国家二、三等三角网的平均边长分别为 13 km 和 8 km，四等三角网平均边长放宽至 2～6 km。

4)应有统一的技术规格

由于我国大地控制网的规模巨大，必须有大量的测量单位和作业人员分区同时进行作业。为此，必须由国家制定统一的大地测量法式和作业规范，作为建立全国统一技术规格的控制网的依据。

2. 布设方案

根据国家平面控制网施测时的测绘技术水平，我国决定采取传统的三角锁(网)作为水平控制网的基本形式，只是在青藏高原等特殊困难的地区布设了一等导线。现将国家大地控制网的布设方案和精度要求概略介绍如下。

1)一等三角锁布设方案

国家大地控制网的首级采用一等三角锁形式。一等三角锁是国家大地控制网的骨干，其主要作用是控制二等及以下各级三角测量，并为地球科学研究提供资料。

一等三角锁尽可能沿经纬线方向布设成纵横交叉的网状图形，见图 1-11。在一等锁交叉处设置起算边，以获得精确的起算边长，并可控制锁中边长误差的积累。多数起算边的长度是采用基线测量的方法求得的。随着电磁波测距仪的出现，少数起算边也由电磁波测距仪来测定。

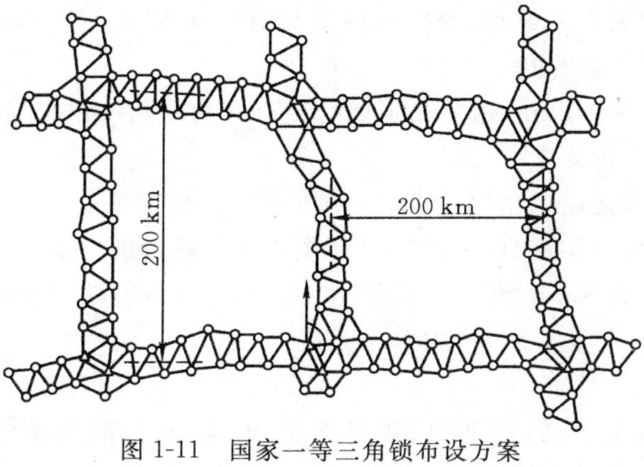

图 1-11　国家一等三角锁布设方案

一等锁在起算边两端点上精密测定了天文经纬度和天文方位角，作为起算方位角，用来控制锁(网)中方位角误差的积累。

一等锁两起算边之间的锁段长度一般为 200 km 左右，锁段内的三角形个数一般为 16～17 个。角度观测的精度，按一锁段三角形闭合差计算所得的测角中误差应小于±0.7″。

一等锁一般采用单三角锁，其平均边长，山区一般约为 25 km，平原一般为 20 km。

2)二等三角锁(网)布设方案

国家二等三角锁(网)是在一等三角锁的控制下布设的，它是国家大地控制网的基础，同时又是地形测图的基本控制。因此，必须兼顾精度和密度两个方面的要求。

20 世纪 60 年代以前，国家二等控制网采用二等基本锁和二等补充网的布设方案。也就是在一等锁环内，先布设沿经纬线纵横交叉的二等基本锁(图 1-12)，将一等锁环分为大致相等的四个区域。二等基本锁平均边长为 15～20 km，按三角形闭合差计算所得的测角中误差应小于±1.2″。另在二等基本锁交叉处测量基线，精度为 1/200 000。

在一等三角锁和二等基本锁控制下，布设平均边长为 13 km 的二等补充网。按三角形闭合差计算所得的测角中误差应小于±2.5″。

20 世纪 60 年代以来，国家二等网以全面三角网的形式布设在一等锁环内，四周与一等锁衔接，见图 1-13。

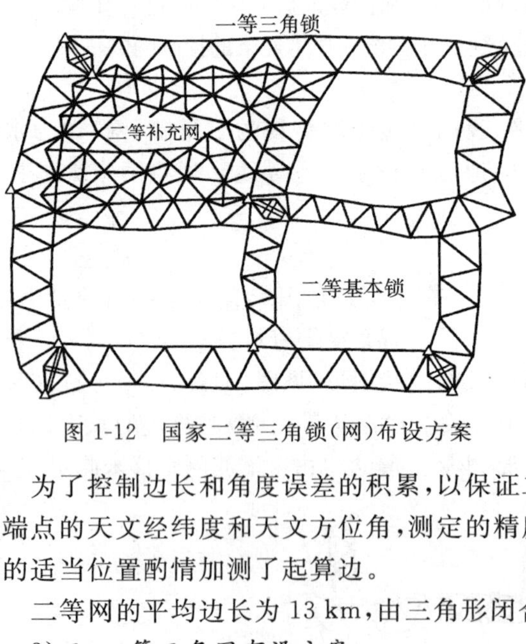

图 1-12 国家二等三角锁(网)布设方案

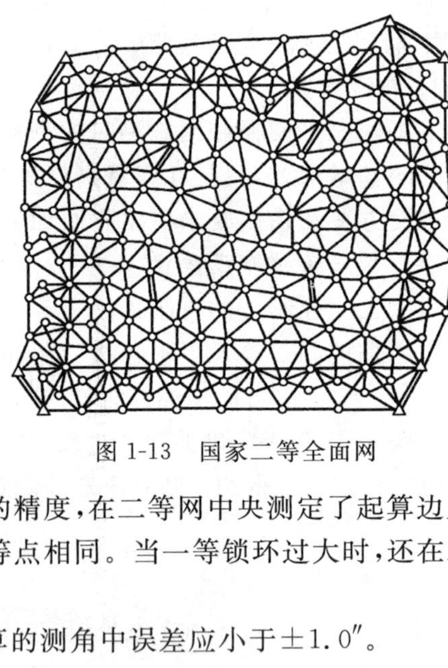

图 1-13 国家二等全面网

为了控制边长和角度误差的积累，以保证二等网的精度，在二等网中央测定了起算边及其两端点的天文经纬度和天文方位角，测定的精度与一等点相同。当一等锁环过大时，还在二等网的适当位置酌情加测了起算边。

二等网的平均边长为 13 km，由三角形闭合差计算的测角中误差应小于±1.0″。

3)三、四等三角网布设方案

国家三、四等控制网采用三角网的形式。三、四等三角网是在一、二等锁(网)控制下布设的，是对整个国家大地网的加密，以全面满足测图和工程建设的需要。

三等网的平均边长为 8 km，而四等网的边长在 2～6 km 范围内变化。由三角形闭合差计算所得的测角中误差，三等为±1.8″，四等为±2.5″。

3. GPS 网

GPS 定位技术具有精度高、速度快、费用省、全天候、操作简便等优点，因此，它广泛应用于大地测量领域和工程测量领域。

用GPS技术建立起来的控制网称为GPS网。一般可把GPS网分为两大类:一类是全球或全国性的高精度GPS网,另一类是区域性的GPS网。前者一般指国家A、B级GPS网,用于建立国家一等大地控制网,进行全球性的地球动力学研究、地壳形变测量和精密定轨等;后者是指国家C、D、E级GPS网或专为工程项目而建立的工程GPS网,这种网的特点是控制面积不大,边长较短,观测时间不长。现在全国用GPS技术布设的区域性控制网很多,下面只把我国利用GPS技术已建立的几个全国性的GPS网作简要介绍。

1)国家GPS A级网

1992年,GPS A级网是在中国资源卫星应用中心和中国测绘工程规划设计中心组织协调下,由原国家测绘局、原国家地震局、中国石油天然气总公司、原地质矿产部、原煤炭工业部等部门所属单位,利用国际GPS服务IGS92会战的机会,实施完成的一次全国性的精密GPS定位,建立了GPS A级网。目的是在全国范围内确定精确的地心坐标,建立起我国新一代的地心参考框架及其与国家坐标系的转换参数,以优于10^{-7}量级的相对精度确定站间基线向量,布设成国家A级网,作为国家高精度卫星大地网的骨架并奠定地壳运动及地球动力学研究的基础。全网由27个点组成,平均边长800 km,平差后在ITRF 91地心参考框架中的定位精度优于0.1 m,边长相对精度一般优于10^{-8}。

为了达到进一步完善我国新一代地心坐标框架的目的,后又对1992年建立的GPS A级网进行了改进,在我国西部等地区增加了新的点位。经数据精处理后基线分量重复性水平方向优于4 mm$+3\times10^{-6}D$,垂直方向优于8 mm$+4\times10^{-6}D$,D为基线长度,地心坐标分量重复性优于2 cm。全网整体平差后,在ITRF93参考框架中的地心坐标精度优于10 cm,基线边长的相对精度优于10^{-8}。

2)国家GPS B级网

为了精化我国的大地水准面,提供检校和加强全国天文大地网的依据,初步建立覆盖全国的三维地心坐标框架,精确测定我国大地坐标与地心坐标系之间的转换参数,监测我国地壳形变和板块运动,建立海洋大地测量与陆地大地测量统一的大地基准,在国家GPS A级网的控制下,建立了国家高精度GPS B级网。全网由818个点组成,分布在全国各地(台湾省除外)。东部点位较密,平均站间距离50~70 km,中部地区平均站间距离100 km,西部地区平均站间距离150 km。外业自1991年开始,至1995年结束,经数据精处理后,点位中误差相对于已知点在水平方向优于0.07 m,高程方向优于0.16 m,平均点位中误差水平方向为0.02 m,垂直方向为0.04 m,基线相对精度达到10^{-7}。

3)全国GPS一、二级网

全国GPS一、二级网是军测部门建立的,一级网由40余个点组成。大部分点与国家三角点(或导线点)重合,与水准高程进行了联测。一级网相邻点间距离最大为1667 km,最小为86 km,平均为683 km。外业观测自1991年5月至1992年4月进行,网平差后基线分量相对误差平均在0.01×10^{-6}左右,最大为0.024×10^{-6},绝大多数点的点位中误差在2 cm以内。二级网由500多个点组成,二级网是一级网的加密。二级网与地面网联系密切,有200多个二级点与国家三角点(或导线点)重合,所有点都进行了水准联测,全网平均边长为164.7 km。外业观测于1992年至1994年和1995年至1997年两个阶段完成。网平差后基线分量相对误差平均在0.02×10^{-6}左右,最大为0.245×10^{-6},网平差后大地纬度、大地经度和大地高的中误差平均值分别为0.18 cm、0.21 cm和0.81 cm。

这里需要指出的是,《工程测量规范》将 GPS 控制网等级划分为二、三、四等和一、二级。这里的一、二级 GPS 网与由军测部门建立的全国一、二级 GPS 网不是一回事,他们的精度等级相差甚远。还有最新的 CJJ/T 8—2011《城市测量规范》,其对 GPS 控制网的分级与《工程测量规范》完全相同。

4)GPS 布网方案

中华人民共和国国家质量监督检验检疫总局和中国国家标准化管理委员会发布的 GB/T 18314—2009《全球定位系统(GPS)测量规范》,将 GPS 测量等级按精度分为 A、B、C、D、E 五级。各级 GPS 测量的用途如下:

(1)A 级是用于建立国家一等大地控制网,进行全球性的地球动力学研究、地壳形变测量和精密定轨等的 GPS 测量。

(2)B 级是用于建立国家二等大地控制网,建立地方或城市坐标基准框架、区域性的地球动力学研究、地壳形变测量、局部形变监测和各种精密工程测量等的 GPS 测量。

(3)C 级是主要用于建立三等大地控制网,以及建立区域、城市及工程测量的基本控制网等的 GPS 测量。

(4)D 级是用于建立四等大地控制网,以及中小城市、城镇及测图、地籍、土地信息、房产、物探、勘测、建筑施工等的控制测量。

(5)E 级是用于中小城市、城镇及测图、地籍、土地信息、房产、物探、勘测、建筑施工等的控制测量。

GPS 网的精度指标,通常是以网中相邻点基线分量中误差来表示,其具体形式为

$$\sigma=\sqrt{a^2+(b\cdot D)^2} \tag{1-2}$$

式中,σ 为网中相邻点基线分量中误差(单位:mm);a 为固定误差(单位:mm);b 为比例误差系数(单位:1×10^{-6});D 为相邻点间的距离(单位:km)。

对于不同等级的 GPS 网,技术指标见表 1-2。

表 1-2 GPS 网主要技术指标

级别	相邻点基线分量中误差/mm		相邻点间平均距离/km
	水平分量	垂直分量	
B	5	10	50
C	10	20	20
D	20	40	5
E	20	40	3

1.3.2 国家高程控制网

国家高程控制网是用水准测量方法布设的,其布设原则与平面控制网布设原则相同。根据分级布网、逐级控制的原则,将水准网分成四个等级。一等水准路线是高程控制的骨干,在此基础上布设的二等水准路线是高程控制的基础。在一、二等水准网的基础上加密三、四等水准路线,直接为地形测量和工程建设提供必要的高程控制。按国家水准测量规范的相关规定,各等级水准路线一般都应构成闭合环线或附合于高级水准路线上。我国各级水准网布设的规格及精度见表 1-3。

表 1-3　水准测量的主要技术指标

等　级		环线周长 /km	附合路线长 /km	M_Δ /mm	M_w /mm
一等	平原、丘陵	1 000 ～1 500	—	±0.5	±1.0
	山地	2 000	—		
二等		500～ 750	—	±1.0	±2.0
三等		300	200	±3.0	±6.0
四等		—	80	±5.0	±10.0

注：M_Δ 为每千米水准测量高差中数的偶然中误差；M_w 为每千米水准测量高差中数的全中误差。

§1.4　工程控制网的布设

1.4.1　工程测量平面控制网

工程控制网可分为两种：一种是在各项工程建设的规划设计阶段，为测绘大比例尺地形图和房地产管理测量而建立的控制网，叫作测图控制网；另一种是为工程建筑物的施工放样或变形观测等专门用途而建立的控制网，称为专用控制网。建立这两种控制网时也应遵守布网原则、技术要求等。

1. 布设原则

1）分级布网、逐级控制

对于工程测量控制网，通常先布设精度要求最高的首级控制网，随后根据测图需要、测区面积的大小再加密若干级较低精度的控制网。用于工程建筑物放样的专用控制网，往往分二级布设，第一级进行总体控制，第二级直接为建筑物放样而布设。用于变形观测或其他专门用途的控制网，通常无须分级。

2）要有足够的精度

以工程测量控制网为例，一般要求最低一级控制网（四等网）的点位中误差能满足大比例尺 1∶500 的测图要求。按图上 0.1 mm 的绘制精度计算，这相当于地面上的点位精度 0.1×500＝5(cm)。对于国家控制网而言，尽管观测精度很高，但由于其边长比工程测量控制网的边长长得多，待定点与起始点相距较远，因而其点位中误差远大于工程测量控制网。

3）要有足够的密度

不论是工程测量控制网或是专用控制网，都要求在测区内有足够多的控制点。如前所述，控制点的密度通常是用边长来表示的。《工程测量规范》对工程控制测量导线网的平均边长要求为：三等 3 km、四等 1.5 km、一级 0.5 km、二级 0.25 km、三级 0.1 km。

4）要有统一的规格

为了使不同的工程测量部门施测的控制网能够互相利用、互相协调，也应制定统一的规范，如现行的《城市测量规范》和《工程测量规范》等。

2. 技术要求

现以《工程测量规范》为例，将三角形网的主要技术要求列于表 1-4 中，电磁波测距导线的主要技术要求列于表 1-5 中。从表中可以看出，工程测量三角形网和导线网的特点有：①网内平均边长较相应等级的国家网边长显著地缩短；②等级较多，三角形网测量共设置了五个等级，导线测量也设置了五个等级；③各等级控制网均可作为测区的首级控制。以上这些特点主要是考虑到工程测量控制网应满足最大比例尺 1∶500 测图的要求而提出的。

表 1-4 三角形网测量的主要技术要求

等级	平均边长/km	测角中误差/(″)	测边相对中误差	最弱边边长相对中误差	三角形最大闭合差/(″)
二等	9	1	≤1/250 000	≤1/120 000	3.5
三等	4.5	1.8	≤1/150 000	≤1/70 000	7
四等	2	2.5	≤1/100 000	≤1/40 000	9
一级	1	5	≤1/40 000	≤1/20 000	15
二级	0.5	10	≤1/20 000	≤1/10 000	30

表 1-5 导线测量的主要技术要求

等级	导线长度/km	平均边长/km	测角中误差/(″)	测距中误差/mm	测距相对中误差	方位角闭合差/(″)	导线全长相对闭合差
三等	14	3	1.8	20	1/150 000	$3.6\sqrt{n}$	≤1/55 000
四等	9	1.5	2.5	18	1/80 000	$5\sqrt{n}$	≤1/35 000
一级	4	0.5	5	15	1/30 000	$10\sqrt{n}$	≤1/15 000
二级	2.4	0.25	8	15	1/14 000	$16\sqrt{n}$	≤1/10 000
三级	1.2	0.1	12	15	1/7 000	$24\sqrt{n}$	≤1/5 000

注：n 为测站数。

3. 专用控制网的布设特点

专用控制网是为工程建筑物的施工放样或变形观测等专门用途而建立的控制网。由于专用控制网的用途非常明确，因此建网时应根据特定的要求进行控制网的技术设计。例如，桥梁控制网对桥轴线方向的精度要求应高于其他方向的精度，以利于提高桥墩及箱梁的放样精度；隧道控制网对垂直于隧道轴线方向的横向精度的要求要高于其他方向的精度，以利于提高隧道贯通的精度；用于建设环形粒子加速器的专用控制网，其径向精度应高于其他方向的精度，以利于精确安装位于环形轨道上的磁块。以上这些问题将在工程测量课程中进行详细介绍。

1.4.2 工程测量高程控制网

工程测量高程控制网的布设也应遵守前述控制网的四条布设原则。

关于工程测量高程控制网的布设方案，《工程测量规范》将高程控制测量精度等级划分为二、三、四、五等。各等级高程控制宜采用水准测量，四等及以下等级可采用电磁波测距三角高程测量或 GPS 高程测量。

首级高程控制网的等级，应根据工程规模、控制网的用途和精度要求合理选择。首级网应布设成环形网，加密网宜布设成附合路线或节点网。

测区的高程系统，宜采用 1985 国家高程基准。在已有高程控制网的地区测量时，可沿用原有的高程系统；当测区联测国家高程系统确有困难时，也可采用假定高程系统。

高程控制点间的距离，一般地区应为 1～3 km，工业厂区、城镇建筑区宜小于 1 km。但一个测区及周围至少应有三个高程控制点。

各等级水准测量的主要技术要求见表 1-6。

表1-6　水准测量的主要技术要求

等级	每千米高差全中误差/mm	路线长度/km	水准仪型号	水准尺	往返较差、附合或环线闭合差/mm	
					平地	山地
二等	2	—	DS1	因瓦	$4\sqrt{L}$	—
三等	6	≤50	DS1	因瓦	$12\sqrt{L}$	$4\sqrt{n}$
			DS3	双面		
四等	10	≤16	DS3	双面	$20\sqrt{L}$	$6\sqrt{n}$
五等	15	—	DS3	单面	$30\sqrt{L}$	—

注：(1)节点之间或节点与高级点之间，其路线的长度，不应大于表中规定的0.7倍。

(2) L 为往返测段、附合或环线的水准路线长度，单位为km；n 为测站数。

(3)数字水准仪测量的技术要求和同等级的光学水准仪相同。

电磁波测距三角高程测量主要用于山区的高程控制和平面控制点的高程测定，宜在平面控制点的基础上布设成三角高程网或高程导线。应特别指出的是，近年来经过研究已普遍认为电磁波测距三角高程测量可达到四等水准测量的精度。

GPS高程测量，仅适用于平原或丘陵地区的四等及以下等级高程测量，通常与GPS平面控制测量一起进行。GPS高程测量的主要技术要求，应符合下列规定：

(1)四等GPS高程测量应与三等或三等以上的水准点联测。联测的GPS点应均匀分布在测区四周和测区中心。若测区为带状地形，则应分布于测区两端及中部。

(2)联测点数，宜大于选用计算模型中未知参数个数的1.5倍，点间距宜小于10 km。

(3)地形高差变化较大的地区，应适当增加联测点数。

(4)地形趋势变化明显的大面积测区，宜采取分区拟合的方法。

(5)GPS观测时，天线高应在观测前后各量测一次，取其平均值作为最终高度。

§1.5　控制测量的工作流程

控制测量是为工程建设服务的，一项工程离不开测量工作，而控制测量又是测量工作基础，起着整体的控制作用。对于工程控制测量而言，除用于监测目的的变形监测网外，都应遵循由高级到低级、分级布网、逐级控制的布设原则。

一项控制测量工程的工作流程大体分为五个部分：

1. 任务书

由工程的承包方根据与发包方签订的工程合同向所属的项目组下达控制测量任务书，任务书包含的内容可能是合同内容的全部，也可能是合同内容的部分。这是项目组完成控制测量工作的技术依据。

2. 编写技术设计书

项目组接到任务书后，应首先组织技术人员进行现场踏勘、收集相关技术资料、编写技术设计书，这是控制测量的指导性文件。技术设计书应包括：任务概况、测区自然地理概况、已有的测绘资料、执行的有关技术标准、坐标基准和高程基准、详细的设计方案、人员与设备安排、进度预计、质量保证方案、上交资料、附图表等。

3. 完成控制测量的内外业

以技术设计书为作业依据，项目组完成控制测量工作的内业和外业。这些工作大致包括：选点、埋石、绘制点之记、根据最佳的测量方案布设控制网、检验仪器、进行控制测量的外业观测及内业计算、生成控制点成果表、整理需上交的测量资料等。

4. 编写技术总结

根据技术设计书提出的技术要求，对控制测量内外业工作的完成情况进行全面总结。

5. 质量检查验收

我国目前现行的是“两级检查、一级验收”制。项目组对所承担的控制测量工程应进行全过程检查，上级单位的质量管理部门进行最终检查，最后应通过业主单位组织的验收或业主单位委托具有资质的质量检验机构进行质量验收。

§1.6 控制测量的记录计算要求

1.6.1 测量资料的记录要求

测量资料的记录是测量成果的原始数据，十分重要。为保证测量原始数据的绝对可靠，应养成良好的职业习惯。原始数据的记录应严格遵守如下规定：

(1)对于观测员报出的读数，记录员宜先复述再作记录。

(2)观测数据必须在现场直接记录在正规的记录本或表格上，严禁凭记忆补记。

(3)所有记录和计算均应使用铅笔记载，不得使用钢笔或圆珠笔。字体应端正清晰，字体高度宜稍大于表格宽度的一半，留出空隙以备改错。

(4)任何原始记录禁止擦拭、涂改、挖补和转抄。

(5)对于水准观测和距离观测中的“dm”位及以上、角度观测的“′”位及以上和文字出现记录错误，可以将其单线划去，将正确的数字或文字记录在其上方。作废某整个部分时可用斜线划去。所有观测记录的修改，必须注明原因。

(6)不论任何原因，原始观测数据末位数绝对不得更改。这里的“末位”指：角度测量读数的“10″”位及以下，距离测量和水准测量读数的“cm”位及以下。

(7)凡原始观测记录簿上规定应填写的项目不得空白，特别是文字类记录项目。

(8)禁止连环更改。所谓连环更改，就是同时更改了一个测站(或测回)两个相关的观测数据。

(9)迁站时应检查本站观测数据的完整性，并经检核无超限时方可迁站。

1.6.2 测量成果的整理、计算要求

(1)测量成果的整理与计算应用规定的印制表格或事先划好的计算表格进行。

(2)内业计算用钢笔或碳素笔书写，如计算数字有错误，可用刀片刮去重写，或将数字划去另写。

(3)上交计算成果应是原始计算表格，所有计算结果不得另行转抄。

(4)成果记录、计算的小数取位要按规定执行。各等级导线测量和水准测量的记录及计算的数字取值精度见表1-7和表1-8。各等级GPS测量的数字取位精度，各相关规范中无具体

规定，因为所有的数据采集与计算工作均由 GPS 接收机或计算机软件完成，其输出的最终计算结果通常不做取舍，在使用时，可以参考相应等级的导线测量予以取位。

表 1-7 导线测量的数字取值精度

等级	观测方向值及各项改正数/(″)	边长观测值及各项改正数/m	边长与坐标/m	方位角/(″)
二等	0.01	0.000 1	0.001	0.01
三、四等	0.1	0.001	0.001	0.1
一级及以下	1	0.001	0.001	1

表 1-8 水准测量的数字取值精度

等级	往(返)测距离总和/km	往返测距离中数/km	测站高差/mm	往(返)测高差总和/mm	往返测高差中数/mm	高程/mm
一等	0.01	0.1	0.01	0.01	0.1	1
二等	0.01	0.1	0.01	0.01	0.1	1
三等	0.01	0.1	0.1	0.1	1	1
四等	0.01	0.1	0.1	0.1	1	1

思 考 题

1. 什么是控制测量？控制测量的基本任务和作用是什么？
2. 控制测量工作的基本内容是什么？
3. 平面控制网的布设形式有哪些？高程控制网的布设形式有哪些？
4. 国家平面和高程控制网的布设原则是什么？
5. 工程平面和高程控制网的布设原则是什么？
6. 建立平面控制网和高程控制网的方法是什么？
7. 什么是专用控制网？有什么特点？
8. 简述控制测量工作的流程。
9. GPS 高程测量可以达到什么等级的高程精度？
10. 同等级的国家平面控制网和工程平面控制网有什么区别？
11. 目前我国控制测量成果的检查验收是如何进行的？
12. 控制测量观测记录都有什么要求？
13. 控制测量记录及计算的取位有什么规定？此规定有什么意义？
14. 记录员在记录观测数据时，应遵守什么规定？

第2章　利用卫星定位技术进行平面控制测量

人造卫星在地球的外部空间按一定的轨道绕地球运行，虽然说其位置每时每刻都在发生变化，但其运动符合一定的运动规律，人类通过计算可以比较精确地确定它的瞬间位置。在地面一点通过一定的方法对若干颗位置已知的卫星进行距离测量，就可以确定地面点的三维位置，这就是卫星定位测量，其原理就像“距离后方交会”一样。

卫星定位测量(satellite positioning)——利用两台以上接收机同时接收多颗定位卫星信号，确定地面点相对位置的方法。

卫星定位控制网(satellite positioning control network)——利用卫星定位技术建立的测量控制网。

本章主要介绍如何应用卫星定位测量技术建立卫星定位测量控制网来获得地面控制点的坐标。

§2.1　卫星导航定位系统简介

卫星定位测量，主要是针对多元化的全球空间卫星定位系统而提出的，如美国的GPS、俄罗斯的GLONASS、我国的北斗和欧盟的Galileo等卫星导航定位系统。这些系统都具备进行地面点定位的功能。

2.1.1　美国的GPS

GPS于1973年由美国政府组织研究并建设，耗费巨资，历经约20年，于1993年全部建成，并实现全部预期功能。该系统是伴随现代科学技术的迅速发展而建立起来的新一代精密卫星导航和定位系统，不仅具有全球性、全天候、连续的三维测速、导航、定位与授时能力，而且具有良好的抗干扰性和保密性。该系统的研制成功已成为美国导航技术现代化的重要标志，被视为20世纪继阿波罗登月计划和航天飞机计划之后的又一重大空间科技成就。

GPS由卫星星座(24颗工作卫星＋备用卫星)、地面监控部分(5个地面监控站)和用户接收设备(GPS接收机)组成，该系统采用的是世界大地坐标系(World Geodetic System 1984，WGS-84)。

2.1.2　俄罗斯的GLONASS

GLONASS的起步比GPS晚9年。原苏联在全面总结第一代卫星导航定位系统优缺点的基础上，汲取美国GPS的建设经验，从1982年10月12日发射第一颗GLONASS卫星开始，到1996年全部建成，经历13年的周折，其间遭遇了原苏联的解体，由俄罗斯接替部署，但始终没有中止或中断GLONASS卫星的发射。1995年初只有16颗GLONASS卫星在轨工作，当年又进行了三次成功的发射，将9颗卫星送入轨道，完成了24颗工作卫星加1颗备用卫星的布局。经过数据加载、调整试验，整个系统已于1996年1月18日正式运行。该系统采用了PZ-90坐标系。GLONASS的组成及工作原理与GPS类似，也是由空间卫星星座、地面监控及用户设备三部分组成。

2.1.3 中国的北斗卫星导航系统

北斗卫星导航系统(BeiDou Navigation Satellite System)是中国正在实施的自主发展、独立运行的全球卫星导航系统。北斗卫星导航系统建设目标是：建成独立自主、开放兼容、技术先进、稳定可靠的覆盖全球的系统，促进卫星导航产业链形成，形成完善的国家卫星导航应用产业支撑、推广和保障体系，推动卫星导航在国民经济社会各行业的广泛应用。

北斗卫星导航系统由空间段、地面段和用户段三部分组成，空间段包括5颗静止轨道卫星和30颗非静止轨道卫星，地面段包括主控站、注入站和监测站等若干个地面站，用户段包括北斗用户终端及与其他卫星导航系统兼容的终端。

2000年，首先建成北斗导航试验系统，使我国成为继美、俄之后的世界上第三个拥有自主卫星导航系统的国家。该系统已成功应用于测绘、电信、水利、渔业、交通运输、森林防火、减灾救灾和公共安全等诸多领域，产生显著的经济效益和社会效益，特别是在2008年北京奥运会、汶川抗震救灾中发挥了重要作用。为更好地服务于国家建设与发展，满足全球应用需求，我国启动实施了北斗卫星导航系统建设。

目前，我国正在实施北斗卫星导航系统建设。根据系统建设总体规划，到2012年前后，系统首先具备覆盖亚太地区的定位、导航和授时，以及短报文通信服务能力；到2020年前后，建成覆盖全球的北斗卫星导航系统。

北斗卫星导航系统致力于向全球用户提供高质量的定位、导航和授时服务，包括开放服务和授权服务两种方式。开放服务是向全球免费提供定位、测速和授时服务，定位精度10 m，测速精度0.2 m/s，授时精度10 ns。授权服务是为有高精度、高可靠卫星导航需求的用户，提供定位、测速、授时和通信服务及系统完好性信息。

2.1.4 欧盟的Galileo系统

目前世界上已有两大全球导航卫星定位系统在运行，即GPS和GLONASS。这两个系统分别受到美、俄两国军方的严密控制，其他民用部门使用该系统时，其信号的可靠性无法得到保证。长期以来，其他国家只能在美、俄的授权下从事接收机的制造、导航服务等从属性工作。为了能在卫星导航领域占有一席之地，欧盟认识到建立拥有自主知识产权的卫星导航系统的重要性和战略意义，同时在欧洲一体化的进程中，还会全面加强诸成员国间的联系与合作。在这种情况下，欧盟决定启动Galileo计划：建设一个与现有系统相兼容的、高精度、全开放的全球导航卫星系统(global navigation satellite system，GNSS)。

GNSS最早用来特指Galileo计划中的卫星定位系统，现用来泛指所有通过卫星进行导航与定位的系统，包括GPS、GLONASS、北斗卫星导航系统、Galileo等，相应的GNSS接收机可以同时接收这些定位系统的所有信号进行定位。

§2.2　GPS定位系统的组成

GPS系统由三大部分组成：空间部分——GPS卫星星座，地面控制部分——地面监控系统，用户设备部分——GPS信号接收机。

2.2.1 GPS 卫星星座

1. GPS 卫星星座的构成

GPS 的卫星星座，由 24 颗工作卫星和备用卫星组成。24 颗卫星均匀分布在 6 个轨道面内，轨道倾角为 55°，各个轨道平面之间相距 60°，即轨道的升交点赤经各相差 60°。每个轨道面内各颗卫星之间的升交角距相差 90°，一轨道面上的卫星比西边相邻轨道平面上的相应卫星超前 30°。卫星轨道的平均高度约 20 200 km，当地球相对恒星自转一周时，它们绕地球运行两周，即卫星绕地球一周的时间为 12 恒星时，对于世界时系统是 11 小时 58 分。这样，对于地面观测者来说，每天将提前 4 分钟见到同一颗 GPS 卫星。位于地平线以上的卫星颗数随着时间和地点的不同而不同，最少可见到 4 颗，最多可见到 11 颗，GPS 卫星在空间的分布情况见图 2-1。

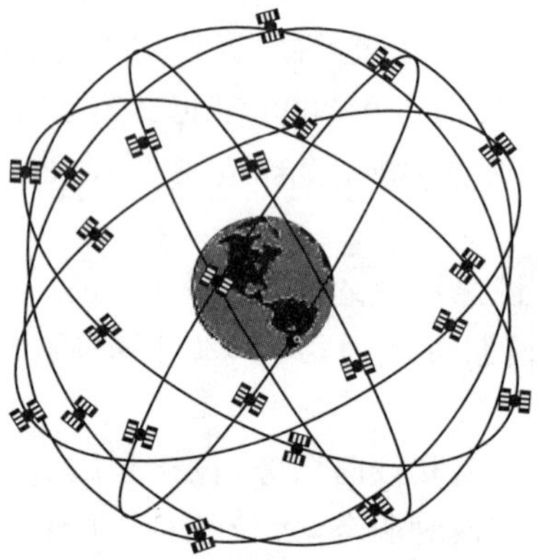

图 2-1 GPS 卫星星座

在利用 GPS 信号进行导航定位时，为了解算测站的三维坐标，必须观测 4 颗 GPS 卫星，这 4 颗卫星称为定位星座。在观测过程中，它们的几何位置分布对定位精度有一定的影响。

迄今为止，GPS 卫星已经设计了三代，分别为 Block Ⅰ、Block Ⅱ、Block Ⅲ。第一代（Block Ⅰ）卫星用于 GPS 的实验，通常称为 GPS 实验卫星，这一代卫星共发射了 11 颗，设计寿命为 5 年，现已全部停止工作。第二代（Block Ⅱ、Block ⅡA、）用于组成 GPS 工作卫星星座，通常称为 GPS 工作卫星，第二代卫星共研制了 28 颗，设计寿命为 7.5 年，从 1989 年初开始，到 1994 年初已全部发射完毕。第三代（Block Ⅲ、Block ⅡR）卫星的设计与发射工作正在进行当中，用以取代第二代卫星，进一步改善和提高 GPS 的性能。

2. GPS 卫星及其作用

GPS 卫星的主体成圆柱形，直径约为 1.5 m，重约 774 kg，两侧设有两块双叶太阳能板，能自动对日定向，以保证对卫星正常供电，见图 2-2。

GPS 卫星的核心部件是高精度的时钟、导航电文存储器、双频发射器和接收机等。而对于 GPS 定位成功的关键在于高稳定度的频率标准，这种高稳定度的频率标准由高精度的原子钟提供。10^{-9} 的时钟误差将会引起 30 cm 的站—星距离误差，每颗卫星一般安设两台铷原子钟和两台铯原子钟。GPS 卫星虽然发射几种不同频率的信号，但是它们均源于一个基准信号（频率为 10.23 MHz），所以仅需启用一台原子钟，其余原子钟作为备用。

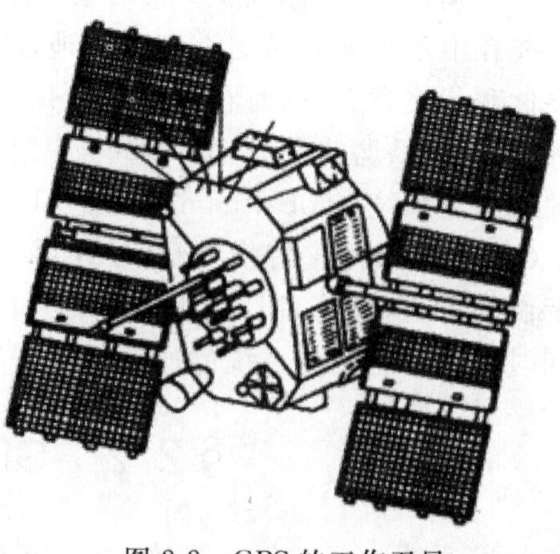

图 2-2 GPS 的工作卫星

在 GPS 中，卫星的作用如下：

（1）用 L 波段的两个无线波段（波长为 19 cm 和 24 cm）向用户连续不断地发送导航定位信号。

用于粗略定位及捕获 P 码信号的伪随机码信号称为 C/A 码，用于精密定位的伪随机码信号称为 P 码。

(2)在卫星飞越注入站上空时，接收由地面注入站用 S 波段(波长为 10 cm)发送给卫星的导航电文和其他指令信息，并通过 GPS 信号电路，实时地将其发送给广大用户。

(3)通过星载的高精度原子钟提供精密的时间标准。

(4)接收地面主控站通过注入站发送到卫星的调度指令，适时地改正运行偏差或启用备用时钟等。

2.2.2　地面监控系统

对于导航定位来说，GPS 卫星是一个动态已知点。卫星的位置是依据卫星发射的星历(描述卫星运动及其轨道的参数)计算得到的。每颗 GPS 卫星所播发的星历，是由地面监控系统提供的。卫星上的各种设备是否正常工作，以及卫星是否一直沿着预定轨道运行，都要由地面设备进行监测和控制。地面监控系统另一个重要作用是保证各颗卫星处于同一时间标准——GPS 时间系统。这就需要地面站监测各颗卫星的时间，求出钟差，然后由地面注入站发给卫星，卫星再以导航电文的形式发给用户设备。

GPS 工作卫星的地面监控系统包括一个主控站、三个注入站和五个监测站，其分布见图 2-3。

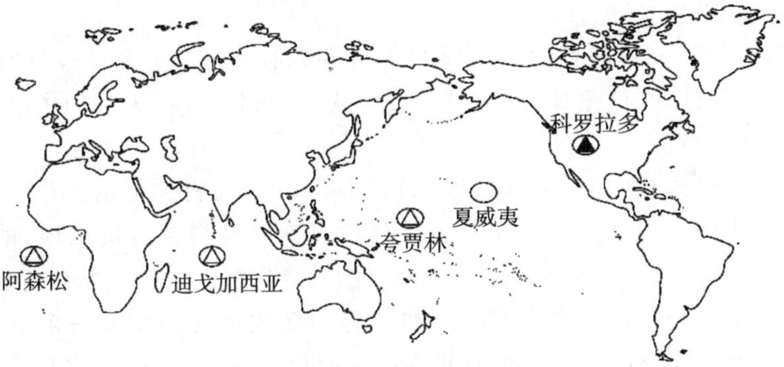

图 2-3　GPS 地面监控站的分布

1. 主控站

主控站只有一个，设在美国本土的科罗拉多(Colorado)。主控站是 GPS 的行政指挥中心，其主要任务如下：

(1)协调管理地面监控系统的全部工作。

(2)根据本站和其他监测站的所有观测资料，推算编制各卫星的星历、卫星钟差和大气层的修正参数等，并把这些数据传送到注入站。

(3)提供 GPS 的时间基准。各监测站和 GPS 卫星的原子钟，均应与主控站的原子钟同步，或测出其间的钟差，并把这些信息编入导航电文，送到注入站。

(4)调整偏离轨道的卫星，使之沿预定的轨道运行。

(5)启用备用卫星以替代失效的工作卫星。

2. 监测站

GPS 现有的五个地面站均具有监测站的功能。除主控站外，其余四个分别设在夏威夷

(Hawaii)、印度洋的迪戈加西亚(Diego Garcia)、南大西洋的阿森松(Ascension)和西太平洋的夸贾林(Kwajalein)。

监测站是在主控站的直接控制下的数据自动采集中心。站内设有双频 GPS 接收机、高精度原子钟、计算机、环境数据传感器。接收机对 GPS 卫星进行不间断观测,以采集数据和监测卫星的工作状况。原子钟提供时间标准,而环境传感器收集有关当地的气象数据。所有观测资料由计算机进行初步处理,并存储和传送到主控站,并确定卫星的轨道。

3. 注入站

注入站现有三个,分别设在印度洋的迪戈加西亚、南大西洋的阿森松群岛和西太平洋的夸贾林的三个美国空军基地上。

注入站的主要设备包括一台直径为 3.6 m 的天线、一台 C 波段发射机和一台计算机。其主要任务是在主控站的控制下,将主控站推算和编制的卫星星历、钟差、导航电文和其他控制指令等,注入到相应卫星的存储系统,并监测注入信息的正确性。

整个 GPS 的地面监控部分,除主控站外均无人值守。各站间用现代化的通信网络联系起来,在原子钟和计算机的驱动和精确控制下,各项工作实现了高度的自动化和标准化。

2.2.3 GPS 信号接收机

GPS 的空间部分和地面监控部分,是用户应用该系统进行定位的基础,而只有通过用户部分才能实现 GPS 定位的目的。

GPS 接收机的任务是:接收 GPS 卫星信号,并跟踪这些卫星的运行,对所接收到的 GPS 信号进行变换、放大和处理,以便计算出 GPS 信号从卫星到接收机天线的传播时间,进而实时地计算出测站的三维位置。

接收机的硬件和机内软件及 GPS 数据的后处理软件,构成完整的 GPS 用户设备。GPS 接收机的硬件分为天线单元和接收单元两大部分。对于测地型接收机来说,两个单元通常分成两个独立的部件,观测时将天线单元安置在测站上,接收单元置于测站附近的适当地方,用电缆线将两者连接成一个整体。也有的将天线单元和接收单元制作成一个整体,观测时将其安置在测站点上。导航型 GPS 接收机功能简单,所以天线单元和接收单元均制作成一个整体。

根据使用目的的不同,用户要求的 GPS 信号接收机也各有差异。目前,世界上已有几十家工厂生产 GPS 接收机,产品也有几百种。这些产品可以按照用途、载波频率等进行分类。

1. 按接收机的用途分类

1)导航型接收机

导航型接收机主要用于运动载体的导航,它可以实时给出载体的位置和速度。这类接收机一般采用 C/A 码伪距测量,单点实时定位精度较低,一般约为 25 m,有选择可用性(selective availability,SA)影响时约为 100 m。这类接收机价格便宜,应用广泛。根据应用领域的不同,此类接收机还可以进一步分为:车载型,用于车辆导航定位;航海型,用于船舶导航定位;航空型,用于飞机导航定位;星载型,用于卫星的导航定位。

2)授时型接收机

授时型接收机主要利用 GPS 卫星提供的高精度时间标准进行授时,常用于天文台、地面监控站及一些对时间精度要求较高的场合。

3）测地型接收机

测地型接收机主要用于精密大地测量和精密工程测量，定位精度高，仪器结构复杂，价格较贵。

2. 按接收机的载波频率分类

1）单频接收机

单频接收机只能接收 L_1 载波信号，测定载波相位观测值进行定位。由于不能有效消除电离层延迟影响，单频接收机只适用于短基线（<15 km）的精密定位。

2）双频接收机

双频接收机可以同时接收 L_1、L_2 载波信号。利用两种频率对电离层延迟的不一样性，可以消除或减弱电离层对电磁波信号的延迟影响，因此双频接收机可用于长达几千千米的精密定位。

§2.3　GPS 相对于经典测量技术的特点

相对于经典的控制测量技术（三角网、边角网、测边网和导线网）来说，GPS 测量技术有下面几个特点。

1. 定位精度高

实践已经证明，在 50 km 以内的基线上，GPS 相对定位精度可达到 1×10^{-6}；在 100～500 km 的基线上可达到 0.1×10^{-6}；当基线长度大于 1 000 km 时，可达到 0.01×10^{-6}。在 300～1 500 m 的精密定位中，1 小时以上观测的解其平面位置误差小于 1 mm，与 ME-5000（目前最为精密的光电测距仪）电磁波测距仪测定的边长比较，其边长较差最大为 0.5 mm。

2. 观测时间短

随着 GPS 的不断完善，软件的不断更新，目前，20 km 以内相对静态定位，仅需观测 15～20 分钟，甚至更短；当进行快速静态相对定位测量时，每个流动站与基准站相距在 15 km 以内的情况下，流动站观测时间只需 1～2 分钟。

3. 测站间无需通视

GPS 测量不要求测站之间互相通视，只需测站上空开阔即可，因此可节省大量的造标费用（一般造标费用是建立控制网总费用的 30%～50%）。由于无需点间通视，根据需要，点的位置可疏可密，选点工作甚为灵活，也可省去经典控制网中的传算点、过渡点的测量工作。

4. 可提供三维坐标

经典控制测量对平面与高程采用不同方法分别施测。GPS 可同时精确测定测站点的三维坐标。目前，GPS 水准可满足四等水准测量的精度，若进一步采取有关技术措施，甚至可以达到二等水准的精度。

5. 操作简便

随着 GPS 接收机的不断改进，其自动化程度越来越高，好多机型已达“傻瓜化”的程度；接收机的体积越来越小，重量越来越轻，极大地减轻了测量工作者的劳动强度，使野外工作变得轻松愉快。

6. 全天候作业

目前，GPS 观测可在一天 24 小时内的任何时间进行，不受阴天、起雾刮风、下雨下雪等天气的影响。

7. **功能多、应用广**

GPS 不仅可用于测量、导航，还可用于测速、测时。测速的精度可达 0.1 m/s，测时的精度可达几十纳秒。现在，GPS 的应用领域不断扩大。当初美国设计 GPS 系统主要是用于导航、收集情报等军事目的。但是后来的应用与二次开发表明，GPS 不仅能够达到上述目的，而且用 GPS 卫星发出的导航定位信号能够进行厘米级甚至毫米级精度的静态相对定位，米级至亚米级精度的动态定位，亚米级至厘米级精度的速度测量和纳秒级精度的时间测量。因此，GPS 展现了极其广阔的应用前景。

§2.4 GPS 卫星信号及导航电文

2.4.1 GPS 卫星的测距码信号

1. **GPS 卫星信号**

GPS 卫星所播发的信号，包括 C/A 码、P 码(或 Y 码)和数据码(也称 D 码或导航电文)等多种信号分量，而其中的 P 码和 C/A 码，统称为测距码。当然，这些信号要借助载波(L_1 和 L_2)才能从卫星发送到地球，可以说，载波也是 GPS 卫星信号的组成部分。GPS 卫星信号的产生、构成和复制等，都涉及现代数字通信理论和技术方面的复杂问题，对于普通 GPS 用户，一般可以不去深入研究，但是明确一些基本概念，并掌握 GPS 定位的基本原理仍是必要的。

2. **GPS 的测距码**

GPS 卫星采用的两种测距码，即 C/A 码和 P 码(或 Y 码)，均属伪随机码。但因其构成的方式和规律极为复杂，本文不做详细介绍，只简单介绍一下有关 GPS 测距码的性质、特点和作用。

1)*C/A 码*

C/A 码是由两个 10 级反馈移位寄存器相组合而产生的。两个移位寄存器，于每星期日子夜零时，在置"1"脉冲作用下都处于 1 状态，同时在频率为 $f_1=f_0/10=1.023$ MHz 钟脉冲驱动下，两个移位寄存器分别产生码长为 $N_u=2^{10}-1=1\,023$ bit，周期为 $T_u=1$ ms 的 m 序列 $G_1(t)$ 和 $G_2(t)$。这时 $G_2(t)$ 序列的输出，不是在该移位寄存器的最后一个存储单元，而是选择其中两个存储单元，进行二进制相加后输出，由此得到一个与 $G_2(t)$ 平移等阶的 m 序列 G_{2i}。再将其与 $G_1(t)$ 进行模二相加，便得到 C/A 码。由于 $G_2(t)$ 可能有 1 023 种平移序列，所以，其分别与 $G_1(t)$ 相加后，将可能产生 1 023 种不同结构的 C/A 码。这些相异的 C/A 码，其码长、周期和数码率均相同，即

码长 $N_u=2^{10}-1=1\,023$ bit；

码元宽为 $t_u=1/f_1\approx 0.977\,52\ \mu$s(相应距离为 293.1 m)；

周期 $T_u=N_u t_u=1$ ms；

数码率＝1.023 Mbit/s。

这样，就可能使不同的 GPS 卫星，采用结构相异的 C/A 码。

C/A 码的码长很短，易于捕获。在 GPS 定位中，为了捕获 C/A 码，测定卫星信号传播的时延，通常需要对 C/A 码进行逐个搜索。因为 C/A 码总共只有 1 023 个码元，所以若以每秒

50 码元的速度搜索，只需要约 20.5 s 便可达到目的。

由于 C/A 码易于捕获，而且通过捕获的 C/A 码所提供的信息，又可以方便地捕获 GPS 的 P 码，所以，通常 C/A 码也称为捕获码。

C/A 码的码元宽度较大。假设两个序列的码元对齐误差为码元宽度的 1/100，则这时相应的测距误差可达 2.9 m。由于其精度较低，因此 C/A 码也称为粗码。

2)P 码

GPS 卫星发射的 P 码产生的基本原理与 C/A 码相似，但其发生电路，是采用两组各由两个 12 级反馈移位寄存器构成的，情况更为复杂，而且线路设计的细节，目前对外仍然是保密的。精心设计的 P 码的特征为：

码长 $N_u \approx 2.35\times10^{14}$ bit；

码元宽度 $t_u \approx 0.097\ 752\ \mu s$(相应距离为 29.3 m)；

周期 $T_u = N_u t_u \approx 267$ 天；

数码率＝10.23 Mbit/s。

P 码周期如此之长，约 267 天才重复一次。因此，实际应用时整个 P 码周期被分为 38 个部分(每一部分周期为 7 天，码长约为 6.19×10^{12} bit)，其中有 1 个部分闲置，5 个部分给地面监控站使用，32 个部分分配给不同的卫星。这样，每颗卫星使用 P 码的不同部分，便都具有相同的码长和周期，但码结构各异。

因为 P 码的码长约为 6.19×10^{12} bit，所以，如果仍采用搜索 C/A 码的办法来捕获 P 码，即逐个码元依次进行搜索，当搜索的速度仍为每秒 50 码元时，那将是无法实现的(约需 14×10^5 天)。因此，一般都是先捕获 C/A 码，然后根据导航电文中给出的有关信息捕获 P 码。

另外，由于 P 码的码元宽度为 C/A 码的 1/10，这时若取码元的对齐精度仍为码元宽度的 1/100，则引起的相应距离误差约为 0.29 m，仅为 C/A 码的 1/10。因此 P 码可用于较精密的定位，故通常也称为精码。

2.4.2　GPS 卫星的导航电文(数据码)

1. 导航电文及其格式

所谓导航电文，就是包含有关卫星的星历、卫星工作状态、时间系统、卫星钟运行状态、轨道摄动改正、大气折射改正和由 C/A 码捕获 P 码等导航信息的数据码(或 D 码)。导航电文是利用 GPS 进行定位的数据基础。

导航电文也是二进制码，依规定格式组成，借助载波，按帧向外播送。每帧电文含有 1 500 bit，播送速度为 50 bit/s，所以播送一帧电文的时间需要 30 s。

每帧导航电文含有 5 个子帧(图 2-4)，而每个子帧分别含有 10 个字，每个字 30 bit，故每一子帧共含 300 bit，持续播发的时间为 6 s。为了记载多达 25 颗卫星的星历，所以子帧 4、5 各含有 25 页。子帧 1、2、3 与子帧 4、5 的每一页，均构成一个主帧。在每一主帧的子帧与子帧之间，1、2、3 子帧的内容，每小时更新一次，而子帧 4、5 的内容，仅在给卫星注入新的导航数据后才得以更新。

2. 导航电文的内容

下面介绍一下每帧导航电文中，各子帧的主要内容。

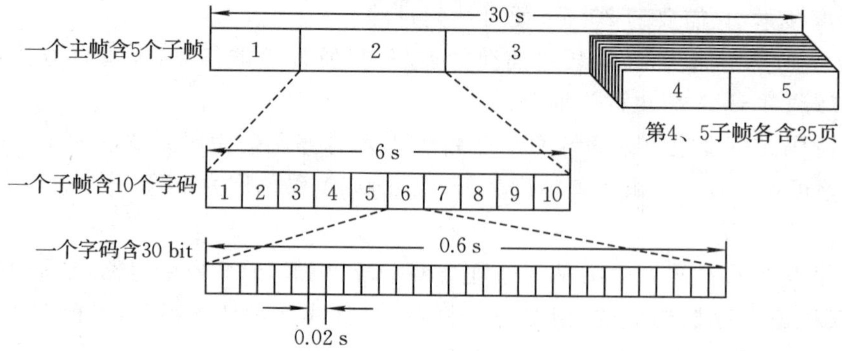

图 2-4　导航电文格式

1)遥测字

遥测字位于各子帧的开头,作为捕获导航电文的前导。其中所含的同步信号,为各子帧提供了一个同步的起点,使用户便于解译电文数据。

2)交接字

交接字紧接着各子帧开头的遥测字,主要是向用户提供用于捕获 P 码的 Z 计数。所谓 Z 计数,是从每星期六到星期日子夜零时起算的时间计数,它表示下一子帧开始瞬间的 GPS 时。但为了实用方便,Z 计数一般表示为从每星期六到星期日子夜零时开始发播的子帧数。因为每一子帧播送延续的时间为 6 s,所以,下一子帧开始的瞬时即为 6×Z。通过交接字,可以实时地了解观测瞬时在 P 码周期中所处的准确位置,以便迅速地捕获 P 码。

3)数据块Ⅰ

数据块Ⅰ含有关于卫星钟改正参数及其数据龄期、星期的周数编号、电离层改正参数和卫星工作状态等信息。现介绍一下其中的主要内容:

(1)卫星钟改正参数 a_0、a_1、a_2,分别表示该卫星的钟差、钟速及钟速的变化率。当已知这些参数后,便可按式(2-1)计算任意时刻 t 的钟改正数

$$\Delta t = a_0 + a_1(t - t_{0e}) + a_2(t - t_{0e})^2 \tag{2-1}$$

(2)参考历元 t_{0e},为数据块Ⅰ的基准时间,从 GPS 时每星期六到星期日子夜零时开始起算,变化范围为 0～604 800 s。

(3)钟数据龄期 AODC,表示基准时间 t_{0e} 和最近一次更新星历数据的时间 t_L 之差,即 $AODC = t_{0e} - t_L$。随着时间的推移,所给出的卫星钟改正参数的精度,将会随之下降,所以,钟数据龄期主要是用于评价钟改正数的可信程度。

(4)现时星期编号 WN,表示从 1980 年 1 月 6 日协调时零点起算的 GPS 时星期数。

4)数据块Ⅱ

数据块Ⅱ包含在 2、3 两个子帧里,主要向用户提供有关卫星运行位置计算的信息。该数据块一般称为卫星星历。数据块Ⅱ提供了用户利用 GPS 实时定位的基本数据。

5)数据块Ⅲ

数据块Ⅲ包含在第 4、5 两个子帧中,主要向用户提供 GPS 卫星的概略星历及卫星工作状态的信息,所以称为卫星的历书。

当用户捕获到一颗卫星后,便可从其导航电文的数据块Ⅲ中,知道其他所有卫星的概略位置、卫星钟的概略改正数及其工作状态等信息。这对于选择适宜的观测卫星,并构成最佳的几

何图形，以提高定位的精度是重要的，同时也有助于缩短搜捕卫星信号的时间。

2.4.3　GPS 卫星信号的构成

前已指出，GPS 卫星信号包括三种信号分量，即载波、测距码和数据码。所有这些分量，都是在同一个基本频率 $f_0=10.23$ MHz 的控制下产生的，见图 2-5。

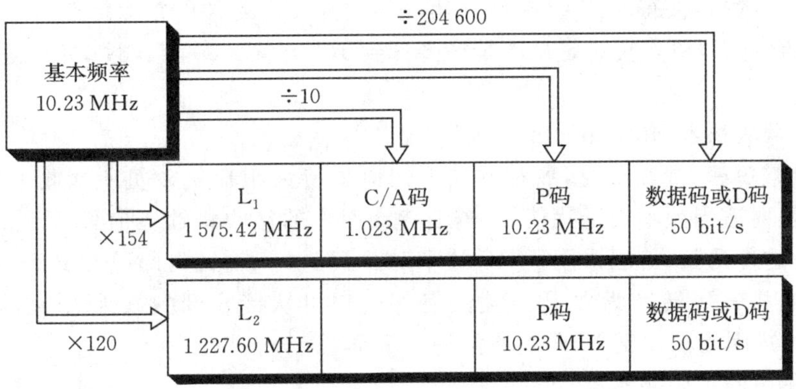

图 2-5　GPS 卫星信号示意

GPS 卫星取 L 波段的两种不同频率的电磁波为载波，即

L_1 载波，其频率 $f_1=154\times f_0=1\,575.42$ MHz，波长 $\lambda_1=19.03$ cm。

L_2 载波，其频率 $f_2=120\times f_0=1\,227.60$ MHz，波长 $\lambda_2=24.42$ cm。

在载波 L_1 上，调制有 C/A 码、P 码(或 Y 码)和数据码，而在载波 L_2 上，只调制有 P 码(或 Y 码)和数据码。

在无线电通信技术中，为了有效地传播信息，一般均将频率较低的信号加载到频率较高的载波上，向外发送。

2.4.4　美国政府针对 GPS 的限制性政策

美国建立 GPS 的目的是实现用于美国军事目的的各种舰船和飞行器的实时导航。为了防止未经美国政府特许的用户利用 GPS 导航定位技术对美国的自身安全构成威胁、保障美国国家的利益和安全，对未经美国政府特许的 GPS 用户实施了限制性政策。

1. 美国政府针对 GPS 的限制性政策

1)对不同的 GPS 用户，提供不同的服务方式

GPS 卫星发射的无线电信号，含有两种不同精度的测距码，即保密的高精度 P 码和公开的低精度 C/A 码。与此相对应，GPS 提供的定位方式也分为两种，即精密定位服务(precise positioning service，PPS)和标准定位服务(standard positioning service，SPS)。

PPS 可提供 L_1 和 L_2 载波上的 P 码、L_1 载波上的 C/A 码、导航电文和消除 SA 影响的密匙。PPS 的服务对象是美国军事部门和其他经美国特许的用户。这类用户可利用 P 码获得高精度的观测量，且能通过卫星发射的 L_1 和 L_2 两种频率的信号测量来消除电离层折射的影响。PPS 的单点定位精度为 5 m。

SPS 仅提供 L_1 载波上的 C/A 码和导航电文，其服务对象是广大的民用用户。这类用户只能利用 C/A 码获得低精度的观测量，且只能通过 L_1 载波上的 C/A 码测量距离，无法利用双频技术消除电离层折射的影响。SPS 的单点定位精度为 30 m。

2)实施 SA 政策

为了进一步降低 SPS 的定位精度,美国对 GPS 卫星播发的信号实施了 SA 政策,进行人为干扰。这种干扰是通过 δ 技术和 ε 技术实现的。δ 技术是对 GPS 的基准信号人为地加入一个高频抖动信号,从而使载波、测距码和数据码频率受到干扰,降低星站距离测量精度。ε 技术是干扰卫星星历数据,使得利用 C/A 码星历进行单点实时定位的精度降低。

在 SA 的影响下,单点实时定位的精度降低到 100 m。2000 年 5 月 1 日,美国政府取消了 SA 政策。

3)反电子欺骗技术(anti-spoofing,AS)

当 P 码已被解密,或在战时,敌对方如果知道了特许用户接收机所接收卫星信号的频率和相位,便可发射适当频率的干扰信号,诱使特许用户的接收机锁错信号,产生错误的导航信息。为了防止这种诱骗,美国采用了 AS 技术对 P 码进一步保密,即通过 P 码与保密的 W 码进行模二相加,将 P 码转换为 Y 码。美国特许用户可从接收到的 Y 码中剔除 W 码而得到 P 码,非特许用户因无法得到 W 码而不能得到 P 码。

2. GPS 用户的反限制措施

针对美国政府对 GPS 的限制性政策,GPS 用户相应地采取了一些反限制措施。

1)应用 P-W 技术实施载波重建

应用 P-W 技术和 L_1 与 L_2 交叉相关技术,使 L_2 载波相位观测值得到恢复,其精度与使用 P 码相同。GPS 接收机接收到的 L_1 和 L_2 载波上,分别存在着调制的 Y 码,而 Y 码是 P 码与显著低速率的保密码 W 码的叠加。P-W 技术的基本原理是将接收到的 L_1 和 L_2 信号与接收机生成的以原 P 码信号为基础的人工复制信号进行相关处理,并将频带宽度降低得到保密码带宽,便可获得未知的 W 码调制信号的估值。然后,应用反向频率信号处理法,将上述接收到的信号减去 W 码的估值,就可以消除 W 码的大部分影响,从而恢复 P 码。

2)研制能同时接收 GPS 和 GLONASS 信号的接收机

俄罗斯的 GLONASS 与 GPS 最大的区别在于:GLONASS 无 SA 政策,即无需顾虑精度的降低和对精密信号的加密,GLONASS 接收机定位精度优于 GPS 接收机。现在最新的 GNSS 接收机不仅可以同时接收 GPS 信号和 GLONASS 信号,同时也为即将投入运营的 Galileo 系统预留了接收通道。

3)发展差分 GPS

目前,不少国家和地区已经发展了差分 GPS(differential GPS,DGPS)和广域差分 GPS(wide area differential GPS, WADGPS),如现在得到广泛应用的连续运行基准站(continuously operating reference stations,CORS)系统,实时差分定位精度可优于厘米级。CORS 等实时差分定位系统的发展与应用,为 GPS 具体应用开辟了新的领域,在陆地、海上、空中、民用、军用等各个领域中得到进一步推广。

4)建立独立的 GPS 卫星跟踪系统

建立独立的 GPS 卫星跟踪系统,以精密地测定卫星的轨道,为用户提供精密星历服务,是一项经济有效的措施。它对开发 GPS 的广泛应用具有重大意义。

5)建立独立的卫星导航与定位系统

目前,一些国家和地区正在发展自己的卫星导航与定位系统,尤其是俄罗斯的 GLONASS

引起了世界各国的兴趣。另外,欧盟的 Galileo 计划和中国的北斗导航卫星系统的建设,更使得卫星导航定位系统呈多元化发展趋势。

§2.5　GPS 卫星定位基本原理

2.5.1　概述

GPS 的定位原理类似于测量学中的空间距离后方交会,即利用空间分布的卫星及卫星与地面点的距离交会得出地面点位置。假定空间卫星的位置已知,通过一定方法测定出待定地面点 P 至空间卫星的距离,则 P 必位于以该卫星为中心、以所测得距离为半径的圆球上。若能同时观测另外 2 颗以上卫星至 P 点的距离,那么 P 点一定处于这 3 个以上圆球的交点上。

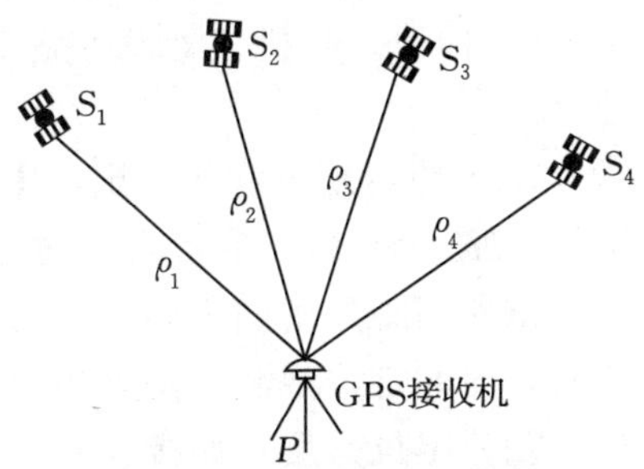

图 2-6　GPS 定位原理

假想在某一地面点上安置 GPS 接收机,能够同时接收 GPS 卫星发射的信号测定卫星在此瞬间的位置,以及它们分别至该接收机的距离,据此即可实现定位。但是由于 GPS 卫星是分布在两万多千米高空中的运动载体,只有在同一时刻同步测定站星距离才能定位,而要实现同步必须具有统一时间标准,所以 GPS 定位除了要解求待定点的三维坐标之外,还要解求站星钟差参数(一般卫星钟差参数可忽略)。因此利用距离交会法解算出测站 P 的位置及接收机钟差参数 δt,必须至少同步观测 4 颗以上 GPS 卫星,才能真正实现精确定位,见图 2-6。

设在时刻 t_i,点 P 处 GPS 接收机同时测得 P 点至 4 颗 GPS 卫星的距离为 ρ_1、ρ_2、ρ_3、ρ_4,通过 GPS 导航电文解译出 4 颗 GPS 卫星的三维坐标(x^j, y^j, z^j),$j=1$、2、3、4。用距离交会的方法求解 P 点的三维坐标(x, y, z)的观测方程为

$$\left.\begin{aligned}\rho_1&=\sqrt{(x-x^1)^2+(y-y^1)^2+(z-z^1)^2}+c\delta t\\\rho_2&=\sqrt{(x-x^2)^2+(y-y^2)^2+(z-z^2)^2}+c\delta t\\\rho_3&=\sqrt{(x-x^3)^2+(y-y^3)^2+(z-z^3)^2}+c\delta t\\\rho_4&=\sqrt{(x-x^4)^2+(y-y^4)^2+(z-z^4)^2}+c\delta t\end{aligned}\right\}\tag{2-2}$$

式中,ρ 为接收机距卫星的距离;c 为光速;δt 为接收机钟差。

由此可见,GPS 定位中,要求解测站点的三维坐标,必须测定观测瞬间各 GPS 卫星的准确位置和观测瞬间各卫星至测站点的站星距。由前面章节可知,通过 GPS 卫星发射的导航电文中的 GPS 卫星星历,可以实时解算出卫星的瞬时位置信息。观测瞬间测站点至卫星之间的距离,则需要通过 GPS 卫星信号在卫星和测站点之间的传播时间来确定。在讲述定位原理之前要先解决距离测定的问题。

2.5.2　GPS 定位的方法与观测量

1. 定位方法分类

对于 GPS 定位,采用的分类标准不同,定位方法可分为很多种。

按照选取的参考点的位置不同,可分为绝对定位和相对定位。所谓绝对定位,是将一台

GPS接收机安置在地面某待定点上接收GPS卫星信号，来测定该点相对于协议地球质心的三维位置，也叫单点定位。GPS定位所采用的协议地球坐标系为WGS-84坐标系，因此绝对定位的坐标最初成果为WGS-84坐标。所谓相对定位，是将两台以上的接收机安置在两个地面点上测定两点之间的相对位置。也就是测定地面参考点到未知点的坐标增量，从而由其中一个已知参考点求取另一个待定点坐标。

按用户接收机在作业中的运动状态不同，可分为静态定位和动态定位。静态定位，即在定位过程中将接收机安置在测站点上并固定不动。严格来说，这种静止状态只是相对的，通常指接收机相对于其周围点位没有发生变化。动态定位，即在定位过程中，接收机处于运动状态。

需要说明的是，静态定位和动态定位的区别在于：数据处理时是否将接收机的位置看作固定不动，而不在于接收机本身是否运动。在动态定位中，即使接收机未动，而由于测量误差的影响，引起所测位置发生变化，数据处理软件会将处理误差当作点位运动处理。反之，在静态定位中，即使接收机位置发生微小移动，数据处理软件也会将接收机位置的变化当作观测误差处理。

GPS绝对定位和相对定位中，又都包含静态和动态两种方式，即动态绝对定位、静态绝对定位、动态相对定位和静态相对定位。

依照测距原理的不同，又可分为测码伪距定位、测相伪距定位、差分定位等。测码伪距定位所采用的定位观测量是码相位观测量，测相伪距定位所采用的定位观测量是载波相位观测量。差分定位是用户站接收基准站发送的修正数据，对用户站定位观测量进行改正，以达到消除或减少定位观测量误差、提高定位精度的目的。

2. 观测量的基本概念

GPS定位的观测量是用户利用GPS定位的重要依据之一。所谓GPS观测量，是GPS接收机接收卫星发射信号加以处理，获得卫星到用户接收机的距离。由于受到电离层延迟、对流层延迟等误差源的影响，GPS卫星至用户接收机的观测距离，并非真实地反映卫星到用户接收机的几何距离，而是含有误差的，这种带有误差的GPS观测距离又称为伪距。

由于卫星信号含有多种定位信息，根据不同的要求和方法，可获得不同的观测量：

测码伪距观测量（或称码相位观测量），测相伪距观测量（或称载波相位观测量），多普勒积分计数伪距差，干涉法测量时间延迟。

目前，在GPS定位测量中，广泛采用的观测量为前两种，即码相位观测量和载波相位观测量。

1）码相位观测量

码相位观测是根据GPS卫星发射的测距码信号（C/A码和P码）到达用户接收机（观测站）的传播时间，从而测得接收机至卫星的距离 ρ，即

$$\rho=\Delta t\cdot c \tag{2-3}$$

式中，Δt 为信号传播时间；c 为光速。

因此，码相位观测的关键问题在于如何测量上述测距码信号的传播时间。

首先，假设卫星钟和接收机钟均无误差，都能与标准的GPS时间保持同步。卫星 S^j 在卫星钟的某一时刻 t 发射出某一结构的测距码信号，用户接收机在同一时刻也产生一个与发射码结构完全相同的测距码（称为复制码）。卫星发射的测距码信号经过 Δt 时间到达接收机（称为接收码），由接收机通过时间延迟器将此时的复制码向后平移若干码元，使复制码与接收码

完全对齐，并记录平移的码元数，平移的码元数与码元宽度的乘积就是卫星发射的码信号到达接收机天线的传播时间 Δt，又称时间延迟。测量过程见图 2-7。

通过上述方法要准确测定站星之间的几何距离，必须具备两个前提条件：一是使卫星钟与用户接收机钟保持严格同步；二是同时考虑大气层对卫星信号的影响。事实上，由于卫星钟和接收机钟振荡频率的不稳定，不可避免地存在钟误差，使站星钟不能严格同步。卫星信号必定要穿过电离层和对流层才能到达接收机，不可避免地受到大气层的影响。这种通过测距码信号测得的星站之间的实际距离观测量称为测码伪距观测量。因此，测码伪距观测量 ρ' 与星站间的几何距离 ρ 之间存在着如下关系

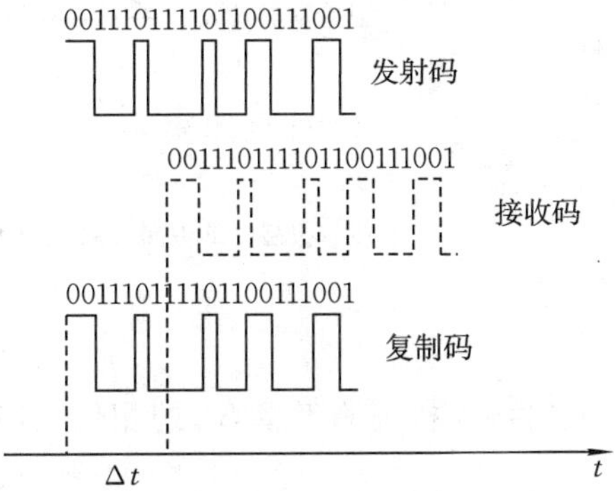

图 2-7　码相位测量

$$\rho' = \rho + c\delta t_k - c\delta t^j + \delta\rho_1 + \delta\rho_2 \tag{2-4}$$

式中，δt_k 为接收机钟时间相对于 GPS 标准时的钟差，$t_k = t_k(\text{GPS}) - \delta t_k$；$\delta t^j$ 为卫星钟时间相对于 GPS 标准时的钟差，$t^j = t^j(\text{GPS}) - \delta t^j$；$\delta\rho_1$、$\delta\rho_2$ 为电离层和对流层对卫星信号传播的延迟。

式(2-4)即测码伪距观测方程。

利用测距码进行伪距测量是 GPS 的基本测距方法。GPS 信号中测距码的码元宽度较大，根据经验，码相位对齐精度约为码元宽度的 1%。对 P 码来说，其码元宽度约为 29.3 m，所以测距精度约为 0.29 m。对 C/A 码来说，其码元宽度约为 293 m，所以测距精度约为 2.9 m。可见，采用测距码进行站星距离测量的测距精度不高。

2）载波相位观测量

测距码的码元宽度较大，因而测距精度不高，只能满足某些导航和低精度定位的要求。GPS 卫星信号中载波的波长较短，L_1 载波波长为 19 cm，L_2 载波波长为 24 cm，所以与 L_1 载波相应的测距误差约为 1.9 mm，而与 L_2 载波相应的测距误差约为 2.4 mm。可见，如果载波作为量测信号，就可以达到很高的精度。

但是，载波信号是一种周期性的正弦波信号，而接收机的鉴相器只能测定载波信号由发出到接收过程中相位变化的不足一周的部分，而相位变化的整周数无法确定，这就使得解算过程变得比较复杂。

载波相位观测时通过测量载波信号从 GPS 卫星到 GPS 接收机传播路径上的相位变化 $\Delta\Phi$，从而确定传播距离 ρ，即

$$\rho = \lambda \cdot \Delta\Phi \tag{2-5}$$

式中，$\Delta\Phi$ 为载波信号传播过程中的相位变化，以周为单位；λ 为载波波长。

在实际应用中，这种相位变化量无法直接测定，为此采用如下方法测得。假定卫星钟和接收机钟无误差，卫星 S^j 在某一时刻 t 发射载波信号，其相位为 φ^j，与此同时接收机内振荡器复制一个与发射载波初相和频率完全相同的参考载波。经过 Δt 时间，发射的卫星载波信号被接收机收到，而此时的接收机参考载波信号已经发生了相位变化（其相位为 φ_i）。GPS 接收机通过对此时的接收信号与参考信号进行比相，获得发射载波信号从卫星到接收机的相位变化（或

相位延迟)。测量过程见图 2-8。

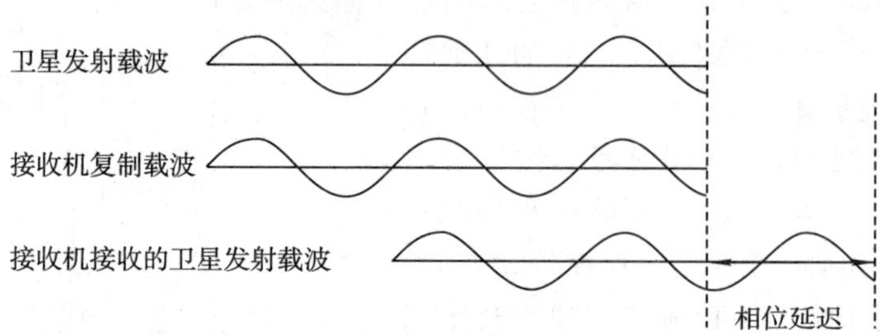

图 2-8 载波相位测量

此时接收机观测卫星 S^j 的相位,其观测量可写为

$$\Delta\Phi = \varphi_i - \varphi^j \tag{2-6}$$

与码相位观测一样,通过上述方法也不能准确测定站星之间的几何距离,因为卫星钟和接收机钟均存在钟误差,且载波信号要穿过电离层和对流层才能到达接收机,必然会受到大气层的影响。这种通过载波信号变化而测得的星站之间的实际距离观测量称为测相伪距观测量,即由式(2-5)得到的距离实为伪距,将其代入测码伪距观测方程式(2-4),则测相伪距观测量 $\lambda\Delta\Phi$ 与星站的几何距离 ρ 之间存在着如下关系

$$\lambda\Delta\Phi = \rho + c\delta t_k - c\delta t^j + \delta\rho_1 + \delta\rho_2 \tag{2-7}$$

式中各物理量同式(2-4)。

根据简谐波的物理特性,上述的载波相位观测量 $\Delta\Phi$ 可以看成整周部分 N 和不足一周的小数部分 $\delta\varphi$ 之和,即

$$\Delta\Phi = N + \delta\varphi \tag{2-8}$$

实际上,在进行载波相位测量时,接收机只能测定不足一周的小数部分 $\delta\varphi(t_i)$。因为载波信号是一单纯的正弦波,没有任何标志,所以无法测定正在量测的是第几个整周的小数部分,于是便出现了一个整周模糊度 N,或称整周模糊度。如何快速正确地求解整周模糊度是 GPS 测相伪距观测中要研究的一个关键问题。

当接收机锁定(跟踪)到某卫星信号后,在初始观测历元 t_0,相位观测量为

$$\Delta\Phi(t_0) = N(t_0) + \delta\varphi(t_0) \tag{2-9}$$

卫星信号在历元 t_0 被跟踪后,载波相位变化的整周变化被接收机多普勒计数器自动计数。只要卫星不失锁,整周计数就是连续的,所以对其后的任一历元的总相位变化,可表示为

$$\Delta\Phi(t_i) = N(t_0) + N(t_i - t_0) + \delta\varphi(t_i) \tag{2-10}$$

式中,$N(t_0)$ 为初始历元的整周模糊度,在卫星信号被锁定后就确定不变,是一个未知常数,即通常意义上所说的整周待定值;$N(t_i - t_0)$ 为从初始历元 t_0 到后续历元 t_i 之间相位变化的整周数,可由接收机自动连续计数来确定,是一个已知量,又叫整周计数;$\delta\varphi(t_i)$ 为后续观测历元 t_i 时,相位不足一周的小数部分,可由接收机测定。

上述载波相位观测量的几何意义,可见图 2-9。

若取

$$\varphi(t_i) = N(t_i - t_0) + \delta\varphi(t_i) \tag{2-11}$$

则 $\varphi_i^j(t_i)$ 是载波相位的实际观测量,即用户 GPS 接收机相位观测输出值。因此,式(2-10)可写为

$$\Delta\Phi(t_i)=N(t_0)+\varphi(t_i) \tag{2-12}$$

将式(2-12)代入式(2-7),可得

$$\lambda\varphi(t_i)=\rho-\lambda N(t_0)+c\delta t_k-c\delta t^j+\delta\rho_1+\delta\rho_2 \tag{2-13}$$

此式即为载波相位观测方程。

将式(2-13)与式(2-4)比较,式(2-13)除增加了一项与载波相位整周模糊度有关的项之外,其形式与测码伪距观测方程完全一样。

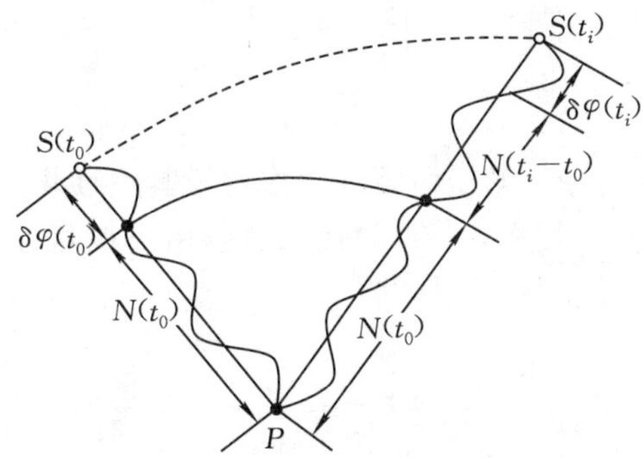

图 2-9　GPS 相位观测量

2.5.3　观测方程的线性化

1. 测码伪距观测方程及其线性化

GPS 卫星上设有高精度的原子钟,与理想的 GPS 时之间的钟差,通常从卫星播发的导航电文中获得。经钟差改正后,各卫星钟的同步差可保持在 20 ns 以内,由此所导致的测距误差可以忽略。由式(2-4)可得测码伪距方程的常用形式为

$$\rho'=\rho+c\delta t_k+\delta\rho_1+\delta\rho_2 \tag{2-14}$$

在式(2-14)中,GPS 观测站 P 点的位置坐标值隐含在站星几何距离 ρ 中,即

$$\rho=\sqrt{(x^j-x)^2+(y^j-y)^2+(z^j-z)^2} \tag{2-15}$$

式中,$(x,\ y,\ z)$ 为测站 P 在协议地球坐标系中的坐标;(x^j,y^j,z^j) 为卫星 S^j 在协议地球坐标系中的坐标,可通过卫星发射的卫星星历计算而得,解算时一般视为已知值。

GPS 定位的几何关系见图 2-10。

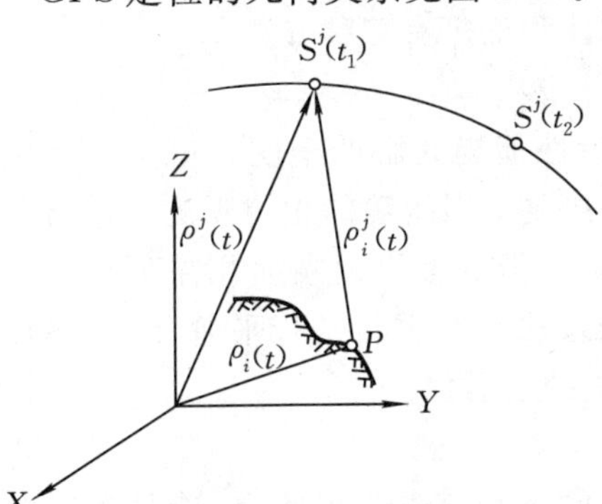

图 2-10　GPS 定位的几何关系

显然,观测方程式(2-14)是非线性的,计算起来麻烦且费时。为了便于计算机解算,一般对其进行线性化。

取测站 P 的坐标近似值为$(x_0,\ y_0,\ z_0)$,改正数为$(\delta x,\delta y,\delta z)$,则对式(2-15)采用泰勒级数进行线性化,取至一次微小项,得

$$\rho=\rho_0+\begin{bmatrix}-l & -m & -n\end{bmatrix}\begin{bmatrix}\delta x\\ \delta y\\ \delta z\end{bmatrix} \tag{2-16}$$

式中,l、m、n 为测站 P 到卫星 S^j 的向量的方向余弦,即

$$\left.\begin{aligned}\frac{\partial\rho}{\partial x^j}&=\frac{1}{\rho_0^j}[x^j(t)-x_0]=l\\ \frac{\partial\rho}{\partial y^j}&=\frac{1}{\rho_0^j}[y^j(t)-y_0]=m\\ \frac{\partial\rho}{\partial z^j}&=\frac{1}{\rho_0^j}[z^j(t)-z_0]=n\end{aligned}\right\} \tag{2-17}$$

其中,ρ_0^j 为星站距离的近似值,$\rho_0^j=\sqrt{[x^j(t)-x_0]^2+[y^j(t)-y_0]^2+[z^j(t)-z_0]^2}$。由此,测码伪距方程式(2-14)的线性化形式为

$$\rho_0-[l \quad m \quad n]\begin{bmatrix}\delta x\\ \delta y\\ \delta z\end{bmatrix}+c\delta t_k=\rho'-\delta\rho_1-\delta\rho_2 \tag{2-18}$$

2. 测相伪距观测方程及其线性化

若将式(2-16)代入载波相位观测方程式(2-13)，则可得载波相位方程(或测相伪距方程)的线性化形式，即

$$\lambda\varphi=\rho_0+[-l \quad -m \quad -n]\begin{bmatrix}\delta x\\ \delta y\\ \delta z\end{bmatrix}-\lambda N(t_0)+c\delta t_k+\delta\rho_1+\delta\rho_2 \tag{2-19}$$

式(2-19)在GPS静密定位中有着广泛的应用，既可用于单点定位，也可进行相对定位。

上述针对测码伪距观测量和瞬时载波相位观测量进行了深入的讨论，实际应用中正是利用上述观测量的各种线性组合，构成方程组进行最小二乘法求解，从而实现GPS定位。

2.5.4 整周模糊度 N_0 的确定

确定整周模糊度 N_0 是载波相位测量的一项重要工作，常用的方法有下列几种。

1. 伪距法

伪距法是在进行载波相位测量的同时又进行了伪距测量，将伪距观测值减去载波相位测量的实际观测值(以距离为单位)后即可得到 $\lambda \times N_0$。但由于伪距测量的精度较低，所以要有较多的 $\lambda \times N_0$，取平均值后才能获得正确的整波段数。

2. 将整周模糊度当作平差中的待定参数——经典方法

把整周模糊度当作平差计算中的待定参数来加以估计和确定有三种方法。

1)整数解

整周模糊度从理论上讲应该是一个整数，利用这一特性能提高解的精度。短基线定位时一般采用这种方法。具体步骤为：首先，根据卫星位置和修复了周跳后的相位观测值进行平差计算，求得基线向量和整周模糊度；由于各种误差的影响，解得的整周模糊度往往不是一个整数，称为实数解；然后，将其固定为整数(通常采用四舍五入法)，并重新进行平差计算；在计算中整周模糊度采用整周值并视为已知数，以求得基线向量的最后值。

2)实数解

当基线较长时，误差的相关性将降低，许多误差消除的不够完善。因此，无论是基线向量还是整周模糊度，均无法估计得很准确。在这种情况下再将整周模糊度固定为某一整数往往无实际意义，所以通常将实数解作为最后解。

采用经典方法解算整周模糊度时，为了能正确求得这些参数，往往需要一个小时甚至更长的观测时间，这会影响作业效率，所以只有在高精度定位领域中才应用经典方法。

3)多普勒法(三差法)

由于连续跟踪的所有载波相位测量观测值中均含有相同的整周模糊度No，所以将相邻两个观测历元的载波相位相减，就能将该未知参数消去，从而直接解出坐标参数，这就是多普勒法。但两个历元之间的载波相位观测值之差受到此期间接收机钟及卫星钟的随机误差的影响，所以精度不太好，往往用来解算未知参数的初始值。多普勒法可以消除掉许多误差，所以使用较广泛。

3. 快速确定整周模糊度法

1990 年，E. Frei 和 G. Beutler 提出了利用快速模糊度(即整周模糊度)解算法进行快速定位的方法。采用这种方法进行短基线定位时，利用双频接收机只需观测一分钟便能成功地确定整周模糊度。

2.5.5　GPS 绝对定位与相对定位

GPS 绝对定位也叫单点定位，即利用 GPS 卫星和用户接收机之间的距离观测值，直接确定用户接收机天线在 WGS-84 坐标系中相对于坐标系原点——地球质心的绝对位置。绝对定位又分为静态绝对定位和动态绝对定位。因为受到卫星轨道偏差、钟差及信号传播误差等因素的影响，静态绝对定位的精度约为米级，而动态绝对定位的精度为 10～40 m。这一精度只能用于一般导航定位中，远不能满足大地测量精密定位的要求。

GPS 相对定位也叫差分 GPS 定位，是至少用两台 GPS 接收机，同步观测相同的 GPS 卫星，确定两台接收机天线之间的相对位置(坐标差)。它是目前 GPS 定位中精度最高的一种定位方法，广泛应用于大地测量、精密工程测量、地球动力学的研究和精密导航等领域。

下面将分别介绍静态绝对定位和静态相对定位的原理和方法。

1. 静态绝对定位

接收机天线处于静止状态下，确定观测站坐标的方法称为静态绝对定位。这时，可以连续地在不同历元同步观测不同的卫星，测定卫星至观测站的伪距，获得充分的多余观测量。测后通过数据处理求得观测站的绝对坐标。

1)伪距法绝对定位的解算

对于任一历元 t_i，由观测站同步观测 4 颗卫星，则 $j=1、2、3、4$。式(2-18)的测码伪距观测方程为方程组。令 $c\delta t_k=\delta\rho$，则方程组形式为

$$\begin{bmatrix}\rho_0^1\\ \rho_0^2\\ \rho_0^3\\ \rho_0^4\end{bmatrix}-\begin{bmatrix}l^1 & m^1 & n^1 & 1\\ l^2 & m^2 & n^2 & 1\\ l^3 & m^3 & n^3 & 1\\ l^4 & m^4 & n^4 & 1\end{bmatrix}\begin{bmatrix}\delta x\\ \delta y\\ \delta z\\ -\delta\rho\end{bmatrix}=\begin{bmatrix}\rho'^1-\delta\rho_1^1-\delta\rho_2^1\\ \rho'^2-\delta\rho_1^2-\delta\rho_2^2\\ \rho'^3-\delta\rho_1^3-\delta\rho_2^3\\ \rho'^4-\delta\rho_1^4-\delta\rho_2^4\end{bmatrix} \tag{2-20}$$

令

$$\boldsymbol{A}_i=\begin{bmatrix}l^1 & m^1 & n^1 & 1\\ l^2 & m^2 & n^2 & 1\\ l^3 & m^3 & n^3 & 1\\ l^4 & m^4 & n^4 & 1\end{bmatrix}\begin{matrix}\delta\boldsymbol{X}=[\delta x\quad \delta y\quad \delta z\quad -\delta\rho]^{\mathrm{T}}\\ ,\boldsymbol{L}^j=[\rho'^j\quad -\delta\rho_1^j\quad -\delta\rho_2^j\quad -\rho_0^j]^{\mathrm{T}}\\ \boldsymbol{L}_i=[L^1\quad L^2\quad L^3\quad L^4]^{\mathrm{T}}\end{matrix}$$

则式(2-20)可简写为

$$\boldsymbol{A}_i\delta\boldsymbol{X}+\boldsymbol{L}_i=0 \tag{2-21}$$

当同步观测的卫星数多于 4 颗时，则须通过最小二乘平差求解，此时式(2-21)可写为误差方程组的形式，即

$$\boldsymbol{V}_i=\boldsymbol{A}_i\delta\boldsymbol{X}+\boldsymbol{L}_i \tag{2-22}$$

根据最小二乘平差求解未知数

$$\delta\boldsymbol{X}=-(\boldsymbol{A}_i^{\mathrm{T}}\boldsymbol{A}_i)^{-1}(\boldsymbol{A}_i^{\mathrm{T}}\boldsymbol{L}_i) \tag{2-23}$$

未知数中误差

$$M_x = \sigma_0 \sqrt{q_{ii}} \tag{2-24}$$

式中，M_x 为未知数中误差；σ_0 为伪距测量中误差；q_{ii} 为权系数阵 $\boldsymbol{Q}_X$ 主对角线的相应元素，$\boldsymbol{Q}_X$ 为

$$\boldsymbol{Q}_X = (\boldsymbol{A}_i^{\mathrm{T}} \boldsymbol{A}_i)^{-1} \tag{2-25}$$

在静态绝对定位的情况下，由于观测站固定不动，可以于不同历元同步观测不同的卫星，以 n 表示观测的历元数，忽略接收机钟差随时间变化的情况，由式(2-22)可得相应的误差方程式组

$$\boldsymbol{V} = \boldsymbol{A}\delta\boldsymbol{X} + \boldsymbol{L} \tag{2-26}$$

式中

$$\boldsymbol{V} = [V_1 \quad V_2 \quad \cdots \quad V_n]^{\mathrm{T}}$$
$$\boldsymbol{A} = [A_1 \quad A_2 \quad \cdots \quad A_n]^{\mathrm{T}}$$
$$\boldsymbol{L} = [L_1 \quad L_2 \quad \cdots \quad L_n]^{\mathrm{T}}$$
$$\delta\boldsymbol{X} = [\delta x \quad \delta y \quad \delta z \quad -\delta\rho]^{\mathrm{T}}$$

按最小二乘法求解得

$$\delta\boldsymbol{X} = -(\boldsymbol{A}^{\mathrm{T}}\boldsymbol{A})^{-1}\boldsymbol{A}^{\mathrm{T}}\boldsymbol{L} \tag{2-27}$$

未知数的中误差仍按式(2-24)估算。

如果观测的时间较长，接收机钟差的变化往往不能忽略。这时可将钟差表示为多项式的形式，把多项式的系数作为未知数在平差计算中一并求解。也可以对不同观测历元引入不同的独立钟差参数，在平差计算中一并解算。

在用户接收机安置在运动的载体上并处于动态情况下，确定载体瞬时绝对位置的定位方法，称为动态绝对定位。此时，一般同步观测 4 颗以上的卫星，利用式(2-23)即可求出任一瞬间的实时解。关于动态定位的原理和方法本文不再赘述。

2)应用载波相位观测值进行静态绝对定位

应用载波相位观测值进行静态绝对定位，其精度高于伪距法静态绝对定位。在载波相位静态绝对定位中，应注意对观测值加入电离层、对流层等各项改正，防止和修复整周跳变，以提高定位精度。整周模糊度解算后，不再为整数，可将其调整为整数，解算出的观测站坐标称为固定解，否则称为实数解。载波相位静态绝对定位解算的结果可以为相对定位的参考站(或基准站)提供较为精密的起始坐标。

3)绝对定位精度的评定

GPS 绝对定位的精度取决于两个因素：测量误差和几何精度因子。GPS 测量实质是距离的测量，为了研究的方便，总是将各项误差投影到测站至卫星的连线上，再来讨论它们对距离测量的影响，并将该影响称为等效距离误差 σ_0。 GPS 卫星定位中存在着诸多误差，这些误差对 GPS 卫星定位的综合影响用上述精度指标(即等效距离误差 σ_0)来表示。等效距离误差是各项误差投影到测站至卫星的连线方向上的具体数值。若各项误差之间相互独立，就可以求出总的等效距离误差，因此，σ_0 可以作为 GPS 定位时衡量观测精度的客观指标。

GPS 定位的基本原理是空间距离后方交会，决定其定位精度的另一个因子是几何图形的精度。GPS 星座与测站构成的几何图形不同，即使是相同精度的观测值所求得的点位精度也不会相同。因此，需要研究卫星星座几何图形与定位精度之间的关系。在 GPS 测量中，通常用图形强度因子(dilution of precision，DOP)来表示几何图形精度，DOP 是描述卫星的几何位置对误差贡献的因子。GPS 的误差为等效距离误差与精度因子之乘积，即

$$m_x = \mathrm{DOP} \cdot \sigma_0 \tag{2-28}$$

式中，m_x 为某定位元素的标准差；σ_0 为等效距离的标准差；DOP 为图形强度因子。

DOP 是一个直接影响定位精度但又独立于观测值之外的一个量，其值的大小随时间和测站位置可在 1～10 间变化，在 GPS 定位中，DOP 值越小越好。如在相关的 GPS 测量规范中，规定 DOP 值小于 6 才能进行观测。

在实际观测中，常根据不同的要求采用不同的评价模型和相应的图形强度因子。

HDOP(horizontal DOP)：水平精度衰减因子，表征卫星几何位置布局对 GPS 平面位置精度影响的因子。

VDOP(vertical DOP)：垂直精度衰减因子，表征卫星几何位置布局对 GPS 高程位置精度影响的因子。

PDOP(position DOP)：位置精度衰减因子，表征卫星几何位置布局对 GPS 三维位置精度影响的因子。

TDOP(time DOP)：时间精度衰减因子，表征卫星几何位置布局对 GPS 时间精度影响的因子。

GDOP(geometric DOP)：几何精度衰减因子，表征卫星几何位置布局对 GPS 三维位置误差和时间误差综合影响的因子。

分析表明，若测站与 4 颗卫星构成一个六面体，则 DOP 与该六面体体积成反比。也就是说，所测卫星在空间分布越大，六面体的体积就越大，DOP 值越小，图形强度越高，定位精度也越高。

2. 静态相对定位

进行静态相对定位时，安置在基线端点的接收机是固定不动的。在不同观测站同步观测相同卫星的情况下，卫星轨道偏差、卫星钟差、电离层折射误差和对流层折射误差等，对不同观测站观测量的影响具有一定的相关性。因此，可以利用各观测量的不同线性组合进行相对定位，有效地消除或削弱上述各项误差对定位结果的影响。同时，由于进行连续观测，取得了充分的多余观测量，因而可获得非常高的精度。

1)基本观测量及其线性组合

静态相对定位一般均采用载波相位观测值作为基本观测量，如图 2-11 所示，假设安置于基线两端点的接收机 T_1 和 T_2，于历元 t_1 和 t_2 时对卫星 S^m 和 S^n 进行了同步观测，得到独立的载波相位观测量 $\varphi_1^m(t_1)$、$\varphi_1^m(t_2)$、$\varphi_1^n(t_1)$、$\varphi_1^n(t_2)$、$\varphi_2^m(t_1)$、$\varphi_2^m(t_2)$、$\varphi_2^n(t_1)$、$\varphi_2^n(t_2)$。在静态相对定位中，普遍应用这些独立观测量的不同差分形式。

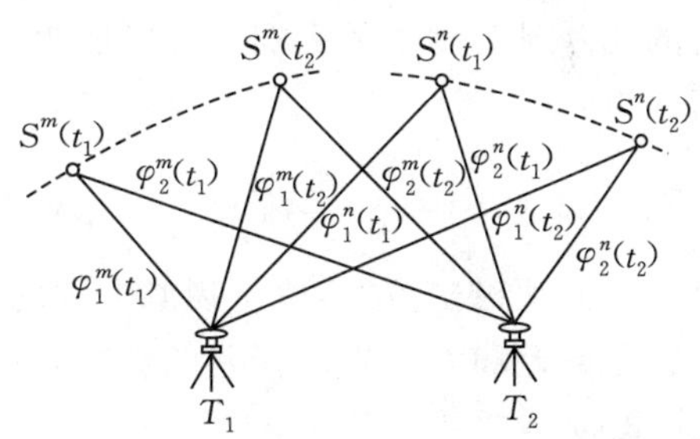

图 2-11　静态相对定位基本观测量

设 $\Delta\varphi^m(t)$、$\nabla\varphi_i(t)$ 和 $\delta\varphi_i^m(t)$ 分别表示不同接收机之间、不同卫星之间和不同历元之间的观测量之差，即

$$\left.\begin{aligned}\Delta\varphi^m(t)&=\varphi_2^m(t)-\varphi_1^m(t)\\ \nabla\varphi_i(t)&=\varphi_i^n(t)-\varphi_i^m(t)\\ \delta\varphi_i^m(t)&=\varphi_i^m(t_2)-\varphi_i^m(t_1)\end{aligned}\right\}\tag{2-29}$$

式中，基本观测量的一般形式由式(2-13)得

$$\varphi(t)=\frac{f}{c}\rho(t)+f[\delta t_k(t)-c\delta t^j(t)]-N(t_0)+\frac{f}{c}[\delta\rho_1(t)+\delta\rho_2(t)]\tag{2-30}$$

在 GPS 相对定位中，常用的三种差分(线性组合)是单差、双差和三差，分别定义如下：

(1)单差，即在相同历元、不同观测站同步观测相同卫星的观测量之差。其表达形式为

$$\Delta\varphi^m(t)=\varphi_2^m(t)-\varphi_1^m(t) \tag{2-31}$$

(2)双差，即在相同历元、不同观测站同步观测不同卫星的观测量之差。其表达形式为

$$\nabla\Delta\varphi^n(t)=\Delta\varphi^n(t)-\Delta\varphi^m(t)=\varphi_2^n(t)-\varphi_1^n(t)-\varphi_2^m(t)+\varphi_1^m(t) \tag{2-32}$$

(3)三差，即在不同历元、不同观测站同步观测不同卫星所得观测量的双差之差。其表达形式为

$$\begin{aligned}\delta\nabla\Delta\varphi^n(t)=\nabla\Delta\varphi^n(t_2)-\nabla\Delta\varphi^n(t_1)=[\varphi_2^n(t_2)-\varphi_1^n(t_2)-\varphi_2^m(t_2)+\\ \varphi_1^m(t_2)]-[\varphi_2^n(t_1)-\varphi_1^n(t_1)-\varphi_2^m(t_1)+\varphi_1^m(t_1)]\end{aligned} \tag{2-33}$$

2)单差观测方程

将式(2-30)应用于测站 T_1 和 T_2，并带入式(2-31)可得单差观测方程为

$$\Delta\varphi^m(t)=\frac{f}{c}[\rho_2^m(t)-\rho_1^m(t)]+f\Delta\delta t(t)-\Delta N^m+\frac{f}{c}[\Delta\delta\rho_1(t)+\Delta\delta\rho_2(t)] \tag{2-34}$$

式中

$$\left.\begin{aligned}\Delta\delta t(t)&=\delta t_2(t)-\delta t_1(t)\\ \Delta N^m&=N_2^m(t_0)-N_1^m(t_0)\\ \Delta\delta\rho_1(t)&=\delta\rho_{1.2}(t)-\Delta\delta\rho_{1.1}(t)\\ \Delta\delta\rho_2(t)&=\delta\rho_{2.2}(t)-\Delta\delta\rho_{2.1}(t)\end{aligned}\right\}$$

由式(2-34)可见，卫星钟差的影响被消除了，而两测站接收机的相对钟差 $\Delta\delta t(t)$，对于同一历元同步观测量的所有单差的影响均是相同的。由于卫星轨道偏差和大气折射误差对同步观测的两观测站具有一定的相关性，因此，在观测站间求单差后，它们的影响将明显减弱，尤其对于短基线(小于 20 km)来说，效果更为显著。

如果大气折射对观测量的影响已经通过模型改正，那么式(2-30)中的相应项，仅表示修正后的残差对观测量的影响。在组成单差后，其影响将进一步削弱，则单差观测方程式(2-34)可简化为

$$\Delta\varphi^m(t)=\frac{f}{c}[\rho_2^m(t)-\rho_1^m(t)]+f\Delta\delta t(t)-\Delta N^m \tag{2-35}$$

由上述讨论可知，单差观测方程的优点是消除了卫星钟差的影响，同时，有效地削弱了卫星轨道偏差和大气折射误差的影响，其缺点是使观测方程个数明显减少。

3)双差观测方程

如果在单差的基础上，再对不同卫星求差，便可得到双差观测方程。将式(2-35)应用于两颗同步观测卫星 S^m 和 S^n，并求差可得

$$\nabla\Delta\varphi^n(t)=\frac{f}{c}[\rho_2^n(t)-\rho_2^m(t)-\rho_1^n(t)+\rho_1^m(t)]-\nabla\Delta N^n \tag{2-36}$$

式中

$$\left.\begin{aligned}\nabla\Delta\varphi^n(t)&=\Delta\varphi^n(t)-\Delta\varphi^m(t)\\ \nabla\Delta N^n&=\Delta N^n-\Delta N^m\end{aligned}\right\}$$

可见，双差观测方程进一步消除了接收机相对钟差 $\Delta\delta t(t)$ 的影响，这是双差观测方程的重要优点。由于 GPS 接收机使用的石英钟稳定性较差，所以难以用模型表示。如果将每个历元的接收机钟差都作为未知数求解，将使解算基线向量的法方程中的未知数个数大大增加。

使用双差模型后，接收机钟差的影响被消除了，它既不涉及钟差模型，又使法方程中未知数个数大大减少，很方便地解决了 GPS 数据处理中的一个棘手问题。因此，几乎所有的 GPS 基线解算软件都使用双差观测模型。但双差观测方程的个数比单差观测方程更少，对解算精度可能造成不利影响。

4）三差观测方程

如果进一步在双差的基础上，再对不同历元求差，便可得到三差观测方程。将式(2-36)应用于两个不同历元 t_1 和 t_2，并相减，考虑到 $\nabla\Delta N^n$ 与观测历元无关这一特点，即可得到三差观测方程为

$$\begin{aligned}\delta\nabla\Delta\varphi^n(t)=&\frac{f}{c}[\rho_2^n(t_2)-\rho_2^m(t_2)-\rho_1^n(t_2)+\rho_1^m(t_2)]-\\&\frac{f}{c}[\rho_2^n(t_1)-\rho_2^m(t_1)-\rho_1^n(t_1)+\rho_1^m(t_1)]\end{aligned}\tag{2-37}$$

三差观测方程的最主要优点是进一步消除了整周模糊度的影响，但其观测方程数量比双差观测模型更少，且三差后，相位观测值 $\delta\nabla\Delta\varphi^n(t)$ 的有效数字位大大减少，增大了计算过程的数字取位误差，这些将对未知参数的解算会产生不良影响。因此，三差模型求得的基线结果精度不够高，在数据处理中，只作为初解，用于协助求解整周模糊度和周跳等问题。

§2.6　GPS 测量的误差来源及影响

在 GPS 定位中，影响观测量精度的主要误差来源，可分为三类：

(1)与 GPS 卫星有关的误差。

(2)与信号传播有关的误差。

(3)与接收设备有关的误差。

这些误差的细节及其影响见表 2-1。为了便于理解，通常把各种误差的影响，投影到观测站至卫星的距离上，以相应的距离误差表示，并称为等效距离偏差。表 2-1 列出了对观测距离的影响，即与相应误差等效的距离偏差。

表 2-1　测码伪距的测量误差

误差来源	误差分类	对距离测量的影响/m
卫星部分	①卫星轨道偏差 ②卫星钟误差 ③相对论效应	1.5～15
信号传播	①电离层延迟误差 ②对流层延迟误差 ③多路径效应	1.5～15
信号接收	①接收机钟误差 ②接收机的位置误差 ③接收机天线相位中心变化引起的误差	1.5～5
其他影响	①地球潮汐 ②负荷潮	1.0

上述误差中，多路径效应属于偶然误差，而卫星轨道偏差、卫星钟误差、接收机钟误差、大气延迟(电离层延迟误差和对流层延迟误差)等属于系统误差。GPS测量主要的误差源是系统误差，系统误差的存在将严重影响GPS定位的精度，因此必须采取有效的措施来消除或减弱其对定位的影响。

2.6.1 与卫星有关的误差

与GPS卫星有关的误差，主要包括卫星的轨道偏差和卫星钟的误差。

1. 卫星钟差

由于卫星的位置是时间的函数，所以GPS的观测量，均以精密测时为依据。与卫星位置相应的时间信息，是通过卫星信号的编码信息传送给用户的。在GPS定位中，无论是码相位观测或载波相位观测，均要求卫星钟与接收机钟保持严格同步。实际上，尽管GPS卫星均设有高精度的原子钟(铷钟和铯钟)，但它们与理想的GPS时之间，仍存在着难以避免的偏差或漂移。这种偏差的总量约在1 ms以内，由此引起的等效距离误差约达300 km。

对于卫星钟的这种偏差，一般可以通过对卫星钟运行状态的连续监测，精确地确定，并表示为二阶多项式的形式

$$\delta t^j = a_0 + a_1(t - t_{0e}) + a_2(t - t_{0e})^2 \tag{2-38}$$

式中，t_{0e}为参考历元；a_0为卫星钟的钟差；a_1为卫星钟的钟速(或频率偏差)；a_2为卫星钟的钟速变化率(或老化率)。

这些数值，由卫星的主控站测定，并通过卫星的导航电文提供给用户。

经以上钟差模型改正后，各卫星钟之间的同步差，可保持在20 ns以内，由此引起的等效距离偏差将不会超过6 m。卫星钟差或经改正后的残差，在相对定位中，可以通过观测量求差(或差分)的方法消除。

2. 卫星轨道偏差

估计与处理卫星的轨道偏差一般比较困难，主要原因是，卫星在运行中要受到多种摄动力的复杂影响，而通过地面监测站，又难以充分可靠地测定这些作用力，并掌握它们的作用规律。目前，用户通过导航电文，所得到的卫星轨道信息，其相应的位置误差约为20～40 m。但随着摄动力模型和定轨技术的不断完善，上述卫星的位置精度，将可提高到5～10 m。

在GPS定位中，根据不同的要求，处理卫星轨道偏差的方法原则上有三种。

1)忽略轨道偏差

这时简单地认为，由导航电文所获知的卫星轨道信息，是不含误差的。很明显，这时卫星轨道实际存在的偏差，将成为影响定位精度的主要因素之一。这一方法广泛地应用于实时单点定位工作。

2)采用轨道改进法处理观测数据

这一方法的基本思想是，在数据处理中，引入表征卫星轨道偏差的改正参数，并假设在短时间内这些参数为常量，将其作为待估量与其他未知参数一并求解。

3)同步观测值求差

这一方法是在两个或多个观测站上，对同一卫星的同步观测值求差，以减弱卫星轨道偏差的影响。由于同一卫星的位置偏差，对不同观测站同步观测量的影响具有系统性质，所以通过上述求差的方法，可以明显地减弱卫星轨道偏差的影响，尤其当基线较短时，其有效性甚为明

显。这种方法对于精密相对定位,具有极其重要的意义。

2.6.2　卫星信号的传播误差

与卫星信号传播有关的误差,主要包括大气折射误差和多路径效应。

1. 电离层折射的影响

GPS 卫星信号和其他电磁波信号一样,当其通过电离层时,将受到这一介质弥散特性的影响,使信号的传播路径发生变化。电离层对信号传播路径影响的大小,主要取决于电子总量 N_Σ 和信号的频率 f。

在夜间,当卫星处于天顶方向时,电离层折射对 GPS 信号传播路径的影响,将小于 5 m;在日间正午前后,当卫星接近地平线时,其影响可能大于 150 m。为了减弱电离层的影响,在 GPS 定位中通常采取以下措施。

1)利用双频观测

由于电离层的影响是信号频率的函数,所以,利用不同频率的电磁波信号进行观测,便能确定其影响的大小,以便对观测量加以修正。

假设,$\Delta Ig(L_1)$ 为用 L_1 载波的码观测时,电离层对距离观测值的影响,而 ρ'_{f_1} 和 ρ'_{f_2} 分别为由载波 L_1 和 L_2 的码观测所得到的伪距,并取 $\delta\rho=\rho'_{f_1}-\rho'_{f_2}$,于是有

$$\Delta Ig(L_1)=-1.5457\delta\rho \tag{2-39}$$

对于载波相位观测量的影响有

$$\delta\varphi_{IP}(L_1)=-1.5457(\varphi_{f_1}-1.2833\varphi_{f_2}) \tag{2-40}$$

式中,$\delta\varphi_{IP}(L_1)$ 为用频率 f_1 的载波观测时,电离层折射对相位观测量的影响;φ_{f_1} 和 φ_{f_2} 为相应于频率 f_1 和 f_2 的载波相位观测量。

实践表明,式(2-39)和式(2-40)消除电离层影响的有效性,将不低于 95%。因此,双频 GPS 接收机在精密定位工作中得到了广泛的应用。不过应当指出,在太阳辐射强烈的正午,或在太阳黑子活动的异常期,虽经上述模型修正,但由于模型的不完善而引起的残差,仍可能是明显的。这在拟定精密定位的观测计划时,应慎重考虑。

2)利用电离层模型加以修正

对于单频 GPS 接收机的用户,为了减弱电离层的影响,一般是采用由导航电文所提供的电离层模型,或其他适宜的电离层模型对观测量加以改正。但是,这种模型至今仍在完善中。目前,模型改正的有效性约为 75%,也就是说,当电离层对距离观测值的影响为 20 m 时,修正后的残差仍可达 5 m。

3)利用同步观测值求差

这一方法,是利用两台或多台接收机,对同一组卫星的同步观测值求差,以减弱电离层折射的影响。尤其当观测站的距离较近时(如小于 20 km),由于卫星信号到达不同观测站的路径相近,所经过的介质状况相似,所以,通过不同观测站对相同卫星的同步观测值求差,便可显著地减弱电离层折射影响,其残差将不会超过 $1\times10^{-6}D$。对单频 GPS 接收机的用户,这一方法的重要意义尤为明显。

2. 对流层折射的影响

由于对流层的介质对 GPS 信号没有弥散效应,所以其群折射率与相折射率可认为相等。对流层折射对观测值的影响,可分为干分量与湿分量两部分,干分量主要与大气的温度与压力

有关，而湿分量主要与信号传播路径上的大气湿度和高度有关。

当卫星处于天顶方向时，对流层干分量对距离观测值的影响，约占对流层影响的 90%，且这种影响可以应用地面的大气资料计算。若地面平均大气压为 101300 Pa，则在天顶方向，干分量对所测距离的影响约为 2.3 m，而当高度角为 10°时，其影响约为 20 m。湿分量的影响虽不大，但由于难以可靠地确定信号传播路径上的大气物理参数，所以湿分量尚无法准确地测定。因此，当要求定位精度较高，或基线较长时(如大于 50 km)，它将成为误差的主要来源之一。目前，虽可用水汽辐射计比较精确地测定信号传播路径的大气水汽含量，但由于设备过于庞大和昂贵，尚不能普遍采用。

关于对流层折射的影响，一般有以下几种处理方法：

(1)定位精度要求不高时，可以忽略。

(2)采用对流层模型加以改正。

(3)引入描述对流层影响的附加待估参数，在数据处理中一并求解。

(4)观测量求差。

与电离层的影响类似，当两观测站相距不太远时(如小于 20 km)，由于信号通过对流层的路径相近，对流层的物理特性相似，所以，对同一卫星的同步观测值求差，可以明显地减弱对流层折射的影响。这一方法在精密相对定位中，应用甚为广泛。不过，随着同步观测站之间距离的增大，地区大气状况的相关性很快减弱，这一方法的有效性也将随之降低。根据经验，当距离大于 100 km 时，对流层折射对 GPS 定位精度的影响，将成为决定性的因素之一。

电离层与对流层对卫星信号的影响见图 2-12。

3. 多路径效应影响

多路径效应，通常也叫多路径误差，即接收机天线除直接收到卫星发射的信号外，还可能收到经天线周围地物一次或多次反射的卫星信号，见图 2-13。两种信号叠加，将会引起测量参考点(相位中心)位置的变化，从而使观测量产生误差。这种误差随天线周围反射面的性质而异，难以控制。根据实验资料的分析表明，在一般反射环境下，多路径效应对测码伪距的影响可达米级，对测相伪距的影响可达厘米级，而在高反射环境下，不仅其影响将显著增大，还常常导致接收的卫星信号失锁，使载波相位观测量产生周跳。因此，在精密 GPS 导航和测量中，多路径效应的影响是不可忽视的。

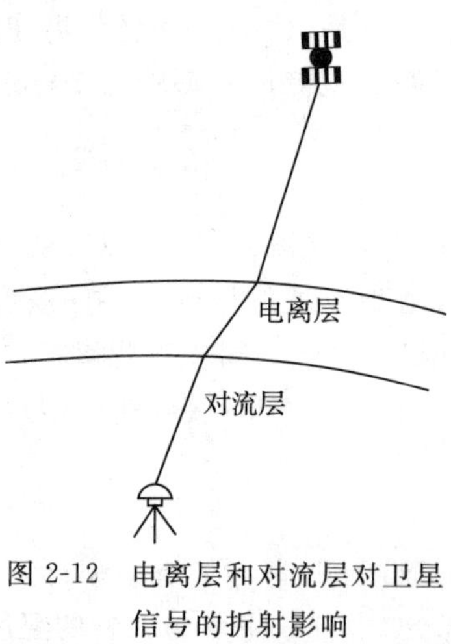

图 2-12 电离层和对流层对卫星信号的折射影响

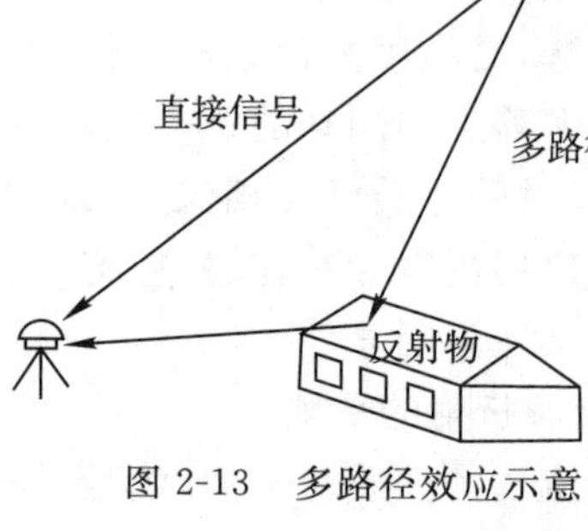

图 2-13 多路径效应示意

多路径效应的影响，一般包括常数部分和周期性部分，其中常数部分，在同一地点将会日复一日地重复出现。

目前，减弱多路径效应影响的措施，主要有：

(1)安置接收机天线的环境应避开较强的反射面，如水面、平坦光滑的地面和平整的建筑物表面等。

(2)选择造型适宜且屏蔽良好的天线，如扼流圈天线等。

(3)适当延长观测时间，削弱多路径效应的周期性影响。

(4)改善 GPS 接收机的电路设计，以减弱多路径效应的影响。

2.6.3　与接收设备有关的误差

与用户接收设备有关的误差，主要包括观测误差、接收机钟差、天线相位中心误差和载波相位观测的整周不定性影响。

1. 观测误差

这类误差，除观测的分辨误差之外，还包括接收机天线相对测站点的安置误差。根据经验，一般认为观测的分辨误差约为信号波长的 1%。由此，对 GPS 码信号和载波信号的观测精度见表 2-2。观测误差属偶然性质的误差，适当地增加观测量，将会明显地减弱其影响。

接收机天线相对观测站中心的安置误差，主要有天线的置平与对中误差和量取天线相位中心高度(天线高)的误差。例如，当天线高度为 1.6 m 时，如果天线置平误差为 0.1°，则由此引起的光学对中器的对中误差约为 3 mm。因此，在精密定位工作中，必须仔细操作，尽量减小这种误差的影响。

表 2-2　码相位与载波相位的分辨误差

信号	波长	观测误差
P 码	29.3 m	0.3 m
C/A 码	293 m	2.9 m
载波 L_1	19.05 cm	2.0 mm
载波 L_2	24.45 cm	2.5 mm

2. 接收机的钟差

GPS 接收机一般设有高精度的石英钟，其日频率稳定度约为 10^{-6}。如果接收机钟与卫星钟之间的同步差为 1 μs，则由此引起的等效距离误差约为 300 m。

处理接收机钟差比较有效的方法，是在每个观测站上，引入一个钟差参数，作为未知数，在数据处理中与观测站的位置参数一并求解。这时，如假设在每个观测瞬间，钟差都是独立的，则处理较为简单。因此，这一方法广泛地应用于实时动态绝对定位中。在静态绝对定位中，也可像卫星钟那样，将接收机钟差表示为多项式的形式，并在观测量的平差计算中，求解多项式的系数。不过，这将涉及在构成钟差模型时，对钟差特性所作假设的正确性。

在定位精度要求较高时，可以采用高精度的外接频标(即时间标准)，如铷原子钟或铯原子钟，以提高接收机时间标准的精度。在精密相对定位中，还可以利用观测值求差的方法，有效地减弱接收机钟差的影响。

3. 载波相位观测的整周模糊度

前已指出，载波相位观测法是当前普遍采用的最精密的观测方法，它能精确地测定卫星至观测站的距离。但是，由于接收机只能测定载波相位非整周的小数部分和从某一起始历元至观测历元间载波相位变化的整周数，而无法直接测定载波相位相应于该起始历元，在传播路径上变化的整周数。因而，在测相伪距观测值中，存在整周模糊度的影响，这是载波相位观测法的主要缺点。

另外，载波相位观测除了存在上述整周模糊度之外，在观测过程中，还可能发生整周跳变问题。当用户接收机收到卫星信号并进行实时跟踪(锁定)后，载波信号的整周数，便可由接收机自动地计数。但是在中途，如果卫星的信号被阻挡或受到干扰，则接收机的跟踪便可能中断(失锁)。当卫星信号被重新锁定后，被测载波相位的小数部分，仍和未发生中断的情形一样，是连续的，可这时整周数却不再是连续的。这种情况称为整周跳变或周跳，在载波相位测量中是经常发生的，它对距离观测的影响和整周模糊度的影响相似，在精密定位的数据处理中，也是一个非常重要的问题。

4. 天线的相位中心位置偏差

在 GPS 定位中，无论是测码伪距或测相伪距，观测值都是以接收机天线的相位中心位置为准的，而天线的相位中心与其几何中心，在理论上应保持一致。实际上，天线的相位中心位置，随着信号输入的强度和方向不同而有所变化，即观测时相位中心的瞬时位置(一般称为相位中心)，与理论上的相位中心位置将有所不同。天线相位中心的偏差对相对定位结果的影响，根据天线性能的好坏，可达数毫米至数厘米。因此，对于精密相对定位来说，这种影响也是不容忽视的。如何减小相位中心的偏移，是天线设计中的一个迫切问题。

在实际工作中，如果使用同一类型的天线，在相距不远的两个或多个观测站上，同步观测了同一组卫星，那么，便可以通过观测值的求差来削弱相位中心偏移的影响。不过，这时各观测站的天线，均应按天线附有的方位标进行定向，使之根据罗盘指向磁北极。根据不同的精度要求，定向偏差应保持在 3°～ 5°以内。有关天线相位中心的问题，读者可进一步参阅其他有关文献。

§2.7 GPS 测量的设计与实施

用 GPS 测量方法建立控制网，是 GPS 应用的重要内容。其作业方法与常规测量相类似，在实际工作中也可分为技术设计、外业实施及内业数据处理三个大的阶段。考虑到以载波相位观测量为依据的静态相对定位法是当前 GPS 测量中普遍采用的精密定位方法，所以本节主要讨论建立局域性城市 GPS 控制网与工程 GPS 控制网的工作程序与方法。

随着卫星定位技术的发展，诸多定位系统已投入运行。目前，国家有关部门在制定新的卫星定位测量技术标准时，有的沿用“GPS”，有的采用“GNSS”。GNSS 测量包含了利用所有的卫星导航定位系统(GPS、GLONASS、北斗、Galileo 等)所进行的测量。

在本章后续的叙述中，“GPS”与“GNSS”未做区分。

2.7.1 GPS 测量的技术设计

GPS 测量的技术设计是进行 GPS 定位的最基本工作。技术设计应依据国家现行有关技术标准或规范，并充分顾及 GPS 网的用途、用户的要求等因素，对 GPS 测量工作的控制网网形、精度等级、点位密度、基准和实施方案等做具体的设计。

2.7.1.1　GPS 网技术设计的依据

GPS 网技术设计的主要依据是 GPS 测量规范和测量任务书。

1. GPS 测量规范(规程)

GPS 测量规范是国家质监部门、测绘管理部门或相关行业部门制定的技术规定，目前，进行 GPS 网设计所依据的规范主要有：

(1)2011 年中华人民共和国住房和城乡建设部发布的行业标准《城市测量规范》。

(2)2010 年中华人民共和国住房和城乡建设部发布的行业标准《卫星定位城市测量技术规范》，以下简称 CJJ《规范》。

(3)2009 年国家质量监督检验检疫总局和国家标准化管理委员会发布的国家标准《全球定位系统(GPS)测量规范》，以下简称 GB《规范》。

(4)2007 年建设部和国家质量监督检验检疫总局联合发布国家标准《工程测量规范》。

(5)2006 年国家测绘局颁布的行业标准 CH/T 1004—2005《测绘技术设计规定》。

(6)2006 年国家测绘局颁布的行业标准 CH/T 1001—2005《测绘技术总结编写规定》。

(7)各部委根据本部门 GPS 工作的实际情况制定的其他 GPS 测量规程或细则。

2. 测量任务书

测量任务书或测量合同是测量施工单位上级主管部门或合同甲方下达的技术要求文件。这种技术文件是指令性的，它规定了测量任务的范围、目的、精度和密度要求，需上交成果资料的项目和时间，完成任务的经济指标等。

在 GPS 方案设计时，一般首先依据测量任务书提出的 GPS 网的精度、密度和经济指标，再结合测量规范的技术要求并现场踏勘后，确定具体的布网方案和观测方案等。

2.7.1.2　GPS 网的精度、密度设计

1. GPS 测量的精度指标、等级分类

(1)GPS 测量的精度用相邻点间弦长精度表示，即

$$\sigma=\sqrt{a^2+(bd)^2} \tag{2-41}$$

式中，σ 为 GPS 基线向量的弦长中误差，单位为 mm，即等效距离中误差；a 为 GPS 接收机标称精度中的固定误差，单位为 mm；b 为 GPS 接收机标称精度中的比例误差系数，单位为 1×10^{-6} 或 mm/km；d 为 GPS 网中相邻点间的距离，单位为 km。

(2)对于各类 GPS 网的精度设计主要取决于网的用途。用于地壳形变及国家基本大地测量的 GPS 网可参照 GB《规范》中 A、B 级的精度标准；用于城市测量或各种工程测量的 GPS 网参照 CJJ《规范》和《工程测量规范》的相关技术要求，也可参照 GB《规范》中 C、D、E 级的精度标准。

GPS 测量精度等级的划分主要是依据基线向量的测量精度和平均边长两项指标。表 2-3 为 GB《规范》给出的各等级 GPS 网的用途、精度及边长一览表；表 2-4 为 CJJ《规范》给出的各等级 GPS 网的基线向量精度、平均边长情况一览表；表 2-5 为《工程测量规范》给出的各等级 GPS 网的基线向量精度、平均边长情况一览表。

表 2-3 GB《规范》的 GPS 测量精度分级

级别	主要用途	相邻点基线分量中误差		相邻点间平均距离/km
		水平分量/mm	垂直分量/mm	
A	建立国家一等大地控制网，进行区域性的地球动力学研究和地壳形变测量	2	3	—
B	建立国家二等大地控制网、城市坐标基准框架，进行局部变形监测和各种精密测量	5	10	50
C	建立三等大地控制网，以及建立区域、城市及工程测量基本控制	10	20	20
D	建立四等及以下大地控制网，以及用于中小城市、测图、地籍、勘测、建筑施工等的控制测量	20	40	5
E	用于中小城市、测图、地籍、勘测、建筑施工等的控制测量	20	40	3

表 2-4 CJJ《规范》的 GPS 测量精度分级

等级	平均距离/km	固定误差 a/mm	比例误差系数 b/(1×10^{-6})	最弱边相对中误差
二	9	≤5	≤2	1/120 000
三	5	≤5	≤2	1/80 000
四	2	≤10	≤5	1/45 000
一级	1	≤10	≤5	1/20 000
二级	<1	≤10	≤5	1/10 000

注：当边长小于 200 m 时，以边长中误差小于 20 mm 来衡量。

表 2-5 《工程测量规范》的 GPS 测量精度分级

等级	平均边长/km	固定误差 a/mm	比例误差系数 b/(1×10^{-6})	约束点间的边长相对中误差	平差后最弱边相对中误差
二等	9	≤10	≤2	≤1/250 000	≤1/120 000
三等	4.5	≤10	≤5	≤1/150 000	≤1/70 000
四等	2	≤10	≤10	≤1/100 000	≤1/40 000
一级	1	≤10	≤20	≤1/40 000	≤1/20 000
二级	0.5	≤10	≤40	≤1/20 000	≤1/10 000

从表 2-3、表 2-4、表 2-5 可以看出，GB《规范》将 GPS 测量分为 A、B、C、D、E 共 5 个等级，各等级的平均边长普遍较长，因此更适合进行大地测量时引用；CJJ《规范》和《城市测量规范》将 GPS 测量的等级分为二等、三等、四等和一、二级，由于平均边长较短且与传统控制测量的分级方法一致，更具通用性，更适合在城市测量和各种工程测量中引用。

(3)在实际的 GPS 测量工作中，控制网精度等级的确定要在遵守有关规范的前提下，根据任务合同、任务书的要求或用户的实际需要来确定。各级 GPS 网的布设应分级布网，但并不要求逐级控制，在保证精度、密度等技术要求时也可以越级布设，或布设同级全面网。

2. GPS 点的密度标准

不同的任务要求和服务对象，对 GPS 点的分布要求也不同。对于国家特级(A 级)基准点及大陆地球动力学研究地壳形变监测所布设的 GPS 点，主要用于提供国家级基准、精密定轨、星历计划及高精度形变信息，所以布设时平均距离可达数百千米。一般城市和工程测量布设点的密度主要满足测图加密和工程测量需要，平均边长往往在几千米以内。

GB《规范》规定，GPS网中两相邻点的最大距离不得大于平均边长的2倍。CJJ《规范》规定：二、三、四等网相邻点最小边长不宜小于平均边长的1/2，最大边长不宜超过平均边长的2倍，一、二级网最大边长可在平均边长基础上放宽1倍。

各级控制网点位密度，应全网均匀分布，依据布网目的、精度要求、测区地形状况和交通状况等因素，按照优化设计原则综合设计。

2.7.1.3 GPS网的基准设计

GPS测量获得的是GPS基线向量，它属于WGS-84坐标系的三维坐标差，实际需要的是国家坐标系或地方独立坐标系的坐标。目前，国家坐标系主要有：2000国家大地坐标系(China geodetic coordinate system 2000，CGCS2000)，1980西安坐标系，1954北京坐标系。WGS-84坐标系的基线向量向地方坐标系转换时需要转换参数：三个旋转参数、三个平移参数和一个尺度参数。确定这七个单数的过程就是基准设计的过程，实际上也是解决不同椭球空间直角坐标系转换的七参数问题。因此，在进行GPS网的技术设计时，必须明确GPS测量的最终结果要转换至何坐标系，以及必要的起算数据，即明确GPS网所采用的基准。

GPS网的基准设计包括位置基准设计、方位基准设计和尺度基准设计，现分述如下。

1. 方位基准的确定

确定GPS控制网方位基准，也就是确定地面GPS控制网的方位约束条件。控制网方位基准的确定通常有如下三种方法：

(1)由网内两个以上的地方坐标系的已知坐标来确定网的方位基准。

(2)直接采用WGS-84坐标系GPS基线向量的方位基准。

(3)直接给定网内某条边的方位角值。

三种方法中，第一种方法比较常用，第二种次之。

2. 尺度基准的确定

尺度基准是GPS控制网由WGS-84坐标系向地方坐标系转换时的整体缩放系数，其确定方法如下：

(1)由网内两个以上的起算点间的距离确定。

(2)直接由GPS基线向量的距离来确定。

(3)由地面的高精度电磁波测距边长确定。

三种方法中，第一种方法比较常用。

3. 位置基准的确定

确定GPS网的位置基准，应充分考虑下面几点：

(1)为求定GPS点在地方坐标系(含国家坐标系)的坐标，应联测地方坐标系中的控制点若干个，用以坐标转换。在选择联测点时既要考虑充分利用旧资料，又要使新建的高精度GPS网不受旧资料精度较低的影响。因此，大中城市GPS控制网应与附近的国家控制点联测3个以上，小城市或工程控制可以联测2～3个点。

(2)为保证GPS网约束平差后坐标精度的均匀性及减少尺度比例误差的影响，对GPS网内重合的地方坐标系控制网点，除未知点连接图形观测外，也要适当地构成长边图形。

(3)GPS网经平差计算后，可以得到GPS点在地面参照坐标系中的大地高，为求得GPS

点的正常高，可根据具体情况联测高程点，联测的高程点需均匀分布于网中，在丘陵或山区联测的高程点应按高程拟合曲面的要求进行布设。具体联测宜采用不低于四等水准或与其精度相等的方法进行。GPS点高程在经过精度分析后可供测图或其他方面使用。

(4)新建GPS网的坐标系应尽量与测区过去采用的坐标系统一致，如果采用的是地方独立坐标系或工程坐标系，一般还应该知道一些参数，以利于坐标系的转换。这些参数是：①采用的参考椭球；②坐标系的中央子午线经度；③纵横坐标加常数；④坐标系的投影面高程及测区平均高程异常值；⑤起算点的坐标值。

2.7.1.4 GPS网的图形设计

在进行GPS网图形设计前，必须明确有关GPS网构成的几个概念，掌握网的特征条件计算方法。

1. GPS网图形构成的几个基本概念

观测时段(observation session)：测站上开始记录卫星观测数据到停止记录时间的间隔。

同步观测(simultaneous observation)：两台及以上接收机同时对同一组卫星进行的观测。

同步观测环(simultaneous observation loop)：三台及以上接收机同步观测获得的基线向量所构成的闭合环，简称同步环。

异步观测环(unsimultaneous observation loop)：由不同时段的观测基线向量构成的闭合环，简称异步环。

独立基线(independent baseline)：线性无关的一组观测基线。

星历(ephemeris)：表示不同时刻卫星在轨道位置的一组参数。

非独立基线(non-independent baseline)：除独立基线外的其他基线叫非独立基线，总基线数与独立基线数之差即为非独立基线数。

2. GPS网同步图形构成及独立边的选择

对于由 K_i 台GPS接收机构成的同步图形中，一个时段包含的GPS基线(或简称GPS边)有 J 条($J=K_i(K_i-1)/2$)，但其中仅有(K_i-1)条是独立的GPS边，其余为非独立GPS边。图2-14给出了当接收机数 $K_i=2\sim4$ 时所构成的同步图形。

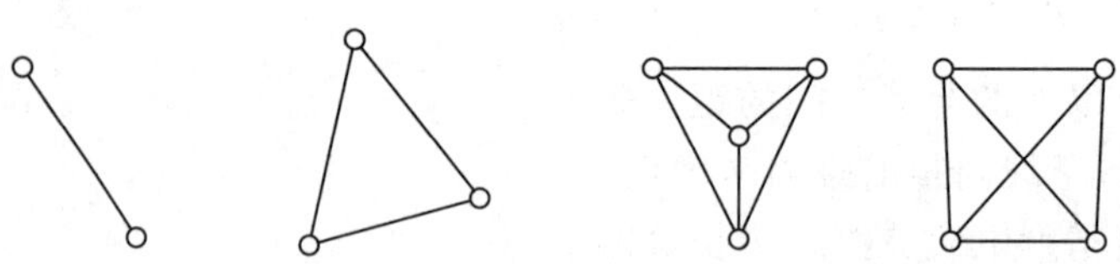

(a) (b) (c)

图2-14 K_i 台接收机同步观测所构成的同步图形

相对于图2-14，独立的GPS边可以根据具体需要作不同的选择，见图2-15。

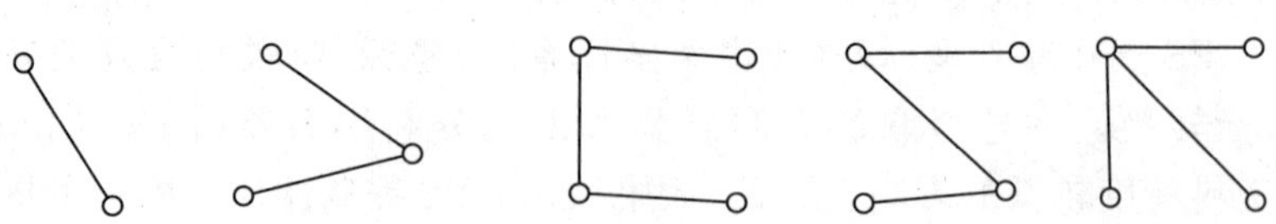

(a) (b) (c)

图2-15 GPS独立边的不同选择

当同步观测的GPS接收机数 $K_i\geqslant3$ 时，会存在同步观测闭合环，观测时应对同步闭合环的闭合差进行检验。理论上，同步闭合环中各GPS边的坐标差之和(即闭合差)应为零，但由于解算基线的数学模型不完善等原因，同步闭合环的闭合差不等于零。GPS 测量规范对这一闭合差的限差作了规定。

3. GPS 网特征条件的计算

对于一个 GPS 控制网，有时需要计算网的特征指标，并要满足相关规定。

引入下列符号：N_p ——GPS 网点数；K_i ——投入观测的接收机台数；N_r ——平均重复设站数。

全网总的站点数为 $N_p \times N_r$，全网所需观测时段数为 $\frac{N_p N_r}{K_i}$，K_i 台接收机观测一个时段的独立观测基线数为 $K_i - 1$ 条，则全网的独立观测基线数为

$$S = \frac{N_p N_r}{K_i}(K_i - 1) \tag{2-42}$$

式(2-42)为已知平均重复设站数为 N_r、接收机台数为 K_i、网点数为 N_p 时的 GPS 网独立观测基线数的计算公式。

由于网的必要观测基线数为 $N_p - 1$(此处仅以自由网的情形讨论)，则多余独立观测基线数为

$$N_{多} = S - (N_p - 1) \tag{2-43}$$

网的平均可靠性指标 τ 为

$$\tau = \frac{N_{多}}{S} = \frac{S - (N_p - 1)}{S} = 1 - \frac{N_p - 1}{S} \tag{2-44}$$

式(2-44)也可写成

$$S = \frac{N_p - 1}{1 - \tau} \tag{2-45}$$

通常，工程控制网的平均可靠性指标取 1/3，此时

$$S = 1.5(N_p - 1) \tag{2-46}$$

式(2-46)为网的平均可靠性指标取 1/3 时 GPS 网的独立观测基线数的计算公式。《工程测量规范》规定：GPS 网独立观测基线总数，不宜少于必要观测量的 1.5 倍。

例如，某个 GPS 控制网共由 21 个点组成，那么必要观测基线数为 20，若要满足平均可靠性指标 1/3 的要求，则该网的独立基线数不应少于 30 条。

4. GPS 网的网形设计

GPS 网的网形设计，应遵守规范的技术要求。有关经费、时间和人力的消耗、测区的交通情况、所需接收设备的数量和后勤保障条件等，也都与网的图形设计有关。对此应当充分加以顾及，以期在满足用户要求的条件下，尽量减少消耗。

1)GPS 网网形设计的一般原则

为了满足用户和 GPS 测量规范的要求，设计的一般原则是：

(1)GPS 网的布设应遵循从整体到局部、分级布网的原则。首级 GPS 网应一次性布设，加密 GPS 网可以逐级布网、越级布网或同级全面布网。

(2)GPS 网应由一个或若干个独立观测环构成，也可采用附合线路形式构成，以增加检核条件，提高网的可靠性。各等级 GPS 网中每个闭合环或附合线路中的边数应符合表 2-6 规定。

表 2-6 闭合环或附合线路边数的规定

等级	二等	三等	四等	一级	二级
闭合环或附合线路的边数(条)	≤6	≤8	≤10	≤10	≤10

(3)GPS 网作为测量控制网,其相邻点间基线向量的精度,应分布均匀。

(4)首级 GPS 控制网应与 CORS 站、国家控制网进行联测,建立相互联结和转换关系,联测点数不应少于 2～3 个,联测点应均匀分布。

(5)必要时,GPS 网应布设一定密度的水准联测点,水准联测点的高程一般应根据要求以水准测量方法进行联测,以便通过高程异常拟合 GPS 点的正常高,实现 GPS 高程测量。

(6)为了便于 GPS 网扩展使用及水准联测,GPS 网点一般应设在视野开阔和交通便利的地方。

2)基本图形的选择

根据 GPS 测量的不同用途,组成 GPS 网的独立观测边,应构成一定的几何图形。图形的基本形式如下:

(1)三角形网,GPS 网中的三角形边由独立观测边组成,见图 2-16。根据经典测量的经验已知,这种图形的几何结构强,具有良好的自检能力,能够有效地发现观测成果的粗差,保障网的可靠性。同时,经平差后网中相邻点间基线向量的精度分布均匀。

这种网形的主要缺点是观测工作量较大,尤其当接收机的数量较少时,将使观测工作的总时间大为延长。因此通常只有当网的精度和可靠性要求特别高时,才单独采用这种图形。

(2)环形网,由若干个独立观测边构成的闭合环所组成的网,称为环形网,见图 2-17。这种网形与经典测量中的导线网相似。不难理解,由于这种网的自检能力和可靠性与闭合环中所含基线边的数量有关,所以网的不同等级及精度要求、闭合环或附合线路中包含的基线边数也不一样,详见表 2-6。

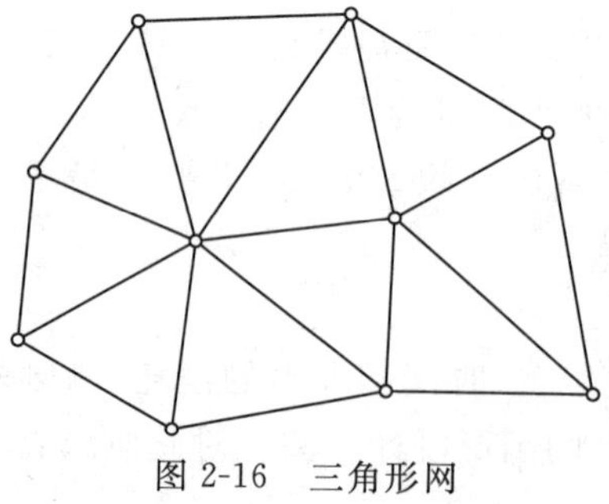

图 2-16 三角形网

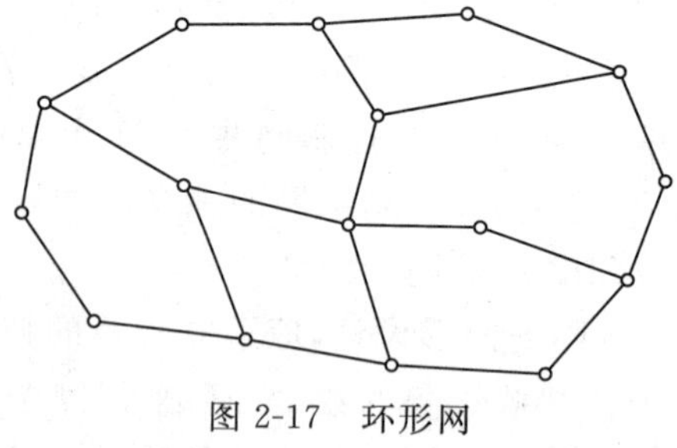

图 2-17 环形网

环形网的优点是观测工作量相对较小,且具有较好的自检性和可靠性,其缺点主要是,非直接观测的基线边(或间接边)精度较直接观测边低,相邻点间的基线精度分布不均匀。

三角形网和环形网,是大地测量和精密工程测量中普遍采用的两种基本图形。通常,三角形网的工作量非常大,实际工作中很少使用;环形网的精度等级、可靠性与工作量达到了很好的均衡,所以实际工作中被大量采用。

2.7.1.5 GPS 测量技术设计书的编写

GPS 网的技术设计要以“技术设计书”的形式体现出来,在进行 GPS 网的布测前应编写技术设计书，得到最优的布测方案。在编写技术设计书前应首先踏勘测区、收集资料。

1. 测区踏勘

接受下达任务或签定 GPS 测量合同后，就可进行现场踏勘、调查测区。踏勘目的就是调查了解测区具体情况，为编写技术设计书、外业施测、成本预算等提供依据。踏勘主要了解下列情况：

(1)交通：公路、铁路、乡村便道的分布及通行情况。

(2)水系分布：江河、湖泊、池塘、水渠的分布，桥梁、码头及水路交通情况。

(3)植被：森林、草原、农作物的分布及面积。

(4)控制点分布：三角点、水准点、GPS 点、导线点的等级、坐标、高程系统，点位的数量及分布，点位标志的保存状况等。

(5)居民点分布：测区内城镇、乡村居民点的分布，食宿及供电情况。

(6)当地风俗民情：民族的分布，习俗及地方方言，习惯及社会治安情况。

2. 资料收集

根据踏勘测区掌握的情况，收集下列资料：

(1)各类图件，包括 1∶1 万～1∶10 万比例尺地形图、大地水准面起伏图、交通图。

(2)测区及周边地区的控制测量资料，包括平面控制网和水准路线网成果、坐标系统、点之记、技术设计及技术总结等资料。

(3)与测区有关的交通、地质、气象、通信、地下水和冻土深度等资料。

(4)城市及乡、村行政区划表。

(5)测区总体建设规划和近期发展方面的资料。

3. 编写技术设计书

踏勘测区、收集资料等准备工作结束后可编写技术设计书。技术设计书的格式、内容、要求与审批程序等执行《测绘技术设计规定》。

技术设计书内容主要包括概述、作业区自然地理概况和已有资料情况、引用文件、成果(或产品)主要技术指标和规格、设计方案、进度安排、附录等几部分，详细内容参见本书 §8.1 节相关内容。

技术设计完成后应上交以下资料：

(1)技术设计书(附 GPS 点位设计图)。

(2)野外踏勘技术总结等。

2.7.2　GPS 测量的外业实施

GPS 测量外业实施，就是根据技术设计书的具体要求进行选点、埋石、数据采集和数据传输等工作。

1. GPS 控制点位的选择

GPS 测量，观测站之间不一定要求必需通视，而且网的图形结构也比较灵活，所以选点工作比常规控制测量的选点要简便。但由于点位的选择对于保证观测工作的顺利进行和保证测量结果的可靠性有着重要的意义，所以在选点工作开始前，应收集有关布网与测区的资料，包括 1∶5 万大比例尺地形图、已有控制点、卫星定位 CORS 的资料等。

1)GPS 选点原则

GPS 点位的选择应遵循如下原则：

(1)点位应选在基础坚实稳定，易于长期保存，并有利于安全作业的地方。

(2)点位应设在易于安装接收设备、视野开阔的较高点上，视场内障碍物的高度角不宜超过 15°，以防止 GPS 信号被障碍物遮挡。当点位周围有高于 10°的障碍物时，应绘制点的环视图。

(3)点位应远离大功率无线电发射源(如电台、电视台、微波站等)，其距离不小于 200 m；远离高压输电线，其距离不得小于 50 m。这是为了避免电磁场对 GPS 信号的干扰。

(4)点位附近不应有强烈反射卫星信号的物体，如大面积水域或大型建筑物等，以减弱多路径效应的影响。

(5)点位应选择在交通便利，并有利于扩展和联测的地点。

(6)点位应避开断层破碎带、易于发生滑坡或沉陷等地质构造不稳定区域和地下水位变化较大的地点。

(7)充分利用旧有点位。当利用旧点时，应对旧点标石的技术规格、稳定性、完好性等进行检查，符合要求方可利用。

(8)当所选点位需要进行水准联测时，选点人员应实地踏勘水准路线，提出有关建议。

(9)选点时应尽可能使测点附近的局部环境(地形、地貌、植被等)与周围的大环境保持一致，以减少气象元素的代表性误差。

2)GPS 点命名原则

GPS 点位的命名应遵循如下原则：

(1)GPS 点名应以该点所在地的山名、村名、单位名等来命名，无法区分时可在点名后加注予以区别。少数民族地区应使用规范的音译汉语名，在译音后可附上原文。

(2)新旧点名重合时，应采用旧点名。如原点位所在地名称已经更改，应在新点名后以括号注明旧点名。如与水准点重合时，应在新名后以括号注明水准点等级和编号。

(3)点名书写应准确、正规，一律以国家公布的规范汉字为准。

(4)当 GPS 点编制点号时，应整体考虑，同一编号，点号应唯一，且适于计算机管理。

3)选点后应上交的资料

选点结束后应上交下列资料：

(1)GPS 网点环视图。

(2)GPS 网选点图(测区较小，选点、埋石与观测一期完成时，可以展点图代替)。

(3)选点工作总结。

2. 标志埋设

GPS 控制点的标石埋设工作应符合下列要求：

(1)城市及工程测量各等级 GPS 控制点应埋设永久性测量标志，标志通常都应满足平面、高程控制的共同要求。标石及标志规格见图 2-18 至图 2-21。

(2)控制点的中心标志应用铜、不锈钢或其他耐腐蚀、耐磨损的材料制作；控制点应安放正直，镶接牢固；控制点的标志中心应刻有清晰、精细的十字线或嵌入直径小于 0.5 mm 的不同颜色的金属；标志顶部应为圆球状，顶部应高出标石面。

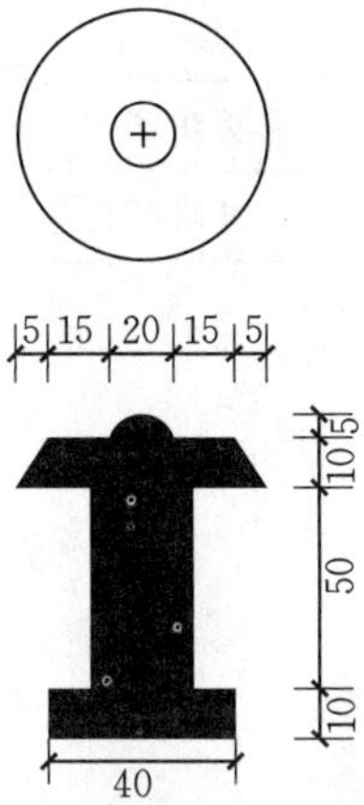

单位：mm

图 2-18　GPS 控制点标志

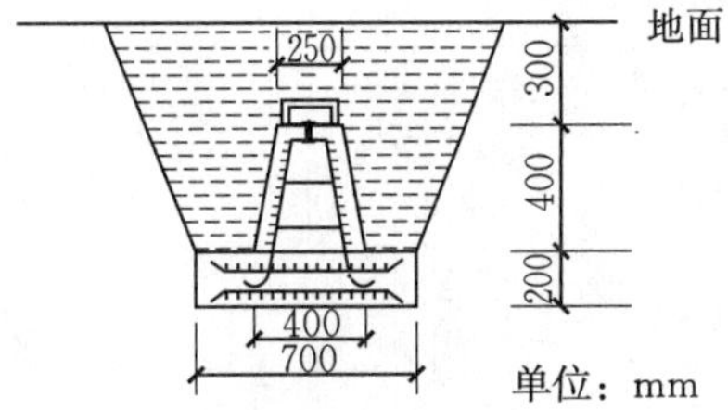

单位：mm

图 2-19　普通地面标石埋设

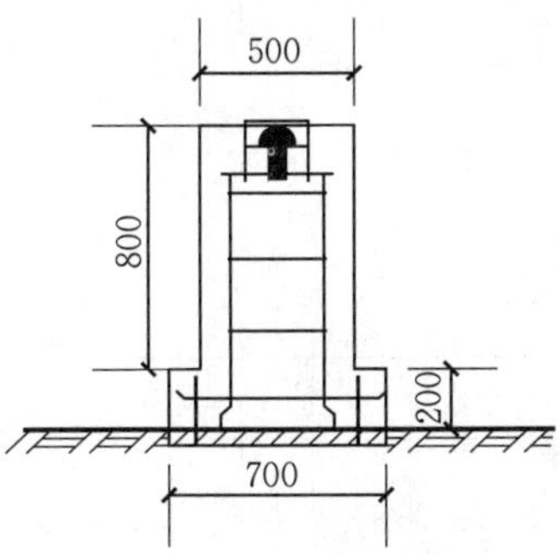

单位：mm

图 2-20　楼顶墩标埋设

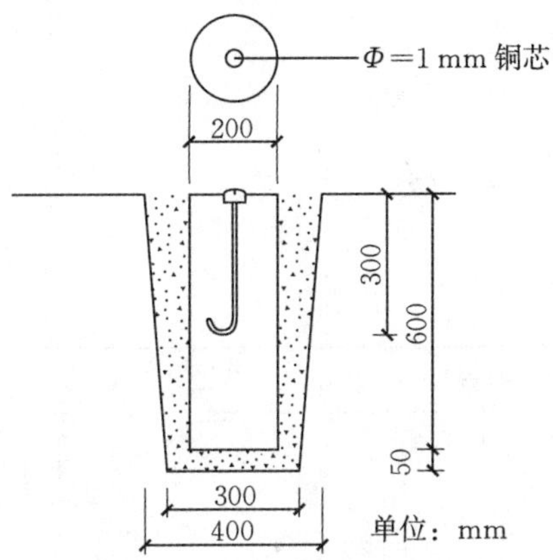

单位：mm

图 2-21　一二级控制点埋设

(3)控制点标石可采用混凝土预制或现场灌制。利用基岩、混凝土或沥青路面时，可以凿孔，现场灌注混凝土埋设标志；利用硬质地面时，可以在地面上刻正方形方框，其中心灌入直径不大于 2 mm、长度不短于 30 mm 的铜条作为标志。

(4)标石的底部应埋设在冻土层以下，并浇灌混凝土基础。

(5)GPS 测量控制点埋设后应经过一个雨季和一个冻解期，方可进行观测，地质坚硬的地方可在混凝土浇注一周后进行观测。

(6) 标石埋设后应在实地绘制点之记，具备拴距条件的，拴距不应少于三个方向，拴距方向交角宜在 60°至 150°之间，拴距误差应小于 10 cm；对二、三等点不具备拴距条件的，应埋设指示标志。点之记的绘制见表 2-7。

(7)二、三等 GPS 测量控制点埋设后应办理测量标志委托保管。

(8)埋石工作结束后应上交资料有：①控制点点之记；②测量标志委托保管书；③埋石工作技术总结报告。

表 2-7　GPS 控制点点之记

<table>
<tr><td>等级</td><td></td><td>点名</td><td></td><td>点号</td><td></td><td>所在图幅</td><td></td></tr>
<tr><td>概略精度</td><td colspan="2"></td><td>概略纬度</td><td colspan="2"></td><td>概略高程</td><td></td></tr>
<tr><td>所在地</td><td colspan="7"></td></tr>
<tr><td>标石类型</td><td colspan="3"></td><td colspan="2">标石质料</td><td colspan="2"></td></tr>
<tr><td colspan="4">详细位置图</td><td colspan="4">标石断面图</td></tr>
<tr><td>点位详细说明</td><td colspan="7"></td></tr>
<tr><td colspan="4">交通路线图</td><td colspan="4">交通情况</td></tr>
<tr><td>接管单位</td><td colspan="5"></td><td>保管人</td><td></td></tr>
<tr><td>选点者</td><td colspan="2"></td><td>埋石者</td><td colspan="2"></td><td>绘图者</td><td></td></tr>
<tr><td>选点日期</td><td colspan="2"></td><td>埋石日期</td><td colspan="2"></td><td>绘图日期</td><td></td></tr>
<tr><td>备注</td><td colspan="7"></td></tr>
</table>

3．观测工作

1)仪器的选用及检验

GPS 接收机的选用应符合表 2-8 的规定。

表 2-8　接收机的选用

项目＼等级	二等	三等	四等	一级	二级
接收机类型	双频	双频或单频	双频或单频	双频或单频	双频或单频
标准精度	≤(5 mm+ $2\times10^{-6}\times D$)	≤(5 mm+ $2\times10^{-6}\times D$)	≤(10 mm+ $5\times10^{-6}\times D$)	≤(10 mm+ $5\times10^{-6}\times D$)	≤(10 mm+ $5\times10^{-6}\times D$)
同步观测接收机数	≥4	≥3	≥3	≥3	≥3

注：D 为 GPS 控制网的平均边长。

用于 GPS 测量的接收设备应进行检验，并应符合下列规定：

(1)GPS 接收设备应按现行行业标准 JJF 1118—2004《全球定位系统(GPS)接收机测地型和导航型校准规范》的要求定期进行检定，检定周期宜为一年。

(2)新购置的或经过维修的 GPS 接收设备应进行检验，内容包括一般检验、常规检验、通电检验和实测检验。

(3)使用中的 GPS 接收设备也应按规范要求对相关项目进行检验。

(4)经检验合格的接收设备方可用于 GPS 观测。

2)观测工作依据的主要技术指标

GPS 观测与常规测量在技术要求上有很大差别，城市及工程 GPS 控制测量在作业中应按表 2-9 和表 2-10 有关技术指标执行，表 2-9 引自《工程测量规范》，表 2-10 引自 CJJ《规范》。

表 2-9　各级 GPS 测量作业的技术要求

等　级		二等	三等	四等	一级	二级
卫星高度角/(°)	静态	≥15				
	快速静态	—			≥15	
有效观测卫星数	静态	≥5		≥4		
	快速静态	—			≥5	
观测时段长度/分钟	静态	≥90	≥60	≥45	≥30	
	快速静态	—			≥15	
数据采样间隔/s	静态	10～30				
	快速静态	—			5～15	
PDOP		≤6			≤8	

注：当采用双频接收机进行快速静态测量时，观测时段长度可缩短为 10 分钟。

表 2-10　各级 GPS 测量作业的技术要求

项　目	观测方法＼等级	二等	三等	四等	一级	二级
卫星高度角/(°)	静态	≥15				
有效观测同类卫星数	静态	≥4				
平均重复设站数	静态	≥2		≥1.6		
时段长度/分钟	静态	≥90	≥60	≥45		
数据采样间隔/s	静态	10～30				
PDOP	静态	<6				

由表 2-9 和表 2-10 可以看出，GPS 测量的等级相同，其技术要求还是有区别的，这一点在实际作业时应注意。

表 2-9 中的观测方法有静态和快速静态之分，常规的 GPS 静态定位技术通常需较长时间的同步观测(如 1～2 小时)才能保证定位结果的精度和可靠性，即使测量短基线也是如此。快速静态定位技术是近几年出现的一种只需观测较短时间便能获得所需精度的快速 GPS 静态定位技术。事实上，快速静态定位技术的实质就是快速解出初始整周模糊度。

3)制定观测计划

观测工作是 GPS 测量的主要外业工作。观测开始之前，外业观测计划的拟定对于顺利完成数据采集任务，保证测量精度，提高工作效益，都是极为重要的。

拟定观测计划的主要依据是：

(1)GPS 网的规模大小。

(2)点位精度要求。

(3)GPS 卫星星座 PDOP。

(4)参加作业的接收机数量。

(5)交通、通信及后勤保障(食宿、供电等)。

观测计划的主要内容应包括：

(1)编制 GPS 卫星的可见性预报图。在高度角＞15°的限制下，输入测区中心某一测站的概略坐标，输入日期和时间，应使用不超过 20 天的星历文件，即可编制 GPS 卫星的可见性预报图。

(2)选择卫星的几何图形强度。在 GPS 定位中，所测卫星与观测站所组成的几何图形，其强度因子可用 PDOP 来代表，无论是绝对定位还是相对定位，PDOP 值不应大于 6。

(3)选择最佳的观测时段。卫星≥4 颗且分布均匀、PDOP 值小于 6 的时段就是最佳时段。

(4)观测区域的设计与划分。当 GPS 网的点数较多、网的规模较大，而参加观测的接收机数量有限、交通和通信不便时，可实行分区观测。为了增强网的整体性，提高网的精度，相邻分区应设置公共观测点，且公共点数量不得少于 2 个。

(5)编排作业调度表。作业组在观测前应根据测区的地形、交通状况、网的大小、精度的高低、仪器的数量、GPS 网设计、卫星预报表和测区的天气、地理环境等编制作业调度表，以提高工作效率。作业调度表包括观测时段、测站号、测站名称及接收机号等。作业调度表见表 2-11。

表 2-11 GPS 作业调度表

<table>
<tr><td rowspan="2">观测时段</td><td rowspan="2">观测
起止时间</td><td>机号</td><td>机号</td><td>机号</td><td>机号</td></tr>
<tr><td>测站号/名</td><td>测站号/名</td><td>测站号/名</td><td>测站号/名</td></tr>
<tr><td rowspan="2">1</td><td rowspan="2"></td><td></td><td></td><td></td><td></td></tr>
<tr><td></td><td></td><td></td><td></td></tr>
<tr><td rowspan="2">2</td><td rowspan="2"></td><td></td><td></td><td></td><td></td></tr>
<tr><td></td><td></td><td></td><td></td></tr>
<tr><td rowspan="2">3</td><td rowspan="2"></td><td></td><td></td><td></td><td></td></tr>
<tr><td></td><td></td><td></td><td></td></tr>
<tr><td rowspan="2">⋮</td><td rowspan="2"></td><td></td><td></td><td></td><td></td></tr>
<tr><td></td><td></td><td></td><td></td></tr>
</table>

4）天线安置

（1）在正常点位，天线应架设在三脚架上，并安置在标志中心的上方直接对中，天线基座上的圆水准气泡必须整平。天线的对中误差应小于 3 mm。

（2）天线的定向标志线应指向正北，并顾及当地磁偏角的影响，以减弱相位中心偏差的影响。天线定向误差依定位精度不同而异，一般不应超过±（3°～5°）。

（3）刮风天气安置天线时，应将安置天线的三脚架在三个方向上加以固定，以防天线摔倒。雷雨天气安置天线时，应注意将其底盘接地，以防雷击天线。

（4）架设天线不宜过低，一般应距地面 1 m 以上。天线高应量测至毫米，测前、测后各量测一次，两次较差不应大于 3 mm，并取平均值作为最终成果，较差超限时应查明原因，并记录至 GPS 外业观测手簿备注栏内。

（5）将测站名、测站号、数段号、天线高及观测者姓名等测站信息于现场记入到测量手簿中。

5）开机观测

观测作业的主要目的是捕获 GPS 卫星信号，并对其进行跟踪、处理和量测，以获得所需要的定位信息和观测数据。

天线安置完成后，在离开天线适当位置的地面上安放 GPS 接收机，将连接接收机与电源、天线、控制器的电缆连接好，经检查连接无误后即可启动接收机电源。

接收机锁定卫星并开始记录数据后，观测员可按照仪器随机提供的操作手册进行输入和查询操作。在未掌握有关操作系统之前，不要随意按键和输入，一般在正常接收过程中禁止更改任何设置参数。

通常，外业观测时，仪器操作人员应注意以下事项：

（1）每一作业任务开始前，应按接收机说明书对所有参加工作的接收机进行相同的观测参数设置，设置内容大致包括测量模式、数据的采样间隔、截止高度角等。

（2）每一测站，当确认本测站的整平、对中、连线等过程正确无误后方可接通电源，启动接收机。

（3）开机后接收机有关指示显示正常并通过自检后，方能输入有关测站和时段控制信息。

（4）接收机在开始记录数据后，应注意查看有关观测卫星数量、卫星号、相位测量残差、实时定位结果及其变化、存储介质记录等情况。

（5）一个时段观测过程中，不允许进行以下操作：关闭又重新启动；进行自测试（发现故障除外）；改变卫星高度角设置；改变天线位置；改变数据采样间隔；按动关闭文件和删除文件等功能键。

（6）在观测过程中要特别注意供电情况，除在测前认真检查电池容量是否充足外，作业中观测人员也不要远离接收机，听到仪器的低电压报警要及时予以处理，否则可能会造成仪器内部数据的破坏或丢失。对观测时段较长的观测工作，建议尽量采用太阳能电池板或汽车电瓶进行供电。

（7）仪器高一定要按规定在观测始、末各量测一次，并及时输入仪器并记入测量手簿之中。

（8）接收机在观测过程中不要靠近接收机使用对讲机及手机；雷雨季节架设天线要防止雷击，雷雨过境时应关机停测，并卸下天线。

（9）作业人员在作业期间不得离开仪器，并防止仪器受到震动和被移动，防止人和其他物体接近天线。

(10)观测站的全部预定作业项目,经检查均已按规定完成,且记录与资料完整无误后方可迁站。

(11)观测过程中要随时查看仪器内存或硬盘容量,每日观测结束后,应及时将数据转存至计算机的存储介质上,确保观测数据不丢失。

6)观测记录

在外业观测工作中,所有信息资料均须妥善记录。记录形式主要有以下两种:

(1)观测记录。观测记录由GPS接收机自动进行,数据记录在存储介质(如硬盘、硬卡或记忆卡等)上,主要内容有:①载波相位观测值及相应的观测历元;②同一历元的测码伪距观测值;③GPS卫星星历及卫星钟差参数;④实时绝对定位结果;⑤测站控制信息及接收机工作状态信息。

接收机内存数据转存过程中,不应进行任何剔除和删改,不应调用任何对数据实时重新加工组合的操作指令。

外业观测中存储介质上的数据文件应及时拷贝,一式两份,分别保存在由专人保管的防水、防静电的资料箱内。存储介质的外面,适当处应贴制标签,注明文件名、网区名、点名、时段名、采集日期、测量手簿编号等。

(2)测量手簿。测量手簿是在接收机启动前及观测过程中,由观测者随时填写的,记录内容和格式在现行规范中都有明确要求。原始观测记录不应涂改、转抄和追记。CJJ《规范》中给出的GPS测量手簿见表2-12。

表2-12 GPS外业观测手簿

观 测 者	日期 年 月 日
测 站 名	测站号 时段号
本测站为:已知点 □	待定点 □
记录时间:北京时间 □	UTC □ 区时 □
开机时间:	结束时间:
接收机号:	天线号:
天线高:(m) 1. 2. 3.	平均值
备注:	

2.7.3 数据处理及观测成果的质量检核

二等城市或工程控制网的基线解算和平差应采用高精度解算软件，其他等级控制网可采用随机商用软件；新启用的软件应经过鉴定并获得批准后方可使用。随着定位技术的迅速发展，GPS 测量数据后处理软件的功能和自动化程度将不断增强和提高，所采用的模型也将不断改进。

对观测数据进行后处理的基本过程，大体分为：基线解算，平差计算，坐标系统的转换，或与已有地面网的联合平差等。下面分别加以介绍。

1. 基线解算

每天外业 GPS 测量结束后均需将数据下载到计算机，做好数据备份。不同型号的 GPS 接收机，其基线解算的步骤有所区别，但都需符合下列要求：

(1)二等控制网应采用卫星精密星历解算基线，其他控制网可采用卫星广播星历解算基线。

(2)当使用不同型号的接收设备时，应将观测数据转换成统一格式。

(3)基线解算可采用多基线解或单基线解。单基线是由两台接收机同步观测数据解算得到的基线向量；多基线是由两台以上接收机通过同步观测数据解算得到的基线向量。基线解算中所需基准点坐标，应按优先顺序采用：连续运行基准站、已知点坐标和单点定位结果。

(4)对观测值应进行必要的修正：观测值应加入对流层延迟修正，修正模型中的气象元素可采用标准气象元素；对单频接收机的观测值还要加入电离层延迟修正。

(5)8 km 以内的基线应采用双差固定解；8～30 km 的基线可在双差固定解和双差浮点解中选择最优解；30 km 以上基线宜采用三差解。

(6)处理结果中应包括相对定位坐标和方差-协方差阵等平差所需的元素。

2. 外业观测成果的检核

对野外观测资料首先要进行复查，内容包括：成果是否符合调度命令和规范的要求；进行的观测数据质量分析是否符合实际。然后进行下列项目的检核：

1)同一时段观测值的数据采用率

同一时段观测值的数据采用率宜大于 80%。

2)复测基线的检核

同一条基线边若观测了多个时段，则可得到多个边长结果。这种具有多个独立观测结果的边就是复测基线(有时也叫重复基线)。复测基线的长度较差应符合

$$dS \leqslant 2\sqrt{2}\sigma \tag{2-47}$$

式中，dS 为复测基线的长度较差，单位为 mm；σ 为相应级别规定的精度(按该级别固定误差、比例误差及实际平均边长计算的标准差)，单位为 mm。

3)三边同步观测环检核

当环中各边为多台接收机同步观测时，由于各边是不独立的，所以其闭合差应恒为零。例如，三边同步环中只有两条同步边可以视为独立的成果，第三边成果应为其余两边的代数和。但是由于模型误差和处理软件的内在缺陷，使得这种同步环的闭合差实际上仍可能不为零。这种闭合差一般数值很小，不至于对定位结果产生明显影响，所以也可把它作为成果质量的一

种检核标准。

一般规定，GPS 网中任何一个三边构成的同步环闭合差应符合

$$\left.\begin{aligned} W_X &\leqslant \frac{\sqrt{3}}{5}\sigma \\ W_Y &\leqslant \frac{\sqrt{3}}{5}\sigma \\ W_Z &\leqslant \frac{\sqrt{3}}{5}\sigma \\ W_S &\leqslant \frac{3}{5}\sigma \\ W_S &= \sqrt{W_X^2 + W_Y^2 + W_Z^2} \end{aligned}\right\} \tag{2-48}$$

式中，W_X、W_Y、W_Z 为环坐标分量闭合差；W_S 为环闭合差。

4)异步观测环检核

GPS 网外业基线解算处理结果的独立异步环或附合线路坐标闭合差应符合

$$\left.\begin{aligned} W_X &\leqslant \sqrt{n}\sigma \\ W_Y &\leqslant \sqrt{n}\sigma \\ W_Z &\leqslant \sqrt{n}\sigma \\ W_S &\leqslant \sqrt{3n}\sigma \\ W_S &= \sqrt{W_X^2 + W_Y^2 + W_Z^2} \end{aligned}\right\} \tag{2-49}$$

式中，W_S 为环闭合差；n 为闭合环(或附合路线) 边数。

3. 野外返工

如外业数据检查超限，对超限的基线进行综合分析予以返工重测。基线返工应符合下列要求：

(1)复测基线边长较差、同步环闭合差、独立环闭合差或附合路线中超限的基线可舍弃。舍弃基线后的独立环所含基线数应符合表 2-6 的规定，否则，应进行补测或重测。

(2)舍弃和重测的基线应分析，并记录在数据处理报告中。

4. GPS 网平差计算

在各项质量检核符合要求后，对所有独立基线组成的闭合环所构成的网形进行平差计算，以获得最终坐标结果。平差计算的主要内容包括两个方面。

1)GPS 网三维无约束整体平差

利用上述基线向量的解算结果及其相应的方差-协方差阵作为相关观测量，以一个点的 WGS-84 坐标作为起算数据，进行 GPS 网的三维无约束整体平差。整体平差的结果，一般是网点在地心坐标系的空间三维坐标、各基线向量、改正数和精度信息。

三维无约束平差中，基线分量的改正数绝对值 ($V_{\Delta X}$、$V_{\Delta Y}$、$V_{\Delta Z}$) 应满足

$$\left.\begin{aligned} V_{\Delta X} &\leqslant 3\sigma \\ V_{\Delta Y} &\leqslant 3\sigma \\ V_{\Delta Z} &\leqslant 3\sigma \end{aligned}\right\} \tag{2-50}$$

式中，$V_{\Delta X}$、$V_{\Delta Y}$、$V_{\Delta Z}$ 为基线分量的改正数绝对值。

2)GPS 网的约束平差

GPS 控制网的观测量 ΔX、ΔY、ΔZ 是基于 WGS-84 地心坐标系的观测值，而以往进行的测量工作是基于本地坐标系，例如，1954 北京坐标系、1980 西安坐标系、×××城市坐标系等。同时，进行的测量工作通常需要投影到高斯平面上。

GPS 网约束平差的目的就是将空间的原始观测量，以最佳的方法进行平差，归化到当地的参考椭球上并投影到所采用平面上。显然在这一过程中要进行三个环节的工作，即：

(1)转换：由空间地心坐标系(WGS-84)转换到所采用的地方参考坐标系。

(2)投影：由地方参考坐标系投影至平面。

(3)平差：将观测误差按最小二乘法分配。

可选择地心坐标系、国家坐标系或地方坐标系，对无约束平差后的观测值进行三维约束平差或二维约束平差。平差中，可对已知点坐标、已知距离和已知方位进行强制约束或加权约束。

约束平差中，基线分量的改正数，与经过粗差剔除后的无约束平差结果的同一基线相应改正数较差的绝对值 ($dV_{\Delta X}$, $dV_{\Delta Y}$, $dV_{\Delta Z}$) 应满足

$$\left.\begin{aligned} dV_{\Delta X} \leqslant 2\sigma \\ dV_{\Delta Y} \leqslant 2\sigma \\ dV_{\Delta Z} \leqslant 2\sigma \end{aligned}\right\} \tag{2-51}$$

式中，$dV_{\Delta X}$、$dV_{\Delta Y}$、$dV_{\Delta Z}$ 为同一基线约束平差基线分量的改正数与无约束平差基线分量的改正数的较差。

当平差软件不能输出基线向量改正数时，应进行不少于两个已知点的部分约束平差，在部分约束平差结果中未作为约束的已知点的坐标与原坐标的点位较差不大于 5 cm。

平差后上交如下资料：

(1)测区和各观测站的基本情况。

(2)参加平差计算的观测值数量、质量、观测时段的起止时间和延续时间。

(3)平差计算采用的坐标系统、基本常数和起算数据。

(4)平差计算的方法及所采用的先验方差与协方差。

(5)GPS 网整体平差结果，包括空间整体直角坐标、大地坐标，以及相邻点之间的距离和方位角。

(6)GPS 网与已有经典地面网的联合平差结果，主要包括地面网的坐标、等级、重合点数及其坐标值；联合平差采用的坐标系统、平差方法、平差后的坐标值，以及网的转换参数。

(7)平差值的精度信息，包括观测值的残差分析资料、平差值的方差与协方差阵及相关系数阵等。

2.7.4　质量检查与技术总结

质量检查应贯穿测量工程的整个过程，以保证控制测量工作的顺利完成，我国目前实行“两级检查，一级验收”制。两级检查是作业单位对测量工程的全过程检查及作业单位的上一级单位对生产过程的抽查，验收是业主单位(或业主委托其他具有资质的质检单位)对整个生产任务所进行的验收。

技术总结是作业单位对整个测量工程完成情况的全面总结。质量检查和技术总结都要依

据任务书或合同书、现行国家、行业和地方有关技术标准等。

1. 质量检查的内容

(1)使用仪器的精度等级、检定状态、检定记录。

(2)控制点布设情况,选埋资料的完整性。

(3)外业观测资料中多余观测、各项限差、技术指标情况。

(4)数据处理过程中,数据录入、已知数据的使用、各项限差、闭合差和精度统计情况。

(5)记录完整准确性、记录项目齐全性。

(6)观测数据的各项改正是否齐全。

(7)计算过程正确性、资料整理的完整性、精度统计和质量评定的合理性。

(8)上交成果的正确性和完整性。

(9)技术报告内容的完整性、统计数据的准确性、结论的可靠性。

2. 技术总结的编写应符合下列要求

各项工作完成后应编写项目技术总结,技术总结应突出重点、文理通顺、表达清楚、结论明确。技术总结报告按照《测绘技术总结编写规定》编写。参见本书第8章。

技术总结内容主要包括:

(1) 测区概况,自然地理条件等。

(2) 任务来源,测区已有测量情况,施测目的和基本精度要求。

(3) 施测单位,施测起止时间,技术依据,作业人员情况,接收设备类型与数量及检验情况,观测方法,重测、补测情况,作业环境,重合点情况,工作量与工日情况。

(4) 野外数据检核,起算数据情况,数据后处理内容、方法与软件情况。

(5) 外业观测数据质量分析与野外检核计算情况。

(6) 方案实施与规范执行情况。

(7) 上交成果中尚存问题和需说明的其他问题。

(8) 各种附表与附图。

3. 应上交的成果资料

GPS测量工作结束后应上交的成果资料主要包括:

(1) 任务书或合同书、技术设计书。

(2) 利用的已有成果资料情况。

(3) 仪器检校资料和自检原始记录。

(4) 点之记、外业原始观测记录、计算手簿(含电子文档)。

(5) 质量检查资料。

(6) 技术总结。

(7) 设计网图、选点网图、观测网图、数据处理用图、成果图。

(8) 控制点坐标成果、高程成果及说明资料。

§2.8 RTK控制测量

众所周知,GPS应用于测绘领域需要具有一定的精度,而最高精度的观测值是载波相位观测值。利用载波相位观测值进行测量的工作模式通常有:静态、快速静态、准动态和动态相对定位等。但是，利用这些测量模式，如果不与实时数据传输系统相结合，其定位结果均需通过观测数据的测后处理而获得。由于观测数据需在测后处理，所以上述各种测量模式，不仅无法实时地给出观测站的定位结果，也无法对基准站和用户流动站观测数据的质量进行实时检核，因而难以避免在数据后处理中发现不合格的测量成果、需要进行返工重测的情况。为解决这一问题，通常需要大幅度延长观测时间，增加多余观测量，以确保观测数据的可靠性，从而顺利解算出所需结果。

实时动态测量(real time kinematic，RTK)技术的出现，能够在野外实时获得厘米级定位精度的定位结果，它采用的是载波相位动态实时差分测量方法，是 GNSS 应用的重大里程碑。RTK 技术为控制测量、地形图测绘及工程放样等工作领域带来了新曙光，极大地提高了外业作业效率。

网络 RTK(network RTK)技术更是把 RTK 的实际应用推向一个新高度，目前网络 RTK 技术已在世界范围内得到广泛应用。

2.8.1　RTK 的定位原理及系统组成

RTK 测量技术是 GNSS 与数据通信技术相结合的载波相位实时动态差分定位技术，它能够实时地提供测站点在指定坐标系中的三维定位结果。在 RTK 测量模式下，基准站(reference station)上的 GNSS 接收机对所有可见的 GNSS 卫星进行连续观测，并通过数据链将观测值和测站坐标信息一起传送给流动站(moving station)。流动站不仅采集卫星观测数据，还通过数据链接收来自基准站的数据，并组成差分观测值进行实时定位。

RTK 系统的组成见图 2-22。

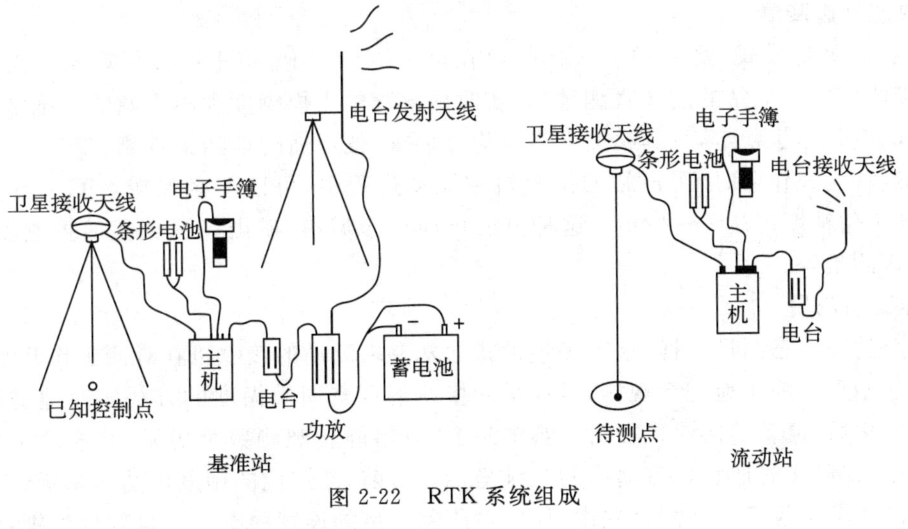

图 2-22　RTK 系统组成

下面介绍一下 RTK 系统各主要部分的功能。

1. GNSS 接收机

具有载波相位测量功能的 GNSS 接收机都可以进行 RTK 定位，但是为了快速精确地求解整周模糊度，双频接收机比较理想。

RTK 定位系统至少要有两台接收机(1+1)，一台架设在基准站上接收卫星信号，一台作为流动站接收卫星信号。但目前使用较多的 RTK 系统是一台基准站与多台流动站 $(1+n)$ 的组合,这样可以有效地提高工作效率。通常基准站由一套基准站 GNSS 接收机及天线、独立的基准站发射电台(或内置发射电台)、天线和手簿等组成。流动站由 GNSS 接收机及天线、流动站接收信号的电台(有的厂家将其内置于 GNSS 接收机)及天线、设置和显示使用的电子手簿等组成。

RTK 定位系统也可以由多台接收机组成多基准站和多流动站,并借助各种网络传送基准站差分信号,此即网络 RTK。外业测量作业时,可以使用多台接收机作为流动站同时进行实时定位。由于基准站数量多且基准点坐标精度高,所以采用网络 RTK 作业可以获得较高的点位精度。

2. **无线数据链路**

这是由基准站发射电台和流动站接收电台组成的数据通信链路。基准站发射电台一般为外置独立电台,但是随着科技的进步,逐渐被内置的集成电台所替代;流动站接收机电台可以内置在 GNSS 接收机内部,也可以是外置的独立电台。

3. **电子手簿**

RTK 作业过程中,流动站一般将 GNSS 接收机和电台背在背部。为了便于建立测量项目、坐标系统、设置测量形式和参数、实时阅读精度和存储测量坐标等,一般采用手持式电子手簿进行相应操作。

2.8.2 RTK 的作业模式

目前 RTK 主要采用快速静态测量、准动态测量和动态测量三种作业模式,以满足用户不同的需求。

1. **快速静态测量**

快速静态测量模式,要求 GNSS 接收机在每一用户站上,静止地进行观测。在观测过程中,连同接收到的基准站的同步观测数据,实时地解算整周模糊度和用户站的三维坐标。如果解算结果的变化趋于稳定,且其精度已满足设计要求,便可适时地结束观测。

采用这种模式作业时,用户站的接收机在流动过程中,可以不必保持对 GNSS 卫星的连续跟踪,其定位精度可达 1～2 cm。这种方法可应用于城市、矿山等区域性的控制测量、工程测量和地籍测量等。

2. **准动态测量**

同一般的准动态测量一样,这种测量模式通常要求流动的接收机在观测工作开始之前,首先在某一起始点上静止地进行观测,以便采用快速解算整周模糊度的方法实时地进行初始化工作。初始化后,流动的接收机在每一观测站上,只需静止观测数个历元,并连同基准站的同步观测数据,即可实时地解算流动站的三维坐标。目前,其定位的精度可达厘米级。

该方法要求接收机在观测过程中,保持对所测卫星的连续跟踪。一旦发生失锁,便需重新进行初始化的工作。

准动态测量模式,主要应用于地籍测量、碎部测量、路线测量和工程放样等。

3. **动态测量**

动态测量模式,一般需要先在某一起始点上,静止地观测数分钟,以便进行初始化工作。之后,运动的接收机按预定的采样时间间隔自动地进行观测,并连同基准站的同步观测数据,实时地确定采样点的空间位置。目前,其定位的精度可达厘米级。

这种测量模式，仍要求在观测过程中，保持对观测卫星的连续跟踪。一旦发生失锁，则需重新进行初始化。这时，对陆上的运动目标来说，可以在卫星失锁的观测点上，静止地观测数分钟，以便重新初始化，或者利用动态初始化(AROF)技术，重新初始化。对海上和空中的运动目标来说，只能应用 AROF 技术，重新完成初始化的工作。

2.8.3　网络 RTK

网络 RTK，指在一定区域内建立多个 GNSS 基准站，形成基准站网，对该地区构成网状覆盖，并对卫星进行连续跟踪观测，通过基准站网卫星定位观测值的网络解算，获取覆盖该地区和该时间段的 RTK 改正参数，并通过互联网或无线通信网络发送给该区域内的 RTK 测量用户，以进行实时动态定位。

连续运行基准站(continuously operating reference stations，CORS)系统是网络 RTK 的具体实现，它是由多个 GNSS 基准站组成，通过互联网或无线通信网络向系统覆盖的服务区内用户提供基准站坐标和基准站卫星观测数据，用户根据基准站数据进行事后精密定位，也可接收数据播发站播发的载波相位观测数据进行实时精密定位。

目前，CORS 技术主要有虚拟参考站(virtual reference station，VRS)、主辅站(master auxiliary concept，MAC)和连续运行单基准站等类型。

1. VRS

VRS 是典型的网络 RTK 技术，是基于多参考站环境下的 GNSS 实时动态定位技术。与常规 RTK 不同，在 VRS 网络中，各固定参考站不直接向移动用户发送任何改正信息，而是将所有的原始数据通过数据通信网络发给网络控制中心。移动用户通过移动电话(基于 GSM、CDMA)或者无线 Internet(如 GPRS 和 WAP)等网络，与网络控制中心建立双向通信后，向控制中心发送其概略坐标，控制中心根据用户的概略位置，自动选择一组最佳的基准站，根据这组基准站的原始观测数据，整体地改正卫星轨道偏差、电离层、对流层和大气折射等误差，生成并向该用户发送 RTCM(radio technical commission for maritime services)差分信息，这个差分信息的效果相当于在移动站旁边，生成一个虚拟的参考站，实现“区域”RTK 定位。这样，用户只需使用具有 VRS 功能的设备(GNSS RTK 接收机、手机、导航仪、PDA 等)，即可进行可靠的高精度定位(水平精度 1 cm，高程精度 2 cm)。

1)VRS 的系统构成

VRS 系统由参考站网、数据处理中心、数据传输系统、定位导航数据播发系统、用户应用系统五个部分组成，各参考站与监控分析中心间通过数据传输系统连接成一体，形成专用网络，见图 2-23。

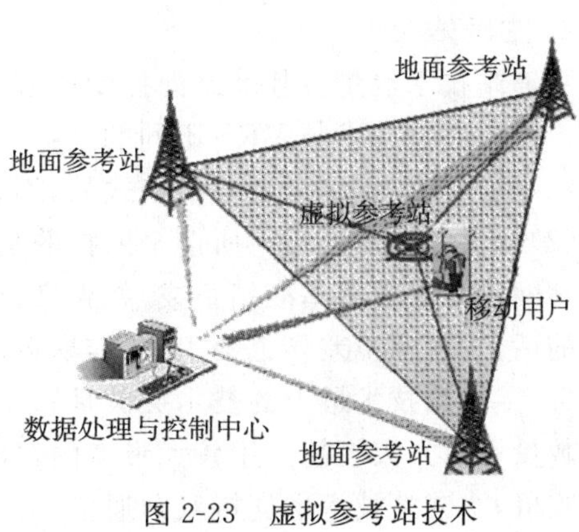

图 2-23　虚拟参考站技术

(1)参考站网。参考站网由一定范围内均匀分布的参考站组成，负责采集 GNSS 卫星观测数据并输送至数据处理中心，同时提供系统完好性监测服务。

(2)数据处理中心。系统的控制中心，用于接收各参考站数据，进行数据处理，形成多参考站差分定位用户数据，组成一定格式的数据文件，分发给用户。数据处理中心是 CORS 的核心单元,也是高精度实时动态定位得以实现的关键所在。中心 24 小时连续不断地根据各参考站所采集的实时观测数据在区域内进行整体建模解算,自动生成一个与流动站点位对应的虚拟参考站(包括参考站坐标和 GNSS 观测值信息),并通过现有的数据通信网络和无线数据播发网,向各类需要测量和导航的用户以国际通用格式提供码相位和载波相位差分修正信息,以便实时解算出流动站的精确点位。

(3)数据传输系统。各参考站数据通过光纤专线传输至监控分析中心,该系统包括数据传输硬件设备及软件控制模块。

(4)数据播发系统。系统通过移动通信网络、UHF 电台、Internet 等形式向用户播发定位导航数据。

(5)用户应用系统。系统包括用户信息接收系统、网络 RTK 定位系统、事后和快速精密定位系统及自主式导航系统和监控定位系统等。按照应用的精度不同,用户服务子系统可以分为毫米级用户系统、厘米级用户系统、分米级用户系统和米级用户系统等;按照用户的应用不同,可以分为测绘与工程用户(厘米、分米级)、车辆导航与定位用户(米级)、高精度用户(事后处理)、气象用户等几类。

2)VRS 系统不足

VRS 是一种非常好的网络 RTK 的实现方法,但是它的缺陷也很明显,主要表现在以下几方面:

(1)采用双向通信,限制了它的同时在线用户数量。

(2)虚拟参考站随着用户(流动站)的移动(超过一定距离)要重新初始化,并且是不可追踪、不可重复的虚拟参考站。

(3)人为地规定了一个参考站网络中参考站的数量,一般情况下为三个。它们是由参考站软件决定的,用于计算流动站所需要的改正数。此项约束限制了系统采用合适数量的参考站解决占主导地位的大气条件,如建立大尺度气象活动的模型问题。这种约束也影响到成果的稳定性,并表现出对网络的几何形态及对数据的传输损耗十分敏感。如果三个站中有一个站不能为这个网络提供数据,那么网络软件必须搜索另外一个合适的参考站,并为用户重新安排改正计算。在搜索过程中,没有网络改正数可以提供给流动站用户,影响外业生产的效率。

(4)其播发的数据格式不标准,偏向某一类型的接收机。

2. 主辅站

主辅站技术也是各基准站向控制中心发送原始数据,再由控制中心解算后播发改正信息给用户。然而该技术与 VRS 不同的是:

(1)播发的改正信息是标准格式的,不含有专有技术知识产权信息。

(2)提供的是全网解。所谓全网指的是用户(流动站)所在的基准站网(子网)。由于一个主辅站网可能由很多基准站组成,如果进行全部的基准站解算,不但浪费时间,而且如果区域很大的话,大气环境差异也会很大,容易造成改正信息误差较大。

(3)主辅站技术最大的技术突破是它支持单向通信(由于播发占用的带宽较小,同时在线用户数量可以大大超越占用较大带宽的双向通信技术),其优势不言而喻。为了兼容较早版本的接收机,主辅站技术也支持双向通信。

(4)对用户(流动站)来说主基准站并不一定是距离用户最近的基准站,尽管那样会更好一些。因为它仅是用来简单地实现数据传输,而且在改正数的计算中并不扮演任何特殊的角色。

如果由于某种原因,主站传来的数据不再具有有效性,或者根本无法获取主站的数据,那么,任何一个辅站都可以被设定为主站的角色。在任何时候,网络改正数都是相对于真正的基准站的,因此也是完全可以追踪的。注意到主站的全部观测值都得到了传输,所以流动站即使无法解读网络信息,它仍然可以利用这些改正数据计算单基线解。这样就保证了外业作业效率。

(5)数据安全性高。安全性的关键部件是 RTK 代理服务器。网络处理模块(网络服务器)与 RTK 代理服务器之间的通信只有网络服务器才能进行启动。所有敏感的信息,如用户名单及记账信息是存储在防火墙后面的数据库中,不会出现在 RTK 代理服务器或存取路由器中。

3. 连续运行单基准站

连续运行单基准站系统为一个独立的连续运行的 GNSS 基准站,利用现代计算机、数据通信和互联网(LAN/WAN)技术组成的网络,实时地向不同类型、不同需求的用户自动地提供经过检验的不同类型的 GNSS 观测值(载波相位、伪距)、各种改正数、状态信息,以及其他有关 GNSS 服务项目的系统。

连续运行单基准站系统方案的目标为:建立和维护测量区域内的 GNSS 基准站支持,为该系统提供一套完整的 GNSS 工程技术标准。其具体项目为:

(1)建设一个永久连续观测的 GNSS 定位基准站观测墩。

(2)建立若干个可提供基准站网络服务的网络系统。

(3)建立基准站与系统管理中心的内部局域网的数据传输。

(4)为用户提供静态、RTK 测量的数据信息。

连续运行单基准站系统各项性能指标见表 2-13。

表 2-13　连续运行单基准站系统技术指标

内容		技术指标	
实施方式		水平精度	高程精度
RTK 实时定位	10 km 以内	10 mm+1×10^{-6}	20 mm+1×10^{-6}
	20～40 km	20 mm+1×10^{-6}	40 mm+1×10^{-6}
	40～50 km	50 mm+1×10^{-6}	80 mm+1×10^{-6}
	50～100 km	亚米级	亚米级
静态事后差分定位		≤5 mm	≤10 mm

CORS 系统是建立在 GNSS 硬件等技术平台之上。它将尖端科技领域的卫星定位技术和地理信息技术、通信技术和先进的软件开发技术有机地结合在一起,为用户提供了全新、透明、可视、实时的测量服务。根据系统功能的要求,本系统的 GNSS 硬件由 GNSS 基准站、电源系统、用户系统几个单元组成。整个系统的原理图见图 2-24。

连续运行单基准站系统运作的流程如下:

(1)基准站连续观测 GNSS 卫星信号,获取该地区和该时间段的“局域精密星历”及其他改正参数,按照用户要求把静态数据打包存储并把基准站的卫星信息送往服务器上 GNSS 软件的指定位置。

(2)用户单元接收定位卫星传来的信号,并解算出地理位置坐标。

(3)用户单元的数据通信模块通过局域网从服务器的指定位置获取基准站提供的差分信息后输入用户单元 GNSS 的 OEM 板进行差分解算。

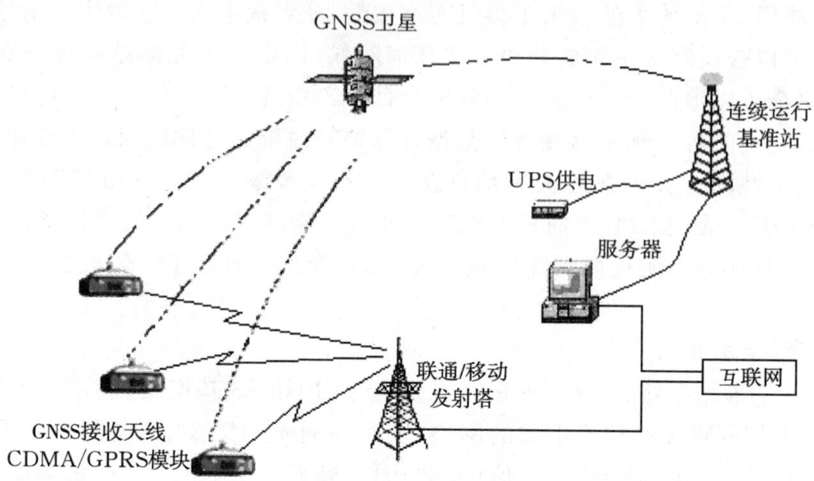

图 2-24 CORS 系统

(4)用户单元在野外完成静态测量后，可以从基准站软件下载同步时间的静态数据进行基线联合解算。

网络 RTK 技术的出现，标志着高精度实时定位技术的发展进入了一个崭新的阶段，将代表着 GNSS 发展的方向。它使一个地区的所有测绘工作成为一个整体，同时，它将大大扩展 RTK 的作业范围，使 GNSS 的应用更加广泛，精度和可靠性进一步提高。网络 RTK 对永久观测基站上的观测数据进行综合处理，使得用户在不用购置基准站设备的情况下即可进行厘米级的定位，而基站的服务半径也得以大大增加(可达 30～50 km)。以综合性 GNSS 服务网络的形式建设的网络 RTK 将成为城市最有效的空间数据基础设施之一。

2.8.4 RTK 控制测量技术要求

1. RTK 控制测量的一般规定

CH/T 2009—2010《全球定位系统实时动态测量(RTK)技术规范》对 RTK 控制测量进行了如下规定：

(1)RTK 控制测量前，应根据任务需要，收集测区高等级控制点的地心坐标、参心坐标、坐标系统转换参数和高程成果等，进行技术设计。

(2)RTK 平面控制测量的精度等级分为：一级、二级和三级。RTK 高程控制测量的精度等级为：等外。

(3)平面控制点可以逐级布设、越级布设或一次性全面布设，每个控制点宜保证有一个以上的通视方向。

(4)RTK 测量可采用单基准站 RTK 和网络 RTK 两种方法进行。在通信条件困难时，也可以采用后处理动态测量模式进行测量。

(5)有条件采用网络 RTK 测量的地区，宜优先采用网络 RTK 技术测量。

(6)RTK 卫星的状态应符合表 2-14 规定。

表 2-14　RTK 测量卫星状态的基本要求

观测窗口状态	截止高度角 15°以上的卫星个数	PDOP 值
良好	≥6	<4
可用	5	4≤PDOP≤6
不可用	<5	>6

(7)经纬度记录精确至 0.000 01″,平面坐标和高程记录精确至 0.001 m。天线高量取精确至 0.001 m。

2. RTK 平面控制测量

RTK 平面控制点的点位选择要求参照《全球定位系统(GPS)测量规范》执行,埋石应根据技术设计书要求确定。RTK 平面控制点测量主要技术要求应符合表 2-15 的规定。

表 2-15　RTK 平面控制点测量主要技术要求

等级	相邻点间边长/m	点位中误差/cm	边长相对中误差	与基准站的距离/km	观测次数	起算点等级
一级	500	±5	1/20 000	≤5	≥4	四等及以上
二级	300	±5	1/10 000	≤5	≥3	一级及以上
三级	200	±5	1/6 000	≤5	≥2	二级及以上

注:(1)点位中误差指控制点相对于最近基准站的误差。
(2)采用单基准站进行一级 RTK 测量至少需更换一次基准站进行观测,每站观测次数不少于 2 次。
(3)采用网络 RTK 测量各级平面控制点,可不受流动站到基准站距离的限制,但应在网络有效服务范围内。
(4)相邻点间距不宜小于该等级平均边长的 1/2。

利用 RTK 进行控制点平面坐标测量时,流动站采集卫星观测数据,并通过数据链接收来自基准站的数据,在系统内组成差分观测值进行实时处理,通过坐标转换将观测得到的地心坐标转换为指定坐标系中的平面坐标。

1)测区坐标系统转换参数

(1)在获取测区坐标系统转换参数时,可以直接利用已知的参数。

(2)在没有已知转换参数时,可以自己求解。

(3)2000 国家大地坐标系与参心坐标系(如 1954 北京坐标系、1980 西安坐标系或地方独立坐标系)转换参数的求解,应采用不少于三个点的高等级起算点的两套坐标系成果,所选起算点应分布均匀,且能控制整个测区。

(4)转换时应根据测区范围及具体情况,对起算点进行可靠性检验,采用合理的数学模型,进行多种点组合方式分别计算和优选。

(5)RTK 控制点坐标转换参数的求解,不能采用现场点校正的方法进行。

2)RTK 平面控制点测量基准站的技术要求

(1)采用网络 RTK 测量时,基准站网点的设立要求符合 CH/T 2008—2005《全球导航卫星系统连续运行参考站网建设规范》的要求。

(2)自设基准站如需长期和经常使用,宜埋设有强制对中的观测墩。

(3)自设基准站应选择在高一级控制点上。

(4)用电台进行数据传输时,基准站宜选择在测区相对较高的位置。

(5)用移动通信进行数据传输时,基准站必须选择在测区有移动通信接收信号的位置。

(6)选择无线电台通信时,应按约定的工作频率进行数据链设置,以避免串频。

(7)应正确设置随机软件中对应的仪器类型、电台类型、电台频率、天线类型、数据端口、蓝牙端口等。

(8)应正确设置基准站坐标、数据单位、尺度因子、投影参数和接收机天线高等参数。

3)RTK 平面控制点测量流动站的技术要求

(1)网络 RTK 测量的流动站要获得系统服务的授权。

(2)网络 RTK 测量流动站应在有效服务区域内进行，并实现数据与服务控制中心的通信。

(3)用数据采集器设置流动站的坐标系统转换参数、与基准站的通信。

(4)RTK 的流动站不宜在隐蔽地带、成片水域和强电磁波干扰源附近观测。

(5)观测开始前应对仪器进行初始化，并得到固定解，当长时间不能获得固定解时，宜断开通信链路，再次进行初始化操作。

(6)每次观测之前流动站应重新初始化。

(7)作业过程中，如出现卫星信号失锁，应重新初始化，并经重合点测量检测合格后，方能继续作业。

(8)每次作业开始前或重新建设基准站后，均应进行至少一个同等级或高等级已知点的检核，平面坐标较差不应大于 7 cm。

(9)RTK 平面控制点测量平面坐标转换残差不应大于±2 cm。

(10)数据采集器设置的控制点单次观测的平面收敛精度不应大于±2 cm。

(11)RTK 平面控制点测量流动站观测时应采用三角架对中、整平，每次观测历元数应大于 20 个，采样间隔 2～5 s，各次测量的平面坐标较差应不大于 4 cm。

(12)应取各次测量的平面坐标中数作为最终结果。

(13)进行后处理动态测量时，流动站应先在静止状态下观测 10～15 分钟获得固定解，然后在不丢失初始化状态的前提下进行动态测量。

3. RTK 高程控制点测量

RTK 高程控制点的埋设一般与 RTK 平面控制点同步进行，标石可以重合，重合时应采用圆头带十字的标志。RTK 高程控制点测量主要技术要求应符合表 2-16 规定。

表 2-16 RTK 高程控制点测量主要技术要求

大地高中误差/cm	与基准站的距离/km	观测次数	起算点等级
±3	≤5	≥3	四等及以上水准

注：(1)大地高中误差指控制点大地高相对于最近基准站的误差。

(2)网络 RTK 高程控制测量可不受流动站到基准站距离的限制，但应在网络有效服务范围内。

RTK 控制点高程的测定，是将流动站测得的大地高减去流动站的高程异常获得。流动站的高程异常可以采用数学拟合、似大地水准面精化模型内插等方法获取。拟合模型及似大地水准面模型的精度根据实际生产需要确定。

RTK 高程控制点测量基准站及流动站的技术要求与 RTK 平面控制点测量相同。

RTK 高程控制点测量设置的高程收敛精度应不大于 3 cm。

RTK 高程控制点测量流动站观测时应采用三角架对中、整平，每次观测历元数应大于 20 个，采样间隔 2～5 s，各次测量的大地高较差应不大于 4 cm，取中数作为最终结果。

4. 成果数据处理与检查

RTK 控制测量外业采集的数据应及时进行备份和内外业检查，RTK 控制测量外业观测记录采用仪器自带内存卡或测量手簿，记录项目及成果输出包括：

(1)转换参考点的点名(号)、残差、转换参数。

(2)基准站点名(号)、流动站点名(号)。

(3)基准站、流动站的天线高、观测时间。

(4)基准站发送给流动站的参考站地心坐标、地心坐标的增量。

(5)流动站的平面、高程收敛精度。

(6)流动站的地心坐标、平面和高程成果。

(7)测区转换参考点、观测点网图。

在进行网络 RTK 时，(1)至(4)项可根据项目要求部分提供。

用 RTK 技术施测的控制点成果应进行 100%的内业检查和不少于总点数 10%的外业检测。平面控制点外业检测可采用相应等级的卫星定位静态(快速静态)技术测定坐标、全站仪测量边长和角度等方法。高程控制点外业检测可采用相应等级三角高程、几何水准测量等方法，检测点应均匀分布测区。检测结果应满足表 2-17 和表 2-18 的要求。

表 2-17　RTK 平面控制点检测精度要求

等级	边长校核		角度校核		坐标校核
	测距中误差/mm	边长较差的相对误差	测角中误差/(″)	角度较差限差/(″)	坐标较差中误差/cm
一级	±15	1/14 000	±5	14	±5
二级	±15	1/7 000	±8	20	±5
三级	±15	1/5 000	±12	30	±5

表 2-18　RTK 高程控制点检测精度要求

等级	检核高差/mm
等外	$\leqslant 40\sqrt{L}$

注：L 为检测线路长度，以 km 为单位，不足 1 km 时按 1 km 计算。

思　考　题

1. 目前卫星定位系统都有哪些？
2. GPS 定位的实质是什么？
3. GPS 静态相对定位都采用哪些观测值？
4. 什么叫初始整周模糊度？如何确定？
5. GPS 用于控制测量，具有哪些优点？
6. 简述 GPS 的组成，并说明各部分的作用。
7. GPS 测量的误差都有哪些？哪些是系统误差？哪些是偶然误差？
8. 多路径效应是如何产生的？如何减弱其对 GPS 测量结果的影响？
9. 采用静态相对定位可以有效消除哪些误差对定位结果的影响？
10. 简述 GPS 数据后处理过程。

11. GPS 网三维无约束平差的主要作用是什么？
12. 对解算出的基线向量都应进行什么检核？
13. 为什么要绘制点之记？点之记都包含了什么内容？
14. 进行平面控制测量都有哪些方法？目前首选方法是什么？其次是什么？
15. 简述 GPS 控制测量技术设计的工作程序？
16. GPS 控制网基准设计都有哪些内容？
17. 如何计算 GPS 控制网的平均可靠性指标？
18. GPS 定位的精度因子都有哪些？各是什么含义？
19. 进行 GPS 网约束平差时，约束条件通常都有哪些？
20. 美国的 GPS 限制性政策都有哪些？各国采取的针对性对策又有哪些？
21. 简述载波相位相对测量原理。
22. 什么是同步观测环？什么是异步观测环？什么是重复基线？
23. 如何正确量取天线高？
24. 作为观测员，在测站上都应做哪些工作？
25. RTK 与静态相对测量有什么区别？
26. 网络 RTK 是如何定义的？
27. CORS 由哪几部分构成，简述其工作原理。
28. 简述 VRS 和主辅站技术的异同点。
29. 目前什么等级的平面控制测量可用 RTK 完成？简述主要技术要求。
30. RTK 控制测量的一般规定。
31. GPS 与 GNSS 有什么区别？

第 3 章　精密角度测量

在控制测量和精密工程测量中，角度测量主要使用光学经纬仪、电子经纬仪或电子全站仪等。经纬仪按精度等级的高低，有 DJ07、DJ1、DJ2、DJ6 和 DJ30 等系列。“D”“J”分别表示“大地测量”和“经纬仪”；数字为该级仪器所能达到的测角精度指标，即检定时水平方向观测一测回的中误差。例如，DJ2 型光学经纬仪，表示该级仪器检定时水平方向观测一测回的中误差小于±2″。

常用的适用于各等级三角测量、导线测量的精密光学经纬仪包括：DJ1 系列有瑞士徕卡厂的 T3 和克恩厂的 DKM3 等；DJ2 系列有苏州第一光学仪器厂的 J2，北京光学仪器厂的 TDJ2 和瑞士徕卡厂的 T2 等。

通常把 DJ07、DJ1、DJ2 等级别的经纬仪称为精密经纬仪。本章主要介绍 DJ2 级精密光学经纬仪的基本构造、仪器的检校方法、精密测角的误差分析，以及应用 DJ2 级精密光学经纬仪进行水平角和垂直角观测的方法。

§3.1　精密光学经纬仪的结构特点

3.1.1　精密光学经纬仪的基本结构

经纬仪的基本结构，如图 3-1 所示，主要由照准部、水平度盘和基座部分组成。照准部包括望远镜、读数系统、水准器和垂直度盘等。观测时，照准部可绕垂直轴沿水平方向自由转动。望远镜视准轴应与水平轴正交，水平轴作为望远镜俯仰的旋转轴，应通过垂直度盘的中心。观测目标时，读数系统随照准部一起转动，借由水平度盘精确读取照准方向的方向值。照准部水准器用于整平仪器，其水准轴应与水平轴平行，与垂直轴正交，使仪器在观测时水平度盘处于水平位置，垂直轴处于铅垂位置。水平度盘是水平角观测的重要部件，封装在照准部的下方，并与基座固连，测角时水平度盘应保持固定不动。

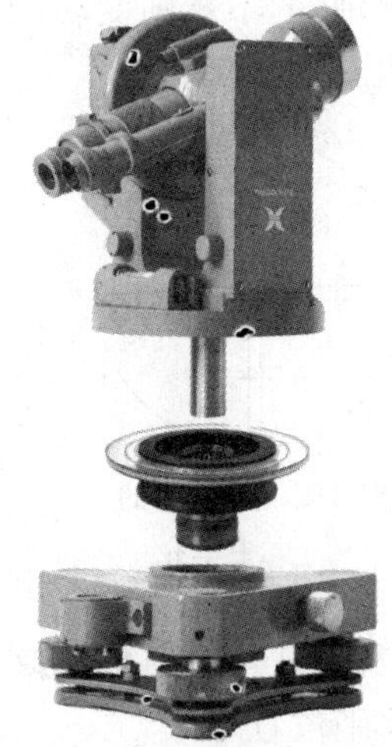

图 3-1　经纬仪的基本结构

3.1.2　精密光学经纬仪的结构特点

进行高精度的角度测量，对仪器的要求较高，因此精密光学经纬仪的各部分在构造上有其特定的要求。

1. 望远镜

现代精密测角仪器一般都采用内调焦望远镜，见图 3-2。望远镜主要由物镜、调焦透镜、目镜和十字丝分划板组成。观测时，可通过移动调焦透镜来改变物镜与调焦透镜的距离，使目标恰好成像在十字丝分划板上，这个过程称为物镜调焦。如图 3-3 所示，目标 AB 经物镜成倒像$A'B'$在十字丝分划板上，再经目镜放大成为倒像$A''B''$。这样，通过成像，放大视角，望远镜便可以清晰观测到距离不同的目标。

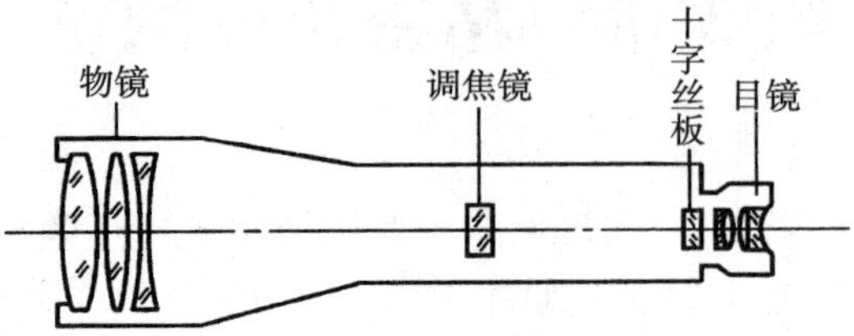

图 3-2　望远镜结构

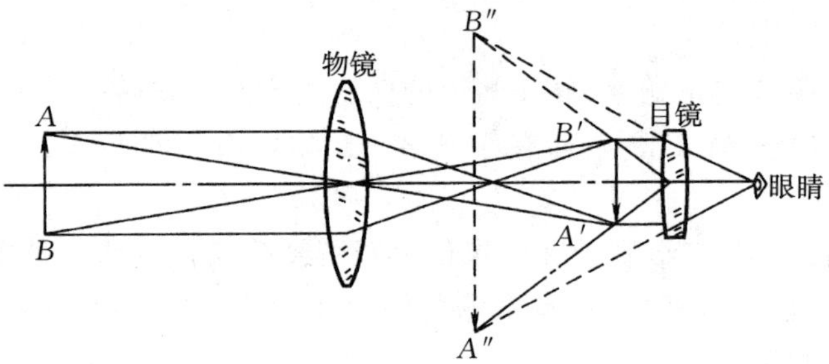

图 3-3　望远镜成像原理

如果观测时物镜调焦不完善，目标就不能正确成像在十字丝分划板上，从而产生视差。明显的视差会给照准目标带来4″～5″的误差，有时甚至更大。可见，在精密测角中必须重视调焦透镜的调节。调焦时，调焦透镜应在望远镜筒中沿光轴准确运行，但由于仪器装配不完善或使用磨损等原因，调焦透镜在运行中可能会产生晃动，从而引起物镜光心与十字丝中心连线（即视准轴）的不规则变动，这将对角度测量带来不利影响。因此，国家规范规定，精密测角时一测回内不得二次调焦。

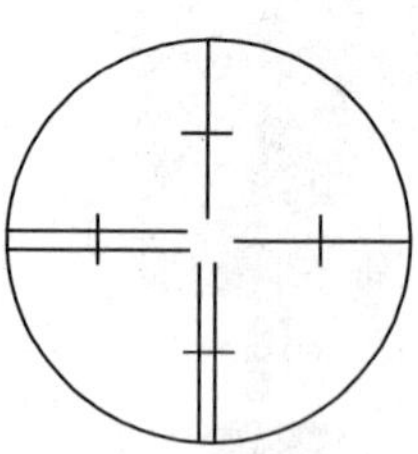

图 3-4　望远镜的十字丝

为了精确照准目标，望远镜中十字丝分划板上十字丝的设计充分考虑了照准目标的形式和种类，并且使观测时十字丝不遮住目标本身上下左右的视野，见图 3-4。当采用单丝照准目标时，应以单丝平分目标，或使单丝与目标连成一线；若以双丝照准目标，应将目标正确成像于双丝中间。

2. 水准器

照准部水准器是精确整平仪器的，一般采用管状水准器。水准管由内壁打磨光滑的玻璃管制成，管中注入冰点低、流动性强、附着力小的液体，并留有空隙形成气泡，借由液体静止时气泡永远居于管内最高位置的特性，使仪器处于水平位置。

水准器的精度决定了仪器整平的精度，而水准器的精度主要由水准器的格值来决定。所谓水准器格值，就是当水准气泡移动一格时，水准管轴所变动的角度，即水准管上一格的弧长所对应的圆心角。精密经纬仪的水准器格值一般较小，因此仪器具有较高的整平精度。

当水准器倾斜时，水准管内的气泡便会随之移动。相同格值的水准器，即使倾斜的角度完全相同，各自的气泡移动量也会有所不同。这是因为不同的水准器，它们的灵敏度不同。灵敏度是人的肉眼发觉气泡有最小移动量时水准管轴所倾斜的角度。显然，倾斜的角度越小，水准器的灵敏度越高。水准器的灵敏度主要由管内气泡移动时所受阻力决定。因此水准管内壁加工质量、管内液体特性都会影响水准器的灵敏度。一般采用较长的水准器气泡，这样在相同的倾角下获得的推力较大，易于克服对气泡的阻力，提高水准器的灵敏度。

此外，由于水准器对温度很敏感，气泡会向温度高的方向移动，在进行精密测角时，应尽量避免热源对仪器的影响，如晴天观测，应打测伞。

3. 水平度盘和测微器

经纬仪的水平度盘和测微器是量度水平角的重要部件，二者之间以一定的关系结合起来，就能读出照准目标后的水平角或水平方向值。

1）水平度盘

光学经纬仪的水平度盘都是用玻璃制成的，安置在仪器基座的垂直轴套上，当仪器照准部转动时，要求水平度盘不得转动和移动。

在水平度盘圆周边上精细地刻有等间隔分划线，全周刻 360°，每度一标记，按顺时针方向增值，每度间隔内再等间隔刻有若干个小分划，相邻小分划的间隔值就是该水平度盘的最小分格值。例如，徕卡 T2 经纬仪，在每度间隔内刻有三个分格，显然，每个分格值为 20′。由于水平度盘的周长有限，所以度盘的分格很小，只有借助显微镜才能看清分划线。即使这样，也只能估读到 1/10 格，这远不能满足精确测角的要求。因此，需要安置测微装置，精确量取不足一格之值。

度盘在进行刻划的时候，由于刻线机制造或装置的不完善、刻制过程中刻线机机械传动误差和温度变化等因素的影响，会产生系统性和偶然性的度盘分划误差。其中，一种系统误差以度盘圆周 360°为周期，在度盘圆周上有规律地变化，称为长周期系统误差；同时还有一种以 60′为周期，以较短弧长在度盘圆周上重复出现的误差，称为短周期系统误差。度盘分划误差还含有偶然误差的影响，所以度盘分划误差是系统误差和偶然误差综合影响的结果。

2）光学测微器及测微原理

光学测微器按内部结构分为双平行玻璃板式测微器和双光楔式测微器，其功能都是用来精确量取度盘不足一格之值。下面仅以双平行玻璃板式测微器为例说明测微器的测微原理。

双平板测微器主要由两块平行玻璃板、测微盘及其他部件构成，见图 3-5。

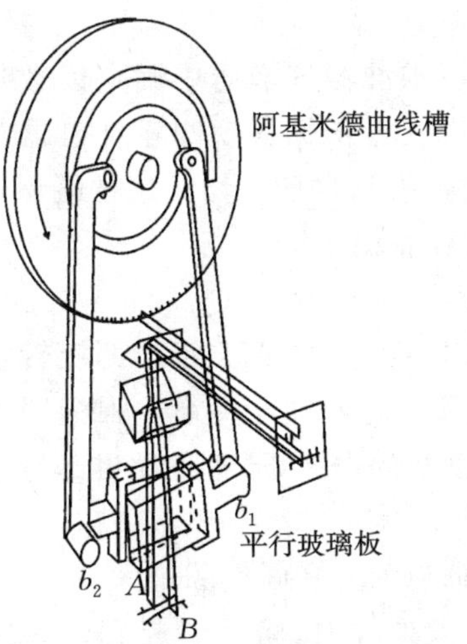

图 3-5　双平行玻璃板测微器

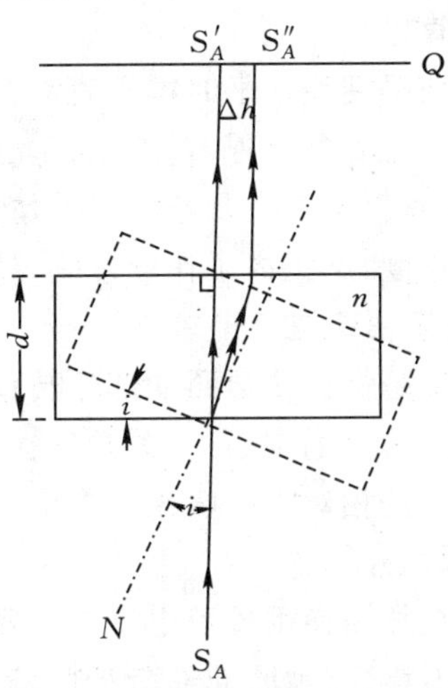

图 3-6　平行玻璃板倾斜使光线平移

由几何光学知，当光线通过两个折射面互相平行的玻璃板时，方向不会产生变化，仅产生平行位移，其位移量与入射角有关。如图 3-6 所示，当光线垂直于平行玻璃板的折射面（即入射角为零）入射时，并不产生折射和平移。当光线有入射角 i（即不垂直于折射面）时，出射光线方向虽然不变，但其位置却平移了 Δh。入射角 i 改变时，平移量 Δh 也随之改变。对于一定厚度的平行玻璃板，当入射角 i 很小时，光线的平移量 Δh 与其入射角成正比，这就是平行玻璃板的特性，即

$$\Delta h = d\,\frac{n-1}{n}\tan i \tag{3-1}$$

式中，n 为玻璃的折射率；d 为玻璃板的厚度；i 为光线的入射角。

对于双平行玻璃板测微器，当将两块平行玻璃板相对转动时（即一块顺时针转动，另一块逆时针转动），度盘对径两端分划也会相对移动。如果将刻有分划的测微盘与转动平行玻璃板的机构连在一起，且转动平行玻璃板使度盘分划线相对移动一格时（即各移动半格），测微盘正好从零分划转动到最末一个分划。根据这种关系，测微器就能量度度盘上不足一格的值。

由于水平度盘和测微器存在着刻划误差，将给水平方向观测带来误差。解决的办法是进行多测回观测，且各测回对于零方向要配置不同的水平度盘位置和测微器位置，并计算各测回零方向的度盘和测微器的初始位置，即

$$\sigma = \frac{180^\circ}{m}(j-1) + i'(j-1) + \frac{w}{m}\left(j-\frac{1}{2}\right) \tag{3-2}$$

式中，m 为测回数；j 为测回序号；i' 为水平度盘最小间格分划值，DJ1 级仪器为 $4'$，DJ2 级仪器为 $10'$；w 为测微盘分格数，DJ1 级仪器 $w=60$ 格，DJ2 级仪器 $w=600''$。

4. 垂直度盘

垂直度盘的读数指标与指标水准器相连，当指标水准器气泡居中时，垂直度盘读数指标呈铅垂状态。正常情况下，当望远镜处于水平位置、指标水准器气泡居中时，无论任何注记形式的垂直度盘，无论盘左、盘右，读数指标所指的读数都是一个定值，应为 90°的整倍数。由于垂直度盘与望远镜固连在一起，望远镜俯仰时可带动垂直度盘转动，而读数指标不随之变动，因此可读取不同的读数。根据望远镜照准目标与视线水平时的垂直度盘读数，就可以得到照准目标的垂直角。

为了获得视线水平时的垂直度盘读数，除了借助指标水准器气泡居中确定读数指标在垂直度盘上的正确位置外，现代精密光学经纬仪常采用垂直度盘指标自动归零补偿器替代指标水准器，使垂直轴在有剩余倾斜的情况下，垂直度盘的读数得到自动补偿。这样既保证了垂直角的观测精度，又提高了作业效率，较指标水准器更为方便快捷。

5. 垂直轴系统

垂直轴是保证仪器照准部运转稳定的重要部件。仪器设计时，要求照准部旋转轴的轴线与水平度盘的刻划中心一致，并且在照准部旋转过程中保持这种重合关系。因为照准部旋转轴的轴线一旦相对水平度盘产生偏移，必然会引起水平读数的误差，通常称照准部置中的偏差为照准部偏心差。

仪器在长期使用过程中将产生磨损与变形，当垂直轴与轴套之间空隙增大、润滑油黏度过大或分布不均、支承照准部荷载的滚珠形状和大小有较大差异时，将不能起到良好的置中作用，从而使照准部不能灵活运转，产生倾斜和晃动，这种现象称为照准部旋转不正确。照准部旋转不正确会影响仪器整平，当照准部旋转到不同位置时，水准气泡会产生不同程度的偏移。

因此，可利用照准部旋转时水准气泡的偏移情况来检验照准部旋转是否正确。

6. **照准部的制微动机构**

为了保证角度测量的精度，精密测角仪器要求望远镜有较高的照准精度，相应地要求照准部的制微动机构能迅速而准确地将仪器的照准部和望远镜安置在要求的位置。由于支撑照准部支杆的反作用弹簧长期处于受压状态，弹力减弱，当旋出水平微动螺旋后，微动螺杆顶端出现微小的空隙，不能及时推动照准部转动，从而给读数带来影响。为了消除或削弱弹簧失效引起的微动螺旋作用不正确，在使用微动螺旋精密照准目标时，最后的转动方向必须是旋进方向，见图 3-7。

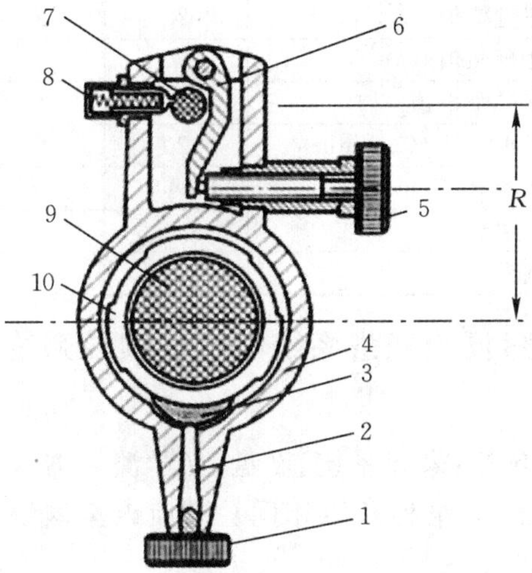

图 3-7　照准部的制微动机构

1-照准部制动螺旋；2-制动顶杆；3-制动顶块；4-制动架；5-微动螺旋；6-架臂；7-照准部支架；8-反作用弹簧；9-照准部旋转轴；10-旋转轴轴套

现代精密光学经纬仪的制动螺旋和微动螺旋已不采用分离设置，为了操作方便，将制动螺旋和微动螺旋设置在同一轴上，发展为同轴型双速制微动机构。

7. **基座**

仪器在使用过程中，脚螺旋的螺杆与螺母之间容易存在微小的空隙，或者由于弹性压板的连接螺丝松动致使脚螺旋下部尖端未密切安置在基座底板的槽内，当照准部旋转时，垂直轴与轴套间的摩擦力可能使脚螺旋在螺母内移动，从而带动基座位移。水平度盘与基座是安置在一起的，基座的位移必然会给水平角观测带来系统性的误差影响。精密测角中，要求一测回内水平度盘严格保待固定，因此，国家规范规定每期观测作业前，应进行照准部旋转导致仪器基座产生位移的检验。

3.1.3　精密光学经纬仪的主要技术指标

精密光学经纬仪在结构上的精确性和可靠性是保证精密测角的重要条件，一般精密光学经纬仪的主要构件均采用特殊的合金钢制成，并且都具备高质量的望远镜光学系统、高精度的测微器装置和高灵敏的水准器，有的精密光学经纬仪为了操作简便，还具备高性能的补偿器装置。表 3-1 列出了几种常见 DJ2 光学经纬仪的主要技术指标。

表 3-1 几种常见 DJ2 光学经纬仪的主要技术指标

	技术指标	徕卡 T2	蔡司 010	苏一光 J2	TDJ2
望远镜	放大倍率/倍	30	31	30	28
	物镜有效孔径/mm	40	53	45	40
	望远镜长度/mm	150	135	172	172
	最短视距/m	2.2	2	2	2
	视距乘常数	100	100	100	100
	视距加常数	0	0	0	0
度盘和测微器	水平度盘直径/mm	90	84	90	90
	垂直度盘直径/mm	70	60	70	70
	水平度盘格值/(′)	20	20	20	20
	垂直度盘格值/(′)	20	20	20	20
	测微器最小格值/(″)	1	1	1	1
水准器	照准部水准器/(″/2 mm)	20	20	20	20
	圆水准器/(′/2 mm)	8	8	8	8
自动归零补偿器	补偿精度/(″)	—	—	±0.3	±0.3
	补偿范围/(′)	—	—	±3	±2

3.1.4 精密光学经纬仪的光路系统与度盘读数系统

1. 成像光路系统

DJ2 经纬仪的读数设备包括:采光系统、度盘、光学测微器和读数显微镜。对于不同型号的仪器,其读数设备虽有差异,但结构基本相同。下面以全国统一设计的 TDJ2 型经纬仪为例,说明经纬仪读数设备的结构。

图 3-8 为 TDJ2 型光学经纬仪的光学系统图。以水平度盘为例说明其成像光路系统的工作原理。光线由反光镜 1 进入仪器照亮水平度盘 5,经度盘上方 1∶1 的转向透镜组 6、8,使度盘对径两边分划线的影像汇合在视场中,再经过度盘物镜 10 使度盘对径分划线成像于光学测微器的读数窗中。光学测微器为双平行板玻璃 11,并与测微器分划秒盘(测微尺)15 连在一起,由测微尺在读数窗内的读数可以确定度盘对径分划影像的移动量。当光线照亮读数窗后,就可以通过读数显微镜 18、19,同时看到度盘对径分划像和测微尺分划像。

TDJ2 型经纬仪的度盘是全圆顺时针刻划的。由 0°～360°每度刻划注记一数字,每度之间又分了三个格,所以其格值为 20′。测微尺共刻有 600 个小格,总值等于度盘格值的一半(10′)。当测微轮转动一周时,度盘上下两排分划线正好相对移动一格,实际上分别移动半格,因此,测微尺上一小格的格值为 1″,也就是说,测微器上读数可以直接读到 1″,估读到 0.1″。

2. 度盘读数系统

为了提高角度的量测精度,精密光学经纬仪度盘一般都采用对径分划同时成像,利用对径重合法读数。当照准目标后,转动测微螺旋,使度盘对径分划线作相对移动直至精密接合,并用测微器量取对径分划的相对移动量,其角度读数就是度盘读数与测微器读数之和。

DJ2 光学经纬仪的读数窗一般包括度盘读数窗和光学测微器读数窗,为了读数方便,有的仪器读数窗中有指示对径分划线精密接合的符合窗,符合窗中是无注记的度盘对径分划影像。由于采用对径分划读数,度盘最小分划 20′实际相当于 10′,因此测微器的实际测量范围为 10′,测微器又分了 600 个小格,则每小格为 1″。不同厂家出产的 DJ2 型仪器读数窗形式有所不同，图 3-9、图 3-10、图 3-11、图 3-12 分别为徕卡 T2、蔡司 010、苏一光 J2、TDJ2 的度盘读数。

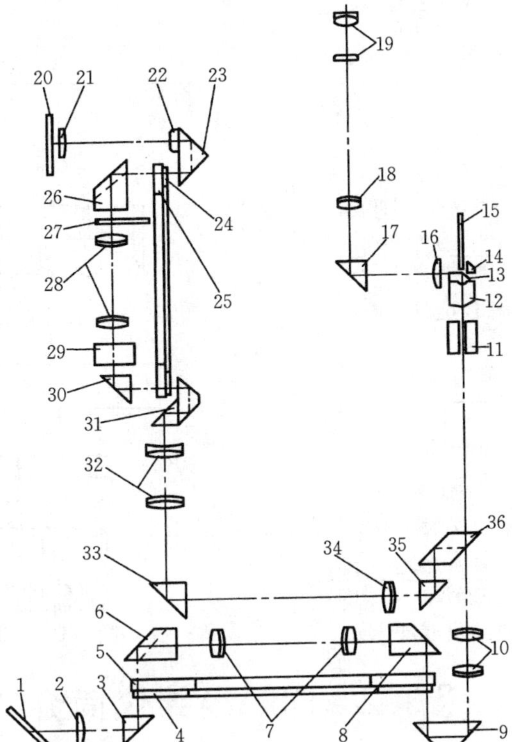

图 3-8　TDJ2 度盘读数光学系统

1-反光镜；2-光窗玻璃；3-水平盘照明棱镜；4-水平盘保护玻璃；5-水平盘；6-屋脊棱镜；7-水平盘上像转向物镜；8-上像转向棱镜；9-水平盘照明棱镜；10-水平盘物镜；11-水平盘玻璃；12-折射符合棱镜；13-读数窗棱镜；14-秒盘照准棱镜；15-秒盘；16-场镜；17-横轴棱镜；18-度盘转向物镜；19-读数目镜；20-反光镜；21-进光窗玻璃；22-竖盘照明聚光镜；23-竖盘下像照明棱镜；24-竖盘保护玻璃；25-竖盘；26-屋脊棱镜；27-平板玻璃；28-竖盘下像物镜；29-平板玻璃；30-竖盘下像转向棱镜；31-竖盘照明棱镜；32-竖盘第一物镜；33-竖盘转向棱镜；34-竖盘第二物镜；35-竖盘第二转向棱镜；36-换像棱镜

对于图 3-9 所显示的读数窗形式，其读数方法为：

(1)转动测微轮，使度盘对径分划精确重合。

(2)读取靠近视场中央左侧的正像度数(28°)。

(3)数出正像度数与相差 180°的倒像度数所对分划线的格数，将其乘以 10′，即得整 10′的数(4 格×10′=40′)。

(4)在测微尺上读取不足 10′的分数和秒数(0′01″)，将度盘上的读数与测微尺上的读数相加，即为全部读数(28° 40′01″)。

图 3-10 为蔡司 2″级经纬仪 010 的读数窗口，其读数方法为“直读式”。从图中可以看到 010B 读数窗口的特点：①“°”位和“10′”位直读，且“10′”位按奇、偶由两个小窗口分别显示；②度盘的对径分划为双线，可有效提高对径精度。该图最后完整读数为 347°28′24″。

图 3-11 为苏一光 J2 经纬仪的读数窗口也是直接读数。从图中可以看到，度盘对径分划线、度盘读数和测微器读数的影像成像在同一个平面上。通过读数窗，可以直接从度盘上读取“°”位和“10′”位，及从测微尺上读取“′”位和“″”位。

图 3-12 为北光 TDJ2 经纬仪的读数窗口，其读数方法与苏一光 J2 相同。但有一点需要注

意，就是度盘的“°”位与“10′”位的注记位置，北光 TDJ2 与苏一光 J2 有所不同，读数时忽略了这一点，容易将度数读错。

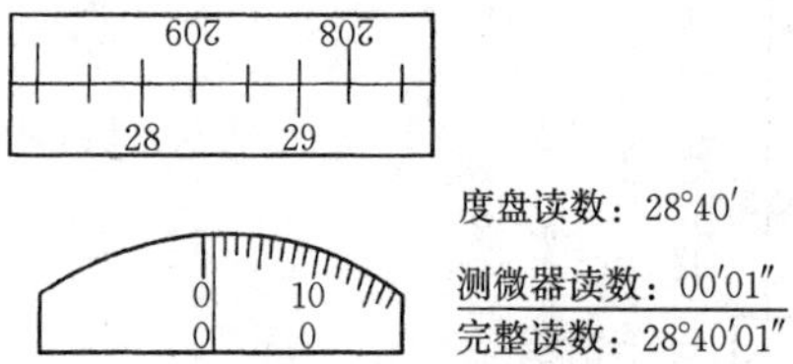

图 3-9 徕卡 T2 经纬仪度盘读数

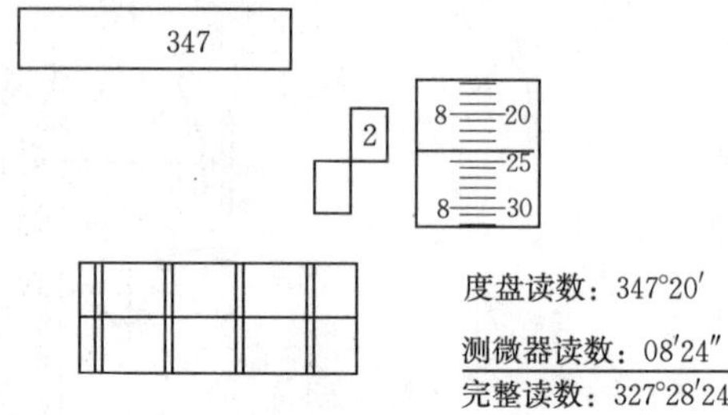

图 3-10 蔡司 010 经纬仪度盘读数

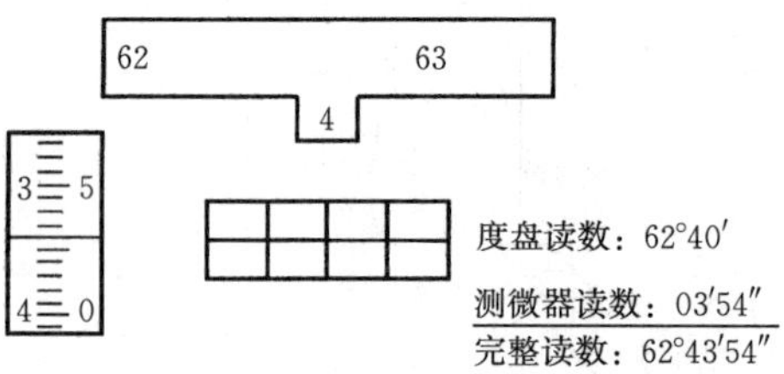

图 3-11 苏一光 J2 经纬仪度盘读数

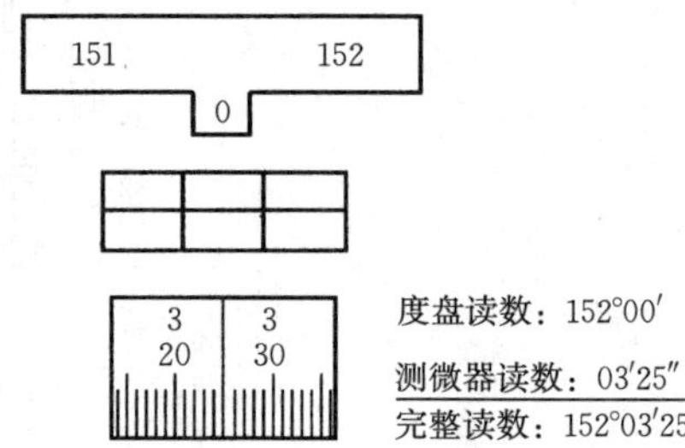

图 3-12 TDJ2 经纬仪度盘读数

§3.2 DJ2 经纬仪简介

3.2.1 光学经纬仪

常用的 DJ2 型精密光学经纬仪有徕卡 T2、蔡司 010、苏一光 J2、TDJ2 等，图 3-13、图 3-14、图 3-15、图 3-16 分别介绍了徕卡 T2、蔡司 010、苏一光 J2 和 TDJ2 经纬仪的基本结构。

1. 徕卡 T2

T2 是瑞士徕卡公司于 1921 年生产的一款光学经纬仪，也是全球第一台光学经纬仪。时至今日，在大地测量及工程测量等领域，该仪器仍占据着极其重要的地位。

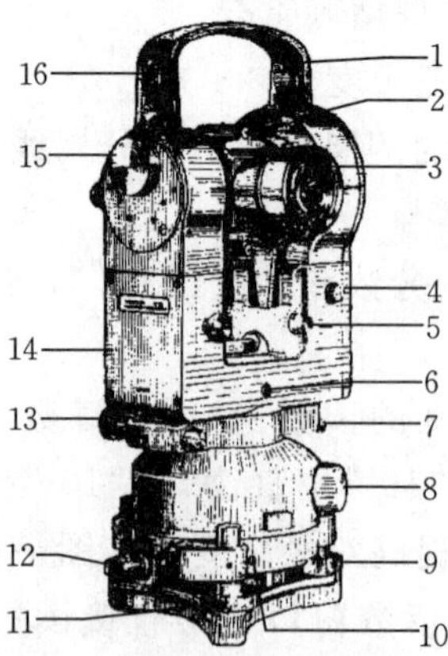

图 3-13 徕卡 T2 经纬仪

1-提手；2-初瞄器；3-望远镜物镜；4-启动按钮；5-望远镜微动弹簧座；6-堵孔螺钉；7-照准部制动螺旋扳手；8-水平度盘变位轮护罩；9-轴座固定扳手；10-调节螺钉；11-脚螺旋；12-对点器目镜；13-照准部微动螺旋；14-盖板；15-测微轮；16-提手固定螺钉

2. 蔡司 010

010 是德国蔡司公司生产的 2″级光学经纬仪。该仪器最大的特点是望远镜采用了折返式光路，使望远镜的长度仅为 135 mm，在目前同类仪器中是最短的。同时它采用了双对径分划线形式，可有效地提高读数精度。

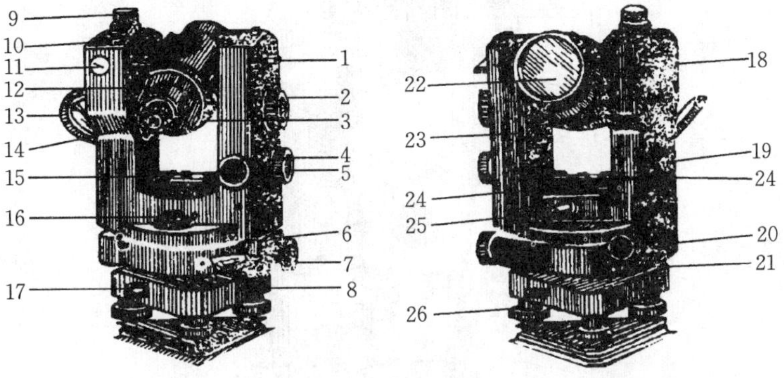

图 3-14　蔡司 010 经纬仪

1-望远镜制动螺旋；2-测微螺旋；3-读数显微镜目镜；4-望远镜微动螺旋；5-换像螺旋；6-照准部微动螺旋；7-照准部制动螺旋；8-三角基座；9-垂直度盘符合水准器反射棱镜；10-瞄准器；11-垂直度盘水准器校正螺丝；12-望远镜物镜调焦螺旋；13-度盘照明反光镜；14-望远镜目镜；15-照准部的水准器；16-圆水准器；17-基座制动螺旋；18-垂直度盘指标水准器；19-垂直度盘指标水准器微动螺旋；20-水平度盘变换螺旋；21-水平度盘变换螺旋保险钮；22-物镜内镀银面；23-十字丝照明反光镜；24-照准部水准器校正螺丝；25-光学对点器；26-脚螺旋

3. 苏一光 J2

苏州第一光学仪器厂成立于 1958 年，是国内专业生产测绘仪器的骨干企业。该公司于 1968 年研制出 J2 光学经纬仪，这为光学仪器的国产化奠定了基础。

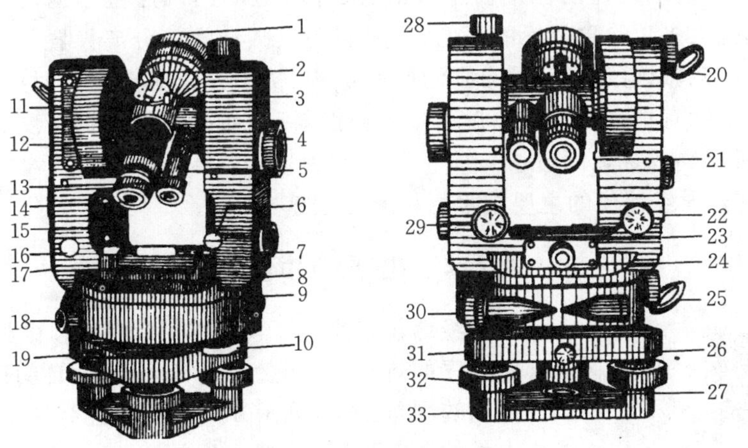

图 3-15　苏一光 J2 经纬仪

1-望远镜物镜；2-光学瞄准器；3-望远镜反光板螺旋；4-测微螺旋；5-读数显微镜；6-望远镜微动弹簧套；7-换像螺旋；8-照准部水准器校正螺丝；9-水平度盘物镜组盖板；10-换像螺旋护盖；11-垂直度盘转像组盖板；12-望远镜物镜调焦螺旋；13-读数显微镜目镜；14-望远镜目镜；15-垂直度盘物镜组盖板；16-垂直度盘指标水准器护盖；17-照准部水准器；18-照准部制动螺旋；19-水平度盘变换螺旋；20-垂直度盘照明反光镜；21-垂直度盘指标水准器观察棱镜；22-垂直度盘指标水准器微动螺旋；23-水平度盘转像透镜组盖板；24-光学对点器；25-水平度盘照明反光镜；26-基座制动螺旋；27-固紧螺母；28-望远镜制动螺旋；29-望远镜微动螺旋；30-照准部微动螺旋；31-三角基座；32-脚螺旋；33-三角底板

4．TDJ2

北京博飞公司成立于1998年，其前身为1958年成立的北京光学仪器厂。TDJ2为该公司1973年生产的2″级光学经纬仪。

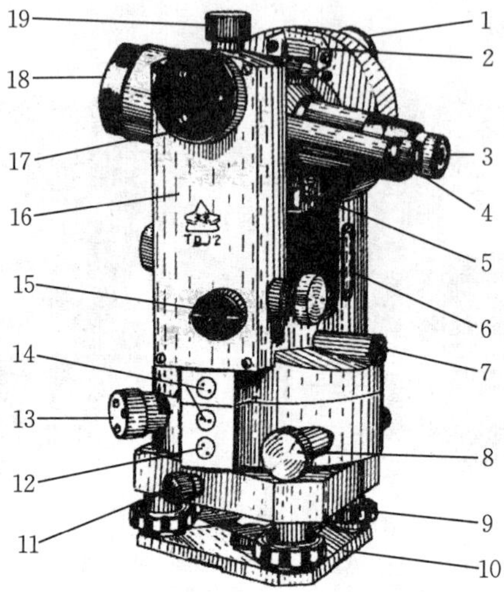

图 3-16　TDJ2 经纬仪

1-反光镜；2-竖盘照明棱镜座；3-望远镜目镜；4-读数目镜；5-竖盘照明棱镜座固定螺丝；6-盖板；7-对点器目镜；8-照准部微动螺旋；9-脚螺旋手轮；10-脚螺旋底板；11-轴座固定螺旋手轮；12-堵盖；13-水平盘变位手轮；14-堵盖；15-换像手轮；16-盖板；17-测微器手轮；18-望远镜物镜；19-望远镜制动手轮

总的来说，精密光学经纬仪在结构上的特点有：度盘及其读数系统都由光学玻璃组成，水平度盘和垂直度盘共用同一个附着在望远镜旁的读数显微镜和光学测微器，并实现对径读数；望远镜均为消色差的或经过消色差校正过的、尺寸较短的内调焦望远镜；一般给出目标的倒像，但现代望远镜大多数给出目标的正像；一般制动及微动螺旋分离设置，现代的则向共轴发展；都具有精密的测微读数系统；设有强制归心机构、精密光学对点器和对中杆及快速安平机构等，有的经纬仪设有垂直度盘指标自动归零补偿器，从而提高了仪器精度和测量效率；均由优质可靠的有机材料或合金制造。

DJ2 型精密光学经纬仪的主要技术指标参见表 3-1。

图 3-17　电子经纬仪

3.2.2　电子经纬仪简介

电子经纬仪采用电子测角技术，并结合微处理器，实现了测角操作程序的自动化，测量结果自动显示，自动存储，还可以完成多种功能的测量工作，见图 3-17。电子经纬仪不仅可以大大减轻外业人员的劳动强度，提高工作效率，更主要的是可大大提高数据的可靠度和准确性（减少人为误差），其功能明显优于光学经纬仪。

电子经纬仪与红外测距仪、电子手簿相结合，组成电子速测仪，可以同时完成角度、距离等多种模式的测量工作，是一种高精度、高效率的外业数据采集设备。

电子经纬仪区别于光学经纬仪的主要特点是在读数系统上，

电子经纬仪采用的是光电读数系统,光学经纬仪使用的是光学读数系统。

1. 电子经纬仪测角原理

测角仍然是采用度盘来进行。与光学测角不同的是,电子测角是从特殊格式的度盘上取得电信号,并转换成角度信息,自动地以数字形式输出,显示在电子显示屏上,并记录在储存器中。电子测角度盘根据取得电信号的方式不同,可分为光栅度盘测角、编码度盘测角和电栅度盘测角等。

2. 电子经纬仪采用的光电读数装置类型

目前电子经纬仪采用的光电读数装置大致有两种类型:

(1)采用光栅度盘利用莫尔条纹测量技术的光电读数系统。

(2)采用编码度盘及编码测微器的光电读数系统。

第一种类型采用的测角方式为增量式,第二种类型采用的为绝对式。目前各国生产的不同型号的电子经纬仪大多数采用第一种类型,如德国蔡司厂的 ETH 系列、日本 PENTAX 公司的 ETH 系列、瑞士原克恩厂的 E1、E2、日本 TOPCON 公司的 ETL-1、DT-05A、日本测机舍公司的 DT 系列,都采用了光栅度盘和增量式测角方式。

§3.3　经纬仪三轴误差

为了保证角度测量的精度,经纬仪的主要轴线(视准轴、水平轴、垂直轴)之间应满足一定的几何关系,即视准轴与水平轴正交,水平轴与垂直轴正交,垂直轴与测站铅垂线一致。当这些关系不能满足时,将分别引起视准轴误差、水平轴倾斜误差和垂直轴倾斜误差,即三轴误差。三轴误差会对水平方向观测值产生影响,下面逐一进行讨论。

3.3.1　视准轴误差

1. 视准轴误差及其产生原因

理论上,经纬仪的视准轴与水平轴的关系应该是正交的。视准轴与水平轴不正交,视准轴会偏离正确方向一个角度 C,此即视准轴误差,见图 3-18。规定视准轴偏向垂直度盘一侧时 C 为正,反之为负。

视准轴误差产生的原因主要是望远镜十字丝分划板安置不正确,使望远镜的十字丝中心偏离了正确的位置,引起视准轴位置发生变化。此外,望远镜调焦透镜运行时晃动、外界温度变化,也会造成视准轴不与水平轴正交,从而产生视准轴误差。

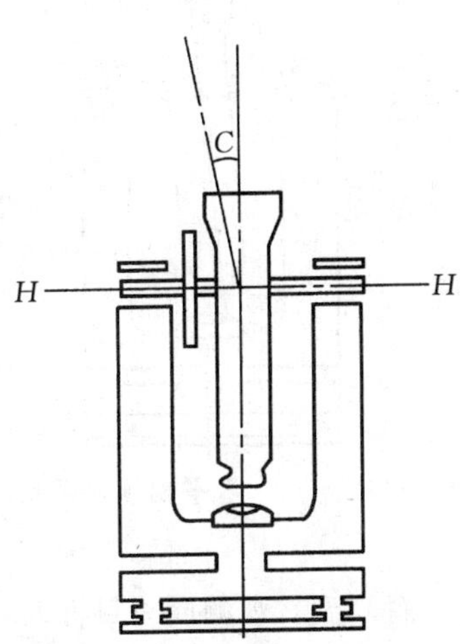

图 3-18　视准轴误差

2. 视准轴误差对水平方向观测值的影响

视准轴误差 C 对水平方向观测值的影响 ΔC 为

$$\Delta C = \frac{C}{\cos\alpha} \tag{3-3}$$

式中,α 为观测目标的垂直角。可见,ΔC 不仅与 C 有关,而且随观测目标垂直角 α 的增大而增大。当 $\alpha=0$ 时,$\Delta C=C$。

不难理解,盘左观测时,若视准轴偏向垂直度盘一侧,那

么正确读数 L_0 较有视准轴误差影响的实际读数 L 小 ΔC，即

$$L_0 = L - \Delta C \tag{3-4}$$

而以盘右观测同一目标时，视准轴偏向盘左时的另一侧，这时的正确读数 R_0 较有视准轴误差影响的实际读数 R 大 ΔC，即

$$R_0 = R + \Delta C \tag{3-5}$$

取盘左、盘右读数的中数，得

$$A = \frac{1}{2}(L_0 + R_0) = \frac{1}{2}(L + R) \tag{3-6}$$

也就是说，视准轴误差 C 对盘左、盘右方向观测值的影响大小相等，符号相反，所以取盘左、盘右实际读数的中数，可以消除视准轴误差对方向观测值的影响。

不顾及盘左、盘右读数的常数差 180°，式(3-4)与式(3-5)相减可得盘左、盘右读数差，即

$$L - R = 2\Delta C \tag{3-7}$$

当观测目标的垂直角 α 很小时，由式(3-3) 知，$\Delta C \approx C$，则式(3-7)可写为

$$L - R = 2C \tag{3-8}$$

当所观测方向的垂直角相等或相差很小、外界因素的影响又较稳定时，同一测回所得各方向的 $2C$，理论上应相等或互差很小，但实际往往并不相等。$2C$ 变动的主要原因是照准和读数等偶然误差的影响。因此，计算 $2C$ 并规定其变化范围可以作为判断观测质量的标准之一，相关测量规范对水平方向观测中的 $2C$ 变化都作了相应限制，如《工程测量规范》规定，DJ2 型仪器，一测回中各方向 $2C$ 的互差，对于四等及以上等级的方向观测，不得超过 13″。

3.3.2 水平轴倾斜误差

1. 水平轴倾斜误差及其产生原因

水平轴与垂直轴不正交，使水平轴倾斜一个角度 i，此即水平轴倾斜误差，见图 3-19。规定水平轴在垂直度盘一侧下倾时，i 为正，反之为负。

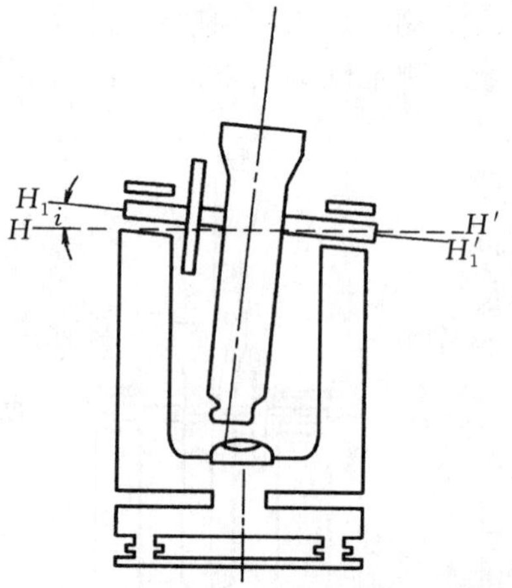

图 3-19 水平轴倾斜误差

水平轴倾斜误差产生的主要原因是仪器安装、调整不完善，致使仪器水平轴左右两端支架不等高，以及水平轴两端轴径不相等。

2. 水平轴倾斜误差对水平方向观测值的影响

水平轴倾斜误差 i 对水平方向观测值的影响 Δi 为

$$\Delta i = i\tan\alpha \tag{3-9}$$

式中，α 为观测目标的垂直角。可见，Δi 不仅与 i 有关，而且随观测目标的垂直角 α 的增大而增大。当 $\alpha = 0$ 时，$\Delta i = 0$。

不难理解，盘左观测时，若水平轴倾斜(假设 i 为正)，那么正确读数 L_0 较有水平轴倾斜误差影响的实际读数 L 小 Δi，即

$$L_0 = L - \Delta i \tag{3-10}$$

而以盘右观测同一目标时，正确读数 R_0 较有水平轴倾斜误差影响的实际读数 R 大 Δi，即

$$R_0 = R + \Delta i \tag{3-11}$$

取盘左、盘右读数的中数，得

$$A = \frac{1}{2}(L_0 + R_0) = \frac{1}{2}(L + R) \tag{3-12}$$

也就是说，水平轴倾斜误差 i 对盘左、盘右方向观测值的影响大小相等，符号相反。所以取盘左、盘右实际读数的中数，可以消除水平轴倾斜误差对方向观测值的影响。

不顾及盘左、盘右读数的常数差 180°，式(3-10)与式(3-11)相减可得盘左、盘右读数差，即

$$L - R = 2\Delta i \tag{3-13}$$

实际上，视准轴误差与水平轴倾斜误差是同时存在的，它们共同反映在盘左、盘右的读数差中，这时式(3-7)和式(3-13)变为

$$L - R = 2\Delta C + 2\Delta i \tag{3-14}$$

顾及式(3-3)和式(3-9)，有

$$L - R = 2\frac{C}{\cos\alpha} + 2i\tan\alpha \tag{3-15}$$

式(3-15)为 $(L-R)$ 的严格形式。特殊情况，当 $\alpha=0$ 时，$L-R=2C$。一般情况，随着 α 的增大，对式(3-15) 中 $2i\tan\alpha$ 的影响较为显著。因此，在比较同一测回各方向的 $2C$ 互差时，不可忽略 $2i\tan\alpha$ 的影响，特别是当垂直角较大时，受水平轴倾斜误差的影响也较大。国家规范规定，进行水平方向观测时，对于垂直角超过 ±3° 的方向，该方向的 $2C$ 不与测回内其他方向的 $2C$ 作比较，而应与该方向相邻测回的 $2C$ 进行比较。

3.3.3　垂直轴倾斜误差

1. 垂直轴倾斜误差及其产生原因

当仪器视准轴与水平轴正交，且水平轴与垂直轴也正交时，仅由于仪器未能严格整平，而使垂直轴偏离测站铅垂线一个微小的角度 v，称为垂直轴倾斜误差。如图 3-20 所示，OV 为与测站铅垂线一致的垂直轴位置，与之正交的水平轴为 HH_1，旋转照准部，水平轴 HH_1 所形成的平面呈水平状态，如阴影所示；当垂直轴偏离测站铅垂线一个微小的角度 v 至 OV' 时，水平轴也随之倾斜角度 v 至 $H'H_1'$，相应的水平轴所形成的平面也倾斜角度 v。这样，当望远镜绕水平轴俯仰时，不再形成垂直照准面，从而给水平方向观测带来误差。

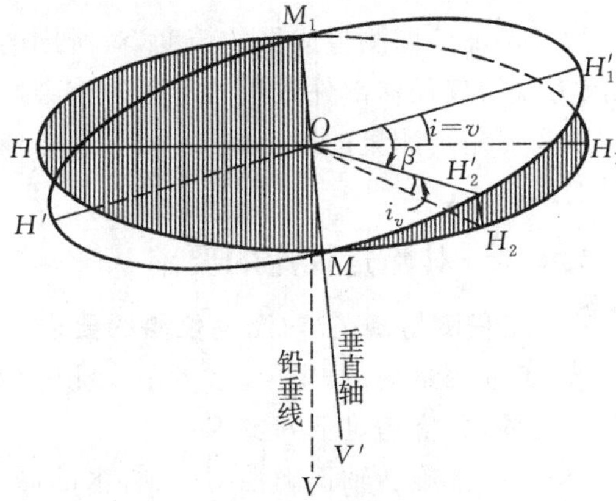

图 3-20　垂直轴倾斜误差

2. 垂直轴倾斜误差对水平方向观测值的影响

由图 3-20 可知，当照准部绕垂直轴旋转时，水平轴的倾斜量是不断变化的。当水平轴旋转至 $H'H_1'$ 位置时，有最大倾角 v，再旋转 90° 至两面交线 MM_1 位置时，倾角为零。一般情况，当照准部旋转至任意位置时，由垂直轴倾斜 v 角引起的水平轴倾斜 i_v，对水平方向观测值的影响，根据式(3-9)可得

$$\Delta v = i_v \tan\alpha \tag{3-16}$$

如图 3-20 所示，在直角球面三角形 MH_2H_2' 中，弧长 $MH_2' = 90° - \beta$，弧长 $H_2H_2' = i_v$，$\angle H_2'H_2M = 90°$，$\angle H_2'MH_2 = \angle H_1'OH_1 = v$，根据球面三角形的正弦定理，有

$$\sin i_v = \sin v \sin(90° - \beta) = \sin v \cos\beta \tag{3-17}$$

由于 i_v 和 v 均为小角度，式(3-17)可写成

$$i_v = v\cos\beta \tag{3-18}$$

代入式(3-16)，可得

$$\Delta v = v\cos\beta\tan\alpha \tag{3-19}$$

可见，垂直轴倾斜误差对水平方向观测值的影响，不仅与垂直轴倾斜的角度有关，而且随照准目标的方位和垂直角的不同而变化。

由于垂直轴倾斜的方向和大小一般不随照准部的转动而变化，所引起的水平轴倾斜方向在望远镜倒转前后是相同的，因此，对任一观测方向的盘左、盘右观测值取中数不能消除垂直轴倾斜误差的影响。

为了削弱垂直轴倾斜误差对水平方向观测值的影响，观测时应采取以下措施：

(1)作业前，对照准部水准器进行检查和校正，保证照准部水准器作用的正确。观测前应精确整平仪器，并在观测过程中随时检查照准部水准器气泡是否居中，若气泡偏离中央超出一格时，应停止观测，重新整平仪器。当观测目标垂直角较大时，尤其要注意精平。

(2)测回间重新整置仪器，使垂直轴倾斜误差对各测回观测值的影响带有偶然性，在各测回观测值的平均值中可削弱其影响。

§3.4 测角仪器的检验

为了保证角度测量成果的精度，对所用的经纬仪应按精密测角的有关规范进行必要的检验，因为经纬仪任何部件效用的不正确都会影响角度测量的精度。研究和分析仪器存在误差的性质及对角度测量的影响规律，便可在作业时采取相应的措施消除或削弱仪器误差对观测成果的影响。

3.4.1 对测角仪器的要求

1.《工程测量规范》对测角仪器的要求

按《工程测量规范》规定，水平角观测使用的全站仪、电子经纬仪和光学经纬仪，在观测前应进行检验，并应满足下列要求：

(1)照准部旋转轴正确性指标：管水准器气泡或电子水准器长气泡在各位置的读数较差，1″级仪器不应超过 2 格，2″级仪器不应超过 1 格，6″级仪器不应超过 1.5 格。

(2)光学经纬仪的测微器行差及隙动差指标：1″级仪器不应大于 1″，2″级仪器不应大于 2″。

(3)水平轴不垂直于垂直轴之差指标：1″级仪器不应超过 10″，2″级仪器不应超过 15″，6″级仪器不应超过 20″。

(4)补偿器的补偿要求，在仪器补偿器的补偿区间，对观测成果应能进行有效补偿。

(5)垂直微动旋转使用时，视准轴在水平方向上不产生偏移。

(6)仪器的基座在照准部旋转的位移指标：1″级仪器不应超过 0.3″，2″级仪器不应超过 1″，6″级仪器不应超过 1.5″。

(7)光学(或激光)对中器的视轴(或射线)与竖轴的重合度不应大于 1 mm。

对具有补偿器(单轴补偿、双轴补偿或三轴补偿)的全站仪、电子经纬仪的检验可不受前三个相关检验指标的限制，但应确保在仪器的补偿区间(通常在 3′左右)，对观测成果能够进行有效的补偿。

光学(或激光)对中器的视轴(或射线)与竖轴的重合度指标，是指仪器高度在 0.8～1.5 m 时的对中误差检验残差不应大于 1 mm。

2.《城市测量规范》对测角仪器的要求

按《城市测量规范》规定，测区开始作业前，应对使用的全站仪、电子经纬仪、光学经纬仪进行检验并记录，检验资料装订成册。检验项目、检验方法和要求应符合现行国家标准 GB/T 17942—2000《国家三角测量规范》和现行行业标准 CH/T 2007—2001《三、四等导线测量规范》中的相关规定。

1)光学经纬仪

用于角度测量的光学经纬仪的检验项目及限差见表 3-2。

表 3-2　检定项目及限差一览表

序号	检定项目	检定类别			限　差	
		首次检定	后续检定	使用中检查	DJ1	DJ2
1	外观及各部件的相互作用	+	+	+	—	—
2	水准器轴与竖轴的垂直度	+	+	+	0.5 格	0.5 格
3	照准部旋转正确性	+	—	—	0.8 格	0.8 格
4	望远镜十字分划板竖丝的铅垂性	+	+	+	不应有目力可见偏差	
5	视准轴与横轴的垂直度	+	+	+	±6″	±8″
6	横轴与竖轴的垂直度	+	+	+	±10″	±15″
7	竖盘指标差	+	+	+	±12″	±16″
8	望远镜调焦运行误差	+	+	—	±6″	±10″
9	光学对中器对中误差	+	+	+	1 mm	1 mm
10	竖盘指标自动补偿误差	+	+	—	±3″	±3″
11	一测回水平方向标准偏差	+	+	—	0.8″	1.6″
12	一测回竖直角测角标准偏差	+	—	—	2″	6″

注：检定类别中，“+”表示需检项目，“—”表示不需检项目。

2)全站仪测角部分(或电子经纬仪)

用于角度测量的全站仪测角部分(或电子经纬仪)的检验项目及限差见表 3-3。

表 3-3　用于角度测量的全站仪测角部分(或电子经纬仪)的检验项目及限差

序号	检定项目	限　差	
		DJ1	DJ2
1	外观及键盘功能	—	—
2	工作电压显示的正确性	符合额定度	
3	照准部旋转正确性的检验	15″	1 格
4	水平轴不垂直于垂直轴之差的检验	≤10″	≤15″
5	照准部旋转时仪器基座稳定度的检验	≤0.3″	≤1.0″
6	测距轴与视准轴的重合性	≤1.5′	≤1.5′
7	倾斜补偿器的零位误差、补偿范围和补偿准确度的检验	—	—
8	光学对中器的检验(0.8～1.5 m 范围内)	≤1 mm	≤1 mm
9	垂直微动螺旋使用正确性的检验	—	—

注：检验项目中第 4、5、8、9 项按光学经纬仪相应项目执行。

3.4.2 经纬仪的检验

1. 外观及各部件的相互作用

该项检验，需要目力观察和操作试验。

(1)经纬仪外表应无脱漆、锈蚀和碰伤；零件结合处应齐整，密封良好。

(2)望远镜十字分划板、度盘测微尺分划线应成像清晰，不应有刻划线粗细不均、断线等现象。

(3)光学部件的表面不应有水迹、油迹及灰尘、擦伤、霉点和麻点，胶合面不应有脱漆现象，镀膜面应无脱漆腐蚀现象。

(4)望远镜和读数显微镜视场内应有足够的亮度，且亮度均匀。

(5)圆形及管状水准器无松动现象。经纬仪整平后，圆形水准器的气泡不得超出水准器的分划圈。

(6)光学测微器、转动机构及微动机构运转平滑，无跳动和阻滞现象，制动机构的作用平稳可靠。

(7)调节望远镜的目镜时，望远镜分划板影像应无晃动现象。

(8)当望远镜调焦到无穷远时，松开横轴制动螺旋，望远镜应保持平衡，不应有超过视场1/4的自行转动现象。

(9)经纬仪应标注制造厂名(或厂标)、出厂编号、型号，国产经纬仪必须有计量器具制造许可证编号及"MC"标志。

对于使用中的经纬仪，允许有不影响准确度的上述缺陷。

2. 水准器轴与竖轴的垂直度

将被检经纬仪安装在检定台上并整平，旋转照准部使其管状水准器与任意两脚螺旋连线平行，调整脚螺旋使水准气泡精确居中，旋转照准部180°，观察气泡位置，取气泡位置偏离量的一半为垂直度偏差。

经纬仪水准器轴与竖轴的垂直度应不超过0.5格。

3. 照准部旋转正确性

精确整平经纬仪，使竖轴铅垂，读取照准部上的管状水准器气泡两端读数；顺时针方向旋转照准部，每隔90°读取水准气泡一次，顺时针方向进行两周检定。

逆时针方向旋转照准部，每隔90°读取水准气泡一次，共进行两周。

取每一周中对径位置读数的平均值，取四周检定中最大值与最小值之差为照准部旋转的正确性。经纬仪照准部旋转正确性应不超过0.8格，检定实例计算见表3-4和表3-5。

表3-4 照准部旋转正确性Ⅰ 单位：格

照准部位置	水准器气泡两端读数		水准器轴倾斜	水准器气泡两端读数		水准器轴倾斜	水准器气泡两端读数		水准器轴倾斜	水准器气泡两端读数		水准器轴倾斜
	第一周正转			第二周正转			第二周反转			第一周反转		
	左	右	和	左	右	和	左	右	和	左	右	和
0°	5.0	15.0	20.0	4.8	14.8	19.6	4.8	14.7	19.5	5.0	15.0	20.0
90°	4.8	14.8	19.6	4.7	14.8	19.5	4.8	14.8	19.6	4.9	14.9	19.8
180°	4.9	14.9	19.8	4.8	14.8	19.6	5.1	15.1	20.2	5.2	15.2	20.4
270°	5.2	15.2	20.4	5.0	15.0	20.0	4.9	14.9	19.8	5.0	15.0	20.0

表 3-5　照准部旋转正确性Ⅱ　单位：格

照准部位置	正转对径读数平均值		反转对径读数平均值	
	1	2	1	2
0°	19.9	19.6	19.8	20.2
90°	20.0	19.8	19.7	19.9

照准部旋转正确性误差 20.2－19.6＝0.6(格)。

4. 望远镜十字丝分划板竖丝的铅垂性

精确整平经纬仪，用望远镜十字丝分划板照准水平位置某一目标点，纵向微动望远镜，观察目标与竖丝的水平方向偏差。

经纬仪整平后，望远镜十字分划板竖丝应铅垂，不应有目力可见的偏差。

5. 视准轴与横轴的垂直度

视准轴与横轴的垂直度，也叫视准轴误差，检定方法如下：

(1)在室内布置两支光轴在同一水平线、相差 180°的平行光管，其中一支必须装有格值不大于 30″/格的分划板，检定装置见图 3-21。

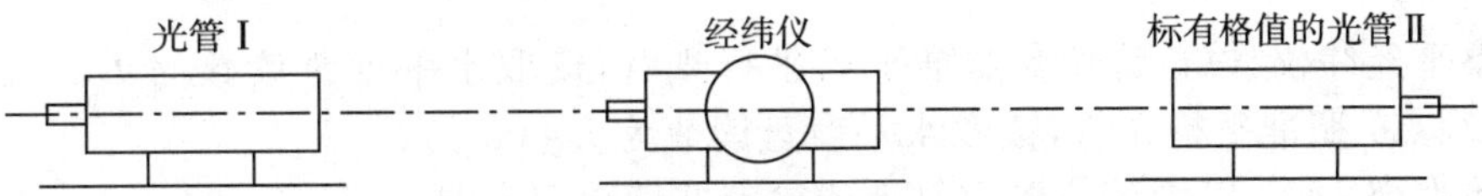

图 3-21　视准轴与横轴的垂直度检定装置

(2)精确整平经纬仪，以正镜位置瞄准平行光管Ⅰ的十字分划板中心，固定照准部，纵转望远镜 180°，在平行光管Ⅱ的分划板横丝上，读取经纬仪竖丝所在位置的格数 b_1。

(3)旋转照准部 180°，以倒镜位置重复上述检定并读取格数 b_2。

(4)视准轴与横轴的垂直度为

$$C=\frac{1}{4}(b_2-b_1)t \tag{3-20}$$

式中，t 为平行光管 Ⅱ 分划板横丝格值，单位为″。

此项检验，DJ1 不超过±6″，DJ2 不超过±8″。

6. 横轴与竖轴的垂直度

1)高低点法

横轴与竖轴的垂直度用高低点进行检定。将平行光管按图 3-22 布置，平行光管Ⅰ和平行光管Ⅱ大致处于同一铅垂面内，平行光管Ⅱ须装有格值不大于 30″的分划板。高低两光管相对水平方向的夹角大于 25°，两夹角对称度小于 30′。

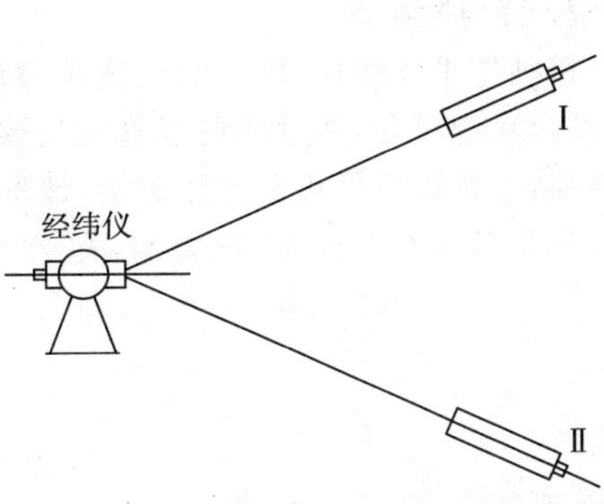

图 3-22　横轴与竖轴的垂直度检定装置结构

精确整平经纬仪，以正镜位置瞄准平行光管Ⅰ的十字分划板中心，向下旋转望远镜，在平行光管Ⅱ的横丝上读取望远镜十字丝竖丝所在位置的格数 A(以实际刻划为准)；以倒镜位置重复上述操作并读取格数 B。此为一测回。

横轴与竖轴垂直度为

$$i=\frac{(A-B)t}{4}\cot\alpha \tag{3-21}$$

式中，t 为平行光管 Ⅱ 十字丝分划板横丝格值(″)/格；α 为平行光管 Ⅰ(或 Ⅱ)与水平方向的夹角。

检验结果，DJ1 不超过±10″，DJ2 不超过±15″。

2)平低点或平高点法

将平行光管按图 3-23 布置，高、低两光管相对水平方向的夹角应大于 25°。

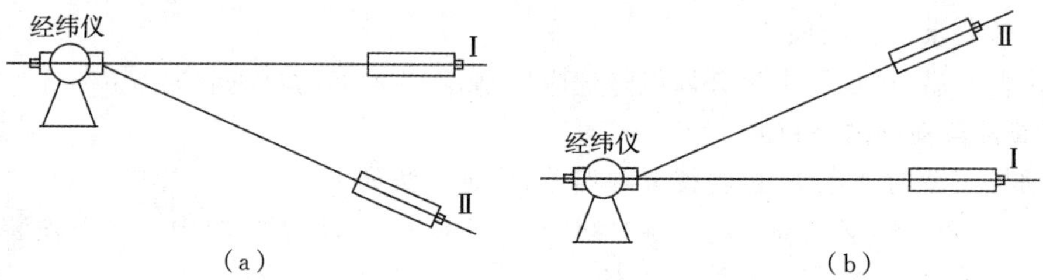

图 3-23　平行光管布置

精确整平经纬仪，以正镜位置照准平点平行光管，读取水平度盘读数为 $L_{平}$，旋转望远镜至低点(或高点)照准平行光管，读取水平度盘读数为 $L_{低}$($L_{高}$)；

旋转照准部 180°，以倒镜位置重复上述检定并读数 $R_{平}$、$R_{低}$($R_{高}$)。

平低点利用式(3-22)进行计算

$$i=\frac{1}{2}\left[(L_{平}-R_{平})\sec\alpha_{低}-(L_{低}-R_{低})\right]\cot\alpha_{低} \tag{3-22}$$

式中，$\alpha_{低}$ 为低点平行光管竖直角。

平高点利用式(3-23)进行计算

$$i=\frac{1}{2}\left[(L_{高}-R_{高})-(L_{平}-R_{平})\sec\alpha_{高}\right]\cot\alpha_{高} \tag{3-23}$$

式中，$\alpha_{高}$ 为高点平行光管竖直角。

这一检定应不少于 3 个测回，取平均值为最后结果。此项检验，DJ1 不超过 10″，DJ2 不超过 15″。

7. 竖盘指标差

精确整平经纬仪，以正镜位置用望远镜十字分划板横丝瞄准水平位置平行光管分划板中心，符合水泡符合，然后读取竖直度盘读数，读取两次读数的平均值 L；望远镜翻转 180°，旋转照准部，以倒镜位置重复上述鉴定，读取两次读数的平均值 R。

竖盘指标差 Ⅰ 按式(3-24)计算(公式的选择见仪器说明书)

$$I=\frac{(L+R)-360°}{2} \tag{3-24}$$

或

$$I=(L+R)-180° \tag{3-25}$$

此项检验，DJ1 不超过±12″，DJ2 不超过±16″。

8. 光学对中器对中误差

光学对中器安置在基座上的经纬仪：经纬仪安置在光学对中器检验台上，转动检验台，观察距经纬仪 0.6 m 和 1.5 m 处分划板上的最大变化量。

光学对中器安置在照准部上的经纬仪：将经纬仪安置在光学对中器检验台或三脚架上，转动照准部，观测距经纬仪 0.6 m 和 1.5 m 处分划板上的最大变化量。

取上述鉴定所得的最大变化量的一半为检定结果，其值应不超过 1 mm。

9. 垂直微动螺旋使用正确性的检验

精确整平仪器，将望远镜照准挂有垂球的垂线，利用垂直微动螺旋使望远镜在垂直面内俯仰，如果在移动过程中，十字丝中心离开了垂线，则说明垂直微动螺旋作用不正确。如果垂直微动螺旋作用不正确，则在进行水平角观测时禁止使用垂直微动螺旋。

10. 照准部旋转时因仪器基座位移产生的系统误差的检验

水平度盘与基座是固连在一起，当照准部旋转时，由于垂直轴与轴套间的摩擦力使仪器的基座部分产生弹性扭曲，与基座相连的水平度盘也随之发生微小的方位变动。这种扭曲主要发生在照准部开始旋转时，因为必须克服轴与轴套间互相密接的惯力，而照准部在旋转过程中，只需克服较小的轴面摩擦力，当停止旋转后，没有任何力再作用于仪器的基座部分，它在弹性作用下就逐渐反向扭曲，企图恢复原来的平衡状态。因此，当顺时针旋转照准部时，水平度盘也随之顺转一个微小的角度，使读数偏小；反之，逆时针旋转照准部时，会使读数偏大，从而给水平方向观测值带来系统误差。

检验时，在仪器墩或牢固的脚架上整置好仪器，选一清晰的目标或设置一目标。顺转照准部一周照准目标读数，再顺转一周照准目标读数；然后，逆转一周照准目标读数，再逆转一周照准目标读数。以上操作作为一测回，连续测定十个测回，分别计算顺、逆转两次照准目标读数的差值，并取十次的平均值，此值的绝对值对于 DJ1 型仪器应不超过 0.3″，对于 DJ2 型仪器应不超过 1″。

照准部旋转时因仪器基座位移产生的系统误差的检验记录、计算示例见表 3-6。

表 3-6　照准部旋转时因仪器基座位移产生的系统误差的检验

仪器：苏一光 J2　　　　×年×月×日

序号	项目	度盘位置 /(°)	测微器的读数 Ⅰ /(″)	测微器的读数 Ⅱ /(″)	测微器的读数 和或中数 /(″)	一周的系统差 /(″)
Ⅰ测回						
1	顺转一周照准目标读数	0	03.6	03.6	03.6	−0.2
2	再顺转一周照准目标读数		03.3	03.5	03.4	
3	逆转一周照准目标读数		03.1	03.3	03.2	+0.35
4	再逆转一周照准目标读数		03.5	03.6	03.6	
Ⅱ测回						
1	顺转一周照准目标读数	18	04.5	04.4	04.4	−0.05
2	再顺转一周照准目标读数		04.3	04.5	04.4	
3	逆转一周照准目标读数		04.0	04.2	04.1	0.0
4	再逆转一周照准目标读数		04.2	04.0	04.1	
Ⅲ测回						
1	顺转一周照准目标读数	36	03.6	03.4	03.5	+0.05
2	再顺转一周照准目标读数		03.6	03.5	03.6	

续表

序号	项目	度盘位置/(°)	测微器的读数			一周的系统差/(″)
			Ⅰ/(″)	Ⅱ/(″)	和或中数/(″)	
3	逆转一周照准目标读数		03.7	03.6	03.6	−0.05
4	再逆转一周照准目标读数		03.5	03.7	03.6	
Ⅳ测回						
1	顺转一周照准目标读数	54	07.1	07.0	07.0	0.15
2	再顺转一周照准目标读数		06.9	06.9	06.9	
3	逆转一周照准目标读数		07.0	07.0	07.0	+0.05
4	再逆转一周照准目标读数		07.0	07.1	07.0	

注：其他各测回记录格式同上，此处略。顺转一周的系统差平均值为−0.06″，逆转一周之系统差平均值为+0.11″。

11．全站仪外观和键盘功能的检验

全站仪外观和键盘功能的检验内容和方法如下：

(1)仪器表面不得有碰伤、划伤、脱漆和锈蚀；盖板及部件接合齐整，密封性好。

(2)光学部件表面清洁，应无擦痕、霉斑和麻点及脱模等现象；望远镜十字丝成像清晰，粗细均匀，视场明亮，亮度均匀；目镜调焦及物镜调焦转动平稳，不得有分划影像晃动或自行滑动的现象。

(3)水准管和圆水准器不应有松动，脚螺旋转动松紧适度，无晃动；水平、竖直制动及微动机构运转平稳可靠、无跳动现象；仪器和基座的连接锁紧机构可靠。

(4)操作键盘上各按键反应灵敏，每个键的功能正常；通过键的组合读取显示数据及存储或传送数据功能正常。

(5)液晶显示屏显示提示符号，字符及数字清晰、完整、对比度适当。

(6)数据输出接口、外接电源接口完好，内接电池接触良好，电量充足，充电性完好。

(7)记录存储卡完好无损，表面清洁，在仪器上能顺当地装入或取下，存储卡内纽扣电池容量充足，磁卡阅读性完好。

(8)使用中和修理后的仪器，其外表或某些部件不得有影响仪器准确度和技术性能的一些缺陷。

12．全站仪照准部旋转正确性的检验

全站仪照准部旋转正确性的检验方法如下：

(1)机内没有测试垂直轴稳定性专门指令程序的全站仪，其检验方法和技术要求与光学经纬仪的该项目相同。

(2)机内配有测试垂直轴稳定性专门指令程序的全站仪，可以通过显示垂直轴倾斜量的变化幅度来检验其照准部旋转的正确性，其检定步骤为：①仪器安置于稳定的仪器墩或脚架上，整平后转动照准部几周，置水平方向读数为零；②输入测试指令，顺时针转动照准部，从显示屏记下0°位置和每隔45°各位置上垂直轴倾斜量(带符号)，连续运转两周；③再逆转照准部并每隔45°读记一次，连续逆转两周；④计算照准部对应180°的两读数之和，其值在同一测回中互差应小于4″。整个过程中，各次读数的最大变动应小于15″。

§3.5　精密测角的误差来源及影响

角度测量过程中，有着各种各样的误差，其来源主要分三方面：作业环境引起的误差；仪器构造不完善引起的误差；观测过程中的人为误差。这些误差对角度观测的精度具有不可忽略的影响，研究这些误差对观测成果影响的规律，在观测过程中采取相应的措施，可以有效保障观测成果的精度。

3.5.1　外界因素的影响

由于外界作业环境的复杂性，大气温度、湿度、密度、气压、太阳照射方位及地形、地物和地类分布等外界因素对测角的精度将产生影响，具体表现在以下几方面。

1. 大气状况对目标成像质量的影响

照准目标成像质量的好坏，直接影响角度测量的精度。在精密测角中，要求目标成像稳定、清晰，大气层密度变化和大气透明度对目标成像质量有着显著影响。

1）大气层密度变化对目标成像稳定性的影响

目标成像是否稳定主要取决于视线通过的近地大气层密度的变化情况，也就是取决于太阳造成地面热辐射的强烈程度，以及地形、地物和地类等的分布特征。如果大气密度均匀不变，大气层保持平衡，目标成像质量就稳定；如果大气密度变化剧烈，目标成像就会产生上下左右跳动。实际上大气密度始终存在着不同程度的变化，当太阳照射引起大气分子温度变化时，不同地类吸热、散热性能不同，近地大气存在温度差别，从而形成大气对流，影响目标成像的稳定性。

以晴天的平原地区为例，对目标成像稳定性进行分析。

早晨太阳升起时，阳光斜射通过大气层使气体分子缓慢而均匀地升温，大气层夜间的平衡状态开始变化，但各部分大气密度仅有微小的差异，因此没有明显的对流，目标成像也仅有轻微的波动。

日出以后，有一段时间，大约 1～3 个小时，地面处于吸热过程，此时大气层密度较均匀，大气层基本上保持平衡，成像较稳定。但随着地面吸热达到饱和后，不断将热量散发出去，使靠近地面的大气升温膨胀，形成上升气流，并达到一定高度后消失。然而，由于地类的不同，其吸热和散热的性能也不近相同，如岩石、砂砾、干土等吸热较快，很快达到饱和，并开始向外散热，而另一些地类，如湿土、水域、植被等则吸热慢，开始向外散热也要晚一点，这样不同地类的地面上方的大气层之间，就存在着温度的差异，从而形成水平对流。因此，目标成像也必然出现上下和左右的动荡现象，随着太阳高度的不断升高，地面上的热量也不断增加，上述现象就愈加强烈。这是上午大气层密度结构变化情况，也就是目标成像从轻微波动到稳定，再逐渐向剧烈动荡的过程。

一般在下午当大气温度最高点以后，太阳高度逐渐下降，地面热辐射减少，大气逐渐降温并趋向平衡，目标成像越来越稳定，因此，在日落前又有一段成像稳定而有利于观测的时间。

夜间大气层一般是平衡的，但仍有一部分地类，如水域、稻田等，入夜以后仍徐缓放热，靠近这些地类上方的视线也有一段时间的微小波动。

2）大气透明度对目标成像清晰度的影响

目标成像是否清晰主要取决于大气的透明程度，也就是取决于大气中对光线起散射作用的尘埃、水蒸气等物质的多少，本质上也取决于太阳辐射的强烈程度。由于太阳辐射，强烈的空气水平气流和上升对流使地面尘埃上升，水域和植被地段的强烈升温产生大量水蒸气，尘埃和水蒸气对近地大气的透明度起着决定性作用。

综合上面的分析可以看出：为了获得稳定清晰的目标成像，应选择有利的观测时间段进行观测。一般晴天在日出、日落和中午前后，成像模糊或跳动剧烈，此时不应进行观测，而上午和下午分别有一段时间有利于观测。阴天由于太阳的热辐射较小，大气温度和密度变化也较小，几乎全天都能获得清晰稳定的目标成像，所以阴天的任何时间都有利于观测。

2. 水平折光的影响

光线通过密度不均匀的介质时，会发生连续折射，并向密度大的一方弯曲，形成一条曲线。如图 3-24 所示，来自目标 B 的光线进入望远镜时，望远镜所照准的方向并非理想的照准方向 AB 直线，而是 AB 弧线在望远镜 A 处的切线方向 AC，两个方向间有一微小的夹角 δ，称为微分折光。微分折光可分为纵向和水平两个分量，其中，大气密度垂直方向的变化引起的纵向分量比较大，是微分折光的主要部分。微分折光的水平分量影响着视线的水平方向，对精密测角的观测成果会产生系统性质的误差影响。

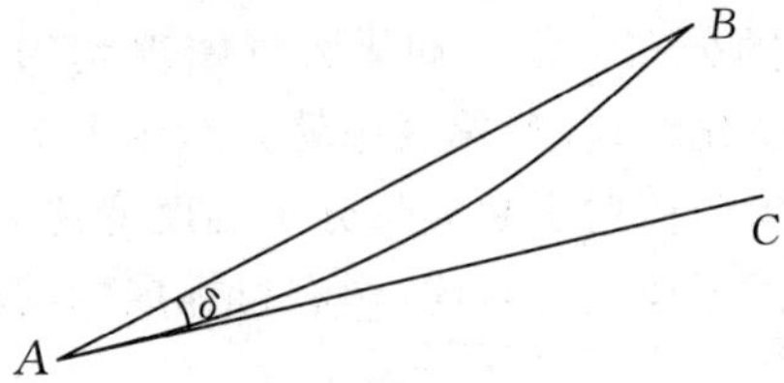

图 3-24　大气折光示意

当太阳照射不同地类的地面时，由于吸热和散热性能的差异，使近地面处空气密度发生变化，引起水平折光的不同。如图 3-25(a)所示，白天在太阳照射下，砂石地面升温快、密度小，水面空气升温慢、密度大。由 A 点观测 B 点时，视线凹向河流，即图 3-25(b) 中 AC 方向；夜间由于砂石地面散热快，水面空气散热慢，温度变化情况与白天正好相反，因此，夜间观测 B 点时，视线凸向河流，即图 3-25(b) 中 AD 方向。可见，取白天和夜间观测成果的平均值，可以有效地减弱水平折光的影响。

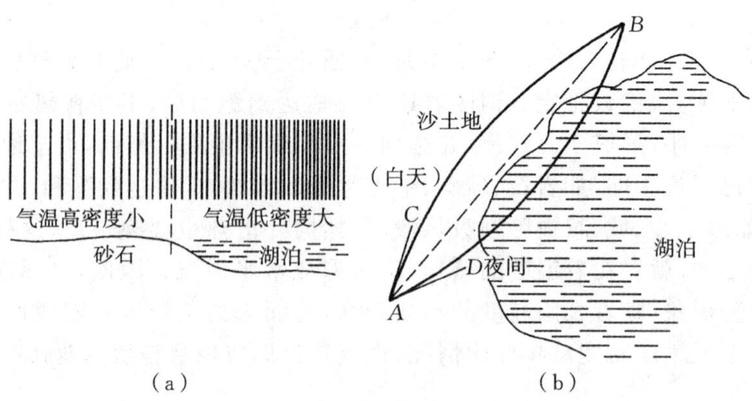

图 3-25　白天和夜间的水平折光影响

不仅大气温度变化会影响水平折光，当视线通过某些实体附近也会产生局部性水平折光影响。例如，视线通过岩石等实体附近时，由于岩石较空气吸热快、传热也快，所以岩石附近的气温升高、密度变小，从而使视线发生弯曲。引起大气密度分布不均匀的地形、地物靠测站越近，水平折光就越大。

为了削减水平折光对精密测角的影响，选点时，视线应超越(或旁离)障碍物一定高度(或距离)，避免从山坡、大河、湖泊、较大的城镇及工矿区的边沿通过，并应尽量避免视线通过高大建筑物、烟囱和电杆等实体的侧方。观测时，选择有利的观测时间，将整个观测工作分配在几个不同的时间段内进行。一般在有微风的时候或在阴天进行观测，可以减弱部分水平折光的影响。

3. 温度变化对视准轴的影响

观测时，由于空气温度变化，仪器各部分受热不均匀，产生微小的相对变形，使视准轴偏离正确位置，从而引起读数的不正确。视准轴误差表现为同一测回照准同一目标的盘左、盘右的读数差，该差值为两倍视准轴误差，以 $2C$ 表示。

当没有由于仪器变形而引起的误差时，每个观测方向所得的 $2C$ 值与其真值之差表现出偶然性。但当连续观测几个测回的过程中温度不断变化时，每个测回所得的 $2C$ 值互差表现出系统性，并且与观测过程中的温度变化密切相关。

利用 $2C$ 值的上述性质，观测中可采用按时间对称排列的观测程序来削弱这种误差对观测结果的影响。假设在一测回的较短时间内，空气温度变化与时间成比例，则按时间对称排列观测程序，上半测回依顺时针次序观测各目标，下半测回依逆时针次序观测各目标，并尽量使观测每一目标的时间间隔相近。当同一方向上、下半测回观测值取平均时，可以认为各目标是在同一时刻观测的，因而所取平均值受到相同的误差影响，在计算角度时可以大大削弱温度变化对视准轴影响而产生的误差。

4. 照准目标的相位差

当照准目标呈圆柱形时，如觇标的圆筒，在阳光的照射下，圆筒上会出现明亮和阴暗两部分，见图 3-26。当背景较阴暗时，十字丝往往照准其较明亮部分的中线；当背景较明亮时，十字丝却照准其较阴暗部分的中线。这样，十字丝照准的实际位置并非照准目标的真正中心轴线，从而给观测结果带来误差，这种误差叫作相位差。

为了减弱相位差的影响，精密测角中一般采用反射光线较小的圆筒，如微相位照准圆筒。当阳光的照射方位发生变化时，相位差也会随之不同。由于上午和下午太阳分别位于两个对称位置，使照准目标的明亮与阴暗部分恰恰相反，则相位差的影响也正好相反，因此，每个测站最好在上午和下午各观测半数测回，各测回平均值可有效削弱相位差的影响。

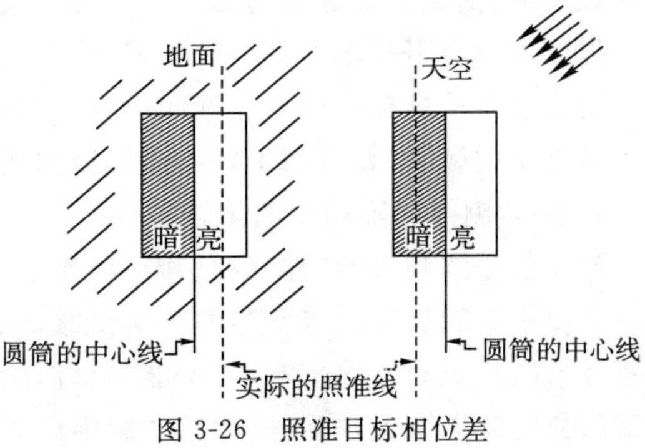

图 3-26　照准目标相位差

5. 三脚架扭转的影响

水平方向观测时，仪器通常安置在三脚架上，当温度发生变化，如阳光照射，会使三脚架产生不均匀的胀缩，从而引起扭转。当三脚架发生扭转时，仪器基座和与之固连在一起的水平度盘也会随之发生变动，给水平方向观测带来误差影响。

假定在一测回的观测过程中，三脚架的扭转是匀速发生的，采用“按时间对称排列的观测程序”可以减弱这种误差对水平角的影响。同时，要选择有利的观测时间，避免在日出、日落前后及温度、湿度有显著变化的时间段内观测。

3.5.2 仪器误差的影响

除外界因素会影响观测精度外，仪器误差，如视准轴误差、水平轴倾斜误差、垂直轴倾斜误差、照准部偏心差、水平度盘偏心差、测微器行差、度盘分划误差和测微器分划误差等也是影响观测精度的主要误差来源。下面将进一步讨论。

1. 水平度盘位移的影响

由本章前面的讨论可知，照准部旋转时带动仪器基座产生弹性扭曲，会使水平度盘发生位移，从而给水平方向观测值带来系统性的误差影响。依顺时针方向旋转照准部时，会使读数偏小；依逆时针方向旋转照准部时，会使读数偏大。

根据这种误差的性质，如果在半测回中保持照准部的旋转方向不变，则各照准目标的观测值中含有符号相同、大小基本相等的误差影响，由各方向组成的角度值可基本消除这种误差影响。如果在一测回中，上半测回以顺时针方向旋转照准部，依次照准各目标，下半测回以逆时针方向旋转照准部，按相反的次序照准各目标，则在同一角度的上、下半测回的平均值中可以很好地消除这种误差影响。

2. 照准部水平微动螺旋作用不正确的影响

使用照准部水平微动螺旋精确照准目标时，由于油污阻碍或弹簧老化等原因使长期处于受压状态的反作用弹簧弹力减弱。当旋出照准部水平微动螺旋后，微动螺杆顶端出现微小的空隙，不能及时推动照准部转动，在读数过程中，弹簧才逐渐伸张而消除空隙，这会使视准轴偏离照准方向，给读数带来误差。为了减弱其影响，规定照准目标时应按旋进方向，即压紧弹簧的方向，旋转照准部水平微动螺旋，并且尽量使用水平微动螺旋的中间部分。

3. 垂直微动螺旋作用不正确的影响

仪器精平后，转动垂直微动螺旋，望远镜应在垂直面内俯仰。但是，如果水平轴与其轴套之间有空隙、垂直微动螺旋的运动方向与其反作用弹簧弹力的作用方向不在同一直线上时，产生的附加力矩会引起水平轴一端位移，使视准轴位置发生改变，给水平方向观测值带来误差，这就是垂直微动螺旋作用不正确的影响。若垂直微动螺旋作用不正确，在观测水平角时，禁止使用垂直微动螺旋，直接用手转动望远镜到所需的位置。

4. 光学测微器隙动差的影响

隙动差是因测微器的测微盘和活动光学零件之间的转动存在着间隙，而产生的读数误差，特别在使用时间长和拆修不当的光学仪器上更为明显。虽在精密光学经纬仪设计中增加了一些零件来减少隙动差的影响，但不能完全消除，特别是随着仪器使用时间的增长，测微器机械传动部分的磨损增大，“旋进读数”、“旋出读数”的差异将更大。规范规定，在使用测微器进行读数时，应使测微器“旋进”而终止。

3.5.3 照准误差和读数误差的影响

1. 照准误差

照准误差主要与望远镜的放大率、照准目标的形状、目标影像的亮度和清晰度及人眼的判断能力有关，如果目标成像晃动、与背景分辨不清，会增大照准误差甚至产生照准错误，可见，照准误差受外界因素的影响较大。

2. **读数误差**

读数误差主要取决于仪器的读数设备，当采用对径重合法读数时，读数误差主要表现为对径重合误差，它受外界条件的影响较小。如果照明情况不佳、显微镜目镜未调好焦、观测者技术不熟练，都会增大读数误差。

因此，选择目标成像清晰稳定的观测时间、仔细消除视差、观测者认真负责地进行观测，是提高精度的有效措施。此外，由于照准误差和读数误差具有偶然性质，还可以用多余观测的方法来削弱其影响，如对径重合读数两次和多于一个测回的观测，对多个观测量取平均，都可以削弱照准误差和读数误差的影响。

3.5.4　精密测角的一般原则

根据各种误差的性质及其影响规律，精密测角中，为了尽可能地消除或削弱各种误差的影响，制定了相应的测角原则：

(1)选择目标成像清晰、稳定的有利时间段进行观测，以提高照准精度和减小大气折光的影响。

(2)观测前应认真调焦，消除视差，在一测回的观测过程中不得重新调焦，以免引起视准轴的变动。

(3)各测回应将起始方向均匀地分配在水平度盘和测微器的不同位置，以消除或削弱度盘和测微器分划误差的影响。

(4)上、下半测回分别采用盘左、盘右观测，以消除或减弱视准轴误差、水平轴倾斜误差等影响，同时可由盘左、盘右的读数差获得两倍视准轴误差 $2C$，借以检核观测质量。

(5)一测回的观测过程中，应按与时间对称排列的观测程序，上、下半测回依相反次序照准目标，并使每一目标的观测时间大致相同，以消除或减弱与时间成比例均匀变化的误差影响，如温度变化对视准轴的影响、三脚架的扭转等。

(6)为了避免或减弱仪器操作过程中带动水平度盘位移的误差，要求每半测回开始观测前，照准部按规定的转动方向先预转 1～2 周。

(7)使用照准部水平微动螺旋和测微螺旋时，其最后旋转方向均应为旋进。

(8)仪器应精平，当照准部水准器气泡在观测过程中偏离水准器中央一格时，应在测回间重新整平仪器，以减弱垂直轴倾斜误差的影响。

§3.6　方向观测

3.6.1　方向观测法

进行常规平面控制测量，如三角测量或导线测量等，应采用方向观测法进行水平方向观测。方向观测法是对测站上的所有方向依次照准进行观测，逐一得出各方向的方向观测值，进而得到相应的水平角度值。如图 3-27 所示，假设测站上有 1、2、3、…、n 个方向需要观测，首先选择一个边长适中、通视良好、成像清晰稳定的方向作为观测的零方向，如选定方向 1 作为零方向。上半测回采用盘左观测，先照准零方向 1，然后以顺时针方向转动照准部依次照准方向 2、3、…、n，为了检查观测过程中水平度盘是否有位移，最后要闭合到起始方向 1，这步工作称为归零。下半测回采用盘右观测，仍然先照准零方向 1，然后以逆时针方向转动照准部依次照准方向 n、…、3、2、1。由于上、下半测回观测均构成一个闭合圆，所以这种观测方法又称为全圆方向观测法。

为了避免因调焦引起视准轴位置变动，精密测角一般规定一测回中不得重新调焦。但各方向的边长悬殊很大时，严格执行一测回中不得重新调焦的规定，会产生较大的视差，从而影响照准精度。若仪器的调焦透镜经检验运行正确，则一测回中允许重新调焦；若调焦透镜运行不正确，则可考虑改变观测程序。照准一目标后，调焦，依次进行正倒镜观测；再照准下一个目标，重新调焦，进行正倒镜观测，依次完成所有方向的观测工作。同时，为了减弱与时间成比例均匀变化误差的影响，相邻测回应按相反的次序照准目标。例如，奇数测回按顺时针方向依次照准 1、2、3、…、n、1，则偶数测回应按逆时针方向依次照准 1、n、…、3、2、1，如此完成各测回的观测。

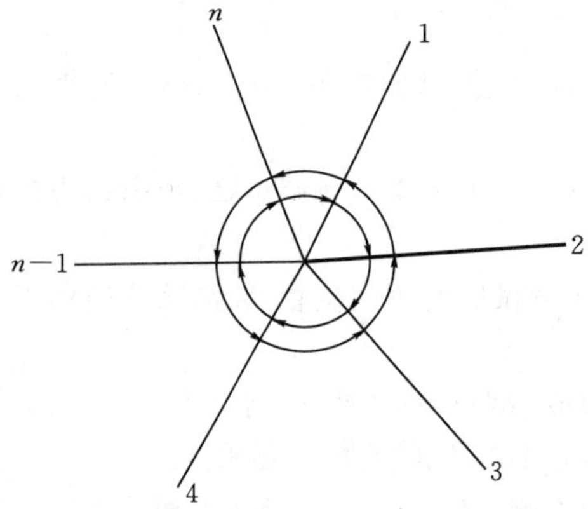

图 3-27 方向观测法

3.6.2 方向观测法的观测与记录

1. 配置度盘和测微器初始位置

为了减弱度盘分划误差和测微器分划误差等偶然误差对水平方向观测值的影响，提高测角精度，观测时应有足够的测回数。方向观测法的观测测回数，是根据控制网的等级和所用仪器的类型确定的。水平方向观测时，各测回零方向按式(3-2)配置度盘和测微器初始位置，表 3-7 给出了当基本测回数为 12、9、6、3、2 时 DJ2 级仪器的度盘与测微器初始位置数值。

表 3-7 方向观测度盘表

测回序号 \ 测回数	12 /(° ′ ″)	9 /(° ′ ″)	6 /(° ′ ″)	3 /(° ′ ″)	2 /(° ′ ″)
1	00 00 25	00 00 33	00 00 50	00 01 40	00 02 30
2	15 11 15	20 11 40	30 12 30	60 15 00	90 17 30
3	30 22 05	40 22 47	60 24 10	120 28 20	
4	45 32 55	60 33 53	90 35 50		
5	60 43 45	80 45 00	120 47 30		
6	75 54 35	100 56 07	150 59 10		
7	90 05 25	120 07 13			
8	105 16 15	140 18 20			
9	120 27 05	160 29 27			
10	135 37 55				
11	150 48 45				
12	165 59 35				

2. 一测回的观测程序

方向观测法一测回的观测程序如下：

(1)安置仪器后，进行盘左观测。将仪器照准零方向，按观测度盘表配置当前测回的水平度盘和测微器初始读数。

(2)顺转照准部 1～2 周后精确照准零方向，进行水平度盘和测微器读数(重合对径分划线两次)。

(3)顺转照准部，依次精确照准 2、3、…、n 方向，最后闭合至零方向，各方向均进行两次对径重合读数，完成上半测回。

(4)纵转望远镜，进行盘右观测。逆转照准部 1～2 周后精确照准零方向，读数。

(5)逆转照准部，按与上半测回相反的观测顺序依次观测 n、…、3、2 直至零方向，完成下半测回。

3. 观测手簿的记录与计算

进行方向观测时，为了削弱读数误差的影响，对每一照准目标均对径重合度盘分划线两次读数，当两次读数之差符合限差规定时，则取测微器两次读数的平均值。

半测回观测结束时，应检查归零差是否超过限差，归零差即零方向的两次照准读数之差。

一测回观测结束后，计算各方向盘左、盘右的读数差，即 $2C$ 值，并检核一测回中各方向的 $2C$ 互差是否超限。若满足限差要求，则取各方向盘左、盘右读数的平均值作为该测回的方向观测值。

由于零方向有起始照准和闭合照准的两个方向值，一般取其平均值作为零方向的方向观测值。将零方向的方向观测值归零为 0°00′00.0″，其他各方向的方向观测值依次减去零方向的方向观测值即得归零后的各方向观测值。各测回归零后的同一方向观测值的互差称为测回互差，应小于规定的限差。

表 3-8 为四等三角测量水平方向观测手簿的记录与计算示例。

表 3-8　水平方向观测手簿

第Ⅰ测回　仪器：北光 TDJ2　点名：岭西屯　等级：四　日期：×月×日

天气：晴，东风 2 级　开始：×时×分

成像：清晰　结束：×时×分

方向号数	名称及照准	读数 盘左 ° ′	″	″	盘右 ° ′	″	″	左－右 2C ″	(左＋右)/2 ″	方向值 ° ′ ″	附注
1	小山	0 00	53	54	180 00	57	57	−03	(55.2)	0 00 00.0	
	T		54			57			55.5		
2	锡南	60 11	30	30	240 11	33	34	−04	32.0	60 10 36.8	
	T		30			35					
3	大镇	131 49	52	52	311 49	58	58	−06	55.0	131 48 59.8	
	T		51			59					
4	河山	217 35	11	10	37 35	13	14	−04	12.0	217 34 16.8	
	T		09			15					
1	小山	0 00	55	54	180 00	57	56	−02	55.0		
	T		54			55					

归零差：$\Delta_{左} = 0''$，$\Delta_{右} = -1''$

最后必须强调，一切原始观测数据和记事项目，必须做到记录真实，注记明确，格式统一，书写端正，字迹清楚整齐，整饰清洁美观，手簿中记录的任何数据不得有涂改、擦改、转抄现象，具体的记录要求详见§1.6节。

3.6.3 测站限差

由于某些系统误差的残余和各种偶然误差的影响，测站上的观测成果与其理论值存在一定程度的差异。为了保证观测成果的精度，根据误差传播规律和大量实验验证，对其差异规定一个界限，称为限差。测站限差是根据不同的仪器类型制定的，它是检核和保证测角成果精度的重要指标，国家规范对四等及以上等级方向观测的各项限差规定见表3-9。这些限差决定了观测成果的取舍和重测，凡在限差以内的均为合格成果，超出限差的成果应舍去并重新进行观测。

表3-9 方向观测法限差

限差	测微器两次重合读数差/(″)	半测回归零差/(″)	一测回内2C互差/(″)	归零后同一方向测回互差/(″)
DJ1型	1	6	9	6
DJ2型	3	8	13	9

注：当照准点方向的垂直角超过±3°时，该方向的2C互差可按同一观测时间段内的相邻测回进行比较。按此方法比较应在手簿中注明。

3.6.4 重测规定

为了保证观测成果的质量，对各项限差应认真检核，凡是超过限差规定的成果都必须重新观测。出现超限情况，其原因可能是观测条件不佳、操作不慎等，因而产生系统误差和粗差。判断重测对象时，应结合当时当地的实际情况进行客观分析，正确判断。

重测和取舍观测成果应遵循下列原则：

(1)凡超出规定限差的结果，均应重测。重测应在基本测回（即规定的全部测回）完成并对成果综合分析后再进行。因对错度盘、测错方向、读记错误、碰动仪器、气泡偏移过大、上半测回归零差超限或因中途发现观测条件不佳等原因而放弃的测回，可以立即重新观测，不记重测测回数。

(2) 2C互差或各测回互差超限时，应重测超限方向并联测零方向。因测回互差超限重测时，除明显孤值外，原则上应重测观测结果中最大和最小值的测回。

(3)零方向的2C互差或下半测回的归零差超限，该测回应重测。方向观测法一测回中，重测方向数超过测站方向总数的1/3时（包括观测3个方向时，有一个方向重测），该测回应重测。

(4)采用方向观测法时，每站基本测回重测的方向观测数，不应超过全部方向测回总数的1/3，否则该站所有测回重测。

(5)基本测回成果和重测成果应载入记簿，记簿格式如表3-13所示。重测与基本测回结果不取中数，每一测回只取一个符合限差的结果。

方向观测法重测数的计算方法是，在基本测回观测结果中，重测一个方向算作一个方向测回，一个测回中有2个方向需重测，算作2个方向测回；因零方向超限而重测的整个测回算作

$(n-1)$ 个方向测回。每站全部方向测回总数按 $(n-1)m$ 计算，n 为该站方向总数，m 为基本测回数。

例：表 3-11 为“锡西(11431)点水平方向观测记簿”，在该份记簿中，锡西(11431)点共 5 个观测方向，观测 9 个测回，则测站上的方向测回总数 $(n-1)m=36$，该测站重测方向测回数应 $\leqslant 12$，而实际重测的方向测回数为 7，见表 3-10。

表 3-10　重测方向测回数的计算

n \ m	Ⅰ	Ⅱ	Ⅲ	Ⅳ	Ⅴ	Ⅵ	Ⅶ	Ⅷ	Ⅸ
1					×				
2							×		
3	×								
4								×	
5									
重测方向测回数	1	0	0	0	4	0	1	1	0

3.6.5　测站平差与精度评定

由于受各种误差的影响，一份合格的成果中，各方向不同测回的归零方向值也可能不完全相等，为了获得观测成果的最可靠值，需要进行测站平差。根据误差传播定律，各测回归零方向值的平均值即各测回方向的测站平差值。为了评定测站上观测成果的精度，还需计算一测回方向观测值的中误差和测站平差值的中误差。

以表 3-11 为例，介绍测站平差和精度评定的方法。

(1)将观测手簿中所有观测方向的各测回方向值抄入表 3-11 的水平方向观测记簿中，包括超限的基本测回和重测的相应方向的观测结果，其中，超限结果用括弧加注，表示不予采用。

(2)计算各测回归零方向值的平均值，即测站平差方向值，记入“测站平差后方向值”列及“中数”栏。

(3) 计算各测回归零方向值与其平差值之差，记入“v”列内，并求取各方向的 v 值的绝对值之和，记入“$\sum|v|_i$”栏。

(4)精度评定。

一测回方向值的中误差

$$\mu=K\frac{\sum|v|}{n}=\pm 0.83'' \tag{3-26}$$

式中，$K=\dfrac{1.25}{\sqrt{m(m-1)}}$；$n$ 为方向数；m 为测回数。

m 个测回方向值中数的中误差

$$M=\frac{\mu}{\sqrt{m}} \tag{3-27}$$

表 3-11 水平方向观测记簿

锡包区三等三角网(点)　　　　　　　　　　　　　　　　× 年

锡西(11431)点水平方向观测记簿

所在图幅(1∶10 万):12-49-113

手簿编号:No. 017　　　　　　　　　　觇标类型:8 m 钢标

仪器:苏一光 J1　　　　　　　　　　　仪器至柱石面高:8. 43 m

观测者:×××　　　　　　　　　　　　记簿者:×××

观测方向图

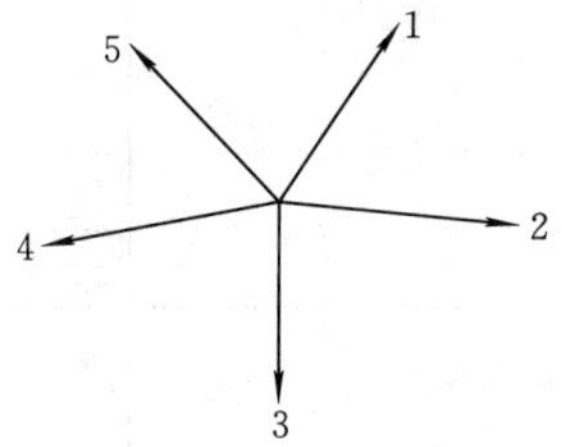

方向号数	方向名称	测站平差后方向值	$(c+r)$归零	加入归心改正后方向值	备注
1	小山	0° 00′ 00.0″			一测回方向值中误差 $\mu=\pm0.83''$ m 个测回方向值中数的中误差 $M=\pm0.28''$
2	乌兰敖包	59 15 13.2			
3	大镇	141 44 44.9			
4	厢黄旗	228 37 24.9			
5	岭西村	297 07 05.7			

观测日期	测回号数	1 小山 T		2 乌兰敖包 T		3 大镇 T		4 厢黄旗 T		5 岭西村	
		° ′ 0 00	v	° ′ 59 15	v	° ′ 141 44	v	° ′ 228 37	v	° ′ 297 07	v
		″	″	″	″	″	″	″	″	″	″
	Ⅰ	00.0		14	−0.8	(48.5)		25.1	−0.2	06.9	−1.2
	Ⅱ	00.0		12.5	+0.7	46.0	−1.1	25.0	−0.1	05.9	−0.2
	Ⅲ	00.0		11.6	+1.6	45.0	−0.1	23.4	+1.5	04.7	+1.0
	Ⅳ	00.0		11.4	+1.8	46.3	−1.4	26.0	−1.1	05.3	+0.4
	Ⅴ	(00.0)		(09.2)		(41.8)		(23.0)		00.8	
	Ⅵ	00.0		15.0	−1.8	43.1	+1.8	24.1	+0.8	04.7	+1.0
7.3	Ⅶ	00.0		(17.1)		44.0	+0.9	26.2	−1.3	06.6	−0.9
	Ⅷ	00.0		13.0	+0.2	44.5	+0.4	—		06.7	−1.0
	Ⅸ	00.0		14.8	−1.6	45.2	−0.3	24.8	+0.1	05.5	+0.2
	重Ⅴ	00.0		13.2	0.0	44.7	+0.2	24.4	+0.5	04.9	+0.8
	重Ⅰ	00.0				45.6	−0.7				
	重Ⅶ	00.0		12.9	+0.3						
	重Ⅷ	00.0						25.3	−0.4		
中数		00.0		13.2		44.9		24.9		05.7	
$\sum\lvert v\rvert$					8.8		6.9		6.0		6.7

一测回方向值的中误差 $\mu=K\dfrac{\sum|v|}{n}=\pm0.83''$　　$\sum|v|=28.4$　　$m=9$　　$K=0.147$

m 个测回方向值中数的中误差 $M=\dfrac{\mu}{\sqrt{m}}=\pm0.28''$　　$K=\dfrac{1.25}{\sqrt{m(m-1)}}$

注:括弧中的成果实为划去不采用。n 为方向数,m 为测回数。

§3.7　垂直角观测

垂直角测量在整个角度测量中起着重要作用。垂直角测量主要用于三角高程测量，用以一些高程精度要求不高的高程测量场合。

3.7.1　垂直角和指标差的计算公式

不同类型仪器的垂直度盘的分划注记形式各不相同。图 3-28 为 DJ1 型仪器 T3 经纬仪的垂直度盘分划注记示意图，度盘分两个弧段按逆时针方向自 55°～125°注记，对径分划注记相同，度盘将 2°的实际格值注记为 1°，因此度盘上从 55°～125°的名义间隔值 70°实际为 140°。当视线水平、指标水准器气泡居中时，度盘读数为 90°。

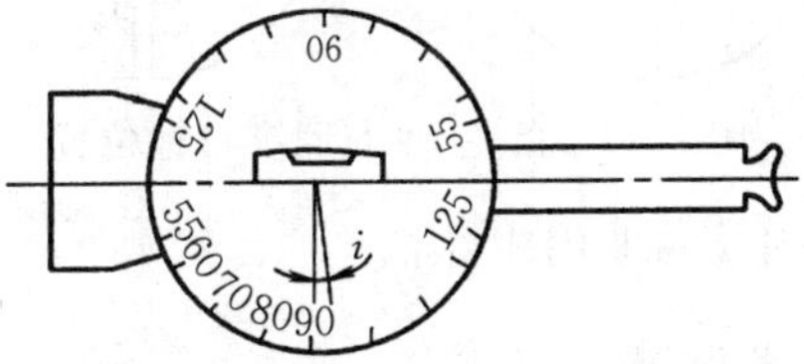

图 3-28　T3 经纬仪垂直度盘的分划注记

实际中，由于垂直度盘读数中部件的关系不正确，其读数为 90°的整数倍的条件通常是不满足的，从而会产生指标差。指标差的存在将使视线水平时的读数增大或减小一个数值。当存在指标差 i 时，盘左位置的正确垂直角值为

$$\alpha = 2(L - 90^\circ) - i \tag{3-28}$$

盘右位置的正确垂直角值为

$$\alpha = 2(90^\circ - R) + i \tag{3-29}$$

由式(3-28)和式(3-29)可得 DJ1 型仪器垂直角和指标差为

$$\alpha = L - R \tag{3-30}$$

$$i = L + R - 180^\circ \tag{3-31}$$

可见，指标差本身的大小并不影响观测结果的精度，它可在盘左、盘右垂直角的平均值中得以消除。

DJ2 型仪器的垂直度盘分划注记形式见图 3-29，度盘分划线由 0°～360°以顺时针方向全圆注记，其垂直角和指标差的计算公式分别为

$$\alpha = \frac{1}{2}(R - L - 180^\circ) \tag{3-32}$$

$$i = \frac{1}{2}(L + R - 360^\circ) \tag{3-33}$$

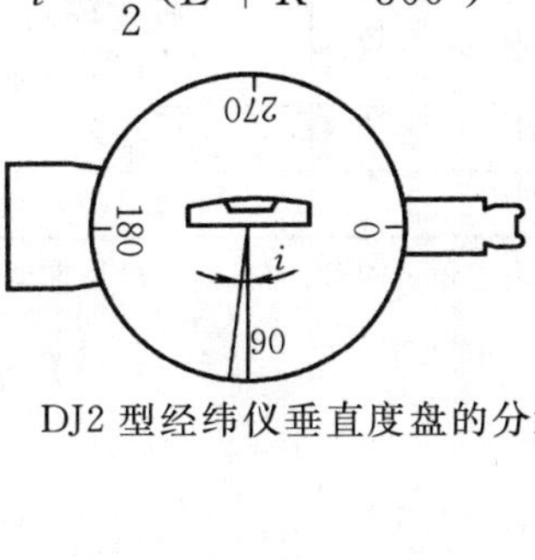

图 3-29　DJ2 型经纬仪垂直度盘的分划注记

3.7.2 垂直角的观测方法

垂直角的观测方法分中丝法和三丝法。观测时，首先在盘左位置，用中丝或三丝依次照准每一目标，使指标水准器的气泡精密符合后，分别进行垂直度盘读数（重合对径分划线两次），然后纵转望远镜，在盘右位置依相反的照准顺序进行观测和读数，完成一测回的操作。盘左、盘右两个位置照准目标时，目标的成像应位于垂直丝左、右附近的对称位置（图 3-30）。用三丝法观测时，纵转望远镜前后，水平丝照准一律按上、中、下丝的次序进行。

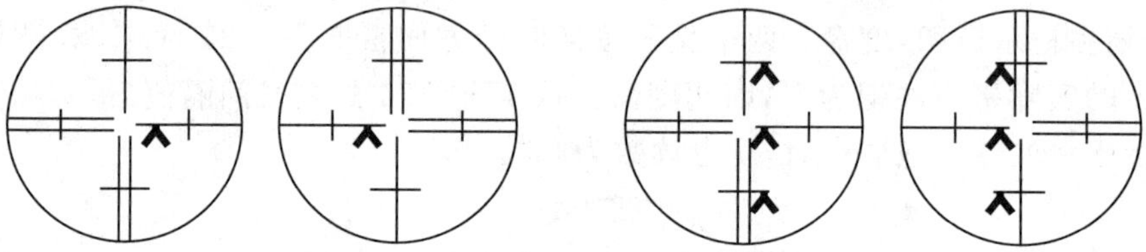

图 3-30 盘左、盘右照准目标位置

在目前的垂直角观测方法中，多采用中丝法。

3.7.3 垂直角观测技术要求

虽然三角高程测量可以达到三等水准测量的精度，但竖直角的测量精度，对仪器条件、环境条件和观测技术等要求较高，对大部分作业者有一定难度，因而目前现行规范均规定：三角高程测量可以替代四等（及以下）水准测量。

1.《城市测量规范》关于垂直角测量的技术要求

《城市测量规范》中，三角高程测量替代四等高程测量时垂直角观测的技术要求见表 3-12。

表 3-12 《城市测量规范》关于垂直角测量的技术要求

等级	仪器精度等级	测回数	指标差较差 /(″)	垂直角测回较差 /(″)
四等	2″经纬仪	4	≤5	≤5

表 3-12 中，垂直角测回较差指同一方向各测回的垂直角结果互相比较的差值。

2.《工程测量规范》关于垂直角测量的技术要求

《工程测量规范》中，三角高程测量替代四等高程测量时垂直角观测的技术要求见表 3-13。

表 3-13 《工程测量规范》关于垂直角测量的技术要求

等级	仪器精度等级	测回数	指标差较差 /(″)	垂直角测回差 /(″)
四等	2″级电子仪器	3	≤7″	≤7″
五等	2″级电子仪器	2	≤10″	≤10″

注：当采用 2″级光学经纬仪进行垂直角观测时，应根据仪器垂直角的检测精度，适当增加测回数。

思 考 题

1. 精密经纬仪由哪几部分组成？在构造上有什么特点？

2. 什么是光学测微器的行差？如何测定？

3. 简述经纬仪三轴误差的定义、产生的原因、对水平方向观测值的影响及消除或削弱其影响的措施。

4. 影响测角精度的误差有哪些？观测中如何消除或削弱其影响？

5. 简述精密测角的一般原则。

6. 简述方向观测法的观测程序。

7. 当照准方向的垂直角超过$\pm 3°$时，该方向如何进行 $2C$ 互差比较，为什么？

8. 重测的含义是什么？国家规范对一个测站上的重测有哪些规定？

9. 我国经纬仪系列分为 DJ07、DJ1、DJ2、DJ6 等型号，试述 D、J 及其数字各代表何含义。

10. 为什么在做水平方向观测时，规定一测回内不得重新调焦？请用望远镜的成像原理说明能不能做到这一点。

11. 经纬仪望远镜中的十字丝分划板，其竖丝为何做成单丝和双丝两部分？作业时如何利用它们？

12. 测微器的刻划有可能存在偶然误差和系统误差，对此，在方向观测中应采取什么措施？

13. 什么是水准管格值？

14. 什么是水平折光差？为什么说由它引起的水平方向观测误差具有系统误差性质？在作业中应采取什么措施来减弱其影响？

15. 怎样理解气温变化对仪器稳定性的影响不属于仪器本身的误差？作业中如何减弱其影响？

16. 用两个度盘位置取平均值的方法消除视准轴误差影响的前提条件是什么？

17. $L-R=2C$，该式成立的条件是什么？该式的严格形式又是什么？为什么通常可以用该式检查观测成果的质量？

18. 为什么用两个度盘位置取平均值可以消除水平轴倾斜误差对水平方向观测值的影响？

19. 垂直轴倾斜误差对观测方向值的影响能否用盘左、盘右两个度盘位置读数取平均值的方法来消除？为什么？

20. 设在某测站上仅用盘左对各目标进行方向观测，问用半测回方向值求出的角度值中是否存在视准轴误差、水平轴误差及垂直轴倾斜误差？为什么？又若各个照准目标与仪器在一个水平面上，角度值中是否有上述误差？为什么？

21. 有关规范细则中要求在进行水平方向观测时，上半测回与下半测回需分别顺转和逆转照准部去照准目标，目的何在？在照准起始方向之前，要求先将照准部转 1～2 周，有什么作用？

22. 为什么在许多观测程序中，观测次序常常呈对称排列？它可以消除或减弱哪些误差的影响？

23. 规范对测站上的观测限差有哪些具体规定？

24. 试判断下列情况是否重测。若重测，是否记重测方向测回数？

(1)观测员完成了一测回观测后，记录员才发现上半测回归零差超限。

(2)在下半测回快要结束时，观测员发现气泡偏离过大。

(3)当观测员读完下半测回归零方向的读数后，记录员发现下半测回归零差超限并未做记录。

(4)当记录员记完了一个测回的记录后，发现观测员测错了一个方向。

(5)记录员在记录过程中记错了秒值。

25. 试分析为何要在尽量短的时间内完成一个测回的方向观测工作。

26. 什么是基本测回观测成果？重测观测结果是否属于基本测回观测结果？重测观测结果超限时是否计入重测方向测回数？

27. 什么是垂直度盘指标差？其对垂直角测量有何影响？

28. 影响三角高程测量精度的主要因素是什么？

第4章　精密距离测量

§4.1　概　述

在各种测量工作中，距离测量占据着极其重要的地位。传统的距离测量通常有直接法测距和间法接测距。

直接法测距就是采用已知长度刻划的测尺、测规等量测工具与被测距离进行直接比对。1961年前，我国天文大地网的所有基线或起始边长几乎都是用24 m因瓦基线尺测定的。在工程测量中有时还用皮尺或钢尺进行距离测量。传统的直接法距离测量的优点是测量过程直观、测量设备相对简单、能达到较高的测量精度(因瓦基线尺的测距精度可高于1/1 000 000)。其缺点也比较突出，一是测尺的测程较短，一般的钢尺长度为30 m或50 m，超过一整尺长的距离需要多次串尺测量；二是在跨越山沟、河谷方面，显得困难重重，甚至无能为力；三是劳动强度大，效率低。

为了克服直接法测距在野外测量中的缺陷，人们探求出了一种新的测距方式，即间接法测距。例如，视差法测距，其主要特点是把长度基准 L 平置于被测距离的端点上，且与视线垂直，通过测量长度基准端点间的水平角来间接计算被测距离。总的来说，这种测量方法测程还是有限(一般为几百米)，精度也不高(约为1/10 000)。

间接法测距为以后的距离测量提供了一个思路，即首先获得一个比较容易测定且含有距离信息的间接量，然后按一定的方法再求得距离。采用电磁波信号进行距离测量就是测定电磁波信号在被测距离上的传播时间，间接求得被测距离。

4.1.1　电磁波测距的基本方法

电磁波测距(electromagnetic distance measurement，EDM)是利用电磁波作为测距信号和载波进行长度测量的一门技术。电磁波的波谱包括：无线电波(含微波)、红外光、可见光、紫外光、x 射线和 γ 射线等。

电磁波测距是通过测定电磁波波束在待测距离上往返传播的时间来确定待测距离的。如图4-1所示，欲测量 A、B 两点间的距离 D，在 A 点安置电磁波测距仪，在 B 点设置反射棱镜，测距仪发出的电磁波信号经反射棱镜反射，又回到测距仪主机。如果测定电磁波信号在 A、B 往返之间传播的时间 t_{2D}，则距离 D 为

$$D=\frac{1}{2}C\cdot t_{2D} \tag{4-1}$$

式中，C 为电磁波在大气中的传播速度(约等于 3×10^{8} m/s)。电磁波往返传播的时间 t_{2D}，可以直接测定，也可以间接测定。

不难看出，利用电磁波测距，只要在测距仪的测程范围内，中间无障碍，在任何地形条件下的距离测量都是十分快捷便利的，因此被广泛用于大地测量、工程测量、地形测量、地籍测量和

房地产测绘中。

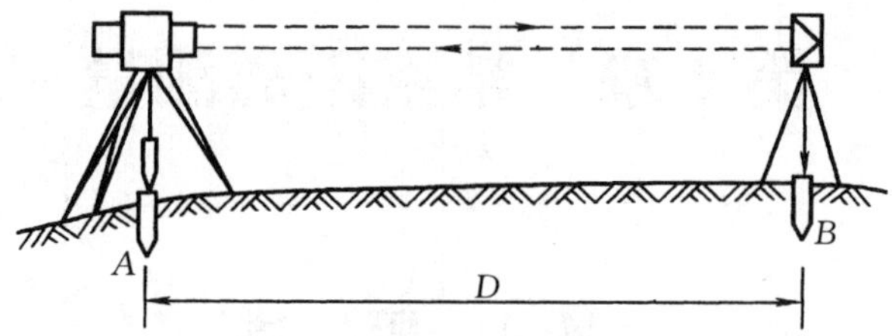

图 4-1 电测波测距基本方法

4.1.2 电磁波测距仪的分类和分级

目前由于电磁波测距仪的迅速发展和新产品的不断问世，电磁波测距仪种类繁多，有多种不同的分类方法。

1. 电磁波测距仪的分类

（1）按测量信号往返传播时间 t 的方法不同，分为脉冲式测距仪和相位式测距仪两类，脉冲式测距仪直接测定 t，而相位式测距仪则通过测定相位而间接测定 t。

（2）按电滋波测距仪的载波源种类的不同，分为激光测距仪、红外测距仪、微波测距仪三类。其中激光测距仪与红外测距仪又统称光电测距仪。

（3）按照测程的长短不同，分为短程测距仪、中程测距仪和远程测距仪。通常认为，测程在 3 km 以内为短程测距仪，测程在 3～15 km 范围内为中程测距仪，测程超过 15 km 的为远程测距仪。

2. 电磁波测距仪的分级

电磁波测距仪通常按出厂标称的每千米测距标准偏差进行分级，每千米测距标准偏差为

$$m_D = \pm(A + B \cdot D) \tag{4-2}$$

式中，A 为标称精度固定误差，单位为 mm；B 为标称精度比例系数，单位为 mm/km；D 为测量距离，单位为 km。

若将距仪的出厂标称标准差，归算到 1 km 的测距标准偏差计算，现行的三部规范对测距仪的分级方式不太一样。

1)《中、短程光电测距规范》

GB/T 16818—2008《中、短程光电测距规范》，将测距仪分为四个精度等级，见表 4-1。

表 4-1 测距仪的精度分级

准确度等级	中短程测距仪
Ⅰ	$m_D \leqslant (1 + D)$mm
Ⅱ	$(1 + D)\text{mm} < m_D \leqslant (3 + 2D)$mm
Ⅲ	$(3 + 2D)\text{mm} < m_D \leqslant (5 + 5D)$mm
Ⅳ(等外)	$m_d > (5 + 5D)$mm

注：D 为测量距离，单位为 km。

2)《工程测量规范》

《工程测量规范》直接将测距仪分为两个精度等级，即 5 mm 级和 10 mm 级。

3)《城市测量规范》

《城市测量规范》按测距仪也分为两个精度等级，即Ⅰ级和Ⅱ级，其每千米测距标准偏差为：Ⅰ级，$m_D \leqslant 5$ mm；Ⅱ级，$m_D > 5$ mm 且 $m_D \leqslant 10$ mm。

§4.2　电磁波测距的基本原理

4.2.1　脉冲式测距基本原理

脉冲法测距就是直接测定仪器所发射的脉冲信号往返于被测距离的传播时间，从而得到待测距离。图 4-2 为脉冲法测距的工作原理框图。

由光电脉冲发射器发射出一束光脉冲，经发射光学系统投射到被测目标。与此同时，由取样棱镜取出一小部分光脉冲送入光电接收系统，并由光电接收器转换为电脉冲(称为主脉冲波)，作为计时的起点；从被测目标反射回来的光脉冲也通过光电接收系统后，由光电接收器转换为电脉冲(也称回脉冲波)，作为计时的终点。可见，主脉冲波和回脉冲波之间的时间间隔是光脉冲在测线上往返传播的时间 t_{2D}，而 t_{2D} 是通过计数器并由标准时间脉冲振荡器不断产生的具有时间间隔(t)的电脉冲数 n 来决定的。

因为

$$t_{2D} = nt \tag{4-3}$$

则

$$D = Cnt/2 = nd \tag{4-4}$$

式中，n 为标准时间脉冲的个数；$d = Ct/2$，即在时间 t 内，光脉冲往返所走的一个单位距离。

只要事先选定一个 d 值(如 10 m、5 m、1 m 等)，记下送入计数系统的脉冲数目，就可以直接把所测距离 ($D = nd$) 用数码显示器显示出来。

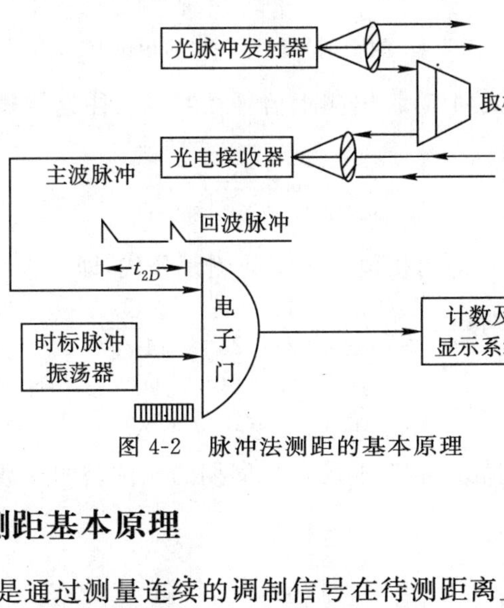

图 4-2　脉冲法测距的基本原理

4.2.2　相位式测距基本原理

所谓相位法测距就是通过测量连续的调制信号在待测距离上往返传播产生的相位变化来间接测定传播时间，从而求得被测距离。图 4-3 为相位式测距的工作原理。

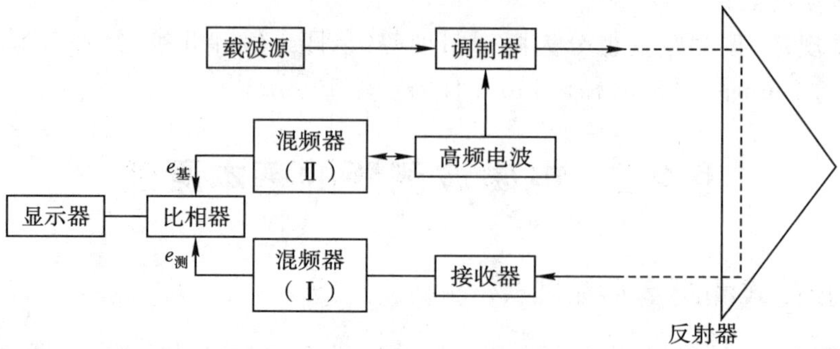

图 4-3 相位式测距的基本原理

由载波源产生的光波经调制器被高频电波所调制，成为连续调制信号。该信号经测量路线达到彼端反射器，经反射后被接收器所接收，再进入混频器（Ⅰ），变成低频（或中频）测距信号 $e_测$。另外，在高频电波对载波进行调制的同时，仪器发射系统还产生一个高频信号，此信号经混频器（Ⅱ）混频后成为低频（或中频）基准信号 $e_基$。$e_测$ 和 $e_基$ 在比相器中进行相位比较，计算出调制信号在 2 倍测线距离上传播所产生的相位移，由显示器直接显示出被测距离值。

如图 4-4 所示，若在 A 点的测距仪向 B 处反射棱镜连续发射角频率为 ω 振幅为 e_m 的调制光波信号 e_1，经接收系统接收反射回来的反射波信号为 e_2，则经过 t_{2D}（调制波往返于测线所经历的时间）后，发射波与反射波之间的相位差为

$$\varphi = e_2 - e_1 = e_m \sin(\omega t - \omega t_{2D}) - e_m \sin\omega t = \omega t_{2D} \tag{4-5}$$

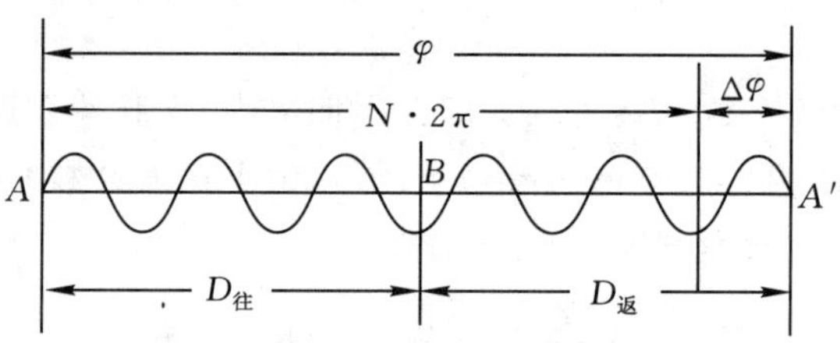

图 4-4 测距信号往返一次的相位差

若测出相位差，则可以由式(4-5)解出测距信号在测线上往返传播的时间 t_{2D}，即

$$t_{2D} = \frac{\varphi}{\omega} = \frac{\varphi}{2\pi f} \tag{4-6}$$

式中，f 为调制波频率。

将式(4-6)代入式(4-1)中可得用相位差表示的测距公式，即

$$D = \frac{1}{2}C\,\frac{\varphi}{\omega} = \frac{1}{2}C\,\frac{\varphi}{2\pi f} = \frac{C}{4\pi f}\varphi \tag{4-7}$$

由图 4-4 可以看出

$$\varphi = 2N\pi + \Delta\varphi = 2\pi(N + \Delta N) \tag{4-8}$$

式中，N 为相位差中的整周期数；$\Delta\varphi$ 为不足一个周期的相位差的尾数；ΔN 为 $\Delta\varphi$ 对应的小数周期，$\Delta N = \frac{\Delta\varphi}{2\pi}$。

将式(4-8)代入式(4-7)得

$$D = \frac{C}{4\pi f}2\pi(N + \Delta N) = \frac{\lambda}{2}(N + \Delta N) \tag{4-9}$$

式中，λ 为测距信号波长，$\lambda = C/f$。为便于说明问题，令 $U = \lambda/2$，则式(4-9)变为

$$D = U(N + \Delta N) \tag{4-10}$$

式(4-10)就是相位法测距的基本公式。显然相位法测距相当于用一把长度为 U 的“电尺”来丈量被测距离。被测距离等于 N 个整尺段再加上余长 $\Delta N \cdot U$。由于 U 是已知的，因此欲得到距离 D 必须测定两个量：一个是“整波数”N，另一个是“余长”ΔN，即相位差尾数 $\Delta\varphi$ 值(因 $\Delta N = \Delta\varphi/2\pi$)。在相位式测距仪中，一般只能测定 $\Delta\varphi$(或 ΔN)，而无法测定整波数 N。这好比钢尺量距，记录员无法记住丈量的整尺段数，只记住了最后不足一尺的余长。因此相位法测距必须设法测定整波数 N 才能确定被测距离。

从式(4-10)可以看出，如果测尺长度足够大，大到待测距离 D 不够一个测尺长度 U 时，则只有 ΔN，而整尺数 $N=0$，这时就能够确定被测距离 D。由 $U=\lambda/2=C/2f$ 可以看出，想要测尺长，就需要选择较低的调制频率。但是有一点必须注意，目前测相精度仅能达到 10^{-3}，即如果测尺长 1 000 m，其测距精度为 1 m。表 4-2 列出了测尺长度与测尺频率(调制频率)及测相精度的对应关系。

表 4-2　测尺频率(调制频率)与测尺长度对应关系

测尺频率	15 MHz	1.5 MHz	150 kHz	15 kHz	1.5 kHz
测尺长度	10 m	100 m	1 km	10 km	100 km
精度	1 cm	10 cm	1 m	10 m	100 m

由表 4-2 可以看出，测尺越长，测距精度越低。为了达到测程远且精度高的要求，在测距仪上采用合理搭配的一组测尺共同测距，长测尺(又称粗测尺)解决 N 的问题，保证测程；短测尺(又称精测尺)保证精度。这就如同钟表上用时、分、秒三针互相配合来确定 12 小时内的准确时刻一样，根据测距仪的最大测程与精度要求，设置调制频率的个数，即选择测尺数目和测尺精度。对于短程测距仪，一般采用两个测尺频率。

例：某测距仪拥有 2 把测尺，长尺为 1 000 m，短尺为 10 m。对某段距离进行测量，长尺测量结果为 0.386 尺长，短尺测量结果为 0.638 尺长。综合二尺测量结果，得到该段距离为 386.38 m。

若待测的距离比较长时，还需加第三把测尺。

§4.3　中短程测距仪简介

4.3.1　拓普康 GTS-332N 全站仪

拓普康 GTS-332N 电子全站仪外形见图 4-5，有两面操作按键及显示屏，操作很方便，能自动进行水平和垂直轴倾斜改正，补偿范围为 $\pm 3'$。GTS-332N 全站仪的测角最小读数显示为 $1''$，测角精度为 $2''$，采用增量法读数；测距的最小读数为 1 mm，测距精度为 $2\ \text{mm} + 1 \times 10^{-6} D$，$D$ 为基线长度，单棱镜测程为 3 000 m，三棱镜测程为 4 000 m；内有自动记录装置，可记录 24 000 个测量点。

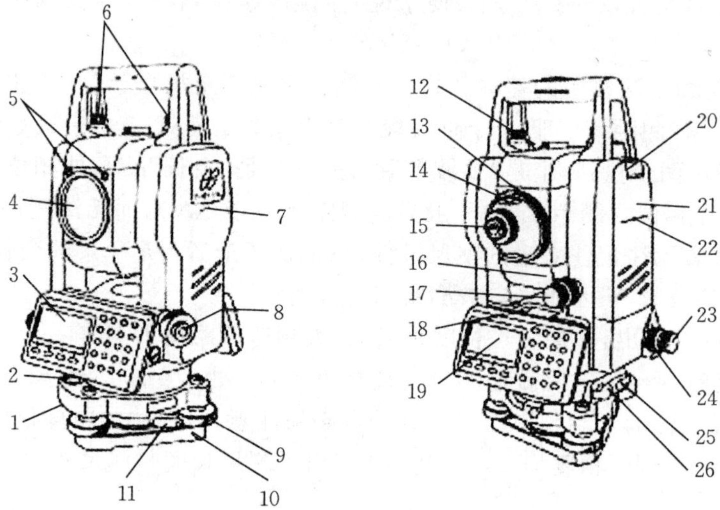

图 4-5 拓普康 GTS-332N 全站仪

1-圆水准器校正螺旋；2-圆水准器；3-显示屏；4-物镜；5-定线点指示器；6-提手固定螺旋；7-仪器高度标志；8-光学对中器；9-整平脚螺旋；10-底板；11-基座固定钮；12-粗瞄准器；13-望远镜调焦螺旋；14-望远镜把手；15-目镜；16-垂直制动螺旋；17-垂直微动螺旋；18-管水准器；19-显示屏；20-电池锁紧杆；21-机载电池；22-仪器高度标志；23-水平微动螺旋；24-水平制动螺旋；25-外界电源接口；26-串行信号接口

GTS-332N 全站仪有 24 个键，见图 4-6，其名称与功能见表 4-3。

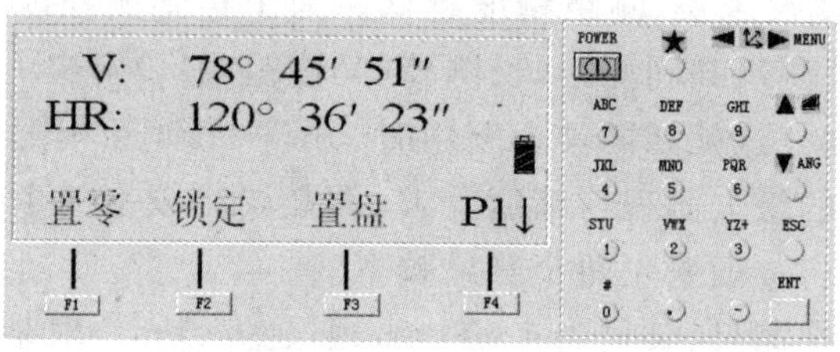

图 4-6 拓普康 GTS-332N 全站仪按键

表 4-3 GTS-332N 全站仪按键名称及功能

键	名称	功 能
★	星键	星键模式用于如下项目的设置或显示：①显示屏对比度；②十字丝照明；③背景光；④倾斜改正；⑤定线点指示器；⑥设置音响效果
	坐标测量键	坐标测量模式
	距离测量键	距离测量模式
ANG	角度测量键	角度测量模式
POWER	电源键	电源开关
MENU	菜单键	在菜单模式和正常测量模式之间切换，在菜单模式下可设置应用测量与照明调节、仪器系统误差纠正
ESC	退出键	①返回测量模式或上一层模式；②从正常测量模式直接进入数据采集模式或放样模式；③也可用作正常测量模式下的记录键
ENT	确认键	在输入值之后按此键
F1～F4	软键(功能键)	对应于显示的软键功能信息

GTS-332N 全站仪显示窗采用点阵式液晶显示(LCD),可显示四行,每行 20 个字符。通常前三行显示数据,最后一行显示随测量模式变化的按键功能。前三行常用显示符号的意义见表 4-4。

表 4-4　GTS-332N 全站仪显示窗内常用符号的意义

显示	内容	显示	内容
V%	垂直角(坡度显示)	E	东向坐标
HR	水平角(右)	Z	高程
HL	水平角(左)	*	电子测距正在进行
HD	水平距离	m	以“m”为单位
VD	高差	F	以“英尺”为单位
SD	斜距	N	北向坐标

软键的有关信息在最后一行,有各软键的功能键相应的提示信息。各软键在角度测量、距离测量和坐标测量中的功能见表 4-5。

表 4-5　软键功能表

模式	页码	软键	显示符号	功　能
角度测量模式	1	F1	置零	水平角置为 0°00′00″
		F2	锁定	水平角读数锁定
		F3	置盘	通过输入数字设置水平角
		F4	P1↓	显示下一屏
	2	F1	倾斜	设置倾斜改正开或关,若选择开,在显示倾斜改正值
		F2	复测	角度重复测量模式
		F3	V%	垂直角百分比坡度(%)
		F4	P2↓	显示下一屏
	3	F1	H—蜂鸣	仪器每水平转动角 90°是否发出蜂鸣音的设置
		F2	R/L	水平角右、左计数方向的转换
		F3	竖盘	垂直角显示(高度角/天顶距)的切换
		F4	P2↓	显示下一屏
距离测量模式	1	F1	测量	启动测量
		F2	模式	设置测距模式,精测、粗测、跟踪
		F3	S/A	设置音响模式
		F4	P1↓	显示下一屏
	2	F1	偏心	偏心测量模式
		F2	放样	放样测量模式
		F3	m/f/i	米、英尺、英寸单位的转换
		F4	P2↓	显示下一屏
坐标测量模式	1	F1	测量	开始测量
		F2	模式	设置测距模式,精测、粗测、跟踪
		F3	S/A	设置音响模式
		F4	P1↓	显示下一屏
	2	F1	镜高	输入棱镜高
		F2	仪高	输入仪器高
		F3	测站	输入测站点(仪器站)坐标
		F4	P2↓	显示下一屏

续表

模式	页码	软键	显示符号	功能
	3	F1	偏心	偏心测量模式
		F3	m/f/i	米、英尺、英寸单位的转换
		F4	P3↓	显示下一屏

4.3.2 宾得全站仪

宾得(PENTAX)全站仪主要型号有:PTS-V2、PTS-V3、PTS-V5、PTS-2 系列、PTS-3 系列、ATX 系列等,其功能和操作基本相同。现在以 PTS-V2 型全站仪为例介绍其主要功能,仪器外形和部件说明见图 4-7。

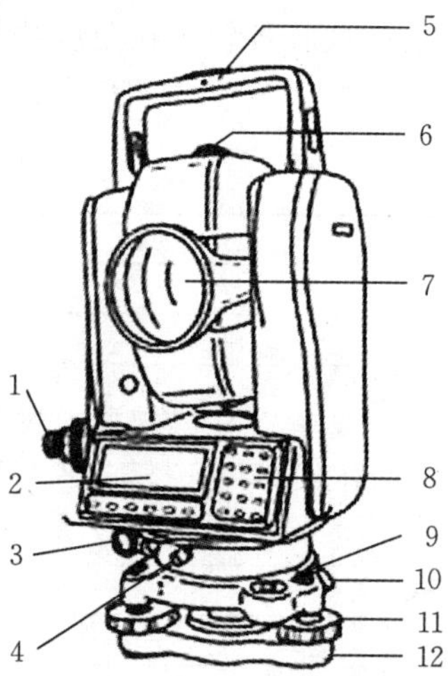

图 4-7 宾得全站仪

1-光学对中器;2-显示器;3-外部电源接口;4-数据通信接口;5-顶部手柄;6-照准器;7-物镜;8-键盘;9-圆水准器;10-基座锁定旋钮;11-脚螺旋;12-底板

1. **距离放样功能**

利用距离放样功能,仪器会显示设计距离(给定距离)和放样过程中到棱镜的实测距离之差(偏差值),使放样点容易被确定。

2. **抄平测量功能**

利用抄平测量功能,在输入了测站以外水准点的高程后,棱镜点的高程和它到水准点的平距可被计算和显示出来。

3. **对边测量功能**

利用对边测量功能(RDM),可测出测站点以外的两棱镜之间的水平距离、高差和斜距百分比,还能以任一观测点为基准点,测出任意棱镜到基准棱镜的距离,此项功能可以应用于体育比赛的投掷项目等。

4. **坐标测量功能**

在坐标测量中,仪器站作为左边原点,可以得到任一目标的坐标。不把仪器站作为坐标原点也可以,只需输入仪器站坐标即可。

5. **棱镜测量功能**

棱镜测量法是当测点被挡住,棱镜无法安置到点上时使用,用这种方法测量的目标坐标是间接测出的。

6. **等分放样功能**

利用等分放样功能,距离的设计值或两点间的已知距离可以被等分成若干份。

7. **方位角/坐标反算功能**

利用方位角/坐标反算功能,可以通过输入已知的测站点坐标和定向点坐标反算出测站到定向点的距离和方位角。

8. **导线测量功能**

利用导线测量功能,在已知"仪器坐标和定向坐标"或"仪器坐标和一个方向角"时,可以求出新的坐标。

9. **坐标放样功能**

坐标放样测量中，基于仪器坐标和后视点或后视方向角和仪器坐标，可以进行三维放样。

10. **水平角重复观测功能**

利用水平角重复观测功能，目标 1($P1$) 和目标 2($P2$) 之间的水平角被重复测 N 次，可以得到观测累加的平均值。

11. **断面测量功能**

利用断面测量功能，当棱镜位于被测目标的正下方的两位置时，对棱镜进行观测。这样，可以定出一个由两棱镜点连线延伸产生的一个铅直面，因此，那些不可安置棱镜的目标点坐标，如建筑物墙上的目标点、隧道剖面等，可较容易被测出。

12. **悬高测量功能**

利用悬高测量功能(REM)，将棱镜(基准点)置于被测悬空目标的正下方，通过测量棱镜点，可得到目标的高度。这样就使得如电线、撑杆跳高、大桥悬索和其他建筑物上的目标高度容易被测出。

13. **后方交会功能**

利用后方交会功能，测量已知点 A、B，可以得到仪器站的坐标。

14. **直接距离检查**

利用直接距离检查功能进行已知点和目标点的坐标反算，可以显示出水平距离设计值和两点间的实际值。

15. **间接距离检查**

在间接距离检查功能中，会显示由已知两点的坐标反算的水平距离的设计值与两点间的水平距离实测值之差。

16. **支距放样功能**

利用支距放样功能时，全站仪要位于中线上，以便放出中线两侧的样点。

17. **面积测量功能**

使用面积测量功能时，每测一点，仪器实时计算并显示由已知点构成图形的面积，并同时显示被测两棱镜间的距离。

18. **边长投影功能**

“投影”在这里是指在各种功能中，将距离的投影改正作为测量过程的一部分，只用于坐标放样、导线测量、方位角/距离反算、直接距离检查、间接距离检查和后方交会。

§4.4　相位式测距仪的检验

用于距离测量的光电测距仪或全站仪的测距部分属于长度计量器具。按国家相关规定，该类计量器具在使用前必须对其进行检定，经检定合格后方可用于距离测量。

对于光电测距仪或全站仪的测距部分，按 JJG 703—2003《光电测距仪检定规程》要求应作如下项目的检定：①外观与功能；②光学对中器；③发射、接收、照准三轴关系正确性；④调制光相位均匀性；⑤分辨力；⑥加常数、乘常数；⑦测量的重复性；⑧测距综合标准差。

对于新购置的测距仪除进行以上全部项目的检验，还应检查反射棱镜的一致性、幅相误差、周期误差、测尺频率等项目。

《工程测量规范》中，对测距仪没有规定具体检验项目，将它列为检定范畴。测距仪器的检定应由具有计量检定资质的专门机构来做，并提供检定证书。

在高海拔地区作业时，辅助工具（如温度计、气压计等）还应送当地气象台（站）进行检验校正。

下面介绍测距仪的部分检验项目。

4.4.1 外观与功能

（1）仪器各个工作面不应有锈蚀、碰伤、划痕，各非工作面上不应有脱漆及影响外观的其他缺陷。使用中与修理后的仪器允许有上述不影响准确度的缺陷。

（2）仪器应标明制作厂或厂标、型号、出厂编号，国产仪器应有"MC"标志。

（3）仪器的连接机构应稳定可靠，使用方便，各活动部位的转动、移动应平稳，不应有突跳、阻滞及空回现象，制动机构应灵活有效。

（4）仪器的光学零件上应无水珠、霉斑、灰尘。

（5）仪器的各操作键在使用中应舒适有效，在工作环境下数字显示应清晰。

（6）整机通电操作试验，各功能应正常。

4.4.2 光学对中器

将光学对中器安置在可旋转的对中器检验台上并整平（检验台安置整平不确定度应小于25″）；在距离对中器光轴 0.8 m、1.5 m 两处设置标志；调整标志，使标志中心与对中器光轴重合；旋转检验台 180°观测对中器的光轴的偏离量，重复三次，取平均值，距光学对中器 1.5 m 的范围内，其偏离量应小于 0.5 mm。

对于能够旋转的光学对中器，可不使用检验台，旋转光学对中器按上述方法检定。

4.4.3 发射、接收、照准三轴关系正确性

在距测距仪 300～1 000 m 处安置反射棱镜，用测距仪的望远镜照准反射棱镜的标志，接通测距仪电源，观测其返回信号的强度；旋动测距仪的水平与垂直微动螺旋，观察返回信号强度的变化，再找出返回信号最大的位置，此时，望远镜十字丝与反射棱镜标志应重合。

4.4.4 调制光相位均匀性

调制光相位均匀性采用光斑位置截取法：

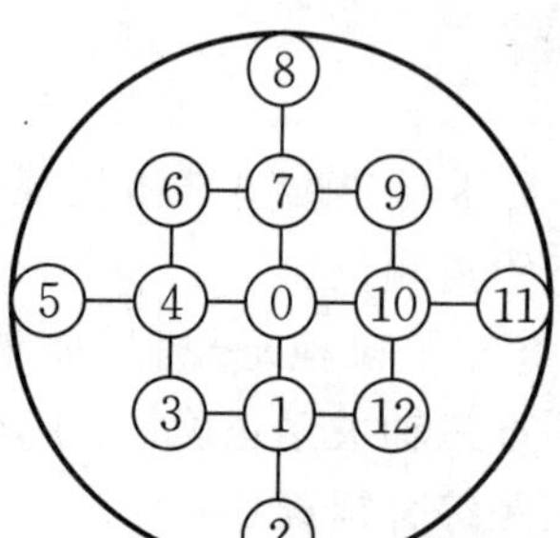

图 4-8 测点顺序

（1）选择长约 50 m 检验场地，两端分别安置测距仪和反射棱镜，使其大致登高。

（2）由中心点向上下左右等间隔移动光轴测距，接通测距仪电源，照准反射棱镜标志后，分别向上下左右各方向移动光轴，找出光斑的可测范围。按其大小，由中心点向上下左右等间隔地移动光轴测距，每间隔读数五次取平均值。

测点顺序见图 4-8，在偏调 2′的区域内测点应不少于 13 个。

（3）将光斑中心点测距值与其他各点测距值之差绘制等相

位差图，偏调 1′时，其最大偏差应小于出厂标称标准差固定误差的 1/2。

4.4.5　加常数、乘常数

1. 乘常数的测定

1)测定方法

测距仪乘常数主要是由于测距频率偏移而产生的，由此产生的误差与距离成正比。乘常数用测频方法测定，测频仪器按出厂说明书预热充分并实时校准好，再用光电转换器物镜对准测距仪发射物镜，给测距仪通电，即开始测频。在约 10～15 分钟内，读取 20 个频率，取平均值 f_T，并测定室温 T。

2)计算方法

乘常数为

$$R=\frac{f_0-f_T}{f_0} \tag{4-11}$$

式中，f_0 为测距仪标称测尺频率；f_T 为测距仪在温度 T 下测尺的工作频率。

2. 加常数的测定

测距仪本身由于其电子中心与机械中心不重合会形成一个距离常数，而反射棱镜也同样存在类似的距离常数，把这两部分之和称为测距仪加常数，见图 4-9。

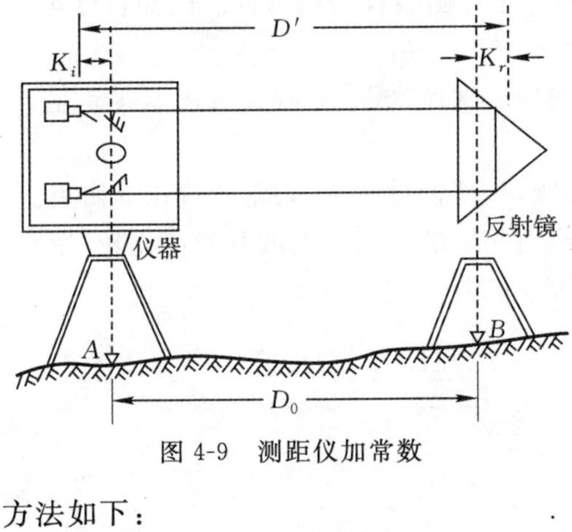

图 4-9　测距仪加常数

测距仪加常数的测定方法如下：

(1)在长约 60～100 m 的直线上取三段，并设置 A、B、C、D 四个强制对中测量点，且 A、B、C、D 四点偏离该直线的距离不得大于 1 mm。往返测量各点间的距离。

(2)加常数为

$$\left.\begin{aligned}K_1&=AB+BC-AC\\K_2&=AC+CD-AD\\K_3&=AB+BD-AD\\K_4&=BC+CD-BD\end{aligned}\right\}$$

取四个加常数的平均值，则

$$K=\frac{K_1+K_2+K_3+K_4}{4} \tag{4-12}$$

加常数 K 单次测量标准差为

$$\sigma_K = \frac{w_n}{d_n} = \frac{1}{d_n}(K_{i\max} - K_{i\min}) \tag{4-13}$$

式中，w_n 为级差，即最大测量值与最小测量值之差：d_n 为系数，当 $n=4$ 时，$d_n=2.059$；$i=1$、2、3、4。

4.4.6 测量的重复性计算

在室内约 30 m 距离的两端分别安置测距仪与反射棱镜，操作仪器依次照准后测距，连续读数 30 次。

测量的重复性（一次读数的标准差）为

$$m_0 = \sqrt{\frac{\sum_{i=1}^{n} v_i^2}{n-1}} \tag{4-14}$$

式中，$v_i = D_i - \overline{D}$，第 i 次读数值与平均值之差。

4.4.7 测距综合标准差

测距综合标准差在相应准确度的已知长度检定场检定。检定选用的组合基线段应不少于 15 段，且其长度应大致均匀分布在测距仪的测程内。已知长度可用检定过的高精度测距仪测定，其长度的不确定度不大于 10^{-6}。

对每段基线的观测应采用一次照准取 10 次读数求其平均值作为观测值。在测距的同时测定气温、气压等数据。

对各观测值进行气象、倾斜、仪器加常数、乘常数改正等修正。

用修正过的距离观测值与相应的已知长度或基线值比较，用一元线性回归法进行计算。

标准差表达式为 $a+bD$，式中

$$a = \frac{\sum_{i=1}^{n} D_i \sum_{i=1}^{n}(D_i l_i) - \sum_{i=1}^{n} D_i^2 \sum_{i=1}^{n} l_i}{(\sum_{i=1}^{n} D_i)^2 - n\sum_{i=1}^{n} D_i^2} \tag{4-15}$$

$$b = \frac{\sum_{i=1}^{n} D_i \sum_{i=1}^{n} l_i - n\sum_{i=1}^{n} D_i (D_i l_i)}{(\sum_{i=1}^{n} D_i)^2 - n\sum_{i=1}^{n} D_i^2} \tag{4-16}$$

其中，$l_i = |D_{0i} - D_i|$；a 为测距综合标准差表达式固定误差部分，单位为 mm；b 为测距综合标准差表达式比例误差系数，单位为 mm/km；D_{0i} 为基线或已知长度值；D_i 为经过气象、倾斜、仪器加常数、乘常数等修正后的观测距离值；n 为比测边的段数（取样数）；$i=1$、2、3、…、n。

检定归算出的测距仪测距标准差应不大于仪器出厂标称标准差，即计算出的 a 应小于或等于标称标准差的固定误差，b 应小于或等于标称标准差的比例误差系数。

§4.5　精密测距的外业实施

4.5.1　观测时间的选择

电磁波精密测距时间的选择，应根据测距精度和所使用测距仪的精度等级、测点所处地形、地物及当时所处季节、天气情况、大气透明度等因素进行。

各等级边测距应在最佳观测时间段内进行，即在空气温度垂直变化梯度为零的时刻前后1小时内进行。一般选择在测区日出后0.5～2.5小时和日落前2.5～0.5小时的时间段内进行观测。当使用测距仪的精度优于要求的测距精度时，观测时间段可向中天方向适当延长。但在晴天或少云时，不应在正午和午夜前后1小时内进行测量。

对于精密测距，除严格按照最佳时间段测距外，还应上午和下午对称观测。各等级边的往返测量可以是上、下午时段，也可以是不同白天的时段。

全阴天、有微风时，可以全天观测，尽量避开正午和午夜前后1小时之内的时间。雷雨前后、大雾、大风（四级以上）、雨、雪天气和大气能见度很差时，不应进行距离测量。

4.5.2　距离测量

距离测量时，首先检查点位是否稳固，正确安置仪器，量取测距仪高度。保证充足的仪器预热时间，特别是具有恒温装置的测距仪达到恒温后才可工作。

安置反射棱镜。安置时应精确对中、整平，并对准测站。按仪器站的指令操作，及时读取和报告气象元素和反射镜高度。

使用强制对中器或精密光学对中器时，其对中精度应小于0.2 mm。使用光学对中器时，其对中精度应小于1 mm。使用对中杆或垂球时，其对中精度应小于2 mm。

量取测距仪和反射棱镜高度各两次，读至毫米，各取平均值。

严格按照仪器操作程序作业，输入应输入的各种数据，轻轻操作各键，以防破坏正确的安置状态并保护仪器。

测距作业中应注意以下事项：

（1）保证仪器周围大气流通良好，避免将仪器置于代表性误差较大的环境中作业（如建筑物、帐篷内等）。晴天作业时应给测距仪、气象仪打伞遮阳。

（2）测距仪或反射镜不应在对向太阳的情况下作业。

（3）仪器测距时应暂停无线通话，以免干扰。

（4）仪器测距时，应避免有另外的反光体位于测线延长线上，避免有物体在测线上晃动，或人在测线上走动。

（5）仪器安置后，仪器站和反射镜站不应离人，应时刻注意仪器的工作状态和周围环境的变化。风大时，仪器和反射镜要有保护措施。

4.5.3　测距的技术要求

距离测量时所使用测距仪的主要配件如反射镜、支架、基座等，应和检定时所用的一致，一般不应换用。若测距时确有特殊情况，所用配件（反射镜、干湿温度表或气压表）不配套或需要改换，则应在测距前重新检定仪器常数。对于等外级测距，可更换主要配件，但常数误差应在测量精度允许范围内。

距离测量的技术要求见表 4-6，该表引自《中、短程光电测距规范》。

表 4-6 距离测量技术要求

等级	测距仪精度等级	每边测回数		备注
		往测	返测	
二等	Ⅰ、Ⅱ	4	4	往返测也可用不同时间段观测代替
三等	Ⅰ	2	2	
	Ⅱ、Ⅲ	4	4	
四等	Ⅰ、Ⅱ	2	2	
	Ⅲ	4	4	
等外	Ⅰ、Ⅱ、Ⅲ	2	—	
	Ⅳ	4	—	

注：(1)一个测回是指整置仪器照准目标 1 次，读取数据 4 个。

(2)时间段是指完成一次距离测量和往测或返测的时间段，如上午、下午或不同白天。

各级精度测距仪观测结果较差限差值，见表 4-7，该表引自《中、短程光电测距规范》。

表 4-7 各级精度较差限值

测距仪精度等级	一测回读数间较差限差/mm	测回间较差限差/mm	往返测或时间段内较差限差
Ⅰ	2	3	$\sqrt{2}(A+B\times D\times 10^{-6})$
Ⅱ	5	7	
Ⅲ	10	15	
Ⅳ	20	30	

注：(1)往返测较差应将斜距换算到同一水平面上，方可进行比较。

(2) $(A+B\times D\times 10^{-6})$ 为测距仪标称精度。

《工程测量规范》中规定的测距技术要求见表 4-8。

表 4-8 测距的主要技术要求

平面控制网等级	仪器型号	观测次数		总测回数	一测回读数较差/mm	单程各测回较差/mm	往返较差/mm
		往	返				
三等	≤5 mm 级仪器	1	1	6	≤5	≤7	$\leqslant 2(a+b\times D)$
	≤10 mm 级仪器			8	≤10	≤15	
四等	≤5 mm 级仪器	1	1	4	≤5	≤7	
	≤10 mm 级仪器			6	≤10	≤15	
一级	≤10 mm 级仪器	1	—	2	≤10	≤15	—
二、三级	≤10 mm 级仪器	1	—	1	≤10	≤15	

注：(1)测距的 5 mm 级仪器和 10 mm 级仪器，是指当测距长度为 1 km 时，仪器的标称精度 m_D 分别为 5 mm 和 10 mm 的电磁波测距仪器 ($m_D=a+b\times D$)。在本规范的后续引用中均采用此形式。

(2)测回是指照准目标一次，读数 2～4 次的过程。

(3)根据具体情况，边长测距可采取不同时间段测量代替往返观测。

(4)计算测距往返较差的限差时，a、b 分别为相应等级所使用仪器标称的固定误差和比例误差。

从表 4-6、表 4-7、表 4-8 中可以看到，执行的规范不同，相关的技术指标会有差异，在实际作业中要特别注意。

4.5.4　测定气象要素

气象元素包括气温、气压和空气绝对湿度(水蒸气压),绝对湿度通过测定空气的干温和湿温后计算而得。

干、湿温度表应稳妥安置在高于测距仪和反射棱镜且通风良好的迎风处,防止日晒和其他热辐射的影响。湿球适量加蒸馏水,通风 2 分钟后可读数。读数时扶手应远离温度传感头,面对迎风处,屏住呼吸,平视快速读下干、湿温度。风力大于三级时要加防风罩。

气压表应稳妥地平置于仪器附近的遮阳处,要注意,最后参与计算的温度、气压值应为仪器表示值加修正值。

根据测距仪精度、地貌状况、测边所用时间、气象状态来确定气象元素的采集模式,主要有以下模式:

(1)使用Ⅰ级仪器测量相对精度优于 1/500 000 的距离时,应在每条边两端点(必要时加测中间点)观测始末测定大气温度湿度和气压值并求其平均值作为测线气象代表值。

(2)对于Ⅱ～Ⅳ等级起始边、导线边应在测线两端同时测定大气温度和气压值,求其平均值。在每次测距时间超过 2 分钟时,还应在观测时间始、末各测定一次大气温度和气压值。若在 500 m 以内较平坦、地表覆盖较为一致的地区,在有风的情况下,可以单端(测站)测定气温和气压值。

(3)对于等外级别控制边,一般每边一次,测站单端测定大气温度和气压值。但在地形地物复杂、高程较大、距离大于 1 km 时,应两端测定大气温度和气压值并求其平均值。

(4)对于工作频率在微波频段的测距仪,距离测量中都应测定大气温度。

(5)对于输入气象元素值自行改正的测距仪,应将上述采集的气象元素平均值输入仪器后进行测距。但是,当气象元素值发生变化时(干、湿温度变化值大于 1℃、气压变化值大于 2 hPa),应立即输入新值。

4.5.5　测距成果的记录要求

1. 记录方式

中、短程光电测距的外业记录,按记录载体分为电子记录和手簿记录两种方式,应优先采用电子记录,在不适宜电子记录的特殊地区也可采用手簿记录。

2. 记录项目

距离测量的外业记录应包括:观测日期、观测时间、点名(点号)、往返测号、仪器型号及编号、仪器高、棱镜高、原始距离读数、气象元素读数、垂直角观测数据等项目。

3. 电子记录要求

电子记录参照 CH/T 2004—1999《测量外业电子记录基本格式》的相关技术规范的有关规定执行。

4. 手簿记录要求

具体的记录要求见 §1.6 节。

5. 观测记录的整理和检查

观测工作结束后应及时整理和检查外业观测手簿。检查手簿中所有计算是否正确、观测成果是否满足各项限差要求。确认观测成果全部符合规定之后，方可进行外业计算。

4.5.6 观测成果的重测和取舍

观测成果的重测和取舍应符合如下规定：

(1)凡超出表4-7(或表4-8)所列限差的观测成果，均应重新测量。

(2)当一测回读数较差超限时，可重测两个读数，然后去掉大小孤立值，再取平均值。重测超限时，整测回应重新观测。若反复超限，应分析原因，改日重测。

(3)当测回间较差超限时，若两两分群，该时段应重测；若只有一个孤立值，则重测一测回。重测不能过半，否则重测整时段的所有测回。

(4)往、返测(或不同时段)较差超限时，应分析原因后，重测单方向的距离，若重测还是超限，重测往、返两个方向的距离。

§4.6 测距成果的内业计算

4.6.1 各项距离改正值的计算

1. 大气改正

电磁波测距边长会受到大气折射率的影响，需要进行改正，即

$$\Delta D_n = D'(n_0 - n) \tag{4-17}$$

式中，D' 为距离观测值；ΔD_n 为气象修正值；n_0 为仪器气象参考点(设计仪器时计算调制波波长采用的假定气象状态)的大气折射率；n 为测量时气象条件下实际大气折射率。

大气折射率 n 为

$$n = 1 + (n_g - 1)\frac{273.16P}{(273.16 + t) \times 1\,013} \tag{4-18}$$

式中，$n_g = 1 + \left(287.604 + \dfrac{3 \times 1.628\,8}{\lambda^2} + \dfrac{5 \times 0.013\,6}{\lambda^4}\right) \times 10^{-6}$，为标准大气条件($t = 0℃$，$P = 1\,013$ hPa)下的大气折射率；λ 为电磁波信号真空中波长，单位为 μm；t 为气温，单位为℃；P 为气压，单位为 hPa。

各测距仪生产厂家在设计测距仪时，采用气象参考点会不同，导致 n_0 的数值也会不同，但通常都采用 $t = 12℃$、$P = 1\,013$ hPa 为气象参考点。

徕卡 TPS1000 系列全站仪，其测距光波波长 $\lambda = 0.85$ μm，采用的气象参考值为 $t = 12℃$、$P = 1\,013$ hPa，由式(4-18)可得 $n_0 = 1 + 294.50 \times 10^{-6}$。将 n_0 和式(4-18)带入式(4-17)得徕卡 TPS1000 系列全站仪的大气改正计算公式为

$$\Delta D_n = \left(281.8 - \frac{0.290\,65 \times P}{1 + 0.003\,7t}\right)D' \tag{4-19}$$

式中，温度 t 以℃为单位，气压 P 以 hPa 为单位，观测距离 D' 以 km 为单位，改正数 ΔD_n 以 mm 为单位。

2. 周期误差改正

周期误差是由仪器内部电子线路的串扰信号干扰测距信号引起的。周期误差改正数为

$$\Delta D_A = A\sin\left(\varphi_0 + \frac{2D'}{\lambda} \times 360^\circ\right) \tag{4-20}$$

式中，ΔD_A 为周期误差改正值，单位为 mm；A 为周期误差的振幅，单位为 mm；φ_0 为周期误差的初相角，单位为°；λ 为测距仪精测频率波长，单位为 m。

周期误差的振幅 A 和初相角 φ_0 由检定证书给出，若周期误差的振幅 A 大于测距中误差绝对值的 $\sqrt{2}$ 倍时，应进行此项改正。

对于脉冲式测距仪不进行此项改正。

3. 加、乘常数改正

1) 加常数改正

测距仪加常数按式(4-21)对距离进行改正，即

$$\Delta D_K = K \tag{4-21}$$

式中，K 为测距仪加常数。

2) 乘常数改正

测距边长值是基于测距仪的标准频率得到的，但是测距仪的频率会发生漂移，从而对距离观测值产生影响，这种影响与距离成正比。

这种由测距信号频率变化引起的距离改正称为乘常数改正，即

$$\Delta D_R = RD' \tag{4-22}$$

式中，R 为乘常数。

测距仪加、乘常数由测距仪检定证书给出，这里的加常数 K 是测距仪加常数和棱镜加常数之和，距离测量时测距仪和棱镜应配套使用，若配套设备改变，则应重新检定仪器常数。

经过上述大气、周期、加常数、乘常数改正后的斜距，可进一步对其进行几何改正。

4.6.2　距离测量的几何改正

经过上述仪器的加、乘常数改正、周期误差改正、大气改正后的斜距，还需要进一步地将其归算至测线平均高程的平距、参考椭球面上的弧长、高斯平面上的平距，为最终的平差计算做准备。

1. 斜距归算至平距

如图 4-10 所示，设野外测定的斜距为 S，它是在测站 A 和棱镜站 B 不等高的情况下得到的。将 S 换算至平距时，首先要选取所在高程面，高程面不同，平距值也不同。这里讨论将 S 换算至 A、B 平均高程面上的平距 D_P。这对于以后的换算和往、返测观测的较差检核，都是便利的。

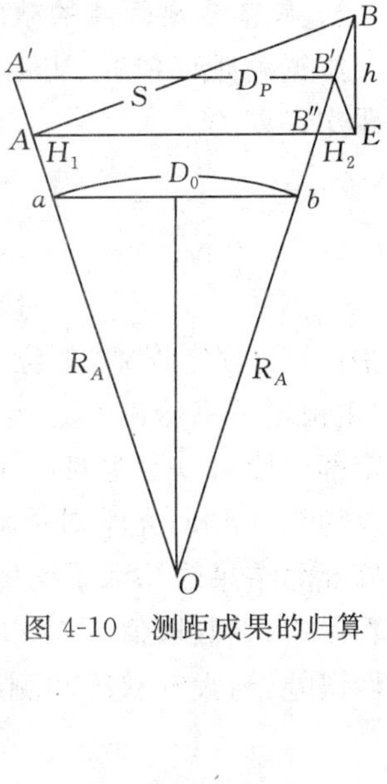

图 4-10　测距成果的归算

在控制测量中，距离 S 通常不超过 15 km，将其换算至水平距离，即

$$D_p = \sqrt{S^2 - h^2} \tag{4-23}$$

式中，D_p 为水平距离，单位为 m；S 为经气象及加、乘常数等改正后的斜距，单位为 m；h 为仪器与反光镜之间的高差，单位为 m；R_A 为参考椭球体在测距边方向法截弧的曲率半径，单位为 m。

2. 平距归算至参考椭球面

将平距归算到参考椭球面上的测距边长度，即

$$D_0 = D_P\left(1 - \frac{H_m + \zeta}{R_A + H_m + \zeta}\right) \tag{4-24}$$

式中，D_0 为归算到参考椭球面上的测距边长度，单位为 m；H_m 为测距边两端的平均高程，单位为 m；ζ 为高程异常，即似大地水准面高出参考椭球面的高差，单位为 m；R_A 为参考椭球体在测距边方向法截弧的曲率半径，单位为 m。

3. 将椭球面上的长度投影至高斯平面

将参考椭球面上的测距边长度投影至高斯平面，其计算公式为

$$D_g = D_0\left(1 + \frac{y_m^2}{2R_m^2} + \frac{\Delta y^2}{24R_m^2}\right) \tag{4-25}$$

式中，D_g 为测距边在高斯投影面上的长度，单位为 m；y_m 为测距边两端点横坐标的平均值，单位为 m；R_m 为测距边中点处在参考椭球面上的平均曲率半径，单位为 m；Δy 为测距边两端点横坐标的增量，单位为 m。

对地面上的观测斜距，首先进行大气、周期误差、加常数、乘常数等项的改正，然后进行倾斜改正换算至平距，最后将其归算至参考椭球面并投影至高斯平面。至此，测距边长就可以直接用于平面控制测量的平差计算了。

4. 平距归算至测区平均高程面

有些时候，如在工程坐标系中进行测距边长归算时，需要将测区内所有的观测平距 D_P 归算到测区平均高程面上。此时计算公式为

$$D_H = D_P\left(1 + \frac{H_P - H_m}{R_A}\right) \tag{4-26}$$

式中，D_H 为归算到测区平均高程面上的测距边长度，单位为 m；D_P 为测线的水平距离，单位为 m；H_P 为测区的平均高程，单位为 m。

4.6.3 距离测量的精度评定

1. 单向观测距离的精度评定

根据测距仪精度、测距时安置、使用和环境条件，分析测距误差源的大小估算测距精度。测距中误差为

$$m_0 = \pm(A + B \times D) \tag{4-27}$$

$$A = \sqrt{m_1^2 + m_2^2 + m_3^2 + m_4^2 + m_5^2} \tag{4-28}$$

$$B = \sqrt{m_6^2 + m_7^2 + m_8^2 + m_9^2} \tag{4-29}$$

式中，A 为固定误差，单位为 mm；B 为比例误差系数，单位为 mm/km；m_1 为加常数测定误差，由检定证书给出；m_2 为相位均匀性误差，由检定证书给出；m_3 为周期误差测定中误差，由检定部门给出；m_4 为对中误差，由采用的对中方式决定（强制对中器或精密光学对中器，对中误差为 0.2 mm；光学对中器对中误差为 1 mm；对中杆或垂球对中误差为 2 mm）；m_5 为每一距离观测结果的算术平均值的中误差；m_6 为乘常数测定误差，由检定部门给出；m_7 为折射率计算误差，一般取值为 0.2×10^{-6}；m_8 为精测频率的漂移和测定的相对中误差；m_9 为气象代表性误差，与大气状况和测线通过的地形、地表覆盖物有关，经验取值见表 4-9。

表 4-9　气象代表性误差经验取值表　　单位：mm/km

气象代表性情况	一端测气象	两端测气象
较好	1.0	$1/\sqrt{2}$
中等	1.5	$1.5/\sqrt{2}$
较差	2.0	$2/\sqrt{2}$

2. 双向观测距离的精度评定

(1)一次测量的中误差

$$m_0 = \pm\sqrt{\frac{[d_F d_F]}{2n}} \tag{4-30}$$

(2)对向观测的平均值中误差

$$m_d = \pm\frac{1}{2}\sqrt{\frac{[d_F d_F]}{n}} \tag{4-31}$$

(3)相对中误差

$$\frac{m_d}{\overline{D}} = \frac{1}{\overline{D}/m_d} \tag{4-32}$$

式(4-30)、式(4-31)和式(4-32)中，d_F 为换算到同一高程面的每对水平距离之差，单位为 mm；n 为对向观测差值的个数，$n \geqslant 4$；$\overline{D}$ 为水平距离的平均值。

思　考　题

1. 电磁波测距仪有哪些分类方法？都是如何分类的？
2. 电磁波测距仪表示标称精度的公式有哪些？
3. 为什么电磁波测距仪一般都采用两个以上的测尺频率？利用单一频率能否进行距离测量？为什么？
4. 相位式测距仪测距的求距基本公式和基本原理是什么？试简述 N 值的确定方法。
5. 解释将地面平距换算至椭球面的计算公式。
6. 试述相位测距法的测距公式，并指出其中哪些是已知参数，哪些是经测算获得的参数，它们是如何获得的。
7. 用光电测距仪进行距离测量时，在测站上应对测得的倾斜距离加入哪些改正？
8. 测距误差共有哪些？哪些属于比例误差？哪些属于固定误差？
9. 测距时应采取哪些措施可减小大气折射率误差的影响？
10. 测距过程中的照准误差是由什么原因引起的？用什么措施避免或减弱其影响？
11. 电磁波测距仪可分哪两类？简要说明这两类测距仪的工作原理。
12. 测距仪显示的斜距平均值中要加入哪些改正才能换算为椭球面上的距离？各项计算公式如何表达？
13. 脉冲式测距仪和相位式测距仪的主要区别是什么？
14. 如何解决“测程”与“精度”的矛盾？
15. 某全站仪的标称精度为 $3\text{ mm}+2\times10^{-6}D$，则该仪器测距的固定误差是______ mm，

比例误差是______ mm，若用该仪器测得某边长为 2 km，则其测距误差是______ mm。

16. 外业作业期间，怀疑测距仪加常数发生变化，寻找一种简便方法，进行有效的断定。

17.《工程测量规范》中如何划分测距仪的精度等级？《中、短程光电测距规范》又是如何划分测距仪精度等级的？

18. 一般光学对点器能达到什么精度？

19. 为什么测距时使用的反射棱镜应与检定时用的棱镜保持匹配？

20. 指出测距作业的最佳观测时间段。

21. 简述测距作业的注意事项，这些注意事项有什么实际意义？

22. 测距手簿的记录有何要求？

23. 如何处理测距成果的超限？如何重测与取舍？

24. 地面一条电磁波测距斜距边长，需要经过哪些改正和计算才能将其归算至高斯平面？为什么？

第5章　导线测量

§5.1　概　述

就目前而言，进行平面控制测量的首选方法肯定是卫星定位，而在众多的卫星定位系统中，GPS定位技术占据着绝对的统治地位。虽然如此，采用常规测绘仪器（指测距仪、光学经纬仪、电子经纬仪和全站仪）进行平面控制测量的传统方法仍然具有重要地位。这种传统的平面控制测量方法有时可以独立完成某项平面控制测量首级控制任务，有时可以用于首级GPS平面控制网的加密。用常规测绘仪器进行平面控制测量的方法主要有：导线（含单一导线和导线网）和三角形网（含三角网、边角网和测边网）。在这几种方法中，单一导线的应用最为普遍，导线网次之，而三角形网目前已基本退出历史舞台。

2007年10月25日中华人民共和国国家标准《工程测量规范》颁布，该规范于2008年5月1日正式实施。在新规范中，“平面控制测量”条款内容的编排上作了重大调整，不但纳入了GPS测量内容，而且采用了依控制测量方法按作业工序编排条款内容的方式，使之更加具有技术性、先进性和可操作性。

《工程测量规范》和《城市测量规范》中各等级导线测量的主要技术要求，见表5-1和表5-2。

表5-1　《工程测量规范》中导线测量的主要技术要求

等级	导线长度/km	平均边长/km	测角中误差/(″)	测距中误差/mm	测距相对中误差	水平角观测测回数			方位角闭合差/(″)	导线全长相对闭合差
						1″级仪器	2″级仪器	6″级仪器		
三等	14	3	1.8	20	1/150 000	6	10	—	$3.6\sqrt{n}$	1/55 000
四等	9	1.5	2.5	18	1/80 000	4	6	—	$5\sqrt{n}$	1/35 000
一级	4	0.5	5	15	1/30 000	—	2	4	$10\sqrt{n}$	1/15 000
二级	2.4	0.25	8	15	1/14 000	—	1	3	$16\sqrt{n}$	1/10 000
三级	1.2	0.1	12	15	1/7 000	—	1	2	$24\sqrt{n}$	1/5 000

表5-2　《城市测量规范》中导线测量的主要技术要求

等级	闭合环或附合导线长度/km	平均边长/km	测角中误差/(″)	测距中误差/mm	水平角观测测回数			方位角闭合差/(″)	导线全长相对闭合差
					DJ1	DJ2	DJ6		
三等	15	3	±1.5	±18	8	12	—	$\pm3\sqrt{n}$	1/60 000
四等	10	1.6	±2.5	±18	4	6	—	$\pm5\sqrt{n}$	1/40 000
一级	3.6	0.3	±5	±15	—	2	4	$\pm10\sqrt{n}$	1/14 000
二级	2.4	0.2	±8	±15	—	1	3	$\pm16\sqrt{n}$	1/10 000
三级	1.5	0.12	±12	±15	—	1	2	$\pm24\sqrt{n}$	1/6 000

本章主要介绍导线测量的选点、埋石、绘制点之记、仪器检验、外业观测、内业归算与平差计算等各个工作环节。

§5.2 导线测量的选点埋石

导线外业测量首先应把在技术设计中已经设计好的点位和网形落实到实地上，并按规定的规格埋设测量标志，绘制点之记。

5.2.1 实地选点

首先应在图上设计导线点点位。在完成图上设计后，进行实地选点，按图上设计的点位到实地进行检查确定。因特殊情况需更改原计划时，应及时将改变情况上报。

1. 点位要求

(1)导线点应通视良好，便于观测，易于发展和使用，且稳定和便于保存。

(2)导线边须适合光电测距仪测边，视线应超过和旁离障碍物 1.5 m。

(3)导线边应适合测角，没有明显旁折光影响。

(4)导线边两端点的高差不宜过大，若两端点的高差使用对向三角高程方法测定，则高差的限差应符合

$$h \leqslant \frac{8S}{T} \times 10^3 \tag{5-1}$$

式中，h 为导线边两端点的高差，单位为 m；S 为实测边长，单位为 m；T 为该等级导线边长相对中误差的分母数值。

若导线两端点的高差采用等级水准测量测定，则高差大小不受限制。

2. 导线点的命名和编号

(1)单一附合导线应以其两端点的地名由西向东或由北向南命名或编号。

(2)导线网内两交叉点间的若干导线节称为导线段，导线段一律以其两端点的地名由西向东或由北向南命名，并以罗马数码表示期间的导线节，以阿拉伯数字表示导线点号，有自然地名时，在点号后用括号加注点名。

(3)当测区范围较小或作为首级控制时，可统一命名或编号。

5.2.2 控制点标石的埋设

标石是控制点点位的永久标志。无论是野外观测，还是内业计算成果，均以标石的标志中心为准。如果标石被破坏或发生位移，测量成果就会失去作用，使该点报废。因此，中心标石的埋设，一定要十分牢固。

1. 平面控制点标志

三、四等导线标志可采用磁质或金属等材料制作，其规格见图 5-1 和图 5-2；一级及以下导线点、埋石图根点等平面控制点标志可采用 ϕ14 mm ～ ϕ20 mm、长度为 30～40 cm 的普通钢筋制作，钢筋顶端应锯“＋”字标记，距底端约 5 cm 处应做弯勾状。

2. 平面控制标石埋设

标石埋设时应将坑底填以砂石，捣固夯实。标石周围的土也应夯实。利用旧点时，应确认

该点标石是否完好，并符合同等级导线点的标石规格，且能长期保存。

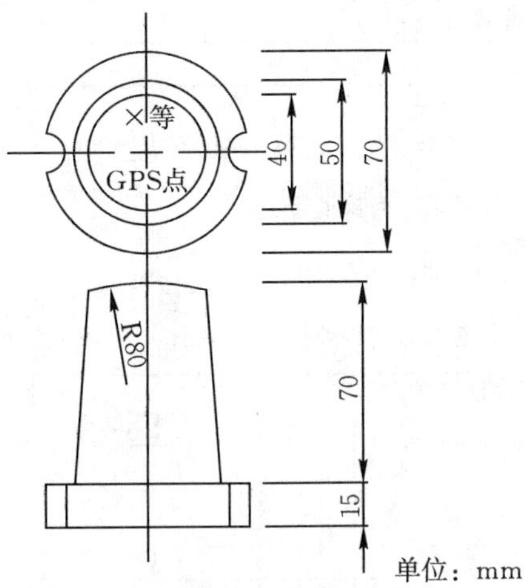

图 5-1　瓷质标志

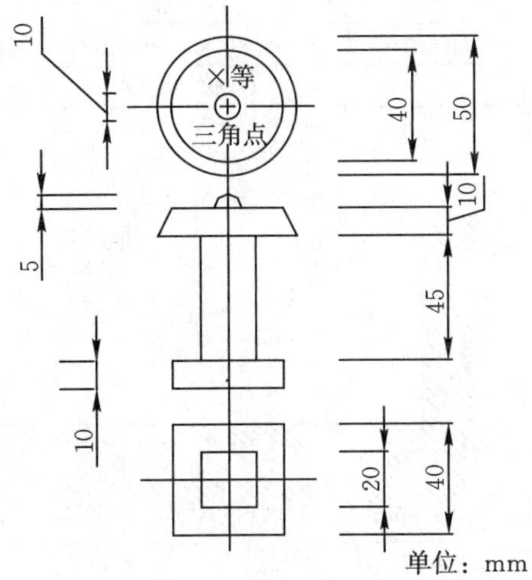

图 5-2　金属质标志

二、三等导线控制点标石规格及埋设结构见图 5-3，柱石与盘石间应放 1～2 cm 厚的粗砂，两层标石中心的最大偏差不应超过 3 mm；四等导线控制点可不埋盘石，柱石高度应适当加大；一、二级导线控制点标石规格及埋设结构见图 5-4；三级导线点、埋石图根点的标石规格及埋设，可参照图 5-4 略缩小或自行设计。

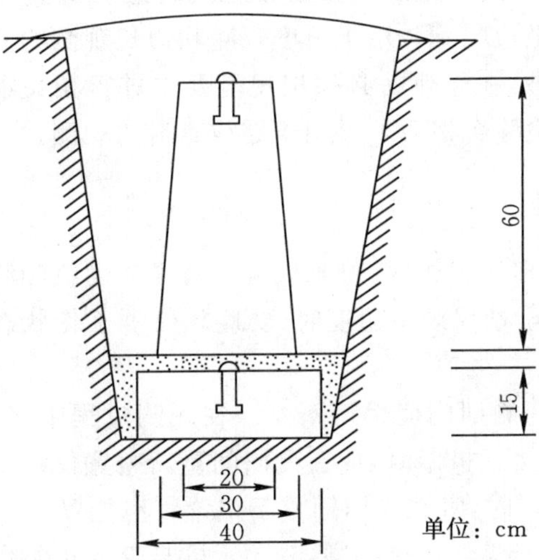

图 5-3　二、三等平面控制点标石埋设

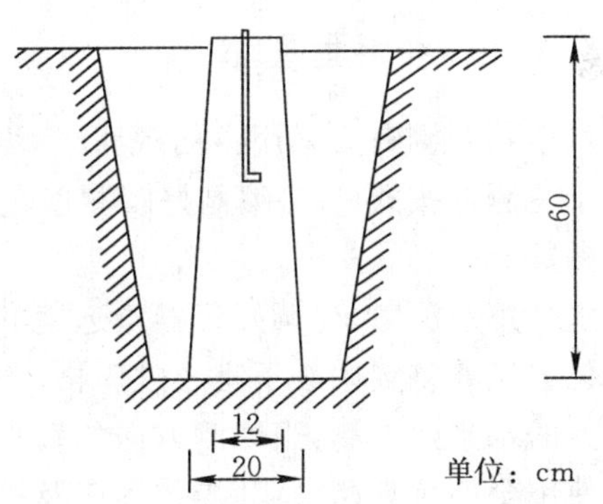

图 5-4　一、二级平面控制点标石埋设

5.2.3　绘制点之记

导线控制点标志埋设结束后，需要绘制点之记。点之记是以图形和文字的形式对点位的描述，主要内容有：点名、点号、位置描述、点位略图及说明、断面图等。表 5-3 为一个导线点之记实例。

表 5-3　Ⅰ级(5″)导线点之记

<table>
<tr><td>点名</td><td>TN002</td><td>通视点名</td><td>002</td><td>等级</td><td>Ⅰ级</td><td>所在图幅</td><td>5</td></tr>
<tr><td colspan="6">所在地：××县××镇××村（原××队）</td><td>概略坐标</td><td>L：　B：</td></tr>
<tr><td colspan="4">点位略图</td><td colspan="4">点位说明</td></tr>
<tr><td colspan="4">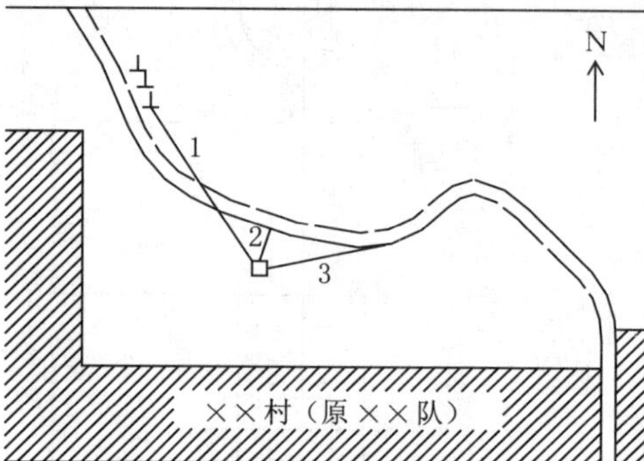</td><td colspan="4">点位：在××村（原××队）北小路南侧处。
1．距西北方向坟顶66.40 m。
2．距西北方向隔离带栏杆12.13 m。
3．距正西方向路外拐角30.10 m。</td></tr>
<tr><td colspan="4">选点单位：国家测绘局第××队</td><td colspan="4" rowspan="4">标石断面图
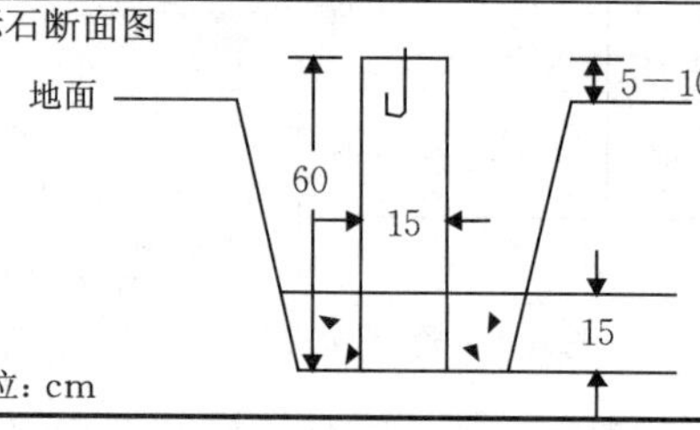</td></tr>
<tr><td>选点员</td><td colspan="3">××</td></tr>
<tr><td>选点日期</td><td colspan="3">2003年12月5日</td></tr>
<tr><td>是否联测Ⅳ等水准</td><td colspan="3">是</td></tr>
</table>

§5.3　导线测量的外业观测

导线测量的外业观测包括水平角观测和边长观测。导线测量通常也同时进行竖直角观测，以计算导线点的高程，作为高程控制或用于测距边归算。用于角度观测和边长观测的测量仪器（含光学经纬仪、电子经纬仪、测距仪及全站仪），在作业前必须按规范要求进行相关项目的检验，检验通常由计量检定部门来完成，仪器经检验合格后才可用于导线测量的观测。

5.3.1　水平角观测

水平角观测时宜采用方向观测法，当方向数不多于三个时，可不归零。各测回度盘和测微器应于观测前按式(3-2)编制好观测度盘表。使用全站仪观测角度时，要确认仪器工作状态并预置参数。

水平角观测时，应调好仪器望远镜的焦距，在一测回内应保持不变。在观测过程中，气泡中心位置偏离整置中心不宜超过1格，若气泡偏离接近极限时，应在测回间重新整置仪器。四等以上的水平角观测，当观测方向的垂直角超过±3°时，宜在测回间重新整置气泡位置。

使用全站仪观测时，其操作程序及技术要求与光学经纬仪相同，其预置的自动改正参数不得作为改正数使用。

《工程测量规范》中水平角方向观测法的技术要求见表5-4。

表 5-4　水平角方向观测法的技术要求

等级	仪器型号	光学测微器两次重合读数之差/(″)	半测回归零差/(″)	一测回中2倍照准差变动范围/(″)	同一方向值各测回较差/(″)
四等及以上	DJ1	1	6	9	6
	DJ2	3	8	13	9

续表

等级	仪器型号	光学测微器两次重合读数之差/(″)	半测回归零差/(″)	一测回中 2 倍照准差变动范围/(″)	同一方向值各测回较差/(″)
一级及以下	DJ2	—	12	18	12
	DJ6	—	18	—	24

注:(1)当观测方向的垂直角超过±3°时,该方向 2 倍照准差的变动范围,可按相邻测回同方向进行比较。
(2)全站仪、电子经纬仪水平角观测时不受光学测微器重合读数之差指标的限制。

三、四等导线的水平角观测,当测站只有两个方向时,应在观测总测回中以奇数测回的度盘位置观测导线前进方向的左角,以偶数测回的度盘位置观测导线前进方向的右角。左右角的测回数各为总测回数的一半。但在观测右角时,应以左角起始方向为准变换度盘位置,也可用起始方向的度盘位置加上左角的概值在前进方向配置度盘。左角平均值与右角平均值之和与 360°之差,不应大于表 5-1(或表 5-2)中相应等级导线测角中误差的 2 倍。

水平角观测限差超限时,应在原来的度盘位置上进行重测,并应符合下列规定:

(1) $2C$ 较差超限时,应重测超限方向,并联测零方向。

(2) 下半测回归零差超限或零方向的 $2C$ 较差超限,应重测该测回。

(3)若一测回中重测方向数超过测站观测方向数的 1/3 时,应重测该测回。基本测回重测的方向测回数超过全部方向测回总数的 1/3 时,应重测该站。

(4)导线附合条件超限时,应认真分析,择取有关测站整站重测。

在进行水平角观测时应注意如下事项:

(1)要采取必要措施,保证仪器在观测过程中的稳定性。为此,安置仪器时应踩紧脚架,防止下沉和产生偏转。在土壤过于松软的地区观测,要在三脚架的三只脚尖地方打入木桩。在市区要防止柏油路面在夏天受热软化变形带来的不良影响,在测站上必须撑伞,最好要把整个脚架都遮住。在观测过程中,禁止旁人在三脚架附近走动。

(2)防止温度对仪器结构的影响。在观测前半小时左右,将仪器从箱中取出,让它和外界空气的温度一致。在使用仪器过程中,必须轻拿轻放,防止震动和碰撞。

(3)防止旁折光的影响,城市导线测量往往会因视线靠近热源而引起旁折光。例如,日光照射到的建筑物墙面、树杆、电线杆、土堆,以及通风筒的出口处等会引起旁折光,当视线穿过河面或平行于河岸时,河面上空气密度与岸上空气密度不一样,也要引起旁折光。因此,在导线选点时应远离引起旁折光的物体 1 m 以外。为减少旁折光的影响,阴天观测比晴天要好。

(4)在市区测角时,为克服行人和车辆等通视的障碍,水平角观测可在夜间进行。另外,升高经纬仪及觇牌的脚架,观测人员站在方凳上观测,使视线高于行人的高度,也是行之有效的方法。

5.3.2　导线边测量

电磁波测距仪及辅助工具的检校,应符合如下规定:

(1)对于新购置或经大修后的测距仪,应进行全面检校。

(2)对于使用中的测距仪,应按规范规定进行部分项目的检验。

(3)测距使用的气象仪表,应及时检验;当在高海拔地区使用空盒气压计时,宜送当地气象台(站)校准。

进行导线的边长测量时,最佳作业时间段的选择、距离测量的注意事项和技术要求、气象要素的测定、测距成果的记录表、观测成果的重测和取舍等，参考本书§4.5节有关内容。

5.3.3 Ⅰ级导线测量记录实例

按《工程测量规范》规定，四等导线测量，水平角需要观测六个测回（采用2″级仪器），边长需要观测六个测回（采用10 mm级测距仪），三等导线测量的测回数更多。因此，四等及以上等级的导线测量每一测站的观测量与记录量都很大，每一测站都需要数张记录表格。一级及以下等级的导线测量由于每测站观测数据较少，可以将一测站的所有观测数记录在一张表格上。表5-5为一级导线测量并附带三角高程（垂直角）测量的记录实例。

在表5-5中，当前测站为N5，后视点位N4，前视点为N6。水平角观测两个测回，正反觇垂直角观测及距离观测各两个测回。水平角观测限差检核见表5-4，垂直角观测限差检核见表3-12，距离观测限差检核见表4-6、表4-7及表4-8。

表5-5 导线观测记录表

测站：N5

2010 年 6 月 8 日 温度 21℃ 气压 998 hPa 仪器高 1.564 m

仪器 TDJ2 天气 晴 成像 清晰 观测者 李万军 记录者 高玉忠

水平角观测：

测回序号	觇点	读数/(° ′ ″)		2C/(″)	半测回水平角/(° ′ ″)	水平角/(° ′ ″)
		盘左	盘右			
1	N4	0 02 32	180 02 52	−20	165 10 10	165 10 08
	N6	165 12 42	345 12 58	−16	165 10 06	
2	N4	90 17 34	270 17 48	−14	165 10 04	165 10 06
	N6	255 27 38	275 27 59	−21	165 10 11	

垂直角观测：

测回序号	觇点	读数/(° ′ ″)		指标差/(″)	垂直角/(° ′ ″)	目标高/m
		盘左	盘右			
1	N4	88 08 54	271 51 26	+10	+1 51 16	1.800
	N6	91 30 02	268 30 20	+11	−1 29 51	2.002
2	N4	88 08 50	271 51 25	+08	+1 51 18	1.800
	N6	91 29 57	268 30 21	+09	−1 29 48	2.002

边长观测：

由 N5 至 N4						由 N5 至 N6					
测回序号	距离测量/m					测回序号	距离测量/m				
	读数1	读数2	读数3	读数4	平均		读数1	读数2	读数3	读数4	平均
1	521.160	521.160	521.162	521.160	521.160	1	511.115	511.114	511.116	511.116	511.115
2	521.162	521.162	521.160	521.160	521.161	2	511.114	511.112	511.114	511.114	511.114
测距中数	521.160					测距中数	511.114				

§5.4　导线测量的概算与验算

导线测量的概算就是将方向观测值和距离观测值归算至高斯平面，而验算就是依控制网的几何条件检核观测质量。

在进行导线的概算、验算及平差等内业计算中，数字取值精度的要求应符合表 1-7 的规定。

5.4.1　导线测量的概算

导线测量是在地球表面上进行的，所获得的观测值是方向观测值和边长观测值，而平差计算要在平面上进行，这一平面通常为高斯平面，也有可能是测区某一高度的平均面或城市坐标系的平面。总之，在平差前必须将地面上的观测值归算至某一特定平面，这一步工作称为概算。下面以归算至高斯平面为例说明概算过程。

1. 近似边长和近似坐标的计算

计算归心改正数（如果存在偏心观测）、近似坐标及推算三角高程，都要用到近似边长。如果控制网的边长不是直接观测值，首先应计算出控制网的近似边长。

1）近似边长的计算

对于三角网，须从已知边（或观测边）开始，按正弦公式计算边长。如图 5-5 所示，b 为已知边，则 a、c 为

$$\left.\begin{aligned} a &= \frac{b}{\sin B}\sin A \\ c &= \frac{b}{\sin B}\sin C \end{aligned}\right\} \tag{5-2}$$

对于测边网，首先要有观测角度近似值，以便推算方向近似值，角度 A 按余弦公式计算，即

$$A = \arccos\frac{b^2 + c^2 - a^2}{2bc} \tag{5-3}$$

对于边角网和导线网，由于观测元素是所有的边长和角度，所以无需进行近似边长的计算。

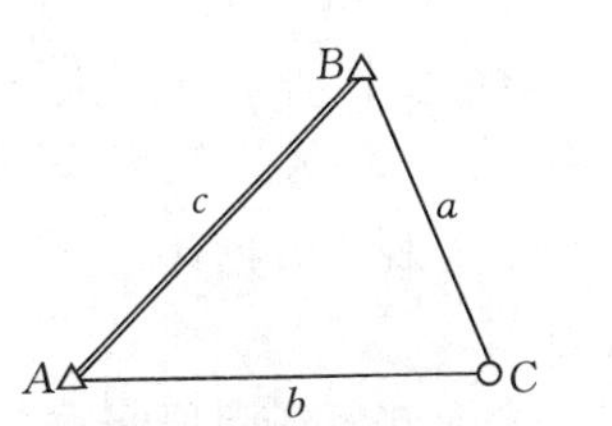

图 5-5　三角形近似边长的计算

2）近似坐标的计算

为了计算近似子午线收敛角（求近似大地方位角用）及方向改化和距离改化，须计算各控制点的近似坐标。坐标的计算有变形戎格公式和坐标增量两种公式。

（1）变形龙格公式

$$\left.\begin{aligned} x_C &= \frac{x_A\cot B + x_B\cot A - y_A + y_B}{\cot A + \cot B} \\ y_C &= \frac{y_A\cot B + y_B\cot A + x_A - y_B}{\cot A + \cot B} \end{aligned}\right\} \tag{5-4}$$

三角形编号见图 5-6，A、B 为已知点，C 为待求点。

(2)坐标增量公式。导线点坐标的推算,需要用到坐标增量公式,见图 5-7,计算公式为

$$\left.\begin{aligned} x_2 &= x_1 + \Delta x_{12} = x_1 + D'_{12}\cos T'_{12} \\ y_2 &= y_1 + \Delta y_{12} = x_1 + D'_{12}\sin T'_{12} \end{aligned}\right\} \tag{5-5}$$

式中,D'_{12}为近似平面边长;T'_{12} 为近似坐标方位角。

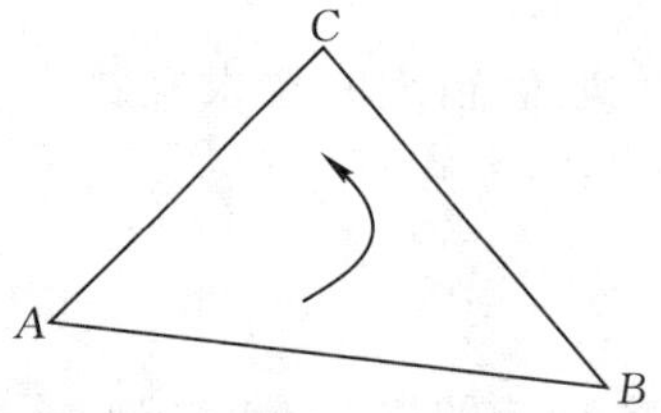

图 5-6 应用变形龙格公式的角度编号

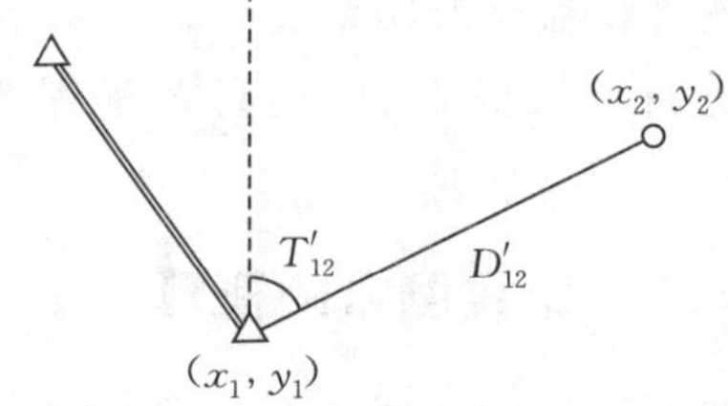

图 5-7 坐标增量的计算

2. 方向观测值的归算

导线测量和其他常规平面控制测量方法一样,其方向观测值通常需要归算至高斯平面,这要分两步进行,首先将在地表获得的方向观测值归算至参考椭球面,然后再将其投影至高斯平面。

1)将地面上的方向观测值归算至椭球面

将地面上的方向观测值归算至椭球面需要加入“三差改正”,即垂线偏差改正、标高差改正和截面差改正。对于三等及以下等级的工程测量平面控制网,由于边长较短、精度较低,一般无需加“三差改正”,即直接把地面观测方向值看作椭球面上观测方向值。

2)将椭球面上的方向观测值归算至高斯平面

将椭球面上的方向观测值归算至高斯平面需要加入“方向改正”,即

$$\left.\begin{aligned} \delta''_{12} &= \frac{\rho''}{2R_m^2}(x_1 - x_2)y_m \\ \delta''_{21} &= \frac{\rho''}{2R_m^2}(x_2 - x_1)y_m \end{aligned}\right\} \tag{5-6}$$

式中,x、y 均为近似值,是观测方向端点坐标,可以用式(5-4)和式(5-5)计算,且 $y_m = (y_1 + y_2)/2$,为观测方向边 y 坐标均值;R_m 为 1、2 两点中心处在参考椭球面上的平均曲率半径,单位为 m。

关于方向观测值归算的详细内容,详见第 6 章。

3. 边长观测值的改化

在地球表面获得的平面控制网边长观测值通常为电磁波测距的斜距,将其归算至高斯平面,首先要进行气象改正、加常数改正、乘常数改正,然后进行倾斜改正,并归算至椭球面,最后投影至高斯平面。

关于电磁波测距边长的改化问题,详细内容参见第 4 章相关内容。

5.4.2 导线测量的验算

控制网观测数据质量的好坏,直接影响控制网的精度。因此,外业观测数据必须经过严格检核,使其合乎规范要求,这项工作也称为验算。下面所述的按控制网几何条件检验控制网观测质量,不仅可以检验作业本身的误差,也可以检验网内某些粗差和系统误差的影响,因而能全面地表示观测质量。

控制网的类型不同，需要检核的项目也不同。以导线网为例，需要进行如下项目的检核。

1. 计算导线方位角条件闭合差和环形条件闭合差

为了检核角度的观测质量，如果导线产生方位符合条件就要计算方位角条件闭合差。观测角度为左角时，其公式为

$$f_\beta = T_0 - T_n + [\beta_i]_1^n + n \cdot 180° \tag{5-7}$$

按式(5-7)计算的 f_β 值，对于三、四等和一级导线，分别不能超过 $\pm 3.6\sqrt{n}''$、$\pm 5\sqrt{n}''$ 和 $\pm 10\sqrt{n}''$。

当导线构成闭合环时，环形闭合差为

$$w_{环} = [\beta_i]_1^{n'} - (n' - 2) \cdot 180° \tag{5-8}$$

式中，n' 为闭合环内角个数。环形闭合差的限值为

$$w_{环} \leqslant 2\sqrt{n'}m \tag{5-9}$$

式中，m 为相应等级导线测角中误差标称值。

2. 计算导线测角中误差

三、四等导线，应按左、右角进行测量，此时导线的测角中误差为

$$m_\beta = \pm\sqrt{\frac{[\Delta\Delta]}{2n}} \tag{5-10}$$

式中，Δ 为按测站左、右角计算的圆周角闭合差，单位为(″)；n 为 Δ 的个数。

当导线网内有多个方位符合条件(含导线环和方位附合)时，可按方位角条件闭合差计算测角中误差，即

$$m_\beta = \sqrt{\frac{1}{N}\left[\frac{f_\beta f_\beta}{n}\right]} \tag{5-11}$$

式中，f_β 为附合导线或闭合导线环的方位角闭合差，单位为(″)；n 为计算 f_β 时的测站数；N 为 f_β 的个数。

测角中误差不应超过相应等级测角中误差的标称值。

3. 一次测量距离的中误差

$$m_0 = \pm\sqrt{\frac{[d_F d_F]}{2n}} \tag{5-12}$$

式中，d_F 为换算到同一高程面的往、返(或两次)水平距离之差，单位为 mm；n 为往、返距离差值的个数。

4. 对向观测(或两次)平均值的中误差

$$m_d = \pm\frac{m_0}{\sqrt{2}} \tag{5-13}$$

式中，m_0 为一次测量距离中误差，单位为 mm。

5. 边长相对中误差

$$\frac{m_d}{\overline{D}} = \frac{1}{\overline{D}/m_d} \tag{5-14}$$

式(5-12)、式(5-13)和式(5-14)中，m_d 为对向观测平均值的中误差，单位为 mm；$\overline{D}$ 为各测距边水平距离平均值。

§5.5 导线测量的平差计算

控制测量包括平面控制测量和高程控制测量，其最终结果是要得到控制点的平面坐标、高程及精度指标。

任何控制网都必须要有一定数量的起算数据及足够数量的观测元素。只有必要起算数据的控制网称为独立网，凡是具有多余观测数据的控制网称为非独立网或复合网。GPS网的必要起算数据为两个，即一个点的平面坐标；导线网必要起算数据为三个，即一个点的平面坐标和一条边的方位角；三角网的必要起算数据为四个，即一个点的平面坐标、一条边的方位角及一条边长；高程控制网，不论是水准网、三角高程网或GPS测高网，必要的起算数据为一个，即一点的高程。

控制测量平差可采用条件平差，也可采用间接平差。严密平差通常需要借助平差软件，而简易平差只需借助计算器即可完成。目前市面上各种平差软件很多，如南方测绘公司的平差易(power adjust 2005，PA2005)，清华山维的NASEW，还有原武汉测绘科技大学的科傻等，都是非常不错的测量平差软件，都可以完成平面控制测量平差和高程控制测量平差。下面将通过南方平差易PA2005介绍控制测量中导线测量的平差计算。

5.5.1 PA2005简介

1. 功能简介

PA2005是南方测绘公司开发的控制测量平差软件。PA2005采用Windows风格的数据输入技术和多种数据接口，同时辅以网图动态显示，实现了数据采集、数据处理和成果打印的一体化。成果输出内容丰富强大、多种多样，平差报告完整详细，报告内容也可根据用户需要自行定制，另有详细的精度统计和网形分析信息等。该软件界面友好，功能强大，操作简便，是控制测量理想的数据处理工具。

PA2005可以进行平面控制网任意网型的平差计算，其中含无定向导线。PA2005也可以进行水准网、高程导线网的平差计算，可以只进行平面控制测量平差或高程控制测量平差，也可以同时进行平面与高程的控制网平差计算。

2. 主界面

启动后即可进入PA2005的主界面。PA2005的主界面包括标题栏、菜单栏、工具条、测站信息区、观测信息区和图形显示区等，见图5-8。

1)菜单栏

PA2005所有功能都包含在菜单中，可以通过下拉菜单来完成平差计算的所有工作，如文件的新建、打开、概算、平差和成果输出等，符合Windows操作特点。

2)工具条

下拉菜单中的常用功能都汇集于工具条上，包括保存、打印、视图显示、平差和查看平差报告等功能。

3)测站信息区

测站信息区需要输入所有控制点基本信息，包括序号、点名、控制点属性、X (m)、Y (m)、H (m)、仪器高、偏心距、偏心角等。

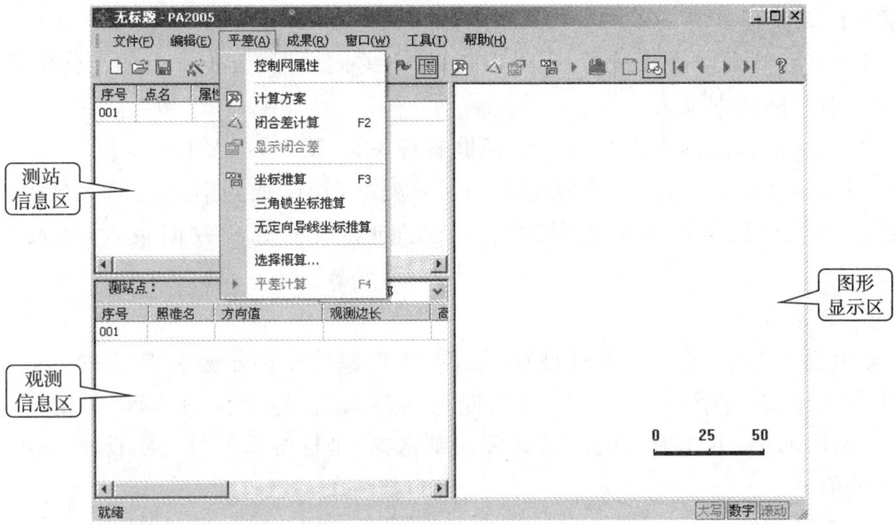

图 5-8　PA2005 主界面

序号:已输入的测站点个数,它会自动生成、自动叠加。

点名:测站点(已知点或未知点)的名称,一个点应具有唯一的名称。

控制点属性:用以区别已知点与未知点,属性值为"00"表示该点是未知点,"10"表示该点坐标已知,"01"表示该点高程已知,"11"表示该点的坐标与高程均已知。特别注意,在输入控制网观测数据之前,必须确认控制点的属性正确,否则会导致计算错误。

X (m)、Y (m)、H (m):已知点的坐标和高程值,根据控制点的属性输入相关数值。

仪器高:该测站点获取观测数据时的仪器高度,只有在三角高程的计算中才会用到。

偏心距、偏心角:该点测站偏心时的偏心距和偏心角(不需要偏心改正时可不输入数值)。

4)观测信息区

在观测信息区显示(或输入)所有的观测数据。观测信息与测站信息是相互对应的,当在测站信息区选中某点时,在观测信息区中就会显示(或输入)以该点为测站点时的所有观测数据。当照准点为零方向时,其方向值必须为"0"。

照准名:照准点名称。

方向值:观测照准点时的方向观测值。

观测边长:测站点到照准点之间的平距(在观测边长中只能输入平距)。

高差:测站点到观测点之间的高差。

垂直角:以水平方向为零度时的仰角或俯角,计算三角高程时会用到。

觇标高:测站点观测照准点垂直角时的棱镜高度。

偏心距、偏心角、零方向角:该点照准偏心时的偏心距和偏心角(不需要偏心改正时可不输入数值)。

温度:测站点观测照准点时的当地实际温度。

气压:测站点观测照准点时的当地实际气压(温度和气压只参入概算中的气象改正计算)。

5)图形显示区

进行平面控制网平差计算时会显示控制网略图,而高程控制网平差计算时则不会显示控制网略图。用户可用"网图属性"菜单项设置网图显示的内容。

3. 平差计算流程

控制网平差计算可以分步进行，也可以借助“平差向导”。分步平差的工作流程如下：

第 1 步：控制网数据录入。

首先，在测站信息区输入点名、属性，根据属性输入 X (m)、Y (m)、H (m)，并视需要输入仪器高、偏心距和偏角。然后，用鼠标点选某一测站，并在观测信息区输入该测站的全部观测数据，依次将全部测站的观测数据输完。无定向导线的观测数据录入，应按坐标的推算顺序。

第 2 步：坐标推算。

此步实为近似坐标(或近似高程推算)推算，此近似值是为平差做准备的。如果控制网为三角锁，此步选择“三角锁坐标推算”；如果控制网为无定向导线，则选择“无定向导线坐标推算”；其他控制网形式，不论平面的还是高程的都选择“坐标推算”。注意：此处得到的只是近似值，并非平差值。

第 3 步：坐标概算。

此步为平面控制测量概算，对高程控制测量平差不起作用。概算的计算内容较多，这里不做赘述，请参考本书的其他相关部分。总之，这是将平面控制网的观测数据(角度、边长)归算至高斯平面(或其他工程坐标系平面)进行的改正计算。

第 4 步：选择计算方案。

这一步需要设定一些控制网平差的基本参数，如控制网等级、平面控制网的验前中误差、高程控制网的形式及定权方式、限差设定等。这些参数应设置正确，否则会影响最终结果。

第 5 步：闭合差计算与检核。

选择“闭合差计算”计算控制网闭合差，并检核是否超限。如无超限，则可进行下一步，即平差计算。

第 6 步：平差计算。

此步可得到所需量的最或然值及精度指标。

第 7 步：平差报告的生成和输出。

可通过“成果”菜单查看或导出控制网的最终结果信息，包括精度统计、网型分析、闭合差统计表、平差略图、平差结果文件等。

以上作业流程可用图 5-9 表示。

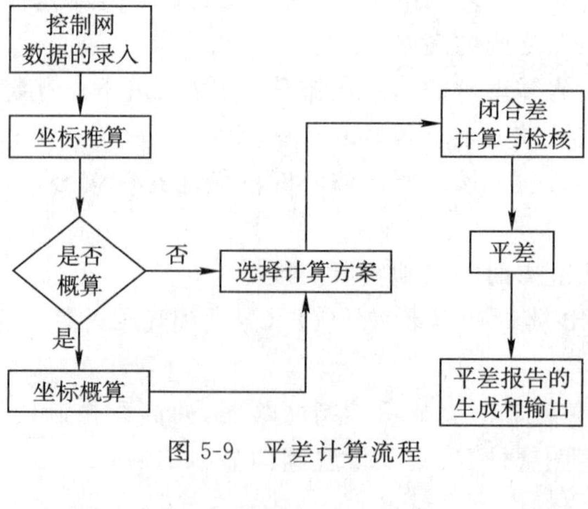

图 5-9 平差计算流程

5.5.2　导线测量平差算例

一条四等导线，A、B、C、D 为已知点，2、3、4 为未知点，导线数据见表 5-6，示意图见图 5-10，边长采用精度指标为 5 mm$+3\times10^{-6}$ 的测距仪所测，试对该导线进行平差计算。

表 5-6　导线的起算数据及观测数据

测站点	角度/(° ′ ″)	距离/m	X/m	Y/m
B			8 345.871	5 216.602
A	85.302 1	1 474.444	7 396.252	5 530.009
2	254.323 2	1 424.717		
3	131.043 3	1 749.322		
4	272.202 0	1 950.412		
C	244.183 0		4 817.605	9 341.482
D			4 467.524	8 404.762

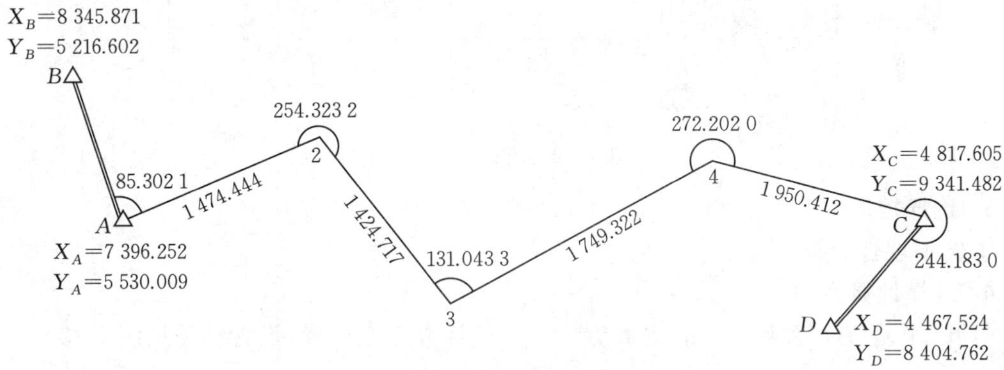

图 5-10　导线示意

平差计算过程如下。

1. 控制网数据的录入

运行 PA2005，在测站信息区中输入 A、B、C、D、2、3 和 4 号测站点，其中 A、B、C、D 为已知坐标点，其属性为 10，坐标值见表 5-6(或图 5-10)；2、3、4 点为未知点，其属性为 00。本例没有考虑温度、气压对边长的影响，也不需要计算三角高程，所以测站信息的其他各项为空。

图 5-11　观测数据录入

在观测信息区，数据输入格式选择："(1)边角"，分别输入各测站观测数据。B、D 作为方位点，没有设站，所以无观测信息，但在测站信息区中必须输入它们的坐标，见图 5-11。要说明的是：①数据为空或前面已输入过时，可以不输入(对向观测边长的除外)；②在电子表格中输入数据时，所有零值可以省略不输。

2．近似坐标推算

测站信息和观测数据输入结束后，打开"平差(A)"菜单，点击坐标推算，完成近似坐标推算，见图 5-12。

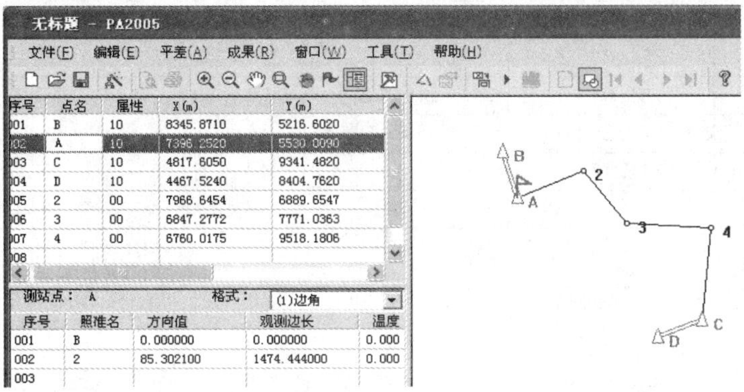

图 5-12　近似坐标的推算

3．选择概算

本例不进行概算。

4．选择计算方案

打开"平差(A)"菜单，点击"计算方案"，进行计算方案设置，设置结果见图 5-13。

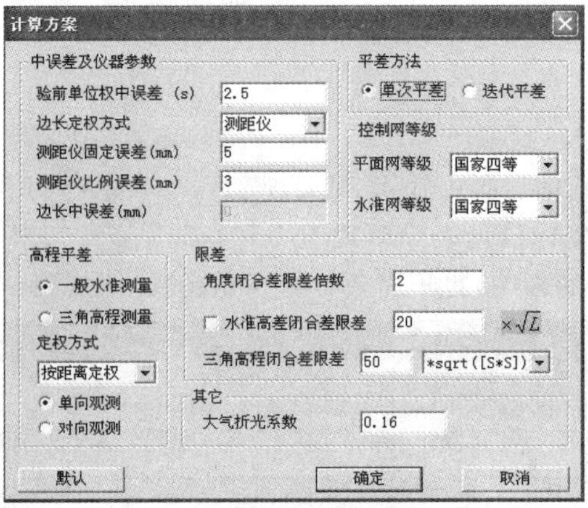

图 5-13　设置计算方案

设置项目如下：

(1)在"中误差及仪器参数"中，验前单位权中误差为 2.5″，边长定权方式为测距仪，测距仪固定误差为 5 mm，测距仪比例误差为 3×10^{-6}。

(2)在"控制网等级"中，平面网等级为国家四等。

(3)在"限差"中，角度闭合差倍数为 2。

(4)确认。

5. **闭合差计算与检核**

打开“平差(A)”菜单，点击“闭合差计算”，计算闭合差，闭合差检核结果见图 5-14。

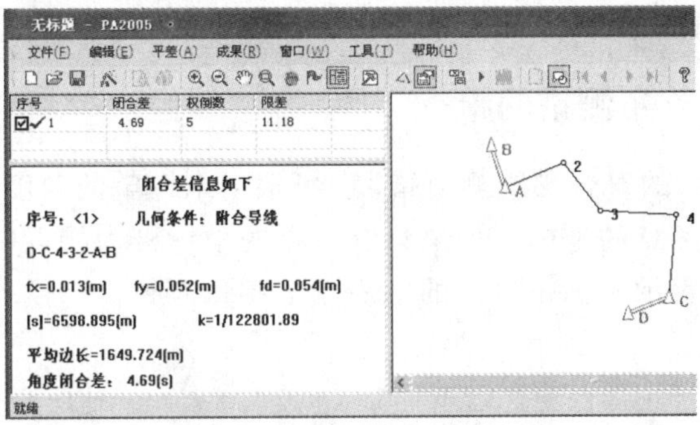

图 5-14　闭合差计算与检核

本例中的附合导线有 1 个方位角符合条件和 1 个坐标符合条件。方位角闭合差为 4.69″，限差为 11.18″；坐标闭合差 0.054 m，导线全长 6 598.895 m，导线全长闭合差为 1/122 801.89。

6. **平差计算**

打开“平差(A)”菜单，点击“平差计算”，完成平差计算，并在测站信息区显示出最终平差坐标，见图 5-15。

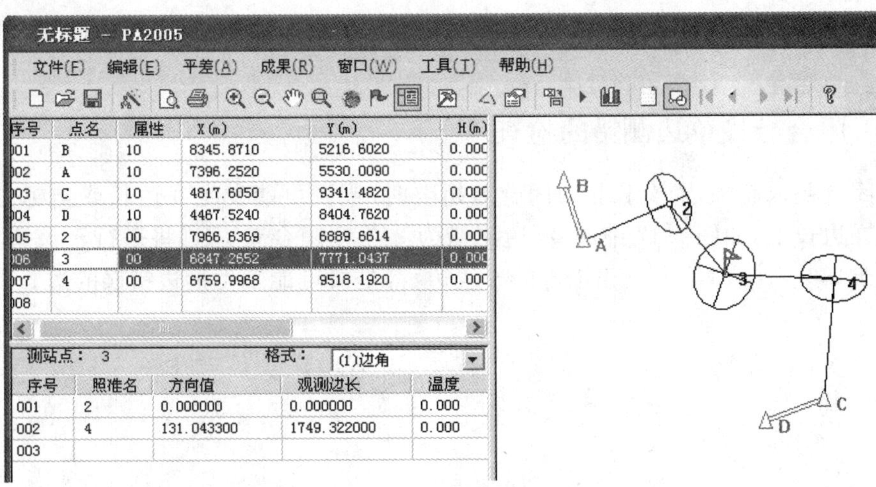

图 5-15　平差计算

7. **平差报告的生成和输出**

打开“成果(R)”菜单，点击“输出到 WORD”，生成 WORD 格式的平差报告。控制网平差报告包括：控制网概况、闭合差统计报告、起算点数据表、方向观测成果表、距离观测成果表、平面点位误差表、平面点间误差表和控制点成果表。

§5.6　导线测量边、角错误的检查

在单导线的计算中，当角度闭合差超限，很可能是测角发生了错误；当全长相对闭合差超限，很可能是测边发生了错误，也可能是在计算坐标增量时用错了坐标方位角或边长。

当发现闭合差超限时，应首先检查原始记录手簿及草图数据有无错误，然后再检查全部计

算。如果均不能发现错误，则到实地检查外业。不论检查计算或外业，特别是外业，如果能先确定最可能发生错误的地方，从这些地方着手检查，有可能立即检查出错误，从而节省人力和时间，事半功倍。下面讨论如何寻找最可能发生错误所在的方法。

5.6.1 附合导线单角测错的检查

欲确定如图 5-16 所示的符合导线测角错误，可根据未调整的角度自 B 向 C 推算各点的坐标，然后再自 C 向 B 推算各点的坐标。如果只有一点的坐标极为接近(图 5-16 的 4 点)，而其他各点均有较大的差值，即表示坐标很接近的这一点上测角有错。

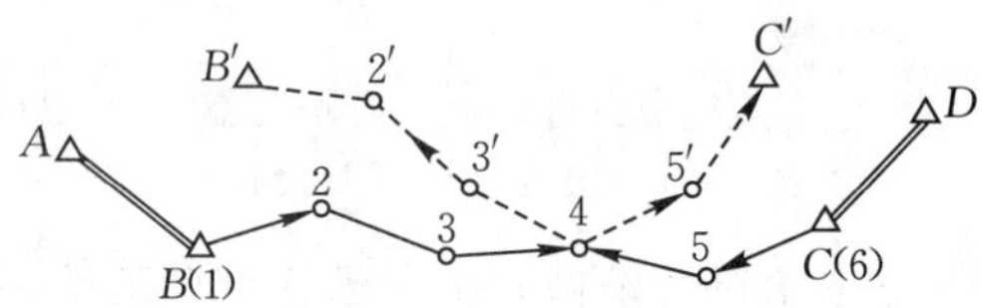

图 5-16 附合导线单角错误的检查

如果错误较大(如 5°以上)，可直接用图解方法寻找错误所在，即先自 B 向 C 用量角器和比例尺按角度和边长画导线，然后，再自 C 向 B 同法画导线，两条导线相交的地方即为测错角的地方，见图 5-16。

对于闭合导线也可以采用此法进行检查，从一个点开始分别不同方向按同样方法作对向检查。

5.6.2 附合导线单边测错的检查

当角度闭合差未超限，而全长相对闭合差超限时，错误可能发生在边长或坐标方位角上。若错误发生在边长上，如图 5-17 中的 34 边测错为 34′，则闭合差 CC' 将平行于该边。凡是坐标方位角或±180°后与 CC' 方位相接近的导线边，都是极可能发生量边错误的边。

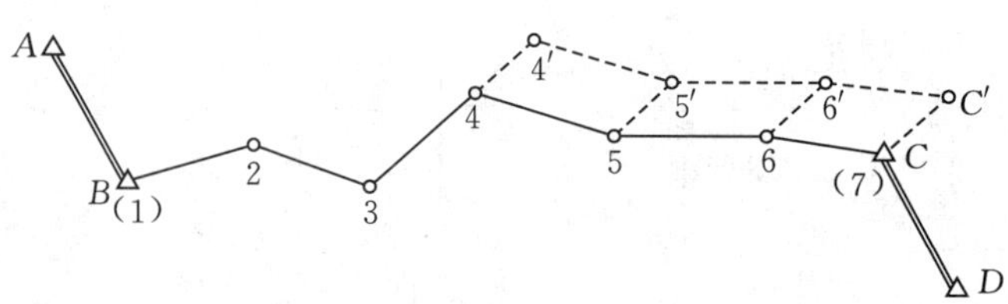

图 5-17 附合导线单边错误的检查

以上讨论的如何寻找最可能发生错误所在的方法，仅适用于只有一个角或一个边有错误的情况，否则无效。

思 考 题

1. 《城市测量规范》与《工程测量规范》对导线提出的技术指标都有哪些区别？
2. 导线的选点，既要选好“点位”，又要顾及“路线”，为什么？
3. 导线点之记都包括哪些内容？
4. 一条Ⅰ级附合单导线，测角时需要配置度盘和测微器的初始位置吗？
5. 用电子经纬仪(或全站仪)进行导线的角度测量，其观测方法及限差要求和光学经纬仪有区别吗？

6. 导线水平角观测时，应注意什么？
7. 导线测量一测站，对于观测员和记录员来说，都有哪些工作？
8. 简述导线测量的概算都有哪些内容。
9. 什么叫验算，导线测量的验算都有哪些内容？
10. 目前进行平面控制测量都有哪些方法？导线测量占据着怎样的地位？
11. 何时采用左、右角观测导线？此时应增加什么检核项目？限差是多少？
12. 试叙述野外布测导线的全过程，各个环节都应注意什么？
13. 如何检验导线单角、单边测错？
14. 各等级导线对导线总长度有什么限制？
15. 简述导线测量的优缺点。
16. 简述 PA2005 的功能。
17. 简述用 PA2005 进行平差计算的工作流程。

第 6 章　将地面的测量元素归算至高斯平面

野外测量是在地球表面上进行的，而地球表面是近似于一个椭球面的不规则曲面，如何将地球表面上的控制网图形（如三角形网或导线网）换算到平面上，就是所谓的测量元素的归化与投影问题。“归化”解决的是从地面到椭球面的问题，需要加改正数；“投影”是要解决从椭球面向平面转换的问题，需要经过复杂的投影计算。高斯投影是诸多投影方法的一种，投影后的平面称为高斯平面。我国的国家坐标系建立在代表地球的参考椭球面上，并采用高斯投影方法将椭球面投影到高斯平面上。

在地球表面获得的各种测量元素（观测方向、观测边长、大地方位角等）首先应归算到参考椭球面上，然后再投影至高斯平面上。这就是要讨论的将地面的测量元素归算至高斯平面的问题。

§6.1　椭球的基本概念

控制测量的基本任务，就是精密测定地面点的位置。地球的自然表面是一个很不规则的曲面，在这个曲面上无法进行计算工作。因此，有必要选择一个与地球形状非常接近的几何面，作为计算的基准面。根据长期生产实践和科学实验，认为旋转椭球体是一个与地球形状最为接近的几何体，一般称其为地球椭球，地球椭球面是一个理想的测量计算曲面。为此，要对椭球有个基本认识。

6.1.1　铅垂线、水准面和大地水准面

地球有自转，因此地球上每一点都有一个离心力；地球本身又具有巨大的质量，因此对地球上每一点又有一个吸引力。也就是说，地球上每一点都受到两个力的作用，即离心力和地球的引力。如图 6-1 所示，地球表面一点 O，地心对它的引力为 OF，其离心力为 OP。这两个力的合力为 OG，称为重力，重力的作用线 OG 称为铅垂线（铅垂线的方向主要受地球引力的影响，因离心力与吸引力之比约为 1/300）。

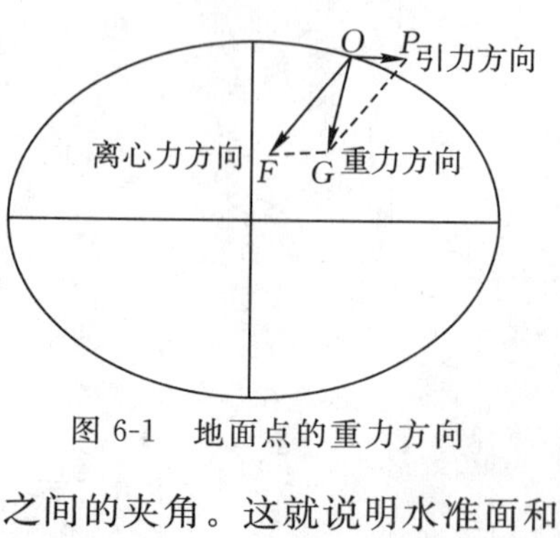

图 6-1　地面点的重力方向

当液体处于静止状态时，其表面必然处处与重力方向（铅垂线）正交，否则液体就要流动，液体静止的表面称为水准面。由于地球内部和附近的空气处处都有重力存在，所以通过高度不同的点，都有一个水准面。

地球上一点的高程是从平均海水面沿铅垂线方向计算的。在进行水平角观测时，经纬仪置平后，仪器的纵轴位于铅垂线方向，水平度盘所在的平面，就是水准面的切平面，因此测得的水平角就是观测方向线与水准面上投影线之间的夹角。这就说明水准面和铅垂线是测量工作所依据的线和面，称为外业测量的基准面和基准线。

测量工作是在不同的高程点上进行的，测得的观测成果是不同水准面上的观测值。由于依据不同高程的水准面，其观测结果必有差别，如一条边长，归算至不同的高程水准面，其长度不同。因此所得测量成果无法比较，不便于统一使用。为了使测量成果有一个共同的基准面，需要选择一个十分接近地球自然表面又能代表地球形状和大小的水准面作为测量工作的基准面。

地球自然表面的大部分(71％)是海洋，海洋的静止表面是地球上最大的水准面。设想把这个水准面扩展，延伸到大陆下面，形成一个包围整个地球的曲面，其形状和大小均接近地球的自然表面，将这个水准面称为大地水准面。大地水准面是测量工作所依据的最基本的一个基准面，它所包围的整体称为大地体。

由于地球自然表面是起伏不平的，地壳内部物质密度分布也极不均匀。因此，各点吸引力大小不同，也就引起地面上各点的铅垂线方向发生不规则的变化。如图 6-2 所示，由于水准面或大地水准面处处与铅垂线正交，所以大地水准面是一个略有起伏的不规则的曲面。

既然大地水准面是一个微小起伏不规则的曲面，而不是一个简单的几何面，那么就无法在这个表面进行测量成果的计算，必须寻找一个与大地体相近的、能用简单的数学模型表示的规则形体来代替它。

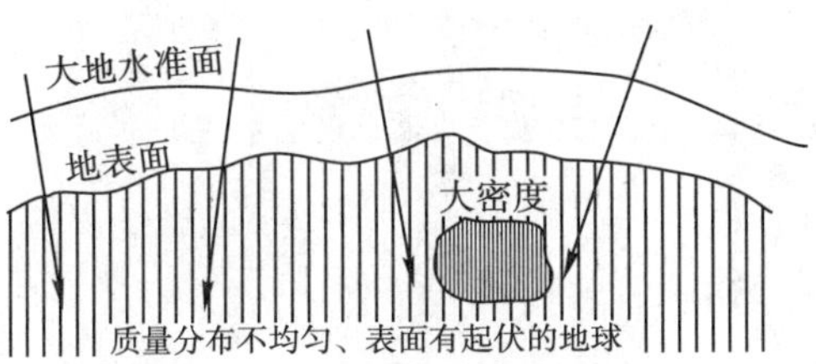

图 6-2　大地水准面示意

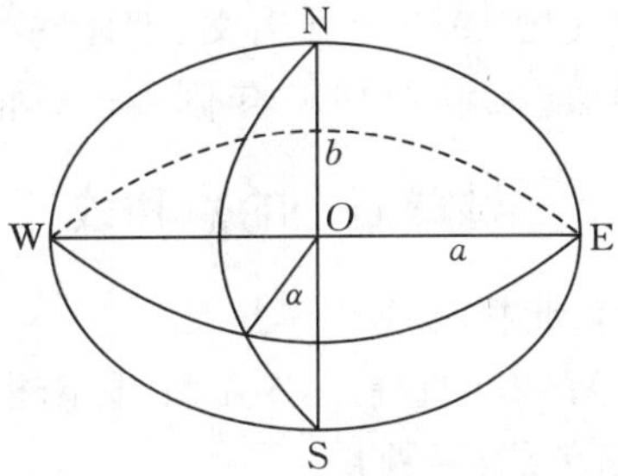

图 6-3　参考椭球体元素

6.1.2　总地球椭球与参考椭球

16 世纪，牛顿从力学观点出发，提出了地球为扁球形的设想。他认为“处于炽热液体状态下的球体，其表面各处在同时受到离心力和引力的作用下，必然形成一个两端略扁的扁球”。长期的测量实践证明了牛顿学说的正确性，而且得出了“地球的形体同一个椭圆绕其短轴旋转而形成的旋转椭球极为接近”的结论。我们称代表地球形体的旋转椭球体为“地球椭球”，图 6-3 表示的是以 O 为中心的椭球，它是由椭圆 NWSE 绕短轴 NS 旋转而成的。当旋转椭球的长半轴 a 和短半轴 b 确定后，它的大小和形状随之确定。

确定椭球形状和大小的基本元素有长半轴 a，短半轴 b，扁率 $\alpha=\dfrac{a-b}{a}$，第一偏心率 $e=\sqrt{\dfrac{a^2-b^2}{a^2}}$，第二偏心率 $e'=\sqrt{\dfrac{a^2-b^2}{b^2}}$，但人们习惯上用长半轴 a 和扁率 α 表示椭球的形状和大小。

与大地体最接近的地球椭球，叫作总地球椭球。总地球椭球应满足下列具体条件：

(1)中心应与地球质量中心重合。

(2)旋转轴应与地轴重合，赤道应与地球赤道一致。

(3)体积应与大地体的体积相等,各点大地水准面与总地球椭球面之间的高差平方和为最小。

(4)总质量应等于地球的总质量。

(5)旋转角速度应等于地球旋转的角速度。

事实上,总地球椭球是很难求得的。200 多年来,各国的测量学者,先后根据陆地上的天文、大地测量和重力资料,分别推算出各自的地球椭球。这些地球椭球模型采用的资料毕竟有限,所以都不能与整个地球的大地水准面密切配合,而只能与所用资料区域的局部大地水准面符合。因此,过去各个国家和地区都是各自采用本国或本地区的天文、大地测量和重力资料,推算出一个与总地球椭球形状和大小相近似的地球椭球,并把它安置在适当的位置上,使它与本国或本地区大地水准面密切配合,并以此地球椭球面作为测量计算的基准面,这种椭球叫作参考椭球。不言而喻,总地球椭球只有一个,而参考椭球可有许多个,它们都不尽相同。

新中国成立后的第一个国家坐标系为 1954 北京坐标系。该坐标系采用了原苏联的克拉索夫斯基椭球,其长半径 $a=6\ 378\ 245$ m,扁率 $\alpha=1:298.3$。但是由于克拉索夫斯基椭球主要是采用原苏联、美国及西欧的资料推算的,实践证明它与我国大地水准面实际情况符合不好。因此我国 1980 年在天文、大地网整体平差基础上,建立了 1980 西安坐标系,其参考椭球的几何参数,采用了 1975 年国际推荐值。

6.1.3 椭球面上的点和线

1. 南、北极

椭球短轴的两端点,S 在南,称南极,N 在北,称北极。

2. 子午线(经圈)

包含短轴 NS 的平面称为子午面,子午面与椭球相截所得的曲线称为子午线(也称子午圈)。图 6-4 中 NPS 表示过 P 点的子午线,同一条子午线上经度是相等的,故子午线又称为经圈。

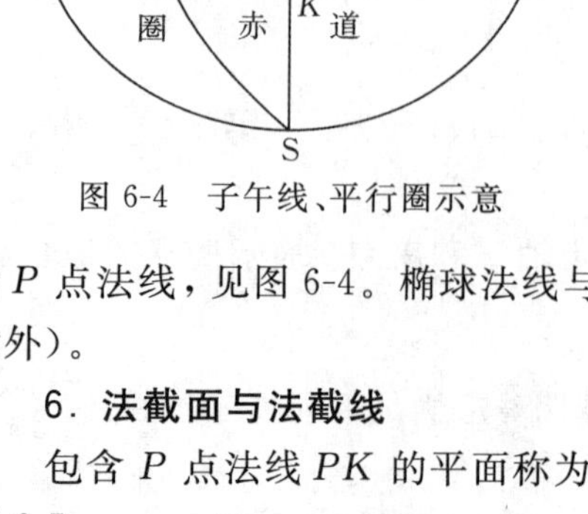

图 6-4 子午线、平行圈示意

3. 平行圈(纬圈)

垂直于短轴 NS 的平面与椭球面相截的圆称为平行圈。图 6-4 中的 QPQ' 表示过 P 点的平行圈。同一条平行圈上各点的纬度是相等的,故平行圈又称为纬圈。

4. 赤道

通过椭球中心 O 的平行圈称为赤道,见图 6-4 中的 EAE',赤道上各点的纬度等于零。

5. 法线

通过椭球面上任一点 P 可作一平面与椭球面相切,过 P 点作一垂直于切平面的直线 PK,则直线 PK 称为 P 点法线,见图 6-4。椭球法线与短轴必然相交,其他各点不交于椭球中心(赤道和 NS 极除外)。

6. 法截面与法截线

包含 P 点法线 PK 的平面称为法截面。法截面与椭球面相截得出的曲线叫作法截线,见图 6-5。

7. 卯酉面与卯酉线

与子午面垂直的法截面称为卯酉面，卯酉面与椭球截出的曲线称为卯酉线（也称卯酉圈）。

8. 大地线

曲面上两点间的最短程曲线。

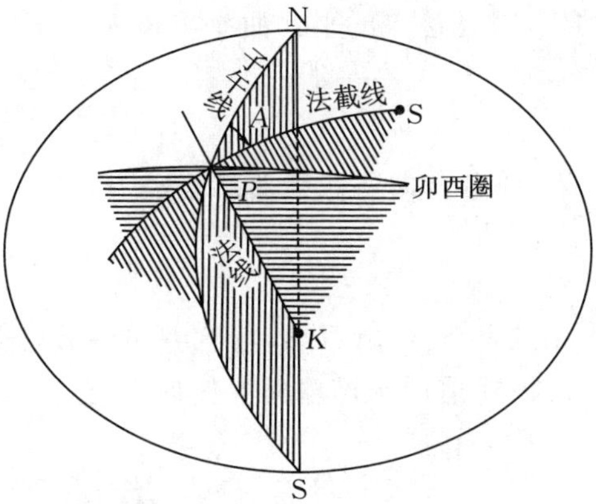

图 6-5　法截线、卯酉圈示意

6.1.4　椭球面上常用公式

1. 平行圈曲率半径 r

$$r = \frac{a\cos B}{\sqrt{1-e^2\sin^2 B}} \tag{6-1}$$

式中，e 为椭球第一偏心率；a 为椭球长半轴；B 为平行圈的纬度。

2. 纬度为 B 的子午圈曲率半径 M

$$M = \frac{a(1-e^2)}{(1-e^2\sin^2 B)^{\frac{3}{2}}} \tag{6-2}$$

3. 子午线弧长 X

$$\begin{aligned} X = a(1-e^2)\Big\{ & \left(1+\frac{3}{4}e^2+\frac{45}{64}e^4+\frac{350}{512}e^6+\frac{11\,025}{16\,384}e^8\right)B \\ & -\left(\frac{3}{4}e^2+\frac{45}{64}e^4+\frac{350}{512}e^6+\frac{11\,025}{16\,384}e^8\right)\sin B\cos B \\ & -\left(\frac{45}{96}e^4+\frac{350}{768}e^6+\frac{3\,675}{8\,192}e^8\right)\sin^3 B\cos B \\ & -\left(\frac{35}{96}e^6+\frac{735}{2\,048}e^8\right)\sin^5 B\cos B \\ & -\frac{315}{1\,024}e^8\sin^7 B\cos B\Big\} \end{aligned} \tag{6-3}$$

式(6-3)是由赤道起算的子午线弧长一般式。当两点的子午线弧长不超过 45 km 时，可将椭圆弧视为圆弧，其半径为两点平均纬度的半径，此时两点的子午线弧长为

$$X_2 - X_1 = M_m\,\frac{B_2-B_1}{\rho} \tag{6-4}$$

式中，M_m 为纬度 $B_m = \frac{1}{2}(B_1+B_2)$ 的子午线曲率半径。

4. 纬度为 B 的卯酉圈曲率半径 N

$$N = \frac{a}{\sqrt{1-e^2\sin^2 B}} \tag{6-5}$$

5. 平行圈弧长 S'

$$S' = N\cos B\,\frac{l}{\rho} \tag{6-6}$$

式中，l 为平行圈上两点间的经差。

6. 平均曲率半径

通过椭球上一点可作无数条法截线，每条法截线各有其曲率半径。其法截线曲率半径的

平均值，就是该点的平均曲率半径 R，即

$$R=\sqrt{MN}=\frac{a\sqrt{1-e^2}}{1-e^2\ \sin^2 B} \tag{6-7}$$

7. 任意方向法截弧曲率半径 R_A

$$R_A=\frac{N}{1+e'^2\ \cos^2 A\cos^2 B} \tag{6-8}$$

由式(6-8)可以看出，任意方向法截弧曲率半径 R_A 不仅与点的纬度 B 有关，还与方位角 A 有关。该式适用于椭球面上任何点、任何方向的法截弧。当 A 为 0°、90° 时，R_A 即为 M 和 N。

§6.2 将地面观测值归算至椭球面

参考椭球面是测量计算的基准面，因此，需要把地面测量的水平方向、边长等测量元素归算到椭球面上，以便进行各种相关计算。地面测量元素是以铅垂线、水准面为基准进行测量的，要将其归算至椭球面上，就要以椭球面和法线为基准。对水平方向而言，这种归算需要经过三项改正，即垂线偏差改正、标高差改正和截面差改正，简称“三差改正”。电磁波测距边长在经过大气改正、周期误差改正、加常数改正、乘常数改正及倾斜改正后，才能将其归算至参考椭球面。

在将地面上的测量元素归算至椭球面时要满足如下基本要求：

(1)归算要以参考椭球面的法线为基准。

(2)将地面观测元素归算为椭球面上大地线的相应元素，即边长和观测方向都要归算到大地线上。

6.2.1 方向观测值的归算——三差改正

将地面上的方向观测归算至椭球面，需要加入三差改正。

1. 垂线偏差改正

地面上控制网各点应沿法线方向投影到椭球面上。由于测站点铅垂线方向与相应的椭球面法线方向不一致，对水平方向观测值必有一定的影响。为了求得以椭球面上法线方向为准的水平方向值，必须给予改正。这种改正叫垂线偏差改正，以 δ_1 表示。

图 6-6 中，以测站 Q 为中心作一单位半径的辅助球，QZ 为法线方向，QZ_1 为垂线方向，ZZ_1 即垂线偏差，以 u 表示。ξ、η 分别为 u 在子午圈方向和卯酉圈方向上的分量。M 是地面观测目标 m 在球面上的投影。

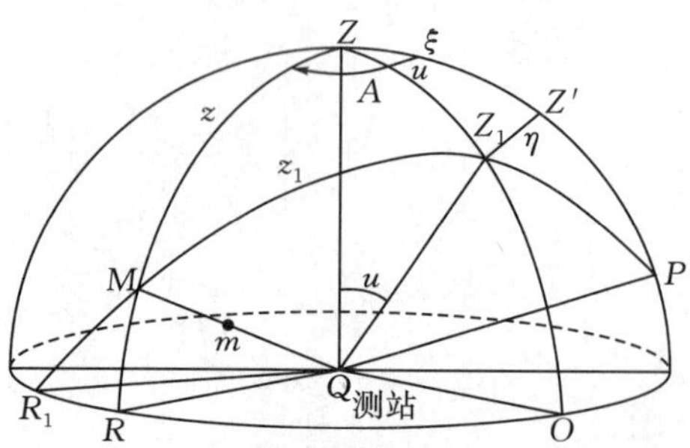

图 6-6 垂线偏差改正示意

由图 6-6 可知，如果当 M 恰好在 ZZ_1O 垂直面内，则无论以法线为准还是以铅垂线为准，照准面都是一个，因而垂线偏差改正数为零。因此，可以把 QO 方向作为参考方向(理解为水平角观测时的零方向)。当照准任一方向目标 m 时，若以垂线 QZ_1 为准，照准面 QZ_1M 交水平面于 R_1，设其水平方向读数为 R_1；若以法线 AZ 为准，照准面 QZM 交水平面于 R，设其读数为 R。由此可见，此时垂线偏差对水平方向的影响是 $\delta_1=(R-R_1)$。将以垂线

为准的水平方向观测加上 δ_1，即改正为以法线为准的水平方向观测值。

根据球面三角形 ZZ_1M，可以求出垂线偏差改正数的一般式为

$$\delta''_1=-(\xi''\sin A-\eta''\cos A)\tan\alpha_1 \tag{6-9}$$

式中，A 为测站点至照准点的大地方位角；ξ、η 为垂线偏差在子午圈和卯酉圈上的分量；α_1 为照准点的垂直角。

由式(6-9)可见，垂线偏差改正数主要与测站的垂线偏差和观测目标的垂直角及方位角有关。

2. 标高差改正

标高差改正又称由照准点高度引起的改正。不在同一子午面或同一平行圈上的两点的法线是不共面的，当进行水平方向观测时，如果照准点高出椭球面某一高度，则照准面就不能通过照准点的法线与椭球面的交点，由此引起的方向偏差改正叫作标高差改正。

在图 6-7 中，A 为测站点。如果测站点的方向观测值已加了垂线偏差改正，则可认为垂线与法线一致。这时测站点在椭球面上或高出椭球面某一高度，对水平方向是没有影响的。为简单起见，设 A 点在椭球面上。

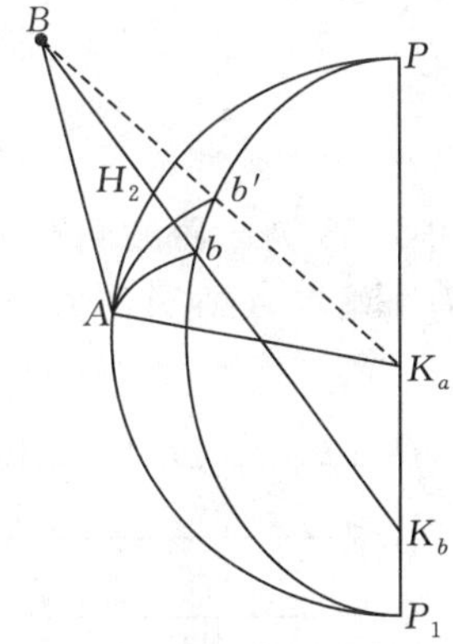

图 6-7　标高差改正示意

设照准点 B 高出椭球面的高程为 H_2，AK_a 和 BK_b 分别是 A 点和 B 点的法线。B 点的法线同椭球面的交点为 b 点，则 Ab 方向就应是 A 点照准 B 点时的方向。但通常 AK_a 和 BK_b 不在同一平面上，所以，当在 A 点照准 B 点时，此照准面与椭球面的交线并不是 Ab 而是 Ab'，则二者相差的角度就称为标高差改正，以符号 δ_2 表示。显然，当照准点的高程为零时，δ_2 也为零，这说明此项改正主要与照准点的高程有关，而与测站点高程无关。

标高差改正 δ_2 的计算公式为

$$\delta''_2=\frac{\rho''e^2}{2M_2}H_2\cos^2 B_2\sin 2A_1 \tag{6-10}$$

式中，B_2 为照准点的大地纬度；A_1 为 A 点对 B 点的大地方位角；H_2 为照准点高出椭球面的高程，它由三部分组成，即 $H_2=H_{常}+\zeta+a$，$H_{常}$ 为照准点标石中心的正常高，ζ 为高程异常，a 为照准点的标高，M_2 是与照准点纬度 B_2 相应的子午线曲率半径。

标高差改正主要与照准点的高度有关。

3. 截面差改正

经过前两项改正，已将地面观测的水平方向化为椭球面上相应的法截线方向。但是对双向观测的两条相对法截线，如图 6-8 的 AaB 和 BbA 一般不重合，应当用两点间的大地线来代替相对法截线。因此，为了将方向观测值从法截线方向换算为大地线方向，就要加一个改正数，称为截面差改正，以符号 δ_3 表示，公式为

$$\delta''_3=-\frac{\rho''e^2}{12N_1^2}S^2\cos^2 B_1\sin 2A_1 \tag{6-11}$$

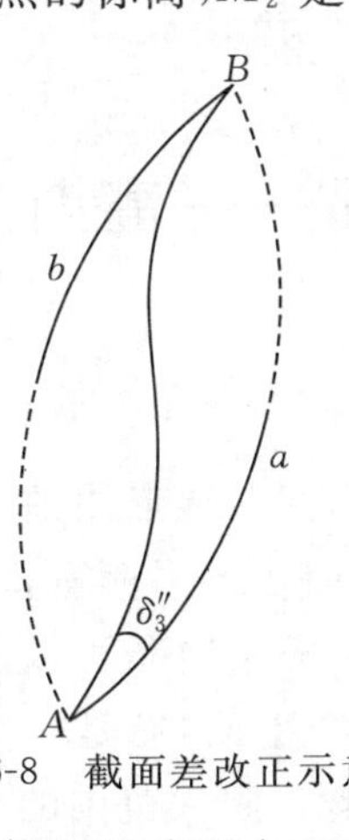

图 6-8　截面差改正示意

式中，S 为 AB 两点间的距离；N_1 为测站点纬度 B_1 的卯酉圈曲率半径；A_1 为测站点至照准点方向的大地方位角。

截面差改正主要与测站点至照准点距离 S 及方位有关。

以上讨论了“三差”对地面方向观测值归算至椭球面影响的性质及其改正的公式。事实上，三差改正的量值很小，在有些时候甚至可以忽略。针对将地面方向观测值归算至椭球面是否需要加三差改正问题，《工程测量规范》相应的规定为：高山地区二、三等三角形网的水平角观测，如果垂线偏差和垂直角较大，其水平方向观测值应进行垂线偏差改正；《城市测量规范》并没有规定必须要对导线网和边角组合网的水平方向观测值进行三差改正；《三、四等导线测量规范》中也未做相关规定。

6.2.2 地面长度的归算

目前，地面上平面控制测量观测的边长通常为电磁波测距的斜距，见图 6-9。将其归算到椭球面的计算公式为

$$D_0=\sqrt{\frac{S^2-(H_2-H_1)^2}{\left(1+\dfrac{H_1}{R_A}\right)\left(1+\dfrac{H_2}{R_A}\right)}}+\frac{S^3}{24R_A^2} \tag{6-12}$$

式中，S 为电磁波测距斜距边长；H_1、H_2 为 A、B 点大地高（大地高＝正常高＋高程异常）；R_A 为测站点 A 在 AB 方向的曲率半径。

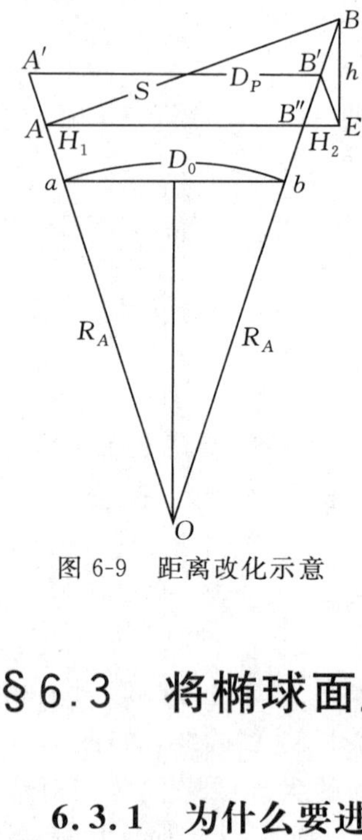

图 6-9 距离改化示意

将式(6-12)进一步化简可得

$$D_0=S-\frac{h^2}{2S}-S\frac{H_m}{R_A}+\frac{S^3}{24R_A^2} \tag{6-13}$$

式中，$H_m=(H_1+H_2)/2$，为平均高程；$H=(H_2-H_1)$，为两点间高差。

显然，式(6-13)右端第二项是由于控制点高差引起的倾斜改正的主项，经过此项改正，斜距已变成平距；第三项是由平均测线高出参考椭球面而引起的投影改正，经过此项改正，测线已变成椭球面上两点间的弦线；第四项为弦长改化为弧长的改正项，此项数值微小（当边长为 10 km 时仅为 1 mm），有时可以忽略。式(6-12)还可表达为

$$D_0=\sqrt{S^2-h^2}\left(1-\frac{H_m}{R_A}\right)+\frac{S^3}{24R_A^2} \tag{6-14}$$

§6.3 将椭球面上的观测元素归算至高斯平面——高斯投影

6.3.1 为什么要进行投影

测绘工作的主要任务之一，是布设控制网并测绘各种比例尺的地形图。地形图是把地球表面上的地形、地物按一定的要求用平面图形表示出来。测绘时，把地面作为平面看待，也就是把一个平面上的图形画到另一个平面上的问题。这样做，当测区范围较小时是可以的。然而当在较大的测区内布设整体的控制网时，就必须考虑到地面不是一个平面，而是一个曲面（椭球面）。这就产生如何把椭球面上的图形描绘到另一个平面上的问题。将大范围的一块椭球面展平是不可能的，强行展平就必然出现折皱或破裂。如何解决这个矛盾？在测绘工作中

是用所谓“投影”的方法来解决。

椭球面是平面控制测量计算的基准面，控制测量的一切成果都应换算到这个表面上，并最后求得控制点的大地坐标。§6.2 节已经将地面上的观测方向和边长归算至椭球面，实际上在椭球面上进行计算工作是很复杂的。如果按一定的投影规律，先将椭球面上的起算元素和观测元素换算为相应的平面元素，然后在平面上进行各种计算（坐标、边长、方位角等）就简单多了。

上面这些理由都要求我们来研究投影问题，即如何将椭球面的测量元素归算到平面上。

6.3.2　高斯投影的概念

椭球面不是一个像圆柱面、圆锥面那样可以展平的曲面，所以把它上面的图形投影到平面上必然要发生变化，这种变化称为投影变形。投影变形通常分角度变形、长度变形和面积变形三种。人们根据生产的需要，可以选择满足某种规律的投影方法，使某种变形为零，或使全部变形减小到某种程度。在这里，投影存在变形是绝对的，不变形是相对的。如果在投影时要求没有某种变形，就必然会增大另一方面的变形，但不可能有不变形的方法。在测量上，一般要求椭球面上从一点出发的任意两个方向的夹角投影后保持不变。这是因为，角度不变就意味着在小范围内的图形相似。因而地形图上的图形同椭球面上的图形保持相似，这样在使用上将有很大的便利。

另一方面，平面控制测量主要的观测值是角度，既然投影后角度不变，角度换算工作量就会大大减小。这种使角度保持不变形的投影，称为正形投影或保角投影。

根据正形投影的特性，可以引出下面几个推证。

（1）投影面上的角度与椭球面上的相应角度相等，即角度变形为零。

（2）长度发生变形，即投影面上线段的长度与椭球面上相应线段的长度不相等，两个面上微小线段长度比值，称为长度比，以符号 K 表示，即 $K=\mathrm{d}s/\mathrm{d}S$。

（3）在微小范围内，各方向的长度比 K 保持相同，即 K 与方向无关。就是说，在微小范围内从某一点出发的各方向长度比总是相等的。但是在大范围内，各处的长度比 K 必定是不同的，即 K 随点位置的改变而异。

高斯投影是正形投影的一种。高斯投影也叫横轴椭圆柱正形投影，如图 6-10 所示，设想将平面卷成一个椭圆柱，再把它横套在椭球体外面，使椭圆柱恰好与椭球体的某一条子午线相切，相切的子午线称为中央子午线（或称轴子午线）；椭圆柱的中心轴在赤道面上，通过椭球的中心 O，并与椭球的短轴正交。然后将中央子午线东西各一定经差范围内椭球面上的元素，按正形投影的规律，投影到椭圆柱面上，把柱面展开，就得到在投影面上的相应元素。这个投影平面，简称高斯平面。

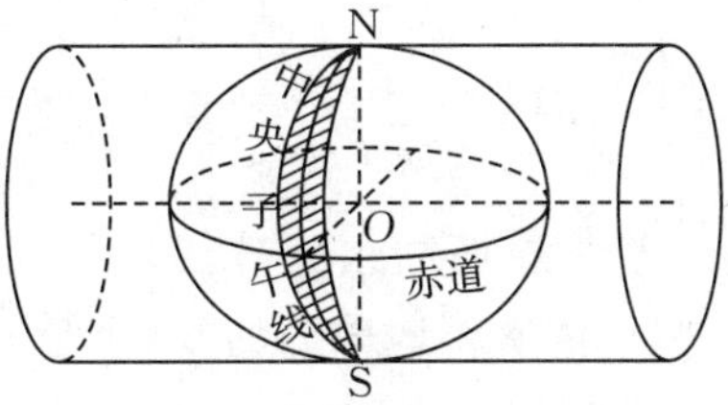

（a）

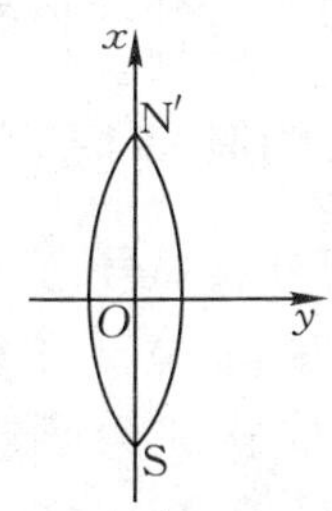

（b）

图 6-10　横轴椭圆柱正形投影示意

高斯投影的特征有：

(1)椭球面上的角度，投影后保持不变。

(2)中央子午线投影后为一直线，且其长度保持不变，距中央子午线越远，长度变形越大。

(3)赤道投影后是一条与中央子午线正交的直线。

(4)椭球面上除中央子午线外，其余子午线投影后均向中央子午线弯曲，并向两极收敛。

(5)椭球面上对称于赤道的平行圈，投影后为对称的曲线，它与子午线的投影正交，并凹向两极。

在高斯投影面上，因为中央子午线和赤道的投影都是直线，以中央子午线与赤道交点 O 为坐标原点，以中央子午线的投影为纵坐标轴，即 x 轴，以赤道的投影为横坐标轴，即 y 轴，这就构成了投影平面上的直角坐标系。例如，椭球面上任意一点 A，其大地坐标为(B,L)，投影后在平面上有一对应点 a，其平面坐标为(x,y)。

§6.4 高斯投影的分带

6.4.1 为什么要分带

高斯投影虽然不存在角度变形，但是长度变形是存在的。除中央子午线保持长度不变外，只要离开中央子午线，任何一段长度投影后都要发生变形，而且离中央子午线越远，长度变性越大，为此要加以限制，使其在测图和用图上的影响较小，以至于忽略。限制长度变形最有效的方法是“分带”，即把投影的区域限制在中央子午线两旁的一定范围内。具体做法是先将地球椭球面沿子午线划分成若干个经差相等(如 6°或 3°)的瓜瓣形，然后分别按高斯投影规律进行投影，于是得出不同的投影带。位于各带中央的子午线即为中央子午线；用以分带的子午线叫作分带子午线。显然在一定的范围内，如果带分得越多，则各带所包括的范围越小，长度变形自然越小。

分带后，各带将有自己的坐标轴和原点，形成自己的坐标系，这样在相邻两带的分带子午线两侧的各点各属不同坐标系的坐标。为了生产实践的需要，就产生了一个建立带与带之间的相互联系问题，从这个角度出发，又要求分带不要太多。

按照国际上统一规定，我国投影分带主要有 6°分带和 3°分带。在工程测量和测图中，根据工程测量的特殊要求，为了使长度变形更小，往往采用 1.5°分带或任意分带。

对于测图而言，我国规定对于 1∶2.5 万至 1∶10 万比例尺的国家基本图采用 6°分带，对于 1∶1 万或更大比例尺的地形图规定采用 3°分带，对于 1∶1 000、1∶500 或更大比例尺的地形图，一些工程测绘单位往往根据其特殊的要求采用 1.5°分带或独立投影带。

6.4.2 分带的具体规定

1. 投影带的划分及编号

高斯投影 6°分带，自 0°子午线起每隔经差 6°自西向东分带，即 0°～6°为第一带(中央子午线的经度 $L_0=3°$)；6°～12°为第二带($L_0=9°$)；依次将地球分为 60 个带，各带中央子午线的经度 L_0 与带的号数 N 有如下关系

$$L_0=6°N-3 \tag{6-15}$$

3°带是在 6°带的基础上划分的，6°带的中央子午线和分带子午线都是 3°带的中央子午线。第一个 3°带的中央子午线为 3°，第二带的中央子午线为 6°，……，各带依次自西向东编号。设 3°带的带号以 n 表示，则 3°带的中央子午线经度为

$$L_0 = 3n \tag{6-16}$$

我国境内 6°分带的中央子午线经度，由 75°起至 135°，共分为 11 个带，即 6°分带为 13～23 带，而 3°带则为 25～45 带共 21 个带。图 6-11 是 6°带和 3°带的划分情况。

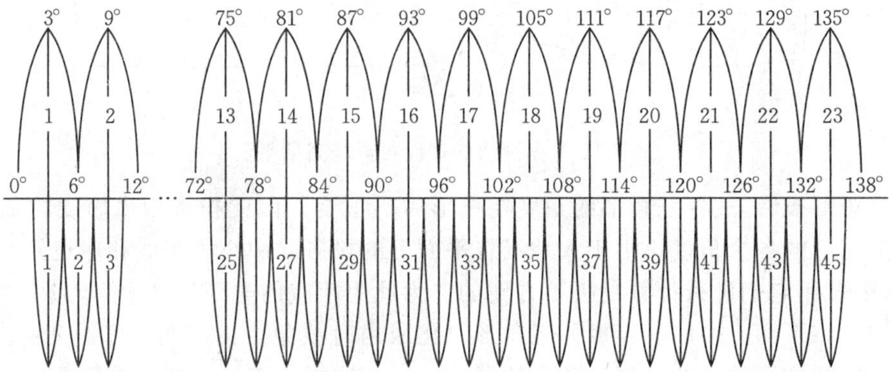

图 6-11　6°投影带与 3°投影带的关系

2. 坐标写法的规定

高斯平面直角坐标是以中央子午线的投影为 x 轴，赤道的投影为 y 轴，各个投影带自成一个直角坐标系统。为了区别不同投影带内点的坐标，规定在横坐标 y 值前面冠以带号，此外为了避免横坐标出现负值，还规定将 y 值加上 500 km（6°带中横坐标 y 的实际值最大约为 330 km）。例如，某点坐标 $y = 20\,637\,538.36$ m，则可知此点位于 6°分带第 20 带（$L_0 = 117°$），该点相对于中央子午线的横坐标 $y = 637\,538.36 - 500\,000 = 137\,538.36$ m，即该点实际位于坐标纵轴以东 137 538.36 m。又如某点的坐标 $y = 26\,428\,368.45$ m，则该点位于 3°带第 26 带。因我国最东面的 6°带仅是 23 带，纵坐标无论在哪一带都是由赤道起算的实际值，x 对北半球而言始终为正值。

§6.5　将平面控制网投影至高斯平面

常规平面控制网的形式有三角形网和导线网，将平面控制网的各元素归算至椭球面后，还不能在椭球面上进行计算，最终必须要将其投影至高斯平面。

以三角网为例进行投影，导线网会更简单。设在椭球面上有一个三角网，如图 6-12(a)所示，P_1 为已知点，其大地坐标为(B,L)，起算边 P_1P_2 的长度为 S_{12}，大地方位角为 A_{12}，均为已知。三角网中各个角度均已观测，并已归化到参考椭球上。现在讨论为了将三角网投影到高斯平面上，应进行哪些计算。

图 6-12(b)所示是该三角网在高斯平面上的投影。投影带的中央子午线和赤道投影后成为直角坐标的 x 轴和 y 轴。子午线 P_1N 投影后成为曲线 P'_1n；过 P'_1 作辅助线 P'_1t 平行于 x 轴，由 P'_1t 顺时针至 $P'_1P'_2$ 的角度称为 P'_1 至 P'_2 的坐标方位角，以符号 α_{12} 表示。直线 P'_1t 与曲线 P'_1n 在 P'_1 处切线的夹角为 γ，称为 P'_1 点的平面子午线收敛角。

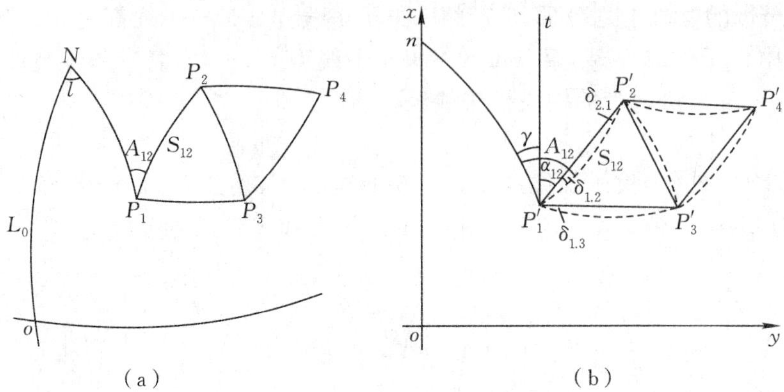

图 6-12 三角网从椭球面投影至高斯平面

由于是正形投影,故各三角形的角度在投影后仍不变。因此投影后由虚线构成的角度等于椭球面上对应的各个角度。由于大地线在平面上的投影除中央子午线和赤道外都不是直线而是曲线,因此用它们进行计算是极不方便的。为此用相应的 $P'_1P'_2$、$P'_1P'_3$、$P'_2P'_3$ 等弦来代替它们。这样就将平面上由曲线组成的三角形改化成由直线组成的三角形了,于是三角形的解算和平面坐标的计算都可按平面三角形的公式进行。这样计算工作就比较简单了。

大地线的投影线与弦线的夹角 δ_{12}、δ_{13} 等称为方向改正,又称曲率改正。椭球面上的起算边长 S 换算为投影平面上的边长 s,所加的改正 Δs 称为距离改正,又称距离改化。

根据以上所述,将椭球面上的三角网投影到高斯平面将涉及下列计算:

(1)椭球面上起始点的大地坐标 (B,L) 经投影后换算为高斯平面直角坐标(x,y)。

(2)将起算边的大地方位角 A_{12} 换算成平面上的坐标方位角 α_{12}。

由图 6-12(b)得

$$\alpha_{12} = A_{12} - \gamma + \delta_{12} \tag{6-17}$$

式中,δ_{12} 为 P'_1至 P'_2的方向改正,在计算时已顾及它的符号;γ 为平面子午线收敛角。

为此,为将起算边的大地方位角 A_{12} 换算成平面上的坐标方位角 α_{12},首先必须计算方向改正 δ_{12} 和平面子午线收敛角 γ。

(3)计算三角网各方向的方向改正值 δ,使得在高斯平面上相应的三角网均由直线构成。

(4)计算起算边长由椭球面归化到投影平面上所应加的距离改正 Δs,并求出其在高斯平面上的长度 s。

上述各项计算完毕后,即可在平面上进行三角网平差,最后计算三角网点的平面直角坐标。

许多时候,在将椭球面上的控制网投影至高斯平面时,坐标方位角 α_{12} 和起算点坐标 (x,y) 均已知。此时,将椭球面上平面控制网投影至高斯平面,只需进行方向改正和距离改正即可。

§6.6 高斯投影的正反算计算公式

前已提及,为将椭球面上三角网投影到高斯平面,首先必须要把椭球面上一点的坐标投影为高斯平面上的坐标,很多时候也需要逆向计算。

已知椭球面上一点的大地坐标 (B,L)，将其投影为高斯平面上，坐标为(x,y)，这个过程称为高斯投影正算（简称为正算）；反之，已知高斯投影面上的一点坐标(x,y)，计算它在椭球面上的大地坐标(B,L)，这个过程称为高斯投影反算（简称为反算）。

6.6.1 高斯投影正算公式

正算公式可以写成

$$\left.\begin{aligned} x &= f_1(B,L) \\ y &= f_2(B,L) \end{aligned}\right\} \tag{6-18}$$

式中，(B,L) 是已知的；(x,y) 是要求的。其中，L 是大地经度，是从格林尼治子午圈起算的。

在高斯投影的实际工作中，为了限制投影的变形程度，将椭球面按子午线分成若干带，每一带都有自己的中央子午线和坐标原点。因而在这个带内任一点的大地坐标应该是相对于中央子午线 L_0 的大地坐标。也就是说，高斯投影公式中的 L 应该用 $l=L-L_0$ 代替。此时正算公式的一般形式应写成

$$\left.\begin{aligned} x &= f_1(B,l) \\ y &= f_2(B,l) \end{aligned}\right\} \tag{6-19}$$

在使函数 f_1、f_2 满足高斯投影的条件下，可以导出它的级数形式。由于推导过程较复杂，这里只给出最终推导结果。

1. 高斯坐标投影正算公式

$$\left.\begin{aligned} x &= X + \frac{N}{2}\sin B\cos B l^2 + \frac{N}{24}\sin B\cos^3 B(5-t^2+9\eta^2+4\eta^4)l^4 + \\ &\quad \frac{N}{720}\sin B\cos^5 B(61-58t^2+t^4)l^6 \\ y &= N\cos B l + \frac{N}{6}\cos^3 B(1-t^2+\eta^2)l^3 + \\ &\quad \frac{N}{120}\cos^5 B(5-18t^2+t^4+14\eta^2-58\eta^2 t^2)l^5 \end{aligned}\right\} \tag{6-20}$$

式中，X 为自赤道起至纬度B 的子午线弧长，计算见式(6-3)或式(6-21)、式(6-22)；N 为卯酉圈曲率半径；B 为大地纬度；l 为某点与中央子午线的经差，$l=L-L_0$，以弧度为单位；$t=\tan B$，$\eta^2=e'^2\cos^2 B$。

式(6-20)即为将大地坐标 (B,l) 转换为高斯平面直角坐标(x,y) 的计算公式。可以看出，x 坐标是经差l 的偶次方函数，y 是l 的奇次方函数，因此，如果纬度不变而只改变l 的符号，则 x 不变。这就是说，如果椭球面上有两点 P_1、P_2 对称于中央子午线，则它们的投影 P'_1、P'_2 也必对称于 x 轴。

若 l 不超过 3.5°，则式(6-20)的计算精度可达 0.001 m。

2. 子午线弧长 *X* 的计算公式

将克拉索夫斯基椭球和 1975 国际椭球的相关参数带入式(6-3)可以得到子午线弧长计算公式。

1)对于克氏椭球

$$X=111\,134.861\,084B^{\circ}-(32\,005.779\,874\,6\sin B+133.923\,808\sin^{3}B+0.697\,263\,5\sin^{5}B+0.003\,938\sin^{7}B+0.000\,023\sin^{9}B)\cos B \tag{6-21}$$

2)对于 1975 年国际椭球

$$X=111\,133.004\,780B^{\circ}-(32\,009.857\,530\sin B+133.960\,153\sin^{3}B+0.697\,553\sin^{5}B+0.003\,940\sin^{7}B+0.000\,022\sin^{9}B)\cos B \tag{6-22}$$

式(6-21)和式(6-22)中，X 的单位为 m。

6.6.2 高斯投影反算公式

反算公式是将平面上的点正形投影到椭球面上的公式。一般式为

$$\left.\begin{aligned}B&=\varphi_1(x,y)\\ l&=\varphi_2(x,y)\end{aligned}\right\} \tag{6-23}$$

式中，(x,y) 是已知的；(B,l) 是要求的。

1. 高斯坐标投影反算公式(计算精度 0.01″)

$$\left.\begin{aligned}B&=B_f-\frac{t_f}{2M_fN_f}y^2+\frac{t_f}{24M_fN_f^3}(5+3t_f^2+\eta_f^2-9\eta_f^2t_f^2)y^4\\ l&=\frac{1}{N_f\cos B_f}y-\frac{1}{6N_f^3\cos B_f}(1+2t_f^2+\eta_f^2)y^3+\frac{1}{120N_f^5\cos B_f}(5+28t_f^2+24t_f^4)y^5\end{aligned}\right\} \tag{6-24}$$

式中，M 为子午圈曲率半径；B_f 为底点纬度，也叫垂足纬度，是 $x=X$（自赤道起算的子午线弧长）处所对应大地纬度；具有 f 下标的各量都表示该量是底点纬度的函数。

2. 底点纬度 B_f 计算公式(精度 0.000 1″)

1)对于克氏椭球

(1)当 $x<3\,000$ km 时

$$B_f^{\circ}=9.043\,533\,012\,94x-0.000\,000\,496\,04x^2-0.000\,753\,107\,33x^3-0.000\,000\,843\,07x^4+0.000\,004\,260\,55x^5-0.000\,000\,101\,48x^6 \tag{6-25}$$

(2)当 3 000 km$<x<$6 000 km 时

$$B_f^{\circ}=27.111\,153\,725\,95+9.024\,682\,750\,83(x-3)-0.005\,797\,404\,42(x-3)^2-0.000\,435\,325\,72(x-3)^3+0.000\,048\,572\,85(x-3)^4+0.000\,002\,157\,27(x-3)^5-0.000\,000\,193\,99(x-3)^6 \tag{6-26}$$

2)对于 1975 年国际椭球

(1)当 $x<3\,000$ km 时

$$B_f^{\circ}=9.043\,690\,663\,13x-0.000\,000\,496\,18x^2-0.000\,753\,255\,05x^3-0.000\,000\,843\,30x^4+0.000\,004\,261\,57x^5-0.000\,000\,101\,50x^6 \tag{6-27}$$

(2)当 3 000 km$<x<$6 000 km 时

$$B_f^{\circ}=27.111\,622\,894\,65+9.024\,836\,577\,29(x-3)-0.005\,798\,506\,56(x-3)^2-0.000\,435\,400\,29(x-3)^3+0.000\,048\,583\,57(x-3)^4+0.000\,002\,157\,69(x-3)^5-0.000\,000\,194\,04(x-3)^6 \tag{6-28}$$

式(6-25)～式(6-28)中，x 均以"1 000 km"为单位。

§6.7　平面子午线收敛角

当需要把椭球面上控制网的大地方位角转化为高斯平面上的坐标方位角时，必须已知平面子午线收敛角 γ。其次在使用地形图时，也需要知道 γ(图上的坐标轴与真北方向的偏差角)。在进行工程设计时，平面子午线收敛角 γ 也有一定的参考意义。

图 6-13 中，P 点是椭球面上一点在平面上的投影，曲线 nP 和 dP 分别是过该点的子午线和平行圈的投影，直线 tP 平行于 x 轴，则曲线 nP 的切线与 tP 的夹角为 γ，即平面子午线收敛角。由于 P 点处的子午线和平行圈的投影互相垂直，所以这两条曲线的切线也互相垂直，因而平行圈的切线同 y 轴的夹角也等于 γ。如果已知平行圈投影的方程式为 $y=f(x)$，则按导数定义可知

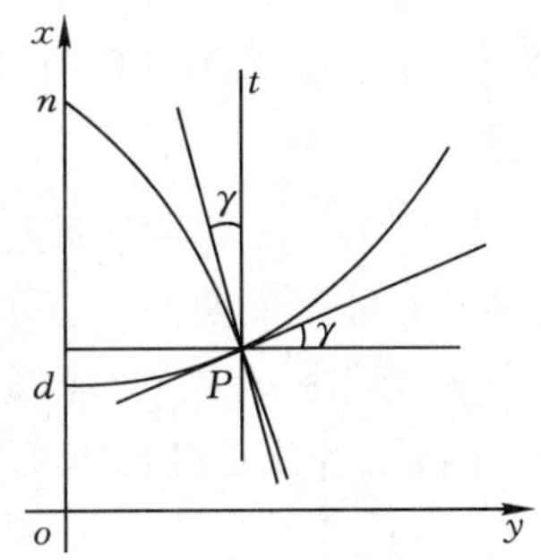

图 6-13　平面子午线收敛角示意

$$\tan\gamma=\frac{\mathrm{d}x}{\mathrm{d}y} \tag{6-29}$$

将式(6-29)中的分子分母同除以 $\mathrm{d}l$，则可得

$$\tan\gamma=\frac{\mathrm{d}x}{\mathrm{d}l}\Big/\frac{\mathrm{d}y}{\mathrm{d}l} \tag{6-30}$$

式(6-30)中的 $\frac{\mathrm{d}x}{\mathrm{d}l}$、$\frac{\mathrm{d}y}{\mathrm{d}l}$ 为新的导数，可以由投影正算公式对 l 求导而得。对于某一平行圈而言，因为 P 点是沿着平行圈移动，B 为常量，即 $\mathrm{d}B=0$，$\mathrm{d}l$ 为常量。因此，只要将式(6-20) 对 l 求导数，代入式(6-30)中，然后再将函数展开为级数取至 l 的 5 次项即可得

$$\gamma''=l''\sin B+\frac{l''^3}{3\rho^2}\sin B\cos^2 B(1+3\eta^2+2\eta^4)+\frac{l''^5}{15\rho^4}\sin B\cos^4 B(2-t^2) \tag{6-31}$$

式(6-31) 即由大地坐标(B,l) 计算平面子午线收敛角 γ 的公式。式中可以看出，当 P 点在中央子午线以东时 γ 为正，以西时为负。

事实上用一点的 (x,y) 坐标也可以直接求出 γ，公式为

$$\gamma=\frac{y}{N_f}t_f-\frac{y^3}{3N_f^3}t_f(1+t_f^2-\eta_f^2-2\eta_f^4)+\frac{y^5}{15N_f^5}t_f(2+5t_f^2+3t_f^4) \tag{6-32}$$

§6.8 方向改正和距离改正

6.8.1 方向改正

方向改正的意义，前面已经讲过，这里不再赘述。下面推导适用于三等以下三角测量的方向改正计算公式。

在椭球面上需要将观测方向改正到大地线上，设在椭球面上有大地线 D_1D_2，见图6-14(a)。因其长度较短，可以将 D_1D_2 所在的一块椭球体面视为圆球面，圆球的半径为相应于 D_1 和 D_2 平均纬度的平均曲率半径。可以看出，这时椭球面上经 D_1 和 D_2 的两条平行圈范围内的一个环形带，可以认为是这个圆球的一部分。在这个圆球上 D_1D_2 就成了大圆弧。经过 D_1 和 D_2 点作 $\widehat{D_1E_1}$ 及 $\widehat{D_2E_2}$ 垂直于中央子午线 OP。$D_1D_2E_2E_1$ 将是一个球面四边形。

设 $\widehat{D_1D_2}$ 在高斯平面上的投影为曲线 d_1d_2，见图 6-14(b)。$\widehat{D_1E_1}$ 和 $\widehat{D_2E_2}$ 在平面上投影，理论上可以证明是一条直线，且垂直于 x 轴，所以四边形 $D_1D_2E_2E_1$ 在平面上被投影成 $d_1d_2e_2e_1$，其中 d_1d_2 为曲线。由于是正形投影，$d_1d_2e_2e_1$ 四边形内各顶点处的平面角等于 $D_1D_2E_2E_1$ 各顶点处的球面角。

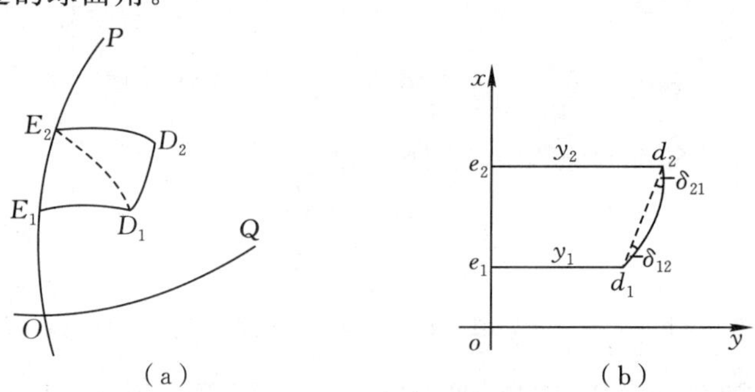

图 6-14 方向改正示意

在四边形 $D_1D_2E_2E_1$ 中，如果用大圆弧连接 D_1 和 E_2 两点，则将此四边形分成两个球面三角形。设两个球面三角形的球面角超分别为 ε_1 及 ε_2，则此四边形四个顶角之和为

$$四角和 = (180° + \varepsilon_1) + (180° + \varepsilon_2) = 360° + \varepsilon_1 + \varepsilon_2$$

由此可知，平面上图形中四个顶点角之和也必须大于 360°，这就说明平面上的 d_1d_2 必须是弯曲的线，其凸形的一面背着中央子午线。

设曲线 d_1d_2 与连接 d_1 和 d_2 的弦线所组成的角在 d_1 处为 δ_{12}，在 d_2 处为 δ_{21}，此即为方向改正数，在平面上四边形四个顶角之和为

$$四角和 = 360° + \delta_{12} + \delta_{21}$$

因球面上及平面上四角之和相等，所以 $\varepsilon_1 + \varepsilon_2 = \delta_{12} + \delta_{21}$。

众所周知，在球面上，球面角超为

$$\varepsilon = \frac{p}{R_m^2}\rho'' \tag{6-33}$$

式中，p 为球面三角形的面积；R_m 为球的半径。所以四边形 $D_1D_2E_2E_1$ 的球面角超为

$$\varepsilon_1+\varepsilon_2=\frac{1}{R_m^2}(p_1+p_2) \tag{6-34}$$

式中，p_1 及 p_2 为球面三角形 $D_1D_2E_2$ 及 $D_1E_2E_1$ 的面积。因为球面角超的值很小，在计算三角形面积时可用平面三角形来代替。于是以 p_1+p_2 等于平面上的梯形 $d_1d_2e_2e_1$ 的面积。此梯形的上下底为 y_1 及 y_2，其高为 x_2-x_1，x_1 及 x_2 为 d_1 及 d_2 的纵坐标，所以

$$p_1+p_2=(x_2-x_1)\frac{y_1+y_2}{2}=(x_2-x_1)y_m \tag{6-35}$$

式中，$y_m=(y_1+y_2)/2$，是 d_1d_2 两点横坐标的中数，因而

$$\delta_{12}+\delta_{21}=\frac{1}{R_m^2}(x_2-x_1)y_m \tag{6-36}$$

一般说来，δ_{12} 及 δ_{21} 的绝对值是不相等的，但当两点间的距离在 8 km 以下时，则可以认为它们的绝对值相等而符号相反，即 $\delta_{12}=-\delta_{21}$。δ 的正负符号取决于 x_2-x_1 及 y_m（y_m 取自然值）。因为 δ 是加到观测方向值上的，而方向值又是顺时针增加的，所以方向改正数 δ_{12} 及 δ_{21} 应以代数形式加到观测方向值上。方向改正的最终公式为

$$\left.\begin{aligned}\delta''_{12}&=\frac{\rho''}{2R_m^2}(x_1-x_2)y_m\\ \delta''_{21}&=\frac{\rho''}{2R_m^2}(x_2-x_1)y_m\end{aligned}\right\} \tag{6-37}$$

式(6-37)即为满足三、四等计算精度的方向改正计算公式。

6.8.2　距离改正

将椭球面上的大地线投影到高斯平面上，因长度变形而加的改正数称为距离改正。

图 6-15 中以 S 表示椭球面上 A、B 两点间的大地线长，以 s 表示大地线 AB 投影到高斯平面上的长度，以 D 表示曲线 s 的弦长。前面已经提到，在平面上解算的三角形应当是直线边。因为方向改正 δ 很微小，当 $s=30$ km 时，δ 最大约为 20″，并可求得 $\frac{(s-D)}{D}<0.5\times10^{-8}$，所以曲线长 s 与弦长 D 可以看作是相等的。

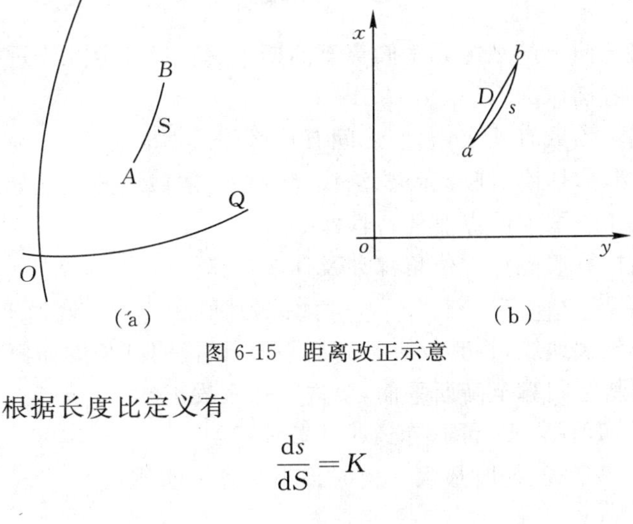

（a）　　（b）

图 6-15　距离改正示意

在高斯投影中，根据长度比定义有

$$\frac{\mathrm{d}s}{\mathrm{d}S}=K \tag{6-38}$$

经推导,得到由 (x,y) 求长度比 K 的公式为

$$K=1+\frac{y^2}{2R^2} \tag{6-39}$$

将式(6-39)带入式(6-38)得

$$K=\frac{\mathrm{d}s}{\mathrm{d}S}=1+\frac{y^2}{2R^2}$$

则

$$\mathrm{d}s=\left(1+\frac{y^2}{2R^2}\right)\mathrm{d}S \tag{6-40}$$

式中,y 为点 A 的横坐标;R 为平均曲率半径。由于三角网的边长与地球半径相比是很微小的,故在实际计算中,分别以 D 代替 $\mathrm{d}s$、S 代替 $\mathrm{d}S$、y_m 代替 y、R_m 代替 R。

式(6-40)可写成

$$D=\left(1+\frac{y_m^2}{2R_m^2}\right)S=S+\frac{y_m^2}{2R_m^2}S$$

由此得

$$D-S=\Delta S=\frac{y_m^2}{2R_m^2}S \tag{6-41}$$

式中,ΔS 就是距离改正数。从式(6-41)可以看出,距离改正数 ΔS 与边长有关,还与该线段所在位置有关,S 越长,改正数越大;y_m 越大,即离中央子午线越远,改正数也越大。当 $y_m=0$ 时,$K=1$,则 $\Delta S=0$,这就说明,在中央子午线上的大地线长度投影后长度不变,在其他位置都要加距离改正,并且 ΔS 永远为正值。

例:已知 A、B 两点在椭球面上的大地线长度为 3 170.534 m,$y_A=60.1$ km,$y_B=62.5$ km,地球半径取 6 377 km,求投影到高斯平面上的长度。

解:将已知数据带入式(6-41)得 $\Delta S=0.146$ m,最后得

$$D=3\,170.534+0.146=3\,170.680\ \text{m}$$

思 考 题

1. 为何必须要将地面上的观测元素归算至高斯平面?通常分几步进行?
2. 为何要引进参考椭球面?
3. 描述椭球的基本参数有几个,它们之间有什么关系?
4. 平行圈、子午圈、卯酉圈、椭球赤道、法线、法截面、法截线的概念分别是什么?
5. 同一平行圈或子午圈上的点有何特性?
6. 将大地方位角换算成坐标方位角都涉及什么计算?
7. 投影变形比 K 与______有关,与______无关,其值在______处为 1。
8. 椭球面上有一条大地线,将其投影至高斯平面,试说明其长度如何变化?
9. 将地面上观测斜距归算至高斯平面,要进行什么改正?
10. 判断:子午圈、卯酉圈、平行圈、赤道是法截线吗?
11. 何谓卯酉圈曲率半径,何时最大?何时最小?各为何值?

12. 何谓子午圈曲率半径，当 $B=0°$ 和 $B=90°$ 时为何值？

13. 任意方向法截弧曲率半径与什么有关？

14. “三差改正”是用来做什么的？它们都是由什么引起的？

15. 在进行平面控制测量时，必须要进行三差改正吗？

16. 在建立工程控制网时，一般情况下可以认为地面观测值就是椭球面上的观测值，那么，为什么不在椭球面上直接平差而要投影到平面上进行平差？在将地面长度（如 10 km）换算至椭球面的计算中，可否用正常高代替大地高？试作定量分析。

17. 已知某点的大地坐标 $B=32°23'46.6''$、$L=112°44'12.2''$，求其在 6°带内的高斯平面直角坐标及该点的子午线收敛角，并反算检核。

第 7 章　高程控制测量

§7.1　概　述

高程控制测量是进行各种大比例尺地形图测绘和工程测量的高程控制基础，建立高程控制网的常用方法有水准测量、三角高程测量和 GPS 高程测量。本章主要讨论用精密水准测量建立高程控制网的方法，并简单介绍三角高程测量及 GPS 高程测量。

7.1.1　高程基准面与高程系统

1. 高程基准面和水准原点

高程基准面就是地面高程的统一起算面，由于大地水准面所包围的形体——大地体是与整个地球最为接近的形体，因而，通常采用大地水准面作为高程基准面。

大地水准面是假想海洋处于完全静止和平衡状态时的海水面，并延伸到大陆地面以下所形成的闭合曲面。事实上，海洋受着潮汐、风力等的影响，永远不会处于完全静止和平衡状态，总是存在着不断的起伏运动，但是可以在海洋近岸的一点竖立水位尺，成年累月地观测海水面的水位升降运动，根据长期观测的结果可以求出该点海洋水面的平均位置。人们假定大地水准面就是通过这点的实测平均海水面。

长期观测海水面水位升降的工作称为验潮，进行这项工作的场所称为验潮站。

各地的验潮结果表明，不同地点的平均海水面之间存在着差异，因此，对于一个国家来说，只能根据一个验潮站所求的平均海水面作为全国高程的统一起算面——高程基准面。

我国新的高程基准面是根据青岛验潮站 1952 年至 1979 年间的验潮资料计算确定的，这个高程基准面作为全国高程的统一起算面，称为 1985 国家高程基准。

地面上的点相对于高程基准面的高度，通常称为绝对高程或海拔，也简称为标高或高程。例如，珠穆朗玛峰高出 1985 国家高程基准面 8 844.43 m，则珠穆朗玛峰高程为 8 844.43 m。

为了长期、牢固地表示出高程基准面的位置，作为传递高程的起算点，必须建立一个水准原点并用精密水准测量方法与验潮站的水准标尺进行联测，从而求得水准原点的高程，作为全国各地推算高程的依据。

我国的水准原点实际上是由水准原点网构成，水准原点网由主点、参考点和附点共六个点组成。水准原点用坚固稳定的标石加以标志，标石的形状和规格见图 7-1，此标石用混凝土牢固地浇注在坚固的岩石中。

我国的水准原点网设在青岛附近，建于 1955 年。用精密水准测量将水准原点网点与验潮站的水准标尺进行联测求得原点高程，将该高程作为全国的起算高程。

2. 高程系统

我国曾采用 1956 年黄海高程系，这个高程系的高程基准面是根据青岛验潮站 1950 年至 1956 年 7 年间的验潮资料求得的平均海水面位置。1956 年黄海高程系的高程基准面的确立，对统一全国高程有其重要的历史意义，对国防和经济建设、科学研究等方面起了重要的作用。但从潮汐变化周期来看，确定 1956 年黄海高程系的平均海水面所采用的验潮资料时间短，还不到潮汐变化的一个周期(一个周期为 18.61 年)，同时又发现验潮资料中含有粗差，因此有必要重新确定新的国家高程基准。

1987 年 5 月，经国务院批准，国家测绘局发布，从 1988 年 1 月 1 日启用 1985 国家高程基准。今后凡涉及高程基准时，一律由原来的 1956 年黄海高程系改用 1985 国家高程基准。由于新布测的国家一等水准网点是以 1985 国家高程基准起算，因此，今后凡进行各等级水准测量、三角高程测量及各种工程测量，都应尽可能与新布测的国家一等水准网点联测，即使用国家一等水准测量成果作为传递高程的起算值。如果不便于联测，可在 1956 年黄海高程系高程值上改正一固定数值，而得到以 1985 国家高程基准为基准的高程值。我国的水准原点高程，相对于 1956 年黄海高程系是 72.289 3 m，相对于 1985 年高程基准是 72.260 4 m。

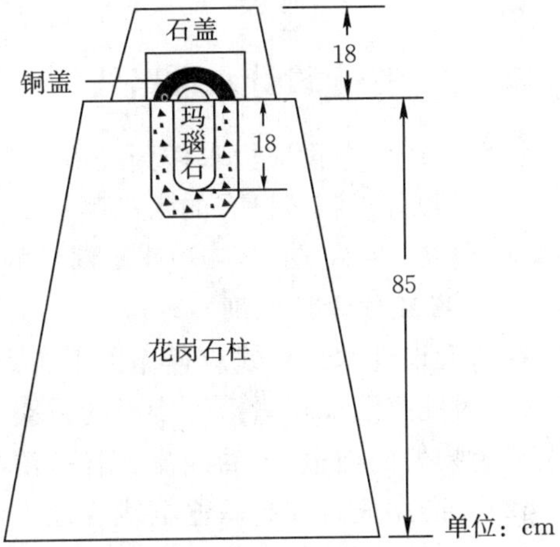

图 7-1　我国水准原点的形状和规格

7.1.2　水准测量主要技术指标

我国基本高程控制测量的等级为一、二、三、四等，一等为控制网的骨架，二等为全面基础，三、四等为加密控制。为满足工程测量实际需要，《工程测量规范》对高程控制等级的划分进行了调整，即二、三、四、五等。三等及以上高程控制测量应采用水准测量方法，四等及以下可以采用电磁波测距三角高程测量或 GPS 高程测量。

水准测量是进行高程控制测量主要方法，其在《工程测量规范》中规定的主要技术要求见表 7-1。

表 7-1　水准测量的主要技术要求

等级	每千米高差全中误差/mm	路线长度/km	水准仪型号	水准尺	观测次数		往返较差、附合或环线闭合差/mm	
					与已知点联测	附合或环线	平地	山地
二等	2	—	DS1	因瓦	往返各一次	往返各一次	$4\sqrt{L}$	—
三等	6	≤50	DS1	因瓦	往返各一次	往一次	$12\sqrt{L}$	$4\sqrt{n}$
			DS3	双面		往返各一次		
四等	10	≤16	DS3	双面	往返各一次	往一次	$20\sqrt{L}$	$6\sqrt{n}$
五等	15	—	DS3	单面	往返各一次	往一次	$30\sqrt{L}$	—

注：(1)节点之间或节点与高级点之间，其路线的长度，不应大于表中规定的 0.7 倍。

(2) L 为往返测段、附合或环线的水准路线长度，单位为 km；n 为测站数。

(3)数字水准仪测量的技术要求和同等级的光学水准仪相同。

§7.2 水准测量的选点埋石

水准测量工作的开始，首先应设计水准路线、组成水准网、埋设水准点标石，并绘制水准点点之记。

7.2.1 图上设计水准路线

水准路线的布设应力求做到经济合理，因此，设计水准路线时首先要对测区情况进行调查研究，搜集和分析测区已有的水准测量资料，拟定出比较合理的布设方案。如果测区的面积较大，则应先在1∶1万～1∶10万比例尺的地形图上进行水准路线设计。

1. 水准路线设计原则

在图上设计水准路线应遵循以下各点：

(1)水准路线应尽量沿坡度小的道路布设，以减弱前后视折光误差的影响。尽量避免通过行人车辆频繁的街道、大的河流、湖泊、沼泽、峡谷等障碍物。应避开高速公路。

(2)水准路线若与高压输电线或地下电缆平行，则应使水准路线在输电线或电缆50 m以外布设，以避免电磁场对水准测量的影响。

(3)布设首级高程控制网时，应考虑到便于进一步加密。

(4)水准网应尽可能布设成环形网或节点网，在个别情况，也可布设成附合路线。水准点间的距离：一般地区为1～3 km，工业厂区、城市建筑区宜小于1 km。但一个测区及周围至少应有三个高程控制点。

(5)应与国家水准点进行联测，以求得高程系统的统一。

(6)注意测区已有水准测量成果的利用。

2. 水准路线的命名与编号

水准路线的命名及编号应遵循如下原则：

(1)以起止地名的简称为线名，起止地名的顺序为起西止东、起北止南。一、二等水准路线的等级，各以Ⅰ、Ⅱ列于线名之前表示。

(2)路线上的水准点，应自该线起始水准点起，以数字1、2、3、…、n顺序编定号数。

(3)基岩水准点以所在地命名，在地名后加“基岩点”三字。

(4)基本水准点应在名号后加“基”字，上、下标志分别加“上”或“下”字。若为道路水准点，则在水准点编号后加注“道”，如Ⅰ京津48道。

(5)水准支线以其所测高程点名称后加“支”字命名。支线上的水准点，按起始水准点到所测高程点方向，以数字1、2、3、…、n顺序编号。

(6)利用旧水准点，应使用旧水准点号。若确需重新编号，应在新名号后以括号注明该点标石埋设时的旧点号。

7.2.2 水准点的选点、埋石、绘制点之记

1. 水准点的选点

在图上将水准路线设计完成后，须实地踏勘，将图上初步拟定水准路线的布设方案，到实地选定水准路线和水准点的位置。实地选线和选点时，应遵循以下基本原则：

(1)水准点位应选在地基稳定、具有地面高程代表性的地点,并且利于标石长期保存和高程联测,便于卫星定位技术测定坐标的地点。

(2)水准点宜选在路线附近的政府机关、学校、公园内。设在路肩的道路水准点宜选在里程碑或道路上的固定方位物附近(2 m 以内)。

(3)下列地点不应选定水准点:①易受水淹或地下水位较高的地点;②易发生土崩、滑坡、沉陷、隆起等地面局部变形的地点;③路堤、河堤、冲击层河岸及地下水位变化较大(如油井、机井附近)的地点;④距铁路 50 m、公路 30 m(普通水准点除外)以内或其他受剧烈震动的地点;⑤不坚固或准备拆修的建筑物上;⑥短期内将因修建有可能毁掉标石或不便观测的地点;⑦道路上填方的路段。

2. 水准点的埋石

水准点选定后,就可以进行水准标石的埋设工作。水准点标石埋设是高程控制测量工作中一个重要环节。如果水准标石埋设质量不好,容易产生垂直位移或倾斜,那么即使水准测量观测质量再好,其最后结果也是不可靠的,因此务必十分重视水准标石的埋设质量。

GB/T 12897—2006《国家一、二等水准测量规范》中,将水准点类型分为基岩水准点、基本水准点和普通水准点三大类,其中包含深层基岩、浅层基岩、钢管、混凝土柱、道路、墙角等 14 种标石类型。

水准点标石的顶端为标志,半圆形状,由铜或不锈钢材料制成。标志的顶面高度代表着这个水准点相对于高程基准面的高度。水准点标志的形状及规格见图 7-2。

虽然水准点标石类型有十余种,但比较常用到的有:混凝土柱基本水准点标石、钢管基本水准点标石、混凝土柱普通水准点标石、钢管普通水准点标石等几种。上述几种水准标石的外观尺寸及埋设规格见图 7-3 至图 7-6。

水准标石埋设后,要经过一定的稳定时限才能进行水准观测。一般地区应经过一个雨季,冻土深度大于 0.8 m 的冻土地区还应经过一个冻解期,基岩标应经过一个月。

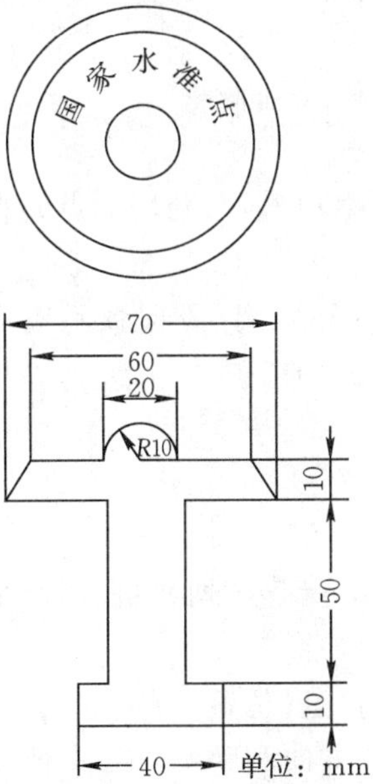

图 7-2　水准点标志

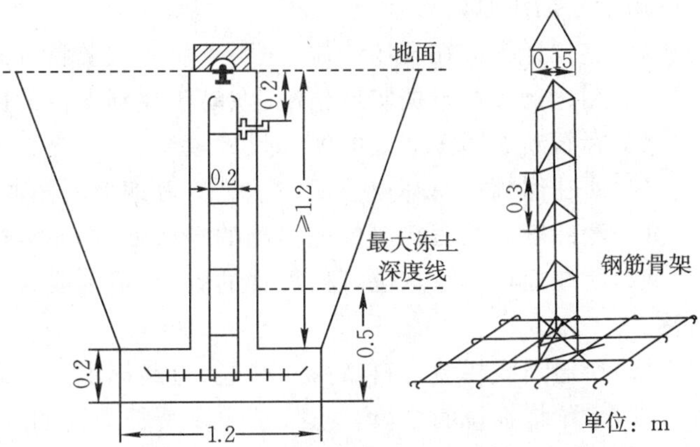

图 7-3　混凝土柱基本水准点标石

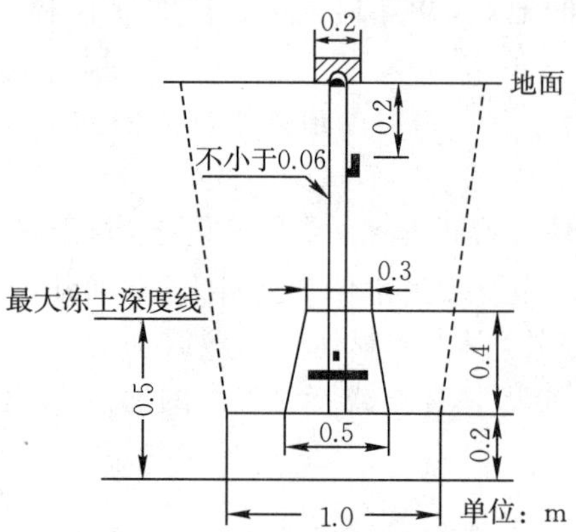

图 7-4 钢管基本水准点标石

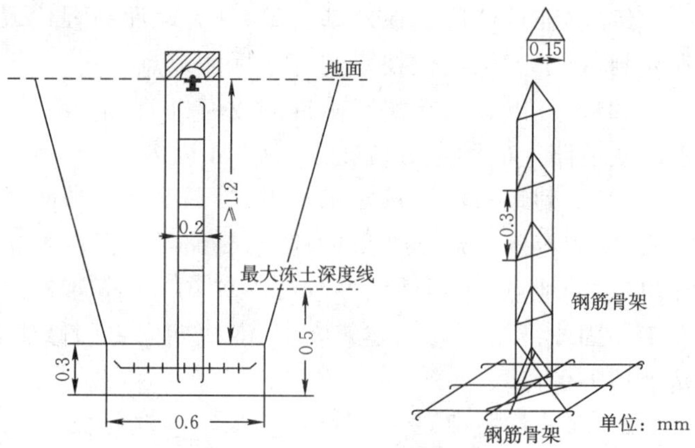

图 7-5 混凝土柱普通水准点标石

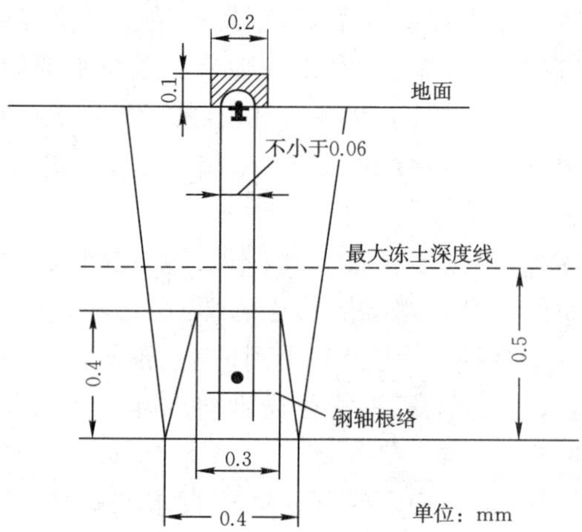

图 7-6 钢管普通水准点标石

3. 绘制水准点点之记

水准标石埋设完成后，应绘制水准点点之记。点之记的具体样式见表 7-2。

水准点之记的绘制要求如下：

(1)路线名称栏填写点位所在路线。点位栏填写路线等级名称和编号，利用旧点时在新点名后用括号加注原始点号。

(2)点位详图应在现场绘制，注明点位至主要特征地物的方向和距离(方向数不应少于三个)。绘图比例尺可根据实地情况，在易于找到点位的原则下适当变通。

(3)标石断面图按埋设的实际尺寸填绘。

(4)所在图幅栏填写点位所在 1∶10 万地形图图幅名称。

(5)经纬度栏填写在点位上实测的经纬度，标注至整秒。

(6)所在地栏填写点位所处位置的省(自治区或直辖市)至最小行政区划或自然村、街道的名称。

(7)交通路线栏填写自(特征物)经(道路标识)(方向)行(距离)至(位置)可达本点。

(8)点位详细说明栏填写点位至主要特征地物的方向和距离，方向和距离应与点位详图对应，距离标注至 0.1 m。

表 7-2　一等水准点之记

包京　线　　　　点名：Ⅰ包京 1 基

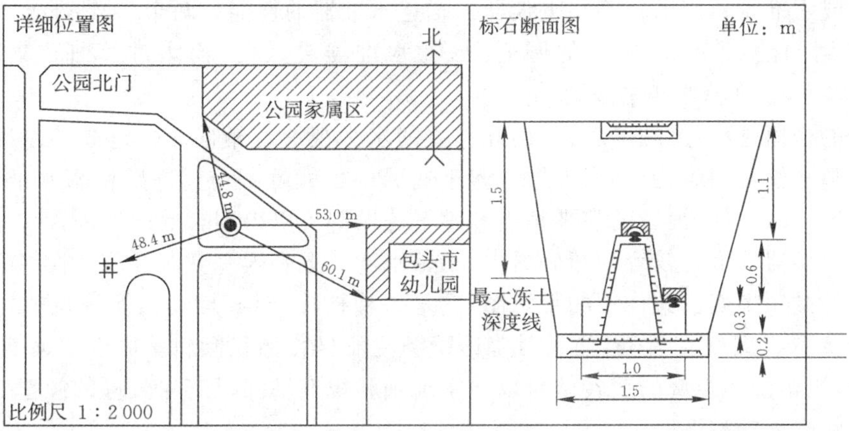

所在图幅	K49 D 012108		标石类型	混凝土基本水准标石	
	L：110°10′42″ B：40°45′18″		标石质料	混凝土、铜标志	
所在地	内蒙古自治区××市××公园内			土地使用者	××公园
地别土质	园地、黄土，含沙 30%			地下水深度	7 m
交通路线	自包头至北京公路 0 km＋500 m 处				
点　位 详细说明	1. 西偏南至水井 48.4 m。 2. 北偏西至家属区围墙角 44.8 m。 3. 东至包头市幼儿园房角 53.0 m。 4. 东偏南至幼儿园房角 60.1 m。				
接管单位	××市青山区人民政府		保管人	×××	
选点单位	国家测绘总局精密水准测量队	埋石单位	国家测绘总局精密水准测量队	维修单位	内蒙古自治区测绘局
选点者	×××	埋石者	×××	维修者	×××
选点日期	1960 年 5 月 2 日	埋石日期	1960 年 5 月 12 日	维修日期	1999 年 9 月 18 日
备　注	Ⅰ包京 1 基～Ⅰ包京 2　5.8 km(平地) Ⅰ包京 1 基～Ⅰ包咸 1　4.7 km(丘陵) Ⅰ包京 1 基～Ⅰ兰包 126　4.2 km(平地)				

§7.3　精密水准仪和水准标尺

水准测量的基本原理是借助水准仪上的水准器将视准轴整置水平以建立水平视线，根据水平视线在不同地点竖立的水准标尺上的读数，就可以求得不同地点的高差。精密水准测量采用的仪器是精密水准仪，采用的水准标尺是殷钢水准标尺，以下分别进行介绍。

7.3.1　精密水准仪的结构特点

保证视线的精确水平及能在水准标尺上精确读数，是提高水准测量精度的重要条件，因而精密水准仪在结构上应满足下列要求。

1. 高灵敏度的管水准器

水准仪通常有两个水准器。一个为圆水准器，用以概略整平仪器；另一个为管水准器(也称长水准器或水准管)，用以精确整平仪器。描述水准器的性能有两个参数：①水准器格值：水准器每格分划间隔(2 mm)所对的圆心角；②水准器灵敏度：当水准器气泡产生 0.2 mm(0.1 格)位移时，水准器倾角的变化值。

水准器的格值越小，灵敏度越高，由此建立的水平视线越精确。但过高的水准器灵敏度，会使作业时整平仪器困难，要使水准器气泡迅速居中也就越困难。一般精密水准仪的水准器格值为 10″/2 mm，这样，视线的整平精度和整平速度都可以得到有效的保证。

为了使水准器气泡比较容易精确居中，精密水准仪上必须有微倾螺旋。图 7-7 是威特 N3 精密水准仪的微倾螺旋及其作用的示意图，它是一种杠杆结构，旋动微倾螺旋时，通过着力点 D 可以带动支臂绕支点 A 转动，使其对望远镜绕转轴 C 作微量倾斜。由于望远镜与水准器是紧密相连的，于是微倾螺旋的旋转就可以使水准轴和视准轴同时产生微量的倾斜变化，借以迅速而精确地将视准轴整平。

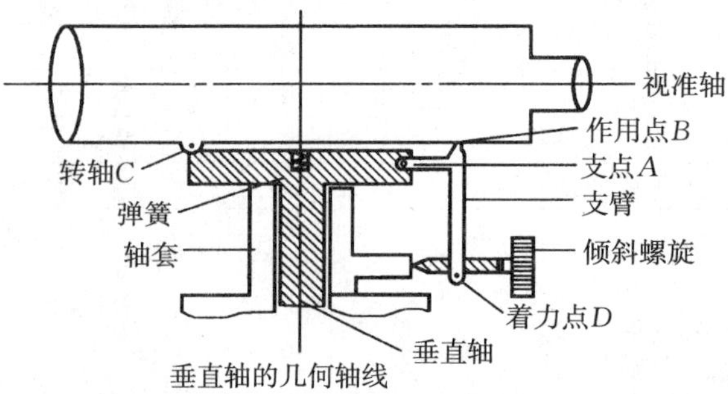

图 7-7 微倾螺旋结构示意

必须指出，由图 7-7 可见威特 N3 精密水准仪望远镜的转轴 C 并不位于望远镜的中央，而是位于靠近物镜的一端。由圆水准器概略整平仪器时，仪器的垂直轴并不能精确地在垂直位置，可能偏离垂直位置较大，此时使用微倾螺旋精确整平视准轴时，将会引起视准轴高度的变化，微倾螺旋转动量越大，视准轴高度的变化也越大。如果前后视水准测量精确整平视准轴时，微倾螺旋的转动量不等，就会给高差带来误差。因此，在实际作业中规定，只有在符合水准气泡两端影像的分离量小于 1 cm 时，仪器的垂直轴基本上在垂直位置，才允许使用微倾螺旋来进行精确整平视准轴并读数。

2. 高精度的测微装置

精密水准仪必须有光学测微器装置，用来精确地在水准标尺上读数，以提高测量精度。一般的精密光学水准仪的光学测微器可以直接读到 0.1 mm(或 0.05 mm)，估读到 0.01 mm(或 0.005 mm)。

下面以威特 N3 型精密水准仪为例来说明光学测微器的测微工作原理。图 7-8 是威特 N3 型精密水准仪的光学测微器工作原理示意图。由图 7-8 可见，光学测微器由平行玻璃板、测微器分划尺、传动杆和测微螺旋等部件组成，平行玻璃板通过传动杆与测微分划尺相连，测微分划尺上有 100 分格，它与 10 mm 相对应，即每分格为 0.1 mm，可估读到 0.01 mm，每 10 格有一较长的分划线，并注记数字，每两长分划线间的格值为 1 mm。当平行玻璃板与水平视线正交时，测微分划尺上的读数为 5 mm，也就是测微分划尺上的初始读数为 5 mm。当转动测微螺旋时，传动杆就带动平行玻璃板相对于物镜产生前后俯仰，并同时带动测微分划尺产生相应移动。当平行玻璃板相对于物镜产生前后俯仰时，视线产生折射，水平视线就会升高或降低。若逆转测微螺旋，使平行玻璃板前俯到测微分划尺移至 10 mm 处，则水平视线向下平移 5 mm。反之，顺转测微螺旋，使平行玻璃板后仰到测微分划尺移至 0 mm 处，则水平视线向上平移 5 mm。

视线与平行玻璃板正交时测微器分划尺上的初始读数(5 mm)不会对水准测量结果产生影响。

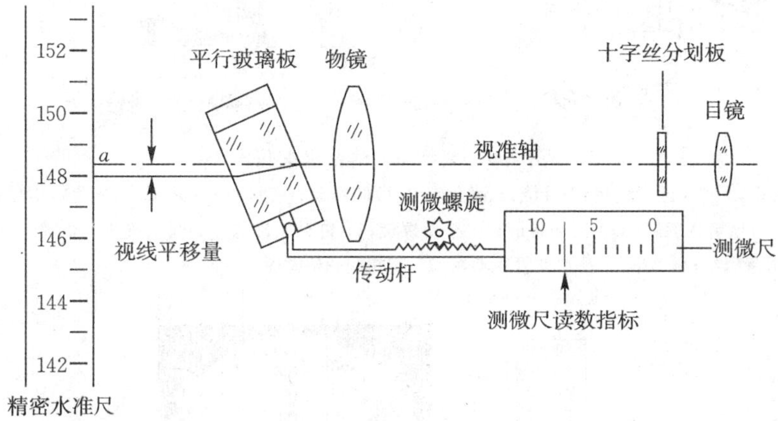

图 7-8 光学测微器的结构与读数

在图 7-8 中,当平行玻璃板与水平视线正交时,水准标尺上读数为 a,a 在两相邻分划 148 cm 与 149 cm 之间。转动测微螺旋,平行玻璃板产生前俯,使水平视线向下平移与就近的 148 cm 分划重合,这时测微尺上的读数为 7.5 mm,此时的实际读数为 148.75 cm。

3. 高质量的望远镜光学系统

为了使水准标尺构像有足够的亮度,物镜的有效孔径应不小于 50 mm。为了提高照准度,望远镜应有足够的放大倍率,一般应在 40 倍以上,望远镜十字丝的中丝设计成楔型,有利于精确照准标尺上的分划。

4. 坚固稳定的仪器结构

仪器的结构必须使视准轴与水准轴之间的联系相对稳定,并受外界因素的影响较小。一般精密水准仪的主要构件均用特殊的合金钢制成,并在仪器上套有起隔热作用的防护罩。

5. 高性能的补偿器装置

对于自动安平水准仪,其补偿元件的质量和补偿装置的精密度,都可以影响补偿器性能的可靠性。如果补偿器不能给出正确的补偿量,补偿不足,或是补偿过量,都会影响精密水准测量观测成果的精度。

7.3.2 精密水准仪

精密水准仪的型号很多,我国目前使用较多的通常有瑞士生产的威特 N3、NA2、德国生产的蔡司 Ni004、我国北京测绘仪器厂生产的 S1 等。

1. 威特 N3 精密水准仪

威特 N3 精密水准仪的外形见图 7-9。望远镜物镜的有效孔径为 50 mm,放大倍率为 40 倍,管状水准器格值为 10″/2 mm。微倾螺旋上的分划盘,其转动范围为 7 周。转动测微螺旋可使水平视线在 10 mm 范围内上下移动,测微器分划尺上有 100 格,所以测微器分划尺最小格值为 0.1 mm。在望远镜目镜的左边上下有两个小目镜,它们是符合气泡观察目镜和测微器读数目镜,在三个不同的目镜中所见到的影像见图 7-10。

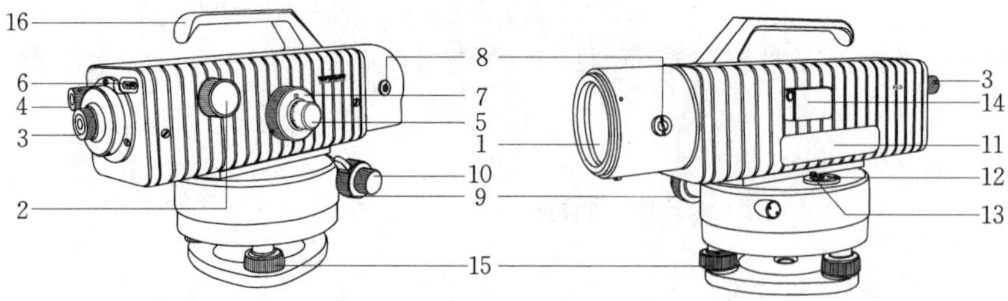

图 7-9 威特 N3 精密水准仪

1-物镜；2-物镜调焦螺旋；3-目镜；4-读数窗；5-微倾螺旋；6-微倾位置显示；7-测微器旋钮；8-平行玻璃板旋转轴；9-制动螺旋；10-微动螺旋；11-符合水准管；12-圆水准器；13-圆水准器调节螺丝；14-粗瞄器及水准管观察窗；15-脚螺旋；16-提手

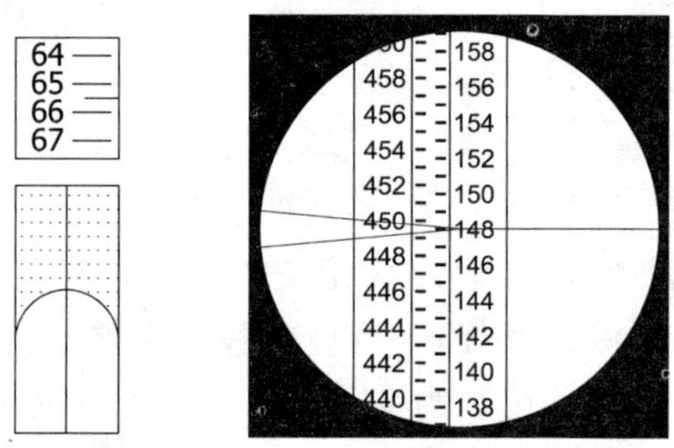

测微尺与管水准气泡观察窗视场　　望远镜视场

图 7-10 N3 精密水准仪望远镜视场和读数视场

转动微倾螺旋，使符合气泡观察目镜中的水准气泡两端符合，则视线精确水平，此时可转动测微螺旋使望远镜目镜中看到的楔形丝夹准水准标尺上的某一整数刻划，如图 7-10 中的 148 分划线，再在测微器目镜中读出测微器读数 653(即 6.53 mm)，故水平视线在水准标尺上的全部读数为 148.653 cm。

在平行玻璃板前端，装有一个带楔形的保护玻璃，实质上是一个光楔罩，它一方面可以防止尘土侵入镜内，另一方面光楔的转动可使视线倾角 i 产生微小变化，以便精确地校正视准轴和水准轴的平行性。

2. 蔡司 Ni004 精密水准仪

蔡司 Ni004 精密水准仪的外形见图 7-11。这种仪器的主要特点是对热影响的感应较小，即当外界温度变化时，水准轴与视准轴之间的交角 i 的变化很小。这是因为望远镜、管状水准器和平行玻璃板的倾斜设备等部件，都装在一个附有绝热层的金属套筒内，这样就保证了水准仪上这些部件的温度迅速达到平衡。仪器物镜的有效孔径为 56 mm，望远镜放大倍率为 44 倍，望远镜目镜视场内有左右两组楔形丝，见图 7-12。右边一组楔形丝的交角较小，在视距较远时使用；左边一组楔形丝的交角较大，在视线较近时使用。管状水准器格值为 10″/2 mm。转动测微螺旋可使水平视线在 5 mm 范围内平移，测微器的分划鼓直接与测微螺旋相连，见图 7-12，通过放大镜在测微鼓上读数。测微鼓上刻有 100 个分划，所以测微鼓最小格值为 0.05 mm。从望远镜目镜视场中看到的影像见图 7-12，视场下部是水准器的符合气泡影像。

在图 7-12 中，当楔形丝夹准水准标尺上 197 分划，在测微鼓上的读数为 340，故在水准标尺上的全部读数为 197.340。该读数除 2 后为 098.670 cm，这才是标尺读数的实际高度。

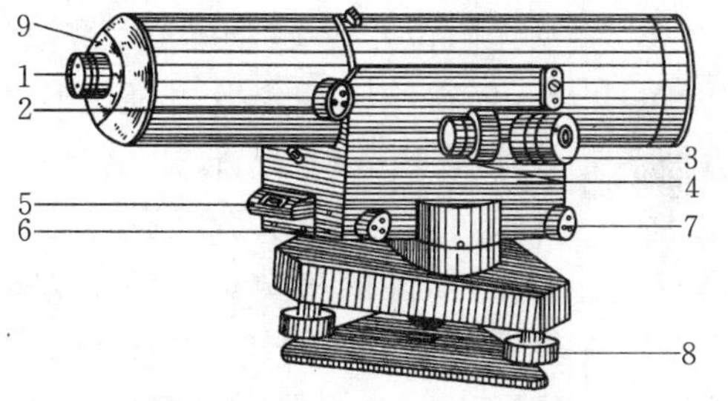

图 7-11　蔡司 Ni004 精密水准仪

1-望远镜目镜；2-调焦螺旋；3-测微鼓；4-测微鼓读数放大镜；
5-十字水准器；6-倾斜螺旋；7-微动螺旋；8-脚螺旋；9-十字丝调整环

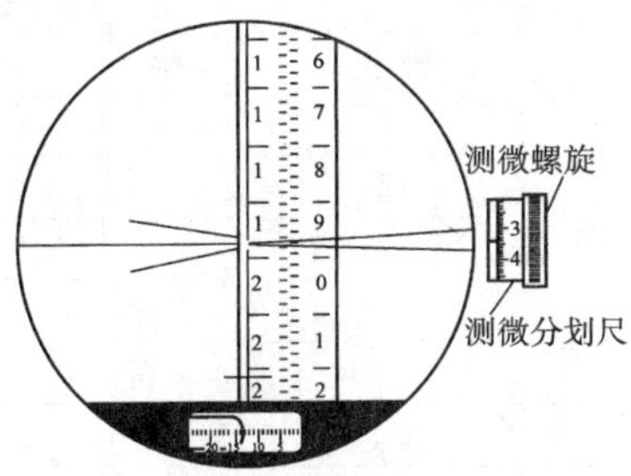

图 7-12　Ni004 精密水准仪望远镜视场

3. 北京测绘仪器厂生产的 S1 型精密水准仪

北京测绘仪器厂生产的 S1 型精密水准仪，其外形见图 7-13。仪器物镜的有效孔径为 50 mm，望远镜放大倍率为 40 倍，管状水准器格值为 10″/2 mm。转动测微螺旋可使水平视线在 5 mm 范围内平移，测微器分划尺上有 100 格，所以测微鼓最小格值为 0.05 mm。从望远镜目镜视场中看到的影像见图 7-14，视场左边是水准器的符合气泡影像，测微器读数显微镜在望远镜目镜的右下方。

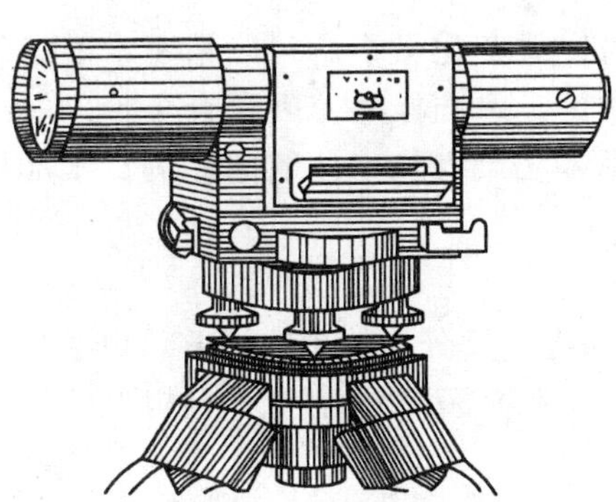

图 7-13　S1 精密水准仪

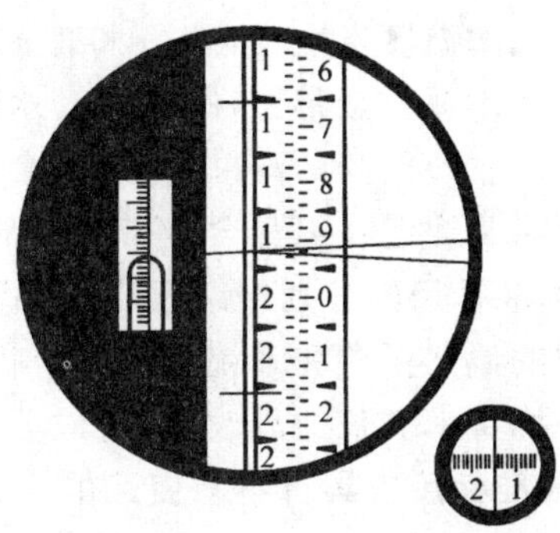

图 7-14　S1 精密水准仪望远镜视场

4. 徕卡 NA2

徕卡 NA2 精密水准仪，是一款自动安平式正像水准仪。测量精度为每千米高程中数的中误差±0.7 mm 的测量精度，若与 GPM3 型外挂式测微器（测微范围 10 mm，最小分划 0.1 mm）相配，则可达±0.3 mm，能够满足各种工程测量、变形监测等精度要求。补偿器补偿

图 7-15 徕卡 NA2 水准仪（含外挂 GPM3 测微器）

范围为±30′，安平精度为 0.3″。徕卡 NA2 采用摩擦制动及无限位水平微动装置，物镜调焦系统采用快慢调焦螺旋，使得物镜调焦既方便又快捷，使用非常方便。物镜有效孔径 45 mm，标配 32 倍目镜，另外有 25 倍目镜和 40 倍目镜可供选配，以满足不同用户需求。采用防霉、防震、防水设计，性能稳定。目镜下方设有一个补偿器检查按钮。仪器外形（含外挂 GPM3 测微器）见图 7-15。

以上介绍的几种精密水准仪的有关技术参数归纳于表 7-3。

表 7-3 精密水准仪技术参数

技术参数	仪器类型			
	徕卡 N3	蔡司 Ni004	北光 S1	徕卡 NA2 + GPM3
望远镜放大率/倍	42	44	40	32
望远镜有效孔径/mm	50	56	50	45
管状水准器格值/(″/2 mm)	10	10	10	—
测微器有效量测范围/mm	10	5	5	10
测微器最小分格值/mm	0.1	0.05	0.05	0.1
补偿器补偿误差/(″)	—	—	—	0.3
补偿器工作范围/(′)	—	—	—	±30

7.3.3 精密水准标尺

水准标尺是测定高差的长度标准，所以水准标尺的长度如果有误差，将对测定的高差带来系统性的影响。因此，对于精密水准测量所用的水准标尺必须提出较严格的要求，这些要求主要有以下几点。

1. 水准标尺应具有良好的温度稳定性

当空气的温度发生变化时，水准标尺的长度必须稳定或变化微小。一般精密水准标尺的分划是漆在因瓦合金带上，所以精密水准标尺通常又称因瓦水准标尺。因瓦合金带以一定的拉力引张在木质尺身的沟槽内，这样合金带的长度不受木质尺身长度伸缩的影响。水准标尺分划的数字是注记在因瓦合金带两旁的木质尺面上。

2. 水准标尺的分划线必须正确和精密

分划的偶然误差和系统误差都应很小。由于精密水准标尺分划的系统误差可以通过水准标尺的平均每米真长加以改正，所以分划的偶然误差代表水准标尺分划的综合精度。

3. 水准标尺应具有不易变形的尺身

水准标尺在结构上必须保证全长笔直，并且不易发生弯曲或扭转。

4. 水准标尺尺身上应附有圆水准器和扶手

这是为了在水准测量观测时，扶尺者借助圆水准器和扶手环，使水准标尺稳定在垂直位置。

5. 水准标尺应具有坚固的标尺底面

良好的标尺底面是标尺质量的重要保证。精密水准标尺的底面为坚固耐磨的金属板，不易磨损，水准测量时，水准标尺应立于特制的尺垫或尺桩上，尺垫和尺桩的形式见图 7-16。

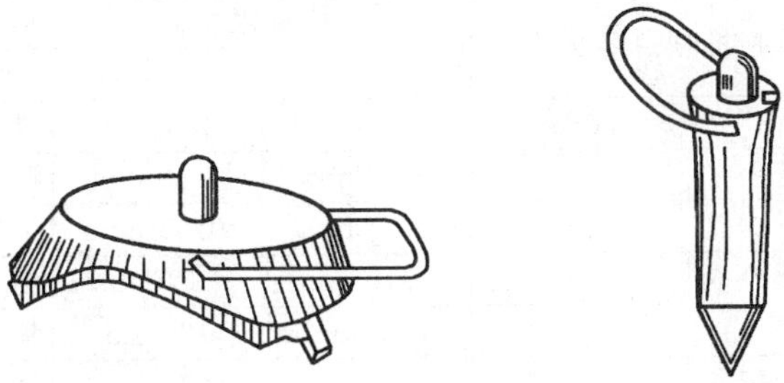

图 7-16　尺垫与尺桩

6. 水准标尺应配以协调的标尺颜色

为了提高水准标尺分划的照准精度，水准标尺分划的形式和颜色与水准标尺的颜色要相协调，一般精密水准标尺度为黑色线条分划和浅黄色尺面的配合，有利于观测时对水准标尺分划精确照准。

精密水准标尺的分格值有 10 mm 和 5 mm 两种。分格值为 10 mm 的精密水准标尺见图 7-17(a)，它有两排分划，右边一排分划注记为 0～300 cm，称为基本分划；左边一排分划注记为 300～600 cm，称为辅助分划。同一高度的基本分划与辅助分划读数相差一个常数，称为基辅差，通常又称尺常数，水准测量作业时可以用来检查读数的正确性。分格值为 5 mm 的精密水准标尺见图 7-17(b)，它也有两排分划，但两排分划彼此错开 5 mm，左边是单数分划，右边是双数分划，没有辅助分划。木质尺面左边注记的是分米数，右边注记的是米数，整个注记从 0.1 m 至 5.9 m，实际分格值为 5 mm，分划注记比实际数值大了一倍，所以用这种水准标尺所测得的高差必须除以 2 才是实际的高差值。

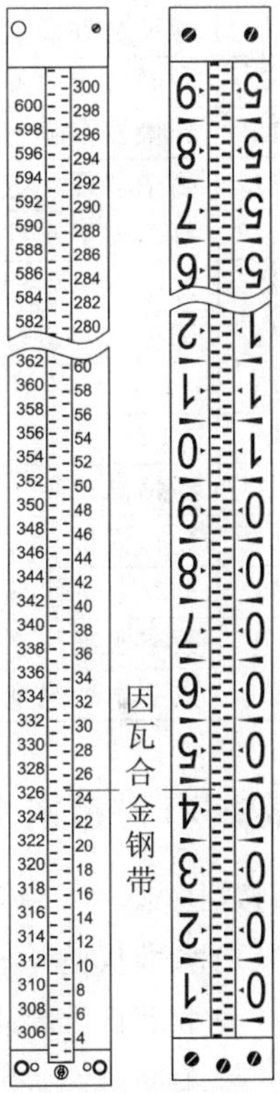

图 7-17　精密水准标尺

§7.4　精密水准仪及水准标尺的检验

水准标石埋设结束，在经过预定的稳定时限后，即可进行水准测量的观测工作。在进行水准观测之前，首先应对所使用的水准仪和水准标尺进行检验。经检验合格的水准仪和水准标尺方可用于外业观测。

对水准仪和水准标尺进行检验的目的是研究和分析仪器存在误差的性质及对水准测量的影响规律，从而在水准测量作业时采取相应的措施以减弱和消除仪器误差对测量成果的影响。水准仪和水准标尺各部件之间的关系不正确，或部件的效用不正确，都会影响水准测量成果的精度。此外，外界条件的作用，也会影响水准仪和水准标尺各部件之间的正确关系。

《国家一、二等水准测量规范》规定了进行一、二等水准测量水准仪及标尺的技术指标，见表 7-4。

表 7-4 水准仪、水准标尺技术指标

序号	仪器技术指标项目	指标限差		超限处理方法
		一等	二等	
1	标尺弯曲差	4.0 mm	4.0 mm	对标尺施加改正
2	一对标尺零点不等差	0.10 mm	0.10 mm	调整
3	标尺基辅分划常数偏差	0.05 mm	0.05 mm	采用实测值
4	标尺底面垂直性误差	0.10 mm	0.10 mm	使用尺圈
5	标尺名义米长偏差	100 μm	100 μm	禁止使用,送厂校正
6	一对标尺名义米长偏差	50 μm	50 μm	调整
7	观测前后一对标尺名义米长变化	30 μm	30 μm	分析原因,根据情况正确处理所测成果
8	标尺分划偶然中误差	13 μm	13 μm	禁止使用
9	微倾螺旋隙动差	2.0″	2.0″	只准旋进使用
10	测微器全程行差	1 格	1 格	禁止使用,送厂校正
11	测微器任一点回程差	0.05 mm	0.05 mm	禁止使用,送厂校正
12	自动安平水准仪补偿误差	0.20″	0.30″	禁止使用
13	视线观测中误差	0.40″	0.55″	禁止使用
14	调焦透镜运行误差	0.15 mm	0.15 mm	禁止使用
15	i 角	15.0″	15.0″	校正,超过 20″所测成果作废
16	$2C$ 角	40.0″	40.0″	禁止使用,送厂校正
17	测站高差观测中误差	0.08 mm	0.15 mm	禁止使用
18	竖轴误差	0.05 mm	0.10 mm	禁止使用
19	自动安平水准仪致磁误差	0.02″	0.04″	禁止使用
20	数字水准仪系统分辨率(10 m 视距)	0.02 mm	0.02 mm	禁止使用
21	数字水准仪视距测量误差	10 cm±2 cm	10 cm±2 cm	—

7.4.1 精密水准仪的检验

按《国家一、二等水准测量规范》的规定,水准测量作业前应做如下项目的检验:

(1)水准仪的检视。

(2)水准仪上概略水准器的检校。

(3)光学测微器隙动差和分划值的测定。

(4)水泡式水准仪交叉误差的检校。

(5)i 角检校。

对于新购置的仪器还需要进行调焦透镜运行误差的测定、微倾螺旋隙动差、分划误差和分划值等项目的测定。用于跨河水准测量的仪器,还要进行符合水准器分划值的等项目测定。

上述项目的详细检验方法与限差要求,参见《国家一、二等水准测量规范》。

《工程测量规范》针对进行精密水准测量的水准仪,没有规定具体的检验项目,只是要求符合下列规定:

(1)水准仪视准轴与水准管轴的夹角 i 的限值,DS1 型不应超过 15″,DS3 型不应超过 20″。

(2)补偿式自动安平水准仪的补偿误差 $\Delta\alpha$,二等水准不应超过 0.2″,三等不应超过 0.5″。

下面仅对精密水准仪的部分检验项目进行介绍。

1．水准仪的检视

此项检验，要求从外观上对水准仪作出评价，并作记载。检查项目和内容如下：

(1)外观检查，各部件是否清洁，有无碰伤、划痕、污点、脱胶、镀膜脱落等现象。

(2)转动部件检查，各转动部件、转动轴和调整制动等转动是否灵活、平稳，各部件有无松动、失调、明显晃动，螺纹的磨损程度等。

(3)光学性能检查，望远镜视场是否明亮、清晰、均匀，调焦性能是否正确等。

(4)补偿性能检查，对于自动安平水准仪应检查其补偿器是否正常，有无粘摆现象。

(5)设备件数清点，仪器部件及附件和备用零件是否齐全。

2．水准仪上概略水准器的检校

用脚螺旋使概略水准气泡居中，然后旋转仪器 180°。此时若气泡偏离中央，则用水准器改正螺丝改正其偏差的一半，用脚螺旋改正另一半，使气泡回到中央。

如此反复检校，直到仪器无论转到任何方向，气泡中心始终位于中央时为止。

3．视准轴与水准管轴相互关系的检验与校正

水准测量的基本原理是根据水平视线在水准标尺上的读数，从而求得各点间的高差，而水平视线的建立又是借助于水准气泡居中来实现的，因此，水准仪视准轴与水准管轴必须满足相互平行这一重要条件。但是，视准轴与水准管轴相互平行的关系是难以绝对保持的，而且在仪器使用过程中，这种相互平行的关系还会发生变化，所以在每期作业前和作业期间都要进行此项检验与校正。

水准仪的水准管轴与视准轴一般既不在同一平面内，也不相互平行，而是两条空间直线，也就是说，它们在垂直面上和水平面上的投影都是两条相交的直线。在垂直面上投影线的交角，称为 i 角误差。在水平面上投影线的交角，称为交叉误差。

1) *i 角误差的检验与校正*

测定 i 角的方法很多，但基本原理是相同的，都是利用 i 角对水准标尺上读数的影响与距离成比例这一特点，比较在不同距离的情况下，水准标尺上读数的差异而求出 i 角。

一般测定 i 角的方法是：距仪器 s 和 $2s$ 处分别选定 A 点和 B 点，以便安置水准标尺，A、B 两点的高差是未知数，要测定的 i 角也是未知数，所以要选定两个安置仪器的点 J_1 和 J_2，见图 7-18。在 J_1 和 J_2 点分别安置仪器测量 A、B 两点间的高差，得到两份成果，建立相应的方程式，从而求出 i 角。

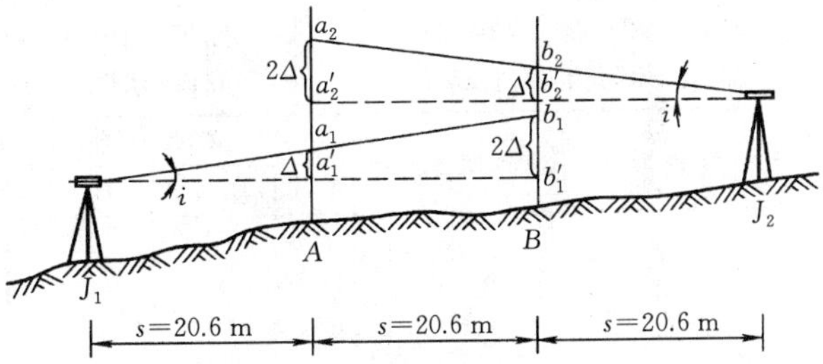

图 7-18　i 角检验示意

在 J_1 测站上，照准水准标尺 A 和 B，读数为 a_1 和 b_1，当 $i=0$ 时，水平视线在水准标尺上的正确读数应为 a'_1 和 b'_1，所以 i 角引起的误差分别为 Δ 和 2Δ。同样，在 J_2 测站上，照准水准标尺 A 和 B，读数为 a_2 和 b_2，正确读数应为 a'_2 和 b'_2，其误差分别为 2Δ 和 Δ。

在测站 J_1 和 J_2 上得到 A、B 两点的正确(没有 i 角影响) 高差分别为

$$\left.\begin{aligned} h'_1=a'_1-b'_1=(a_1-\Delta)-(b_1-2\Delta)=a_1-b_1+\Delta \\ h'_2=a'_2-b'_2=(a_2-2\Delta)-(b_2-\Delta)=a_2-b_2-\Delta \end{aligned}\right\} \tag{7-1}$$

如不顾及其他误差的影响，则 $h'_1=h'_2$，所以由式(7-1)式可得

$$2\Delta=(a_2-b_2)-(a_1-b_1)$$

式中，(a_2-b_2)和(a_1-b_1)是仪器存在i角时，分别在测站J_2和J_1测得A、B两点间的观测高差，以h_2和h_1表示，则式(7-1)可写为

$$2\Delta=h_2-h_1$$

即

$$\Delta=\frac{1}{2}(h_2-h_1) \tag{7-2}$$

由图7-18可知

$$\Delta=i''s\frac{1}{\rho}$$

故

$$i''=\frac{\rho}{s}\Delta \tag{7-3}$$

为了简化计算，i角测定时使$s=20.6$ m，则

$$i''=10\Delta \tag{7-4}$$

式中，Δ以毫米为单位，可按(7-2)式计算。

《工程测量规范》规定，用于精密水准测量的DS1型水准仪，i角应不大于15″，否则应进行校正。水准仪i角的校正可在J_2站进行，先求出水准标尺A上的读数a'_2，即

$$a'_2=a_2-2\Delta$$

使用测微螺旋和微倾螺旋，使水准标尺A上的读数为a'_2，此时水准气泡影像分离，校正水准器的上、下改正螺旋，直到气泡两端影像符合为止。然后检查另一水准标尺B上的读数是否正确(其读数为$b'_2=b_2-\Delta$)，如不正确还应反复进行检验校正。在校正水准器的改正螺旋时，应先松开一个改正螺旋，再拧紧另一个改正螺旋，不可将上、下两个改正螺旋同时拧紧或用时松开。表7-5为S1型精密水准仪i角检验实例。

表7-5 i角误差的检验

仪器：N3 №：777017　　标尺：11687 11688　　观测者：王建中

日期：2004年8月25日　　成像：清晰　　记录者：姜胜利

仪器站	观测次序	标尺读数		高差$(a-b)$/mm	i角计算
		A尺读数a	B尺读数b		
J_1	1	198 712	199 140		$s=20.6$ m $2\Delta=(a_2-b_2)-(a_1-b_1)=-0.10$ mm $i=10\Delta=-0.50''$
	2	708	142		
	3	704	154		
	4	708	150		
	中数	198 708	199 146	−4.38	
J_2	1	210 952	211 394		
	2	956	410		
	3	944	396		
	4	958	400		
	中数	210 952	211 400	−4.48	

2)水泡式水准仪交叉误差的检校

水准仪经过i角的检验与校正，视准轴与水准管轴在垂直面上的投影直线已保持平行关

系(严格地讲,只能说基本平行),但还不能保持在水平面上的投影直线平行,也就是说,还有可能存在交叉误差。

如果存在交叉误差,当仪器的垂直轴略有倾斜时(特别是与视准轴正交方向的倾斜),水准轴水平,而视准轴却不水平,而产生了 i 角,应该指出,由此产生的 i 角是由交叉误差在垂直轴倾斜时转化而形成的。

如果交叉误差存在,则仪器整平后,使仪器绕视准轴左右倾斜时,水准气泡会发生移动。交叉误差就是根据这一特征进行检验的,具体检验步骤如下:

(1)将仪器安置在距水准标尺约 50 m 处,并使其中两个脚螺旋在望远镜照准水准标尺的垂直方向上,见图 7-19 中的 1、2 脚螺旋。

(2)将仪器整平,旋转微倾螺旋使水准气泡精密符合。用测微螺旋使楔形丝夹准水准标尺上一条分划线,并记录水准标尺与测微器分划尺上的读数。在整个检验过程中需保持水准标尺和测微器分划尺上的读数不变,也就是在检验过程中应保持视准轴方向不变。

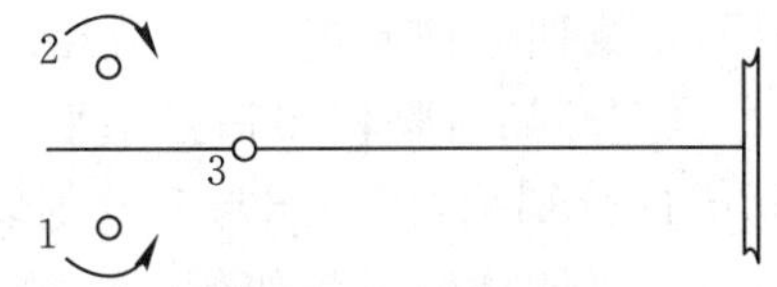

图 7-19　检验交叉误差的脚螺旋位置

(3)将照准方向一侧的脚螺旋 1 升高两周,为了不改变视准轴的方向,应将另一侧的脚螺旋 2 进行等量降低,保持楔形丝仍夹准水准标尺上原来的分划线。此时仪器垂直轴倾斜,注意观察并记录水准气泡的偏移方向和大小。

(4)旋转脚螺旋 1、2,使其回到原来位置,使楔形丝在夹准水准标尺上原分划线的条件下,水准气泡两端恢复符合的位置。

(5)将脚螺旋 2 升高两周,脚螺旋 1 进行等量降低,使楔形丝夹准水准标尺上的原分划线。此时仪器相对于步骤(3)向另一侧倾斜,注意并记录水准气泡偏移方向和大小。

根据仪器先后向两侧倾斜时,气泡偏移的方向和大小来分析判断视准轴与水准管轴的相互关系。可能出现下列不同情况:

(1)水准气泡的影像仍保持符合,则说明仪器不存在 i 角误差和交叉误差。

(2)水准气泡的影像同向偏移,且偏移量相等,则仅有 i 角误差,而没有交叉误差。

(3)水准气泡的影像同向偏移,且偏移量不等,则 i 角误差大于交叉误差。

(4)水准气泡的影像异向偏移,且偏移量相等,则仅有交叉误差,而没有 i 角误差。

(5)水准气泡的影像异向偏移,且偏移量不等,则交叉误差大于 i 角误差。

根据以上分析,当仪器垂直轴向两侧倾斜、水准气泡有异向偏移时,有交叉误差存在。水准测量规范规定偏移量大于 2 mm 时,须进行交叉误差的校正。

校正的方法是:先将水准器侧方的一个改正螺旋松开,再拧紧另一侧的改正螺旋,使水准气泡向左右移动,直至气泡影像符合为止。

必须指出,当同时存在交叉误差和 i 角误差时,为了便于校正交叉误差,应先将 i 角误差校正好。

4. 光学测微器隙动差和分划值的测定

光学测微器是精确测定小于水准标尺分划间隔尾数的设备。测微器本身效用是否正确、测微器分划尺的分划值是否正确都会直接影响到读数的精度。因此,在作业前应进行此项检验和测定。

测定测微器分划值的基本思想是:利用一根分划值经过精密测定的特制分划尺和测微器

分划尺进行比较求得。将特制分划尺竖立在与仪器等高的一定距离处，旋转测微螺旋，使楔形丝先后对准特制分划尺上两相邻的分划线，这时测微器分划尺移动了 L 格。设特制分划尺上分划线间隔值为 d，测微器分划尺一个分格的值为 g，则

$$g=\frac{d}{L} \tag{7-5}$$

此项检验应选择在成像清晰稳定的时间内进行，在距离仪器 5～6 m 处竖立特制分划尺，可以选用三级标准线纹尺或其他同等精度钢尺，用其 1 mm 刻划面进行此项检验。

1）观测方法

测定时，应使测微器上所有使用的分划线均受到检验，测定应进行三组，每组应观测五个测回，每测回分往测（旋进或旋出）和返测（旋出或旋进）。

测定开始时将仪器整置水平，并将测微器转到零分划附近处，然后取标准尺上六根间隔为 5 mm 的分划线，使中丝与一分划线重合，此时，在测微器上的读数应在 0～3 格范围。

（1）每测回的操作如下：

往测：旋进（或旋出）光学测微器依次照准 1～6 的每根刻划线。每次照准时，使中丝与分划线重合，并读取测微器读数为 a。

返测：往测完后马上进行返测，旋出（或旋进）光学测微器依次以相反方向照准 6～1 的每根刻划线，读数方法同往测，读数为 b。

（2）其余各测回观测按上述步骤进行，五个测回组成一组，以后各组观测与第一组步骤相同。

2）计算方法

（1）测微器隙动差 Δ 为

$$\Delta=\sum(a_0-b_0)/18 \tag{7-6}$$

式中，a_0、b_0 为每组特制分划尺每根分划的读数 a、b 的平均值。

（2）测微器分划值

$$g=\sum d/\sum L \tag{7-7}$$

式中，d 为中丝对准标准尺首末分划间隔，单位为 mm；L 为对准首、末分划时测微器转动量，单位为格。

按有关水准测量规范规定，实测格值与名义格值之差，即测微器分划线偏差应小于 0.001 mm，否则应送厂修理。

光学测微器隙动差的测定，主要是比较旋进和旋出测微螺旋，照准特制分划尺上同一分划线在测微器分划尺上的读数，如果读数差 Δ 超过 2 格，表明测微器效用不正确，其主要原因是测微器装置不完善。为了避免这种误差的影响，规范规定在作业时只采用旋进测微螺旋进行读数。Δ 过大时，应送厂修理。

7.4.2 精密水准标尺的检验

《国家一、二等水准测量规范》规定，在作业前对水准标尺应检验的项目为：

（1）标尺的检视。

（2）标尺上圆水准器的检校。

(3)标尺分划面弯曲差的测定。

(4)标尺名义米长及分划偶然中误差的测定。

(5)标尺尺带拉力的测定。

(6)标尺温度膨胀系数的测定。

(7)一对水准标尺零点不等差及基辅分划读数差的测定。

对于新购置的水准标尺还需进行标尺中轴线与标尺底面垂直性等项目的检验。

上述检验项目详细的检验方法及限差要求，参见《国家一、二等水准测量规范》。

《工程测量规范》针对进行水准测量的水准标尺，提出如下要求：水准尺上的米间隔平均长与名义长之差，因瓦水准尺，不应超过0.15 mm；条形码尺，不应超过0.10 mm；木质双面水准尺，不应超过0.5 mm。

下面仅对因瓦水准标尺的部分检验项目进行介绍。

1. 水准标尺的检视

此项检验，要求从外观上对水准标尺作出评价，并作记载。检查内容如下：

(1)标尺有无凹陷、裂缝、碰伤、划痕、脱漆等现象。

(2)标尺刻划线和注记是否粗细均匀、清晰，有无异常伤痕，能否读数。

2. 水准标尺上圆气泡的检校

(1)在距仪器约50 m处的尺桩上安置水准标尺，使水准标尺的中线(或边缘)与望远镜竖丝精密重合。如果标尺上的气泡偏离，则用改针将标尺圆气泡导至中央。

(2)将水准标尺旋转180°，使水准标尺的中线(或边缘)与望远镜竖丝精密重合。观察气泡，若气泡居中，表示标尺此面已经垂直，否则应对水准仪十字丝进行检校。

(3)旋转水准标尺90°，检查标尺另一面是否垂直，其检验方法同(1)、(2)。

(4)如此反复检校多次，使标尺能按尺面上圆水准器准确地竖直。

3. 水准标尺分划面弯曲差的测定

水准标尺分划面如有弯曲，观测时将使读数失之过大。水准标尺分划面的弯曲程度用弯曲差来表示，所谓弯曲差即通过分划面两端点的直线中点至分划面的距离。弯曲差越大表示标尺越弯曲。

设弯曲的分划面长度为l，分划面两端点间的直线长度为L，则尺长变化$\Delta l=l-L$。若测得分划面的弯曲差为w，可导得尺长变化Δl与弯曲差w的关系式为

$$\Delta l=\frac{8w^2}{3l} \tag{7-8}$$

由分划面的弯曲引起的尺长改正数Δl可按式(7-8)计算。设标尺的名义长度$l=3$ m，测得$w=4$ mm，则$\Delta l=0.014$ mm，影响每米分划平均真长为0.005 mm，对高差的影响是系统性的。水准测量规范规定，对于线条式因瓦水准标尺，弯曲差w不得大于4 mm，超过此限值时，应对水准标尺施加尺长改正。

弯曲差的测定方法是：在水准标尺的两端点引张一条细线，量取细线中点至分划面的距离，即标尺的弯曲差。

4. 一对水准标尺每米分划真长的测定

按水准测量规范规定，精密水准标尺在作业开始之前和作业结束后应送专门的检定部门进行名义米长的测定，取一对水准标尺的测定成果中数作为一对水准标尺的平均名义米长。

一对水准标尺的平均名义米长与 1 m 之差称为一对水准标尺长度偏差，以 f 表示，则

$$f = \text{平均名义米长} - 1\ \text{m} \tag{7-9}$$

用于精密水准测量的水准标尺，水准测量规范规定，如果一对水准标尺长度偏差 f 大于 0.1 mm，就不能用于水准测量作业；若一对水准标尺长度偏差 f 大于 0.02 mm，应对水准测量的观测高差施加水准标尺长度(偏差)改正 δ，从而得到改正后的高差 h'，即

$$h' = h + \delta = h + fh \tag{7-10}$$

式中，h 单位为 m，f 单位为 mm/m。

5. 一对水准标尺零点不等差及基辅分划读数差的测定

水准标尺的注记是从底面算起的，对于分格值为 10 mm 的精密因瓦水准标尺，如果从底面至第一分划线的中线的距离不是 10 mm，其差数叫作零点误差。一对水准标尺的零点误差之差，叫作一对水准标尺的零点不等差。当水准标尺存在这种误差时，在一个测站的观测高差中，就含有这种误差的影响。在后面的章节中将可以得到证实，在相邻两测站所得观测高差之和中，这种误差的影响可以得到抵消，因此，水准测量规范规定在水准路线的每个测段应安排偶数个测站。

在同一视线高度时，水准尺上的基本分划与辅助分划的读数差，称为基辅差，也称为尺常数，1 cm 分格的水准标尺(如 Wild N3 精密水准标尺)为 3.015 5 m。如果检定结果与名义值相差过大，则在水准测量检核计算时应考虑这一误差。

检定的方法是：在距仪器 20～30 m 处竖立水准标尺，整平仪器后，分别对水准标尺的基本分划与辅助分划各读数三次，再竖立另一水准标尺，读数如前。为了提高检定的精度，需检定三测回，每测回都要将水准标尺分别竖立在三个木桩上进行读数。

§7.5 数字水准仪及编码水准标尺简介

图 7-20 编码标尺

数字水准仪是 20 世纪 90 年代初出现的新型几何水准测量仪器，它的出现解决了水准仪数字化读数的难题，标志着大地测量完成了从精密光机仪器到光机电测一体化的高科技产品的过渡。由于数字水准仪克服了传统水准测量的诸多弊端，具有读数客观、精度高、速度快、能够减轻作业强度、测量结果便于输入计算机和容易实现水准测量内外业一体化的特点，一直受到业界的高度重视。

数字水准仪测量系统主要由编码标尺及数字水准仪组成。编码标的刻划全部由条形码构成，图 7-20 为编码标尺的局部；数字水准仪主要由光学望远镜、补偿器、操作键盘、显示窗口、电池及内部的微处理器和相关的图像处理软件等部分组成。图 7-21 为徕卡生产的 DNA03 数字水准仪。

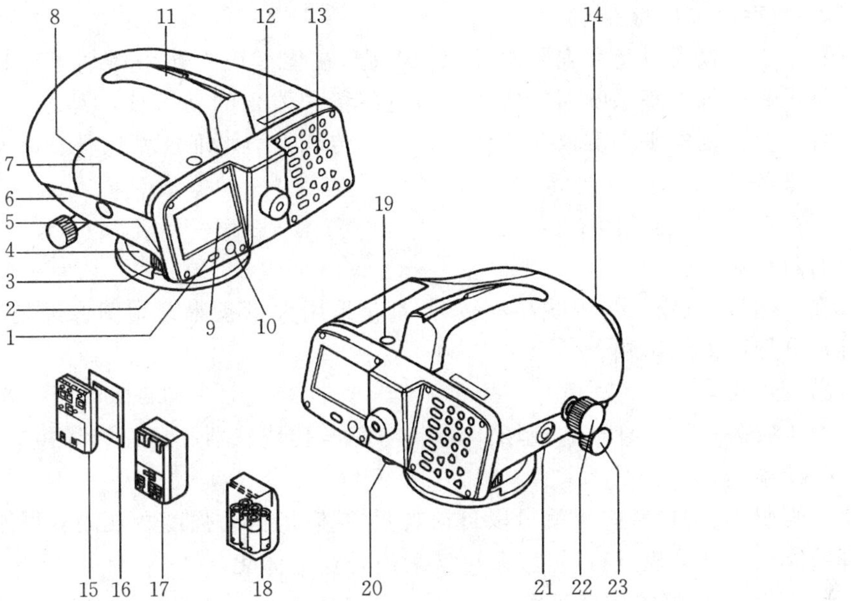

图 7-21　徕卡数字水准仪

1-开关；2-底盘；3-脚螺旋；4-水平度盘；5-电池盖操作杆；6-电池仓；7-开 PC 卡仓盖按钮；8-PC 卡仓盖；9-显示屏；10-圆水准器；11-带有粗瞄器的提把；12-目镜；13-键盘；14-物镜；15-GEB111 电池（选件）；16-PCMCIA 卡（选件）；17-GEB121 电池（选件）；18-电池适配器 GAD39，带 6 节干电池（选件）；19-圆水准器进光管；20-外部供电的 RS232 接口；21-测量按钮；22-调焦螺旋；23-无限位水平微动螺旋

7.5.1　数字水准仪

1. 数字水准仪工作原理

数字水准仪工作原理：标尺上的条码图案经过光反射，一部分光束直接成像在望远镜分划板上，供目视瞄准和调焦；另一部分光束通过分光镜被转折到 CCD（charge coupled device）传感器的像平面上，经光电、A/D 转换成数字信号，通过微处理器 DSP（digital signal processing）进行解码，并将其与仪器内存的参考信号以一定方式进行比较，从而获得 CCD 中丝处标尺条码图像的高度值，见图 7-22。

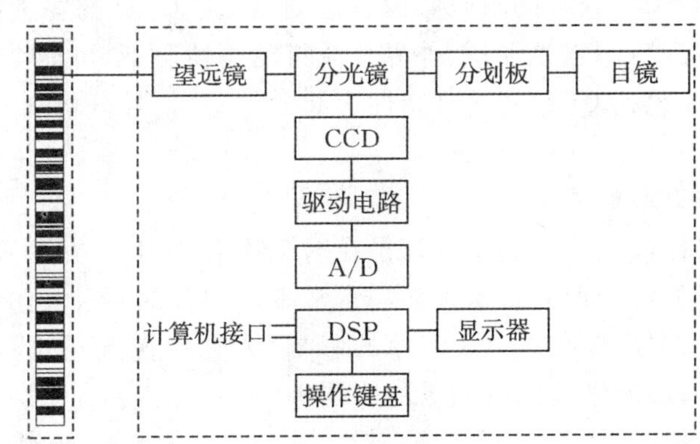

图 7-22　数字水准仪工作原理

2. 数字水准仪特点

数字水准仪是以自动安平水准仪为基础，在望远镜光路中增加了分光镜和CCD，并采用条码标尺和图像处理系统而构成的光机电测量一体化的高科技产品。当采用普通标尺时，也可以像一般自动安平水准仪一样使用。它与传统光学水准仪相比具有以下特点。

1）读数客观

不存在误读、误记问题。

2）精度高

在实际观测过程中，视线高和视距，都是采用大量条码分划图像经处理后获得，因此削弱了标尺分划误差的影响。

3）速度快

由于省去了报数、听记、现场计算等工序，与传统仪器相比可以缩短测量时间。

4）效率高

只需照准、调焦和按键就可以自动观测，减轻了劳动强度。观测数据能够自动记录、检核、处理并能输入计算机进行后处理，可实现内外业一体化。

3. 数字水准仪的误差来源

由数字水准仪的构造及其测量原理可知，数字水准仪的误差来源主要包含两方面，即光学、机械部分和电子部分。

1）光学和机械部件引起的误差

一般说来，数字水准仪具有与光学水准仪相同或相似的光学和机械结构，因此，数字水准仪因光学和机械部件本身引起的误差与光学水准仪基本相同。同时，数字水准仪是光学、机械部件和电子部件相结合的产物，而光学、机械部件引起的误差，又会因其与电子部件结合而表现出新的特征，如圆水准器误差、调焦透镜运行误差和竖轴倾斜引起的视轴误差等。

2）自动补偿装置引起的误差

数字水准仪的补偿器一般采用吊丝重力摆补偿器，其补偿范围一般不小于8′，即只要整置仪器使圆水准气泡在圆圈之内，就可起到补偿作用。评价数字水准仪补偿器最重要的指标为补偿器的安置误差、滞后误差、补偿剩余误差和磁致误差等。

3）电子设备引起的误差

数字水准仪是根据CCD获取的条码影像进行测量的。CCD的物理特性决定了其在光强化、尺表面照度不均、观测瞬间强光闪烁、外界气流抖动等情况下，可能会降低标尺成像的对比度而引起误差。另外，还包括CCD的物理特性引起的误差、信号分析和处理的误差，以及电子视准轴 i 角的误差等。

4）外界条件改变而引起的误差

数字水准仪与条码标尺组成的测量系统是在时刻变化的外界条件下进行工作的，外界条件的变化将引起仪器各部件的误差。这种影响常常表现为各部件及其组合的综合影响。外界因素导致的误差主要有：温度变化对电子 i 角的影响、大气垂直折光的影响、仪器和标尺垂直位移的影响、地面振动的影响和地面电磁场的影响等。

7.5.2 编码水准标尺

编码水准标尺分普通编码水准标尺和精密编码水准标尺。普通编码水准标尺基本都由膨

胀系数小于 10^{-6} 的玻璃钢材料制成，其分划形式一面为黑白相间的条形编码，另一面为厘米分划。条形码分划供观测时电子扫描用，厘米分划面可以作为普通水准标尺使用。精密编码水准标尺采用殷钢材料制成，正面为条形码刻划，反面没有刻划，只有扶尺环和圆水准器。编码水准标尺尺长有 2 m 和 3 m 两种。

使用殷钢 RAN 码水准标尺，每千米往返测标准差最高可达±(0.3～0.4)mm。使用玻璃钢 RAB 码水准标尺，每千米往返测标准差最高可达±1.0 mm。玻璃钢水准标尺反面刻划的普通刻度，可作为应急人工读数。

§7.6　水准测量的误差来源及影响

在进行精密水准测量时，会受到各种误差的影响。其中有仪器误差、观测误差和外界因素的影响而产生的误差。下面就几种主要的误差进行分析，并讨论对精密水准观测成果的影响及应采取的措施。

7.6.1　仪器误差

1. i 角误差的影响

虽然经过 i 角的检验校正，但要使两轴(视准轴与水准管轴)完全保持平行是困难的。因此，当水准气泡居中时，视准轴仍不能保持水平，这会使水准标尺上的读数产生误差，且该误差与视距成正比。

图 7-23 中，$S_{前}$、$S_{后}$ 为前后视距，由于存在 i 角，在前后视水准标尺上的读数误差分别为 $i'' \cdot S_{前}/\rho''$ 和 $i'' \cdot S_{后}/\rho''$，对高差的误差影响为

$$\delta_S = i''(S_{后} - S_{前})/\rho'' \tag{7-11}$$

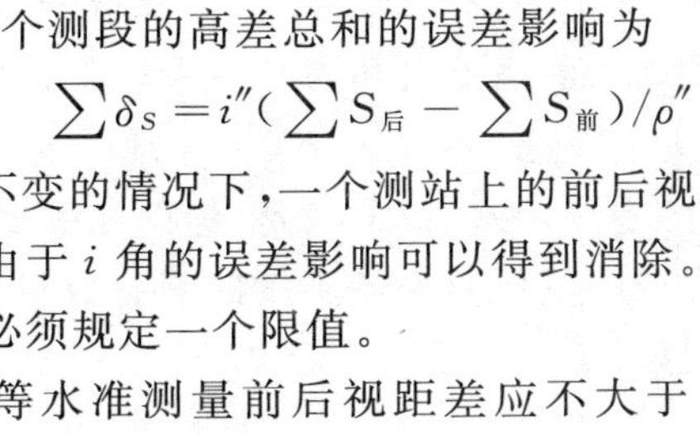

图 7-23　i 角的误差影响

对于两个水准点之间一个测段的高差总和的误差影响为

$$\sum \delta_S = i''(\sum S_{后} - \sum S_{前})/\rho'' \tag{7-12}$$

由此可见，在 i 角保持不变的情况下，一个测站上的前后视距相等或一个测段的前后视距总和相等，则在观测高差中由于 i 角的误差影响可以得到消除。但在实际作业中，要求前后视距完全相等是困难的，为此必须规定一个限值。

水准测量规范规定：二等水准测量前后视距差应不大于 1 m，前后视距累积差应不大于 3 m。

2. 交叉误差的影响

当仪器不存在 i 角、仪器的垂直轴严格垂直时，交叉误差并不影响在水准标尺上的读数，因为仪器在水平方向转动时，视准轴与水准轴在垂直面上的投影仍保持互相平行，因此对水准

测量并无不利影响。但当仪器的垂直轴倾斜时，如与视准轴正交的方向倾斜一个角度，那么这时视准轴虽然仍在水平位置，但水准轴两端却产生倾斜，使水准气泡偏离居中位置。仪器在水平方向转动时，水准气泡将移动，当重新调整水准气泡居中进行观测时，视准轴就会背离水平位置而倾斜，显然它将影响在水准标尺上的读数。为了减少这种误差对水准测量成果的影响，应对水准仪上的圆水准器和对交叉误差进行检验与校正。

3. 水准标尺每米长度误差的影响

在精密水准测量作业中必须使用经过长度检验的水准标尺。设 f 为一对水准标尺长度偏差，则对一个测站的观测高差 h 应加的改正数为

$$\delta_f = hf \tag{7-13}$$

对于一个测段来说，应加的改正数为

$$\sum \delta_f = f \sum h \tag{7-14}$$

式中，$\sum h$ 为一个测段各测站观测高差之和。

4. 一对水准标尺零点不等差的影响

一对水准标尺的零点误差之差称为零点不等差，其必然会对观测高差产生影响。设 a、b 水准标尺的零点误差分别为 Δa 和 Δb，它们都将影响水准标尺上的读数。

如图 7-24 所示，在测站Ⅰ上顾及两水准标尺的零点误差对前后视水准标尺上读数 b_1、a_1 的影响，则测站 1、2 两点的高差为

$$h_{12} = (a_1 - \Delta a) - (b_1 - \Delta b) = (a_1 - b_1) - \Delta a + \Delta b$$

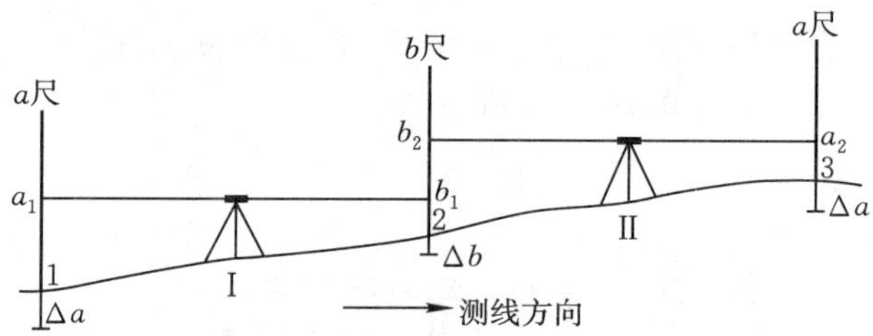

图 7-24　一对水准标尺零点差的影响

在测站Ⅱ，此时测站Ⅰ的前尺变为本站的后尺，Ⅰ的后尺变为本站的前尺，则 2、3 点的高差为

$$h_{23} = (b_2 - \Delta b) - (a_2 - \Delta a) = (b_2 - a_2) - \Delta b + \Delta a$$

则 1、3 点的高差，即Ⅰ、Ⅱ测站所测高差之和为

$$h_{13} = h_{12} + h_{23} = (a_1 - b_1) + (b_2 - a_2)$$

由此可见，尽管两水准标尺的零点误差 $\Delta a \neq \Delta b$，但两相邻测站的观测高差之和可以抵消这种误差的影响。故在实际水准测量作业中各测段的测站数目应安排成偶数，且在相邻测站上使两水准标尺轮流作为前视尺。

7.6.2 外界因素的影响而产生的误差

1. 大气垂直折光的影响

对于精密水准测量来说，大气垂直折光对水准测量的影响是复杂的，也是极为重要的。

当视线通过近地面的大气层时，由于其密度分布一般是随高度而变化，即密度存在着梯

度，因此，视线通过时就会在垂直方向上因折射产生弯曲，并且弯向密度较大的一方，这种现象叫作大气垂直折光。如果在地势较为平坦的地区进行水准测量时，前、后视距相等，则折光影响基本相同，视线弯曲的程度也基本相同，因此，在观测高差中就可以消除这种误差的影响。但是，由于越接近地面的大气层，温度的梯度越大，当前、后视线离地面的高度不同时，视线所通过大气层的密度也不同，折光影响也就不同，所以前、后视线在垂直面内的弯曲程度也不同。例如，当通过一个较长的坡度进行水准测量时，由于前视视线离地面的高度总是大于(或小于)后视视线离地面的高度，这时，垂直折光对高差将产生系统性的误差影响。

为了减弱垂直折光对观测高差的影响，应使前、后视距尽量相等，并使视线离地面有足够的高度。在坡度较大的水准路线上进行作业时，应适当缩短视距。另外，垂直折光的影响，还与一天内的不同时间有关，在日出后半小时左右和日落前半小时左右这两段时间内，由于地表面的吸热和散热，使近地面的大气密度和折光差变化迅速而无规律，故不宜进行观测。在中午的一段时间内，由于太阳强烈照射，使空气对流剧烈，致使目标成像不稳定，也不宜进行观测。为了减弱垂直折光对观测高差的影响，水准测量规范还规定每一测段的往测和返测应分别在上午或下午进行，这样往、返测观测高差的平均值可以减弱垂直折光的影响。

2. 仪器和水准标尺(尺台或尺桩)垂直位移的影响

仪器和水准标尺在垂直方向所产生的位移误差，是精密水准测量系统误差的重要来源。图 7-25 中，设观测一测站高差的观测程序为：后视基本分划中丝—前视基本分划中丝—前视辅助分划中丝—后视辅助分划中丝。在读完后视基本分划读数转向前视基本分划读数的时间内，由于仪器的下沉，视线将有所下降，而使前视基本分划读数偏小。同理，由于仪器的下沉，后视辅助分划读数也偏小。如果前视基本分划和后视辅助分划读数偏小的量相同，则采用如上“后前前后”的观测程序所测得的高差平均值，可以较好地消除这项误差的影响。

水准标尺(尺台或尺桩)的垂直位移，主要是发生在迁站的过程中，由原来的前视尺转为后视尺而产生下沉，于是总是后视读数偏大，使各测站的观测高差都偏大，从而成为系统性的误差影响。这种误差的影响在往返测高差的平均值中可以得到有效的抵偿，所以水准测量一般都要求进行往返测。

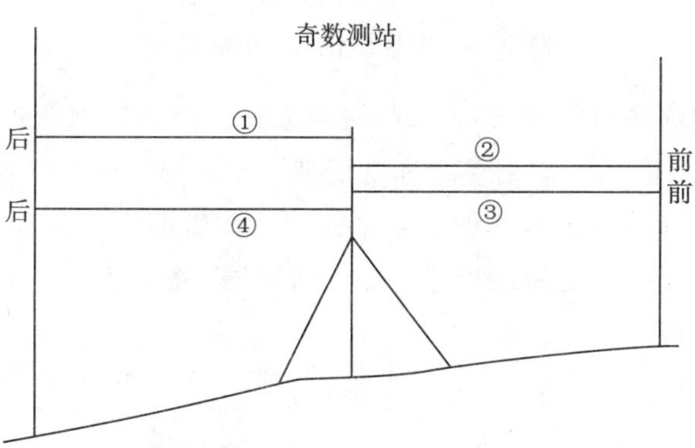

图 7-25　仪器垂直位移的影响

有时仪器脚架和尺台(或尺桩)也会发生上升现象，就是当用力将脚架或尺台压入地下之后，在不再用力的情况下，土壤的反作用有时会使脚架或尺台逐渐上升。如果水准测量路线沿着土壤性质相同的路线敷设，而每次都有这种上升的现象发生，会产生系统性的误差影响。研究表明，这种误差可以达到相当大的数值。

3. 温度变化对 i 角的影响

精密水准仪的水准管框架是同望远镜筒固连的，为了使水准管轴与视准轴的联系比较稳固，这些部件采用因瓦合金钢制造，并把镜筒和框架整体装置在一个隔热性能良好的套筒内，防止由于温度变化，使仪器有关部件产生不同程度的膨胀或收缩，而引起 i 角的变化。

但是当温度变化时，完全避免 i 角的变化是不可能的。例如，仪器受热的部位不同，对 i 角的影响也不同，当太阳射向物镜和目镜端时，影响最大；旁射水准管一侧时，影响较小；旁射与水准管相对的另一侧时，影响最小。因此，温度的变化对 i 角的影响是极其复杂的，试验结果表明，当仪器周围的温度均匀地每变化 1℃ 时，i 角将平均变化约 $0.5''$，有时甚至更大些，可达 $1''\sim 2''$。

由于 i 角受温度变化的影响很复杂，因而对观测高差的影响是难以用改变观测程序的办法完全消除的，而且，这种误差的影响在往返测不符值中也不能完全被发现，这就使高差中数受到系统性的误差影响。因此，减弱这种误差影响最有效的方法是减少仪器受辐射热的影响，如观测时打伞、避免日光直接照射仪器，以减小 i 角的复杂变化。同时，在观测开始前应将仪器预先从箱中取出，使仪器与周围空气温度一致。

如果认为在较短的观测时间段内，受温度的影响，i 角与时间成正比例均匀地变化，则可以采取改变观测程序的方法，能在一定程度上消除或削弱这种误差对观测高差的影响。

两相邻测站Ⅰ、Ⅱ对于基本分划如按下列①、②、③、④程序观测，即

在测站Ⅰ上：①后视　②前视
在测站Ⅱ上：③前视　④后视

由图 7-26 可知，对测站Ⅰ、Ⅱ观测高差的影响分别为：$-S(i_2-i_1)$ 和 $+S(i_4-i_3)$，S 为视距，i_1、i_2、i_3、i_4 为相应于每次中丝读数时的 i 角。

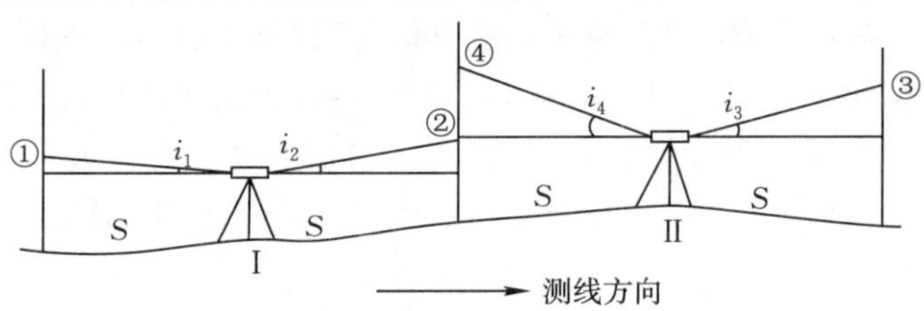

图 7-26　温度变化对 i 角的影响

由于认为在较短的观测时间段内，i 角与时间成正比例均匀地变化，所以$(i_2-i_1)=(i_4-i_3)$。由此可见，测站 Ⅰ、Ⅱ 的观测高差之和就抵消了 i 角变化的误差影响。但是，由于 i 角的变化不可能完全按照与时间成比例地均匀变化，因此，严格地说，(i_2-i_1) 与(i_4-i_3) 不一定完全相等。再者相邻奇偶测站的视距也不一定相等，所以按上述程序进行观测，只能说基本上消除 i 角变化的误差影响。

根据同样的道理，对于相邻测站Ⅰ、Ⅱ辅助分划的观测程序应为

在测站Ⅰ上：①前视　②后视
在测站Ⅱ上：③后视　④前视

综上所述，在相邻两个测站上，对于基本分划和辅助分划的观测程序可以归纳为：

(1)奇数站的观测程序：后(基)－前(基)－前(辅)－后(辅)。

(2)偶数站的观测程序：前(基)－后(基)－后(辅)－前(辅)。

因此，将测段的测站数安排成偶数，对于削减 i 角变化对观测高差的误差影响也是必要的。

7.6.3　观测误差

精密水准测量的观测误差，主要有水准器气泡居中的误差、照准水准标尺上分划的误差和读数误差。这些误差都具有偶然误差性质。由于精密水准仪有微倾螺旋和符合水准器，并有光学测微器装置，可以提高水准器气泡居中的精度和读数精度，同时用楔形丝照准标尺上的分划线，可以减小照准误差，因此，这些误差影响都可以有效地控制在很小的范围内。试验结果表明，这些误差对每测站上由基辅分划所得观测高差的平均值的影响还不到 0.1 mm。

7.6.4　电磁场对水准测量的影响

在国民经济建设中敷设大功率、超高压输电线，为的是使电能通过空中电线或地下电缆向远距离输送。研究发现，输电线经过的地带所产生的电磁场，对光线（其中包括对水准测量视线）的正确性有系统性的影响，并与电流强度有关。输电线所形成的电磁场对平行于电磁场和正交于电磁场的视线将有不同影响，因此，在设计高程控制网布设水准路线时，必须考虑通过大功率、超高压输电线附近的视线的直线性所发生的重大变形。

近几年来的初步研究结果指出，为了避免这种系统性的影响，在布设与输电线平行的水准路线时，必须使水准线路离输电线 50 m 以外。如果水准线路与输电线相交，则其交角应为直角，跨线应将水准仪严格地安置在输电线的正下方。这样，照准后视和前视水准标尺的视线直线性的变形可以互相抵消。

确定电磁场对控制测量的影响，具有重大的实际意义，对这个问题还有待于进一步研究。

7.6.5　精密水准测量的一般规定

通过分析精密水准测量的主要误差来源及其影响，明确了各种误差的性质及对水准测量的影响规律。针对水准测量误差来源及影响规律，相关水准测量规范对精密水准测量的实施做出了相应的规定，目的在于尽可能消除或减弱各种误差对观测成果的影响。

现将精密水准测量的一般规定归纳如下：

(1)观测前，应使仪器与环境温度趋于一致；观测时，应打伞遮阳；迁站时，应罩仪器罩。这样可以减弱视准轴受温度变化的影响。

(2)同一测站的观测中，不得两次调焦。防止一测站内视准轴变动。

(3)仪器前、后视距应尽量相等，其差应小于规定的限值。对于二等水准测量，一测站前、后视距差应不大于 1.0 m；前、后视距累积差应不大于 3.0 m。这样，可以消除或削弱与距离有关的各种误差对观测高差的影响，如 i 角误差和垂直折光等影响。

(4)相邻测站，应按奇、偶数测站的观测程序进行观测。往测奇数站按“后前前后”、偶数站按“前后后前”的观测程序在相邻测站上交替进行。返测的观测程序与往测相反。这样，可以消除或减弱与时间成比例均匀变化的误差对观测高差的影响，如 i 角随时间的变化和仪器标尺的垂直位移等误差。

(5)在一测段的水准测量路线上，测站的数目应安排成偶数。这样，可以消除或减弱一对标尺零点不等差对观测高差的影响及交叉误差在仪器垂直轴倾斜时对观测高差的影响。

(6)每一测段应进行往测和返测。这样，可以消除或减弱性质相同、正负号也相同的误差影响，如水准标尺垂直位移的误差影响。

(7)一个测段水准测量路线的往测和返测应在不同的气象条件下进行(如上午和下午)。对于观测时间、视线长度和视线高度也都有相应的规定,这些规定的主要作用,是为了消除或减弱大气垂直折光对观测高差的影响。

此外,还有一些更详细而具体作业规定,详见§7.7节。

§7.7　精密水准测量的外业观测

7.7.1　观测方法

(1)一、二等水准测量采用往、返观测。同一区段的往、返测,应使用同一类型的仪器和转点尺承沿同一道路进行。

(2)在每一区段内,应先连续进行所有测段的往测(或返测),随后再连续进行该区段的返测(或往测)。若区段较长,也可将区段分成20～30 km的几个分段,在分段内连续进行所有的往测或返测。

(3)同一测段往测(或返测)与返测(或往测)应分别在上午或下午进行。

7.7.2　观测的时间和气象条件

水准测量应在标尺分划线成像清晰而稳定时进行。下列情况不能进行观测:

(1)日出后与日落前30分钟内。

(2)太阳中天前后各约2小时内(可根据地区、季节和气象情况,适当增减,最短间歇时间不少于2小时)。

(3)标尺分划的影像跳动剧烈时。

(4)气温突变时。

(5)风力过大而使标尺与仪器不能稳定时。

7.7.3　设置测站

(1)应根据路线土质选用尺桩(尺桩质量不轻于1.5 kg,长度不短于0.2 m)或尺台(尺台质量不轻于5 kg)作转点尺承。

(2)测站视线长度(仪器至标尺距离)、前后视距差、视线高度、数字水准仪重复测量次数等技术要求,在《国家一、二等水准测量规范》中有明确规定,见表7-6。

表7-6　水准测量技术要求

<table>
<tr><th rowspan="2">等级</th><th rowspan="2">仪器类别</th><th colspan="2">视线长度</th><th colspan="2">前后视距差</th><th colspan="2">任一测站上前后视距差累积</th><th colspan="2">视线高度</th><th rowspan="2">数字水准仪重复测量次数</th></tr>
<tr><th>光学</th><th>数字</th><th>光学</th><th>数字</th><th>光学</th><th>数字</th><th>光学(下丝读数)</th><th>数字</th></tr>
<tr><td>一等</td><td>DSZ05、DS05</td><td>≤30</td><td>≥4且≤30</td><td>≤0.5</td><td>≤1.0</td><td>≤1.5</td><td>≤3.0</td><td>≥0.5</td><td>≤2.80且≥0.65</td><td>≥3次</td></tr>
<tr><td>二等</td><td>DSZ1、DS1</td><td>≤50</td><td>≥4且≤50</td><td>≤1.0</td><td>≤1.5</td><td>≤3.0</td><td>≤6.0</td><td>≥0.3</td><td>≤2.80且≥0.55</td><td>≥2次</td></tr>
</table>

注:下丝为近地面的视距丝。几何法数字水准仪视线高度的高端限差一、二等允许到2.85 m,相位法数字水准仪重复测量次数可以为表7-6中数值减少一次。所有数字水准仪,在地面震动较大时,应随时增加重复测量次数。

7.7.4　测站观测顺序和方法

1. 光学水准仪观测

1)往测奇数站照准标尺分划的顺序

(1)后视标尺的基本分划。

(2)前视标尺的基本分划。

(3)前视标尺的辅助分划。

(4)后视标尺的辅助分划。

2)往测偶数站照准标尺分划的顺序

(1)前视标尺的基本分划。

(2)后视标尺的基本分划。

(3)后视标尺的辅助分划。

(4)前视标尺的辅助分划。

3)返测奇、偶测站照准标尺的顺序

返测奇、偶测站照准标尺的顺序分别与往测偶、奇测站相同。

4)一测站的操作程序

测站观测采用光学测微器法，一测站的操作程序(以往测奇数站为例)为：

(1)首先将仪器整平(气泡式水准仪望远镜绕垂直轴旋转时，水准气泡两端影像的分离，不得超过 1 cm，自动安平水准仪的圆气泡位于指标环中央)。

(2)将望远镜对准后视标尺(此时，利用标尺上圆水准器整置标尺垂直)，使符合水准器两端的影响近于符合。随后用上、下丝照准标尺基本分划进行视距读数。视距第四位数由测微器读出。然后，使符合水准器气泡精确符合，转动测微器用楔形丝精确照准标尺基本分划，并读定标尺基本分划与测微器读数(读至测微器的最小刻划)。

(3)转动望远镜照准前视标尺，并使符合水准气泡两端影像精确符合，用楔形丝精确照准标尺基本分划，并读定标尺基本分划与测微器读数，然后用上、下丝照准标尺基本分划进行视距读数。

(4)用微动螺旋转动望远镜，照准前视标尺的辅助分划，并使符合水准气泡两端影像准确符合，用楔形丝精确照准并进行标尺辅助分划与测微器读数。

(5)旋转望远镜，照准后视标尺的辅助分划，并使符合水准气泡两端影像准确符合，用楔形丝精确照准并进行标尺辅助分划与测微器的读数。

5)精密水准测量记录实例

表 7-7 为二等水准测量外业记录实例。表中(1)～(8)栏是读数的记录部分，(9)～(18)栏是计算部分。现以往测奇数站的观测程序为例，说明计算内容与计算步骤。

(1)视距部分

$$\left.\begin{aligned}&(9)=(1)-(2)\\&(10)=(5)-(6)\\&(11)=(9)-(10)\\&(12)=(11)+\text{前站}(12)\end{aligned}\right\}$$

该部分的测站检核项目包括：视线长度、视距差、视距累积差、视线高度。

(2)高差部分

$$\left.\begin{aligned}(13)&=(4)+K-(7)\\(14)&=(3)+K-(8)\end{aligned}\right\}$$

式中，K 为标尺基辅差常数(对于威特 N3 水准标尺而言 $K=3.0155$ m)。

$$\left.\begin{aligned}&(15)=(3)-(4)\\&(16)=(8)-(7)\\&(17)=(14)-(13)=(15)-(16)\text{检核}\\&(18)=[(15)+(16)]/2\end{aligned}\right\}$$

该部分的测站检核项目包括:上下丝读数均值与中丝读数之差、基辅分划读数之差、基辅分划所测高差之差。

(3)往返测高差计算及测段小结

每测段的往测(或返测)观测结束,应进行测段的往测(或返测)高差计算。其前后视距、视距差、高差中数栏的累积结果应与单站计算结果的累加相符。该计算不仅有利于观测数据的采用,也对测段观测进行了检核。

在往测记录表格的末端还应进行测段小结计算,完成本测段距离中数和高差中数的计算,见表 7-7。

表 7-7 中的观测数据是用威特 N3 精密水准仪测得的,当用 S1 型或 Ni004 精密水准仪进行观测时,由于与这种水准仪配套的水准标尺无辅助分划,故在记录表格中基本分划与辅助分划的记录栏内,分别记入第一次和第二次读数。

2. 数字水准仪观测

1)往、返测奇数站照准标尺的顺序

(1)后视标尺。

(2)前视标尺。

(3)前视标尺。

(4)后视标尺。

2)往、返测偶数站照准标尺的顺序

(1)前视标尺。

(2)后视标尺。

(3)后视标尺。

(4)前视标尺。

3)一测站的操作程序(以往测奇数站为例)

(1)首先将仪器整平(望远镜绕垂直轴旋转,圆气泡始终位于指标环中央)。

(2)将望远镜对准后视标尺(此时,标尺应按圆水准器整置于垂直位置),用垂直丝照准条码中央,精确调焦至条码影像清晰,按测量键。

(3)显示读数后,旋转望远镜照准前视标尺条码中央,精确调焦至条码影像清晰,按测量键。

(4)显示读数后,重新照准前视标尺,按测量键。

(5)显示读数后,旋转望远镜照准后视标尺条码中央,精确调焦至条码影像清晰,按测量键。显示测站成果,测站检核合格后迁站。

表 7-7　一(二)等水准观测记录

往　自 Ⅱ沈新 1 至 Ⅱ沈新 2　　　　2002 年 7 月 20 日

时刻　始 8 时 20 分末____时____分　　成　像 清晰

温度 20 云量 2　　风向风速 S2

天气 晴 土质 坚实土　　太阳方向 右前

测站编号	前尺 上丝/下丝 后距 视距差 d	前尺 上丝/下丝 前距 $\sum d$	方向及尺号	标尺读数 基本分划（一次）	标尺读数 辅助分划（二次）	基＋K 减辅（一减二）	备考
奇	(1)	(5)	后	(3)	(8)	(14)	
	(2)	(6)	前	(4)	(7)	(13)	
	(9)	(10)	后－前	(15)	(16)	(17)	
	(11)	(12)	h	—		(18)	
1	2 406	1 809	后 31	219.83	521.38	0	
	1 986	1 391	前 32	160.06	461.63	－2	
	420	418	后－前	＋059.77	＋059.75	＋2	
	＋2	＋2	h	＋059.760			
2	1 800	1 639	后	157.40	458.95	0	
	1 351	1 189	前	141.40	442.92	＋3	
	449	450	后－前	＋016.00	＋016.03	－3	
	－1	＋1	h	＋016.015			
3	1 825	1 962	后	160.32	461.88	－1	
	1 383	1 523	前	174.27	475.82	0	
	442	439	后－前	－013.95	－013.94	－1	
	＋3	＋4	h	－013.945			
4	1 728	1 884	后	150.81	452.36	0	
	1 285	1 439	前	166.19	467.74	0	
	443	445	后－前	－015.38	－015.38	0	
	－2	＋2	h	－015.380			
			后	.	.		
			前	.	.		
			后－前	.	.		
			h	—	.		
往测计算	7 759	7 294	后	688.36	1 894.57		
	6 005	5 542	前	641.92	1 848.11		
	1 754	1 752	后－前	＋046.44	＋046.46		
	＋2		h	＋046.450			
测段小结	$D_{往}$	0.35 km	后	$h_{往}$	＋0.464 50		
	$D_{返}$	0.37 km	前	$h_{返}$	－0.646 86		
	$D_{中}$	0.36 km	后－前	$h_{中}$	＋0.464 68		
			h				

7.7.5 间歇与检测

(1)观测间歇时,最好在水准点上结束。否则,应在最后一站选择两个坚稳可靠、光滑突出、便于放置标尺的固定点,作为间歇点。如无固定点可选择,则间歇前应对最后两测站的转点尺桩(用尺台作转点尺承时,可用三个带钉帽的木桩)做妥善安置,作为间歇点。

(2)间歇后应对间歇点进行检测,比较任意两尺承点间歇前后所测高差,若符合限差要求,即可由此起测;若超过限差,可变动仪器高度再检测一次;如仍超限,则从前一水准点起测。

(3)检测成果应在手簿中保留,但计算高差时不用。

(4)数字水准仪测量间歇可用建立新测段等方法检测。检测有困难时最好收测在固定点上。

7.7.6 测站观测限差与设置

1. 测站观测限差

测站观测限差在《国家一、二等水准测量规范》中有规定,见表 7-8。

表 7-8 测站观测限差 单位:mm

等级	上下丝读数均值与中丝读数之差		基辅分划读数之差	基辅分划所测高差之差	检测间歇点高差之差
	5 mm 刻划标尺	10 mm 刻划标尺			
一等	1.5	3.0	0.3	0.4	0.7
二等	1.5	3.0	0.4	0.6	1.0

对于数字水准仪,同一标尺两次读数差不设限差,两次读数所测高差之差执行基辅分划所测高差之差的限差。

测站观测限差超限,在本站发现后可立即重测,若迁站后才检查发现,则应从水准点或间歇点(应经检测符合限差)开始,重新观测。

2. 数字水准仪测段往返起始测站设置

1)仪器设置项目

(1)测量的高程单位和记录到内存的单位为米。

(2)最小显示位为 0.000 01 m。

(3)设置日期格式为实时年、月、日。

(4)设置时间格式为实时 24 小时。

2)测站限差设置

(1)视距限差的高端和低端。

(2)高限差的高端和低端。

(3)前后视距差限差。

(4)两次读数高差之差限差。

3)作业设置

(1)建立作业文件。

(2)建立测段名。

(3)选择测量模式:“aBFFB”。

(4)输入起始点参考高程。

(5)输入点号(点名)。

(6)输入其他测段信息。

4)通信设置

按仪器说明书操作。

7.7.7　观测中应遵守的原则

(1)观测前 30 分钟,应将仪器置于露天阴影下,使仪器与外界气温趋于一致;设站时,应用测伞遮蔽阳光;迁站时,应罩仪器罩。使用数字水准仪前,还应进行预热,预热不少于 20 次单次测量。

(2)对气泡式水准仪,观测前应测出倾斜螺旋的置平零点,并作标记。对于自动安平水准仪的圆水准器,应严格置平。这样可以减弱视准轴受温度变化的影响。

(3)在各测站上连续安置水准仪的三脚架时,应使其中两脚与水准路线平行,而第三脚轮换置于路线方向的左侧与右侧。

(4)除路线转弯处,每一测站上仪器与前、后视标尺的三个位置,应接近一条直线。

(5)不应为了增加标尺读数,而把尺桩(台)安置在壕坑中。

(6)转动仪器的倾斜螺旋和测微器时,其最后方向旋转方向,均应为旋进。

(7)每一测段的往测与返测,其测站数均应为偶数。由往测转向返测时,两把标尺应互换位置,并应重新整置仪器。

(8)在高差甚大的地区,应选用长度稳定、标尺名义米长偏差和分划偶然误差较小的水准标尺作业。

(9)对于数字水准仪,应避免望远镜直接对着太阳;尽量避免视线被遮挡,遮挡不要超过标尺在望远镜中截长的 20%;仪器只能在厂方规定的温度范围内工作;确信震动源造成的震动消失后才能启动测量键。

7.7.8　往返测高差不符值、环闭合差

(1)往返测高差不符值、环闭合差和检测高差之差的限差应不超过表 7-9 的规定。

表 7-9　往返测高差不符值、环闭合差

等级	测段、区段、路线往返测高差不符值	附合路线闭合差	环闭合差	检测已测测段高差之差
一等	$1.8\sqrt{K}$	—	$2\sqrt{F}$	$3\sqrt{R}$
二等	$4\sqrt{K}$	$4\sqrt{L}$	$4\sqrt{F}$	$6\sqrt{R}$

注:K 为测段、区段或路线长度,单位为 km,当测段长度小于 0.1 km 时,按 0.1 km 计算;L 为附合路线长度,单位为 km;F 为环线长度,单位为 km;R 为检测测段长度,单位为 km。

(2)检测已测测段高差之差的限差,对单程检测或往返检测均适用,检测测段长度小于 1 km 时,按 1 km 计算。检测测段两点间距离不宜小于 1 km。

(3)水准环线由不同等级路线构成时,环线闭合差的限差,应按各等级路线长度及其限差分别计算,然后取其平方和的平方根作为限差。

(4)当连续若干测段的往返测高差不符值保持同一符号且大于不符值限差的 20%时,在以后隔断的观测中,除酌情缩短视线外,还应加强仪器隔热和防止尺桩(台)位移等措施。

7.7.9 成果的重测和取舍

1. 测段往返测高差不符值超限

测段往返测高差不符值超限，应先就可靠程度较小的往测或返测进行整段重测，并按下列原则取舍：

(1)若重测的高差与同方向高差的不符值超过往返测高差不符值的限差，但与另一单程高差的不符值没有超出限差，则取用重测结果。

(2)若同方向两高差不符值未超出限差，且其中数与另一单程高差的不符值也不超出限差，则取同方向中数作为该单程的高差。

(3)若(1)中的重测高差(或(2))中两同方向高差与另一单程高差的不符值超出限差，应重测另一单程。

(4)若超限测段经过两次或多次重测后，出现同向观测结果靠近而异向观测结果间不符值超限的分群现象时，如果同方向高差不符值小于限差之半，则取原测的往返高差中数作为往测结果，取重测的往返高差中数作为返测结果。

2. 区段、路线往返测高差不符值超限

区段、路线往返测高差不符值超限时，应就往返测高差不符值与区段(路线)不符值同符号中较大的测段进行重测，若重测后仍超出限差，则应重测其他测段。

3. 附合路线或环线闭合差超限

附合路线或环线闭合差超限时，应就路线上可靠程度较小(往返测高差不符值较大或观测条件较差)的某些测段进行重测，如果重测后仍超出限差，则应重测其他测段。

4. 每千米水准测量的偶然中误差超限

每千米水准测量的偶然中误差 M_{Δ} 超出限差时，应分析原因，重测有关测段或路线。

5. 重测与原测的间隔时间过长

测段重测与原测时间不宜过长，若超过了三个月，且重测高差与原测高差之差超过检测限差时，应按规定进行该测段两端点可靠性的检测。

§7.8 外业成果的记录、整理与计算

7.8.1 记录方式与要求

1. 记录方式

一、二等水准测量的外业成果，按记录载体分为手簿记录和电子记录两种方式，应优先采用电子记录，在不适宜电子记录的特殊地区可采用手簿记录。

2. 记录项目

每测段的始末、工作间歇的前后及观测中气候变化时，应记录观测日期、时间、大气温度、标尺温度、天气、云量(按十级制，即肉眼所见云彩遮蔽天空面积的十分之几，则为几级云量)、成像、太阳方向(按太阳相对于路线前进方向的八个方位：前方、前右、右方、右后、后方、左后、左方、前左)、道路土质、风向及风力(风向按风吹来的方向相对于路线前进方向的八个方向：前方、前右、右方、右后、后方、左后、左方、前左、记录，风力按风级记录)。

使用光学水准仪时，每测站应记录上下丝在前后标尺的读数、楔形丝在前后标尺基、辅分划面的读数。使用数字水准仪时，每测站应记录前后标尺距离和视线高读数。每五个测站记录一次标尺温度，读至 0.1℃。

3. 手簿记录要求

一切外业观测值和记事项目，应在现场直接记录。手簿的记录要求及小数取位详见§1.6 节。

4. 观测记录的整理和检查

观测工作结束后应及时整理和检查外业观测手簿。检查手簿中所有计算是否正确、观测成果是否满足各项限差要求。确认观测成果全部符合规范要求，方可进行外业计算。

7.8.2 外业计算

1. 水准测量外业计算项目

(1)外业手簿的计算。

(2)外业高差和概略高程表的编算(应由两人独立编算，并检核无误)。

(3)每千米水准测量偶然中误差的计算。

(4)附合路线与环线闭合差集计算。

(5)每千米水准测量全中误差的计算。

2. 高程改正计算项目

国家水准网计算水准点高程时，所用的高差应加入下列改正：

(1)水准标尺长度改正。

(2)水准标尺温度改正。

(3)正常水准面不平行改正。

(4)重力异常改正。

(5)固体潮改正。

(6)环线闭合差的改正。

工程水准网计算水准点高程时，所用的高差一般只需加入下列三项改正即可。

(1)水准标尺长度改正。

(2)正常水准面不平行改正(见§7.9 节)。

(3)环线闭合差的改正。

3. 每千米水准测量偶然中误差的计算

每完成一条水准路线的测量，应进行往返测高差不符值及每千米水准测量的偶然中误差 M_Δ 的计算(小于 100 km 或测段数不足 20 个的路线，可纳入相邻路线一并计算)。一、二等水准测量 M_Δ 的限差应分别小于 0.45 mm 和 1.0 mm。

每千米水准测量的偶然中误差 M_Δ 的计算公式为

$$M_\Delta = \pm\sqrt{\frac{[\Delta\Delta/R]}{4n}} \tag{7-15}$$

式中，Δ 为测段往返测高差不符值，单位为 mm；R 为测段长度，单位为 km；N 为测段数。

4. 每千米水准测量全中误差的计算

每完成一条附合路线或闭合环的测量，应对观测高差施加“高程改正计算项目”中的各项改正。然后计算附合路线或环线闭合差,并应符合表 7-9 的规定。当构成水准网的水准环超过 20 个时,还需按环线闭合差 w 计算每千米水准测量的全中误差 M_w。一、二等水准测量的 M_w 应分别小于 1 mm 和 2 mm。

每千米水准测量的全中误差 M_w 为

$$M_w = \pm\sqrt{\frac{[ww/F]}{N}} \tag{7-16}$$

式中,w 为经过各项改正后的水准环闭合差,单位为 mm;N 为水准环数;F 为水准环线周长,单位为 km。

5. **外业计算的取位**

精密水准测量外业计算取位规定见表 1-8。

§7.9 正常水准面不平行改正数及概略高程计算

7.9.1 正常水准面的不平行性及改正数计算

如果假定不同高程的水准面是互相平行的,那么水准测量所测定的高差,就是水准面之间的垂直距离,这种假定在较短距离的情况下与实际相差不大,而在较长距离时,这种假定是不正确的。

1. **正常水准面的不平行性**

在空间重力场中的任何物质都受到重力的作用而使其具有位能。对于水准面上的单位质点而言,它的位能大小与质点所处高度及该点重力加速度有关。这种随着位置和重力加速度大小而变化的位能称为重力位能,并以 W 表示,则有

$$W = gh \tag{7-17}$$

式中,g 为重力加速度;h 为单位质点所处的高度。

同一水准面上各点的重力位能相等,因此,水准面又称重力等位面,或称正常水准面。如果将单位质点从一个正常水准面提到相距 Δh 的另一个正常水准面,其所做的功就等于两正常水准面的位能差,即 $\Delta W = g\Delta h$。在图 7-27 中,设 Δh_A、Δh_B 分别表示两个非常接近的正常水准面在 A、B 两点的垂直距离,g_A、g_B 为 A、B 两点的重力加速度,由于正常水准面具有重力位能相等的性质,因此,A、B 两点所在水准面的位能差 ΔW 应有下列关系

$$\Delta W = g_A \Delta h_A = g_B \Delta h_B \tag{7-18}$$

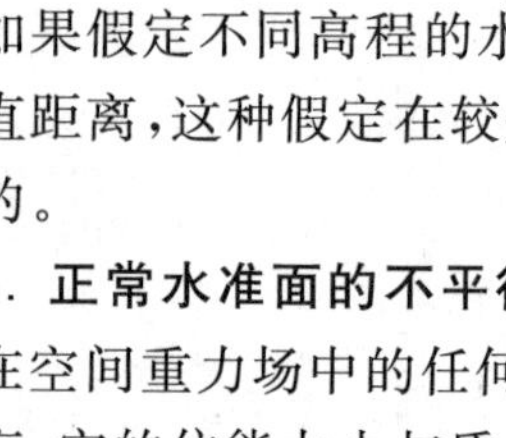

图 7-27 正常水准面的不平行性

在同一水准面上的不同点重力加速度 g 值是不同的,因此由式(7-18)可知,Δh_A 与 Δh_B 必定不相等。也就是说。任何两邻近的正常水准面之间的距离在不同的点上是不相等的,并且与作用在这些点上的重力成反比。以上的分析表明正常水准面不是相互平行的,这是水准面的一个重要特性,称为正常水准面不平行性。

重力加速度 g 值是随纬度的不同而变化的,在赤道处有较小的 g 值,而在两极处 g 值较大。因此相互不平行的正常水准面向两极收敛,是接近椭圆形的曲面。

正常水准面的不平行性，对水准测量将产生什么影响呢？

水准测量所测定的高程是由水准路线上各测站高差求和而得到的，在图 7-28 中，地面点 B 的高程可以沿水准路线 OAB 按各测站测得的高差 Δh_1、Δh_2、… 之和求得，即

$$H_{测}^{B}=\sum_{OAB}\Delta h$$

如果沿另一条水准路线 ONB 施测，则 B 点的高程应为水准路线 ONB 各测站测得高差 $\Delta h'_1$、$\Delta h'_2$、… 之和，即

$$H'^{B}_{测}=\sum_{ONB}\Delta h'$$

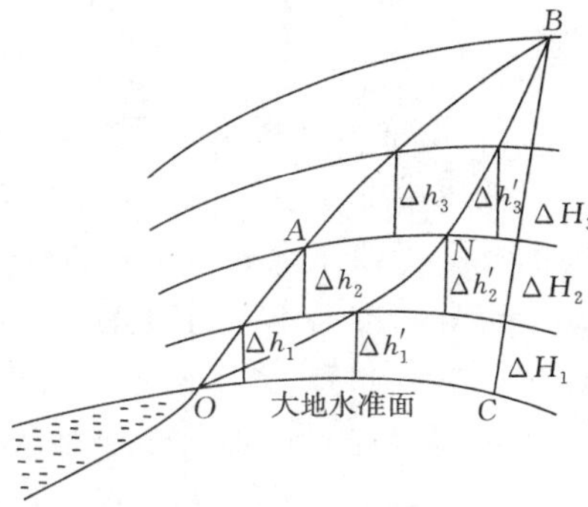

图 7-28　正常水准面不平行性对水准测量的影响

由正常水准面的不平行性可知 $\sum_{OAB}\Delta h\neq\sum_{ONB}\Delta h'$，因此 $H_{测}^{B}$ 与 $H'^{B}_{测}$ 必定不相等，也就是说，用水准测量测得两点间的高差随测量所循水准路线不同而不同。

由此可见，即使水准路线完全没有误差，但是由于 $H_{测}^{B}\neq H'^{B}_{测}$，使水准路线构成闭合环 $OABNO$ 的闭合差也不为零。在环形水准路线中，由于正常水准面的不平行性所产生的闭合差称为理论闭合差。

由于正常水准面的不平行性，使得两高程控制点间的高差沿不同的水准测量路线所测得的结果不一致。为了使点的高程有唯一确定的数值，就必须在观测高差中加入正常水准面不平行改正数。这也就是采用统一高程系统的问题，我国采用的统一高程系统是正常高高程系统，在这个高程系统中，地面点的正常高高程是以似大地水准面为基准面的高程。

2. 正常水准面不平行改正数的计算

将观测高差归算为正常高高差应加入正常水准面不平行改正数，即

$$\varepsilon_i=-AH_i\Delta\varphi'_i \tag{7-19}$$

式中，ε_i 为水准测量路线中第 i 测段的正常水准面不平行改正数，单位为 mm；A 为常系数，$A=0.000\,001\,537\,1\sin2\varphi$，$\varphi$ 为水准路线的纬度中数；H_i 为第 i 测段始末点的近似高程平均值，单位为 m；$\Delta\varphi'_i=\varphi_2-\varphi_1$，为第 i 测段始末点的纬度差，单位为“′”，其值可由水准点之记或水准测量路线图中查取。

7.9.2　概略高程的计算

计算水准路线概略高程，对观测高差应加入几项改正数。下面结合计算实例进行概略高程的计算，见表 7-10、表 7-11。

1. 水准标尺每米长度误差的改正数计算

水准标尺每米长度误差对高差的影响是系统性的。根据规范规定，当一对水准标尺每米长度的平均误差 f 大于 ±0.02 mm 时，就要对观测高差进行改正，对于一个测段的改正 $\sum\delta_f$ 可按式(7-14)计算。

由于往返测观测高差的符号相反，所以往返测观测高差的改正数也将有不同的正负号。

表 7-11 给出了一个二等水准测量概略高程计算的算例。算例中，一对标尺平均每米间隔的平均真长为 999.96 mm，则 $f=(999.96-1\,000)\text{mm}=-0.04$ mm。第一测段，即从Ⅰ柳宝

35$_基$到Ⅱ宜柳 1 水准点的往测高差 $h=20.34442$ mm，则该测段往测高差的改正数 $\sum\delta_f$ 为

$$\sum\delta_f=-0.04\times20.34442=-0.81\ \text{mm}$$

2. 正常水准面不平行的改正数计算

按水准测量规范规定，各等级水准测量结果，均须计算正常水准面不平行的改正。正常水准面不平行改正数 ε 可按式(7-19)计算。

正常水准面不平行改正数 ε 的计算见表 7-10。在表 7-10 中，$\varphi_m=24°18'$，$A=1153\times10^{-9}$。第一测段，即Ⅰ柳宝 35$_基$到Ⅱ宜柳 1 水准测量路线始末点近似高程的平均值 H 为 $(425+445)/2=435$ m，纬度差 $\Delta\varphi=-3'$，则第一测段的正常水准面不平行改正数 ε_1 为

$$\varepsilon_1=-1153\times10^{-9}\times435\times(3')=+1.5\ \text{mm}$$

表 7-10 正常水准面不平行改正的计算

水准点编号	纬度 φ /(° ′)	观测高差 h' /m	近似高程 /m	平均高程 H /m	纬差 $\Delta\varphi$ /(′)	$H\cdot\Delta\varphi$	正常水准面不平行改正 $\varepsilon=-AH\Delta\varphi$ /mm	附记
Ⅰ柳宝 35$_基$	24 28		425					
		+20.345		435	−3	−1 305	+1.5	
Ⅱ宜柳 1	25		445					
		+77.304		484	−3	−1 452	+1.7	
Ⅱ宜柳 2	22		523					
		+55.577		550	−3	−1 650	+1.9	
Ⅱ宜柳 3	19		578					
		+73.451		615	−3	−1 845	+2.1	
Ⅱ宜柳 4	16		652					
		+17.094		660	−2	−1 320	+1.5	
Ⅱ宜柳 5	14		669					
		+32.772		686	−3	−2 058	+2.4	
Ⅱ宜柳 6	11		702					
		+80.548		742	−2	−1 484	+1.7	
Ⅱ宜柳 7	9		782					
		+11.745		788	−1	−788	+0.9	
Ⅱ宜柳 8	8		794					
		−18.073		785	+1	785	−0.9	
Ⅱ宜柳 9	9		776					
		−10.146		771	+1	771	−0.9	
Ⅱ宜柳 10	10		766					
		−101.098		716	+1	716	−0.8	
Ⅱ宜柳 11	11		665					
		−61.960		634	+2	1 268	−1.5	
Ⅱ宜柳 12	13		603					
		−54.996		576	+2	1 152	−1.3	
Ⅱ宜柳 13	15		548					
		+10.051		553	+2	1 106	−1.3	
Ⅱ宜柳 14	17		558					
		+15.649		566	+3	1 698	−2.0	
Ⅰ宜柳 1$_基$	20		573					
							+5.0	

附记：已知：Ⅰ柳宝 35$_基$ 高程为:424.876 m；Ⅰ柳南 1$_基$ 高程为:573.128 m；本例的 A 按平均纬度 24°18″计算为 1153×10^{-9}

3. 水准路线闭合差计算

闭合差计算公式为

$$W=(H_0-H_n)+\sum h'+\sum\varepsilon \tag{7-20}$$

式中，H_0、H_n 为水准测量路线两端点的已知高程；$\sum h'$ 为水准测量路线中各测段加入尺长改正数 δ_f 后的往返测高差中数之和；$\sum\varepsilon$ 为水准测量路线中各测段的正常水准面不平行改正数之和。

根据表 7-10 和表 7-11 中的数据按式(7-20)计算水准路线的闭合差为

$$W=(424.876-573.128)\text{m}+148.2565\ \text{m}+5.0\ \text{mm}=+9.5\ \text{mm}$$

表 7-11　二等水准测量外业高差和概略高程计算

标石类型 / 水准点编号	水准点位置	纬度 Φ	测段编号	测段距离 R /km	距起算点距离 /km	往测方向	土质（土、砂、石松紧与植被等）	天气（阴晴和风力） 往测	天气（阴晴和风力） 返测	往测 施测月日	往测 测站数 上午	往测 测站数 下午	返测 施测月日	返测 测站数 上午	返测 测站数 下午	观测高差 标尺长度改正 往测/m	观测高差 标尺长度改正 返测/m	往返测高差不符值 /mm	不符值积累 /mm	加 δ 往返测高差中数 h' 正常水准面不平行改正 ε 闭合差改正 v /mm	概略高程 /mm	备　注
1	2	3	4	5	6	7	8	9	10	11	12	13	14	15	16	17	18	19	20	21	22	23
Ⅰ柳宝 35基	宜州县第二中学院内	° ′ 25 28			0.0														0.00		424 876	已知： $f=-0.04$ mm
			1	5.8		东南	坚实黏土	阴无风	晴2级风	7.2 3	60	38	7.28 29	38	58	+20.344 42 −81	−20.346 28 +81	−1.86		+20 344.5 +1.5 −0.7		
Ⅱ宜柳 1	宜州县太平公社良川村	25			5.8														−1.86		445 221	Ⅰ柳宝 35基高程为 424 876 mm
			2	5.6		东南	坚实土	阴2级风	晴无风	7.3 4	40	60	7.26 27	60	38	+77.304 18 −3 09	−77.302 85 +3 09	+1.33		+77 300.4 +1.7 −0.7		
Ⅱ宜柳 2	宜州县太平公社春秀村	22			11.4														−0.53		522 523	Ⅰ柳南 1基高程为 573 128 mm
			3	5.0		东南	坚实土	晴3级风	阴无风	5	34	40	24	40	32	+55.576 08 −2 22	−55.577 65 +2 22	−1.57		+55 574.6 +1.9 −0.6		
Ⅱ宜柳 3	宜州县太平公社东河村北	19			16.4														−2.10		578 099	
			4	0.6		东南	带砂实土	晴无风	阴2级风	6 7	58	40	22 23	38	58	+73.450 18 −2 94	−73.451 80 +2 94	−1.62		+73 448.0 +2.1 −0.7		
Ⅱ宜柳 4	沂城县欧同公社新象小学北	16			22.4														−3.72		651 548	
			5	5.4		南	坚实土	晴2级风	晴3级风	7 8	38	56	20 21	54	40	+17.094 70 −68	−17.094 10 +68	+0.60		+17 093.7 +1.5 −0.6		
Ⅱ宜柳 5	沂城县欧同公社龙门村西南	14			27.8														−3.12		668 643	
			6	5.7		南	坚实土	阴无风	晴2级风	10	40	42	19	40	40	+32.770 58 −1 31	−32.772 95 +1 31	−2.37		+32 770.5 +2.4 −0.7		
Ⅱ宜柳 6	沂城县欧同公社中学北 58 米	11			33.5														−5.49		701 415	
			7	5.9		东南	坚实土	阴3级风	阴2级风	11 12	56	38	17 18	38	54	+80.548 52 −3 22	−80.547 05 +3 22	+1.47		+80 544.6 +1.7 −0.7		
Ⅱ宜柳 7	沂城县小塘公社明江村	9			39.4														−4.02		781 960	
			8	4.9		东南	坚实黏土	晴2级风	阴2级风	12 13	34	60	16 17	62	32	+11.745 28 −47	−11.745 02 +47	+0.26		−11 744.7 +0.9 −0.6		
Ⅱ宜柳 8	沂城县小塘公社青龙观村	8			44.3														−3.07		793 705	
			9	5.3		东	实土	晴无风	阴2级风	8.3	38	40	8.22	38	38	−18.074 48 −72	+18.071 82 +72	−2.66		+18 072.4 −0.9 −0.6		
Ⅱ宜柳 9	沂城县里高公社双桥村	9			49.6														−6.42		775 632	
			10	4.8		东	带砂实土	阴2级风	晴无风	4	40	40	21	36	38	−10.145 55 +41	+10.146 12 −41	+0.57		−10 145.4 −0.9 −0.6		
Ⅱ宜柳 10	沂城县里高公社光明村	10			54.4														−5.85		765 485	
			11	5.6		东	带砂实土	阴无风	阴3级风	5 6	60	42	19 20	40	53	−101.097 35 +4 04	+101.099 32 −4 04	+1.97		−101 094.3 −0.8 −0.7		
Ⅱ宜柳 11	柳河县三都公社平阳村小学	11			60.0														−3.88		664 389	
			12	5.2		东北	坚实土	晴3级风	晴2级风	6 7	38	58	18 19	58	38	−61.959 32 +2 48	+61.959 85 −2 48	+0.53		−61 957.1 −1.5 −0.6		
Ⅱ宜柳 12	柳河县三都公社粮库院内	13			65.2														−3.35		602 430	
			13	4.7		东北	坚实土	阴无风	晴1级风	8	36	38	17	36	36	−54.996 60 +2 20	+54.996 18 −2 20	−0.42		−54 994.2 −1.3 −0.6		
Ⅱ宜柳 13	柳河县汽车站东南 400 米处	15			69.9														−3.77		547 434	
			14	5.9		东北	实土	阴2级风	阴无风	10 11	62	40	14 15	38	60	+10.050 25 −40	−10.051 68 +40	−1.43		+10 050.6 −1.3 −0.7		
Ⅱ宜柳 14	柳河县北关公社小学南 40 米	17			75.8														−5.20		557 482	
			15	5.1		东北	坚实土	晴2级风	阴2级风	11 12	32	54	13 14	52	30	+15.648 22 −63	−15.649 72 +63	−1.50		+15 648.3 −2.0 −0.6		
Ⅰ柳南 1基	柳河县公安局院内	20			80.9														−6.70		573 128	

4．高差改正数的计算

水准测量路线中每个测段的高差改正数为

$$v=-\frac{R}{\sum R}W \tag{7-21}$$

即将水准测量路线闭合差 W 反号，按与测段距离 R 成正比予以配赋。在表 7-11 中，水准测量路线的全长 $\sum R=80.9\ \text{km}$，第一测段的长度 $R=5.8\ \text{km}$，则第一测段的高差改正数为

$$v=-\frac{5.8}{80.9}9.5=-0.7\ \text{mm}$$

根据已知点高程及改正后的高差计算各水准点的概略高程，即

$$H_i=H_{i-1}+h_{i-1,i}+\varepsilon_{i-1,i}+v_{i-1,i} \tag{7-22}$$

即第 i 点的概略高程，等于$(i-1)$点的高程加$(i-1)$点至 i 点经改正后的高差、正常水准面不平行改正及高差改正数。

如：I 宜柳 1 概略高程的计算：

$$H_1=424\ 876+20\ 344.5+1.5-0.7=446\ 221\ \text{mm}$$

§7.10　电磁波测距高程导线

电磁波测距高程导线就是用电磁波测距三角高程的测量方式，依次测定和传递地面点高程的路线。在以下的叙述中称“高程导线”。在进行几何水准测量确有困难的山岳地带及水网地区，四等水准测量或支线，可用高程导线进行高差测量。

所谓三角高程就是通过两点间的距离和垂直角来计算两点间的高差。事实上，高程导线中测站高差的获得依靠的就是三角高程测量方法。

7.10.1　高差计算公式的推导

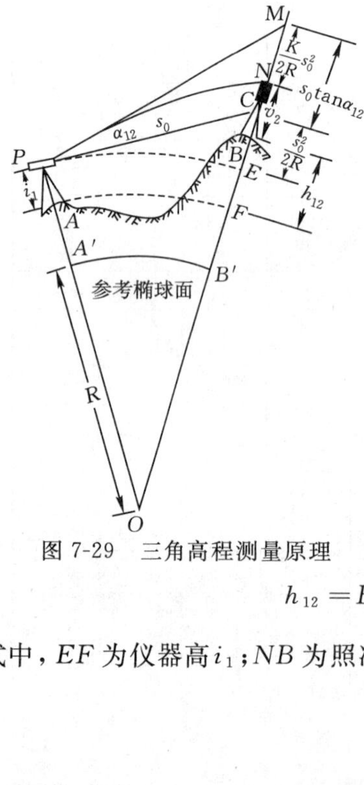

图 7-29　三角高程测量原理

如图 7-29 所示，设 s_0 为 A、B 两点间的实测水平距离。仪器置于 A 点，仪器高为 i_1。v_2 为照准点 B 的标高，R 为 AB 方向上的参考椭球曲率半径。

当 A 点处的望远镜 P 照准 B 点处的目标 N 时，由于地面大气垂直折光的影响，视线的行程为弧线 PN。望远镜的照准方向为此弧线之切线 PM，测得的垂直角为 α_{12}，它包含了大气垂直折光的影响，MN 即为大气垂直折光差。

设 PE 为过 P 点的水准面，而垂直角 α_{12} 是以水平切线 PC 为基准的，这就使得 C、E 两点间出现差距，CE 就是地球曲率对计算高差的影响，称为地球弯曲差。

若 AF 弧为过 A 点的水准面，顾及地球曲率和大气垂直折光影响后，B 点相对于 A 点的高差为

$$h_{12}=BF=MC+CE+EF-MN-NB \tag{7-23}$$

式中，EF 为仪器高 i_1；NB 为照准点标高 v_2；CE 为地球弯曲差，$CE=\frac{1}{2R}s_0^2$；MN 为大气垂直折

光差，$MN=\frac{K}{2R}s_0^2$。

另外，由于水平距离 s_0 与 R 相比其值甚小，当 $s_0=10$ km 时，它所对的圆心角仅约 5′，故可认为 $\angle PCM\approx 90°$。这样，在直角三角形 PCM 中

$$MC=s_0\tan\alpha_{12}$$

将 CE、MN、MC 等带入式(7-23)，得

$$h_{12}=s_0\tan\alpha_{12}+\frac{1-K}{2R}s_0^2+i_1-v_2 \tag{7-24}$$

若式(7-24)中的距离采用电磁波测距斜距，则高程导线单向高差为

$$h=D\sin\alpha+(1-K)\frac{D^2}{2R}\cos^2\alpha+i-v \tag{7-25}$$

式中，D 为经过各项改正后的斜距。

式(7-25)中，$(1-K)\frac{D^2}{2R}\cos\alpha^2$ 项为大气垂直折光差和地球弯曲差对高差的综合影响。通常 K 值接近于 0.1，其对高差计算的影响仅为地球弯曲差的 1/10 左右，若将其影响忽略，则式(7-25)就变为

$$h=D\sin\alpha+\frac{D^2}{2R}\cos\alpha^2+i-v \tag{7-26}$$

此式即 GB/T 12898—2009《国家三、四等水准测量规范》中高程导线单向高差计算公式。

7.10.2　观测方法

高程导线可以进行四等高程控制测量。施测高程导线前，应沿路线选定测站，视线度一般不大于 700 m，最长不得超过 1 km，视线垂直角不得超过 15′，视线高度和离开障碍物的距离不得小于 1.5 m。

高程导线可布置为在每一个照准点安置仪器进行对向观测(以下简称每点设站)的路线，也可布置为每隔一个照准点安置仪器(以下简称隔点设站)的路线。隔点设站时，应采用单程双测法，即每站变换仪器高度或位置进行两次观测。两次视线长度之差不得超过 100 m。

采用电磁波测距仪测定距离时，测距的准备工作、观测方法和作业要求、气象元素测定、成果记录集重测取舍、气象、加常数、乘常数修正值的计算及边长归算等，参见第 4 章相关内容。

距离测量的技术要求和观测限差如下：

(1)斜距和垂直角的观测应在成像清晰、信号稳定的情况下进行。

(2)斜距观测两测回(每测回为照准一次，读数四次)，各次读数互差和测回中数互差分别为 10 mm 和 15 mm。每测站需量取气温、气压值。

(3)垂直角观测采用中丝法观测四个测回，测回差和指标差互差，均不得超过 5″。

(4)测距仪、反射镜应在测前、测后，各量测一次仪器高和棱镜高，两次互差不得超过 3 mm。

(5)当进行对向观测确有困难时，可进行单向观测，但总的观测测回数不变。

各项观测读数和计算数值取位按表 7-12 执行。

表 7-12 观测读数和计算数值取位表

项目	斜距/mm	垂直角/(″)	仪器高、觇牌高/mm	气温/℃	气压/Pa	测站高差/mm	测段高差/mm
观测值	1	1	1	0.1	100	—	—
计算值	1	0.1	0.1	—	—	0.1	1

7.10.3 高差计算

观测斜距应施以加常数和乘常数改正、气象改正。

测站高差的计算步骤为：

(1)每点设站时，相邻测站间单向观测高差 h 按式(7-26)计算。相邻测站间对向观测的高差中数 h_{12} 为

$$h_{12}=\frac{h_1+h_2}{2} \tag{7-27}$$

式中，1、2 脚标分别表示相邻测站的序号。

(2)隔点设站时，相邻照准点间的高差 h_{12} 为

$$h_{12}=D_2\sin\alpha_2-D_1\sin\alpha_1+v_1-v_2+\frac{1}{2R}[(D_2\cos\alpha_2)^2-(D_1\cos\alpha_1)^2] \tag{7-28}$$

式中，1、2 脚标分别表示后视和前视标号；D_1、D_2 为经过各项改正后的斜距，单位为 m；α 为观测垂直角；R 为地球平均曲率半径，采用 6 369 km；v 为反射镜中心至地面点高度，单位为 m。

由高程导线测定的水准点过其他固定点的高差，应加入正常水准面不平行改正，计算方法与四等水准相同。

7.10.4 测量限差

高程导线的观测结果应不超过表 7-13 规定的各项限差。

表 7-13 高程导线观测限差 单位：mm

观测方法	两测站对向观测高差不符值	两照准点间两次观测高差不符值	附合路线或环线闭合差	检测已测测段的高差之差
每点设站	$\pm 45\sqrt{D}$	—	与四等水准测量限差相同	
隔点设站	—	$\pm 14\sqrt{D}$		

注：D 为测站间或照准点间的观测水平距离，单位为 km。

观测结果超出限差时，应按规定进行重测和取舍。

§7.11 水准测量平差计算

能进行水准测量平差计算的软件很多，这里只介绍平差易 PA2005。关于 PA2005 的使用，参见§5.5 节相关内容。

一条四等附合水准路线，A、B 为已知点，2、3、4 为未知点，具体数据见表 7-14，示意图见图 7-30，试对该水准路线平差，并求出未知点高程。

表 7-14　水准路线起算算数及观测数据

测站点	高差/m	距离/m	高程/m
A	−50.440	1 474.4	96.062
2	+3.252	1 424.7	
3	−0.908	1 749.3	
4	40.218	1 950.4	
B			88.183

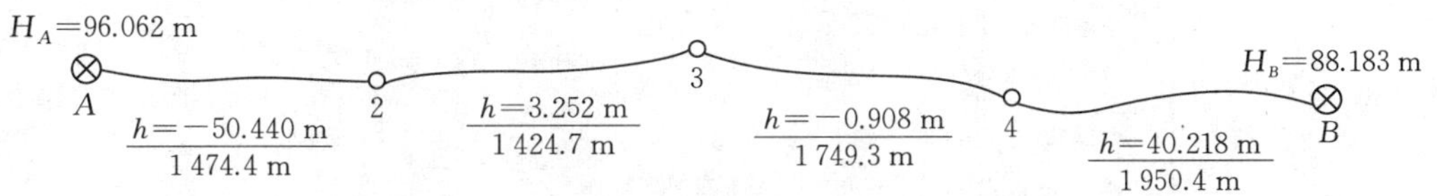

图 7-30　水准路线示意

下面介绍一下平差计算过程。

1. 控制网数据的录入

运行 PA2005，在测站信息区中输入 A、B、2、3 和 4 号测站点，其中 A、B 点为已知高程点，属性为 01，其高程值见表 7-13；2、3、4 点为未知点，属性为 00；其他信息都为空。因为没有平面坐标数据，故在 PA2005 中没有网图显示。

在观测信息区，数据输入格式选择：(4) 水准，并分别输入各测站上的观测高差及测段距离，见图 7-31。

将所有的测站信息及观测数据录入。

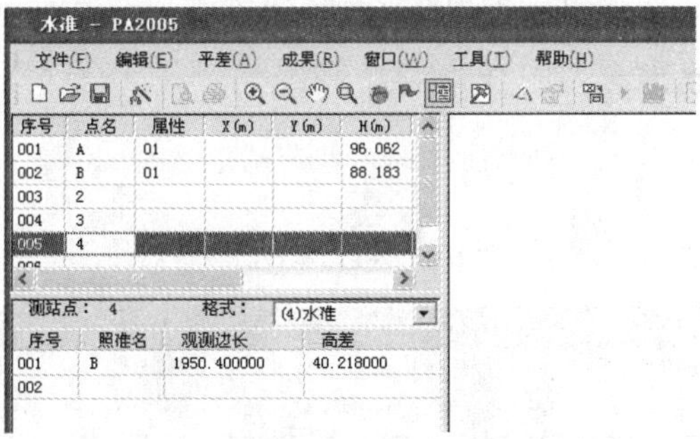

图 7-31　水准数据的录入

2. 近似坐标推算

测站信息和观测数据输入结束后，打开“平差(A)”菜单，点击坐标推算，完成近似高程推算，见图 7-32。

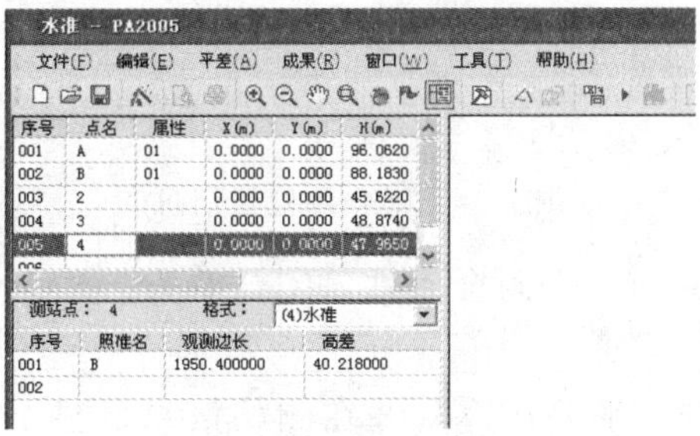

图 7-32　近似高程推算

3. 选择计算方案

打开“平差(A)”菜单,点击“计算方案”,进行计算方案设置,设置结果见图 7-33。

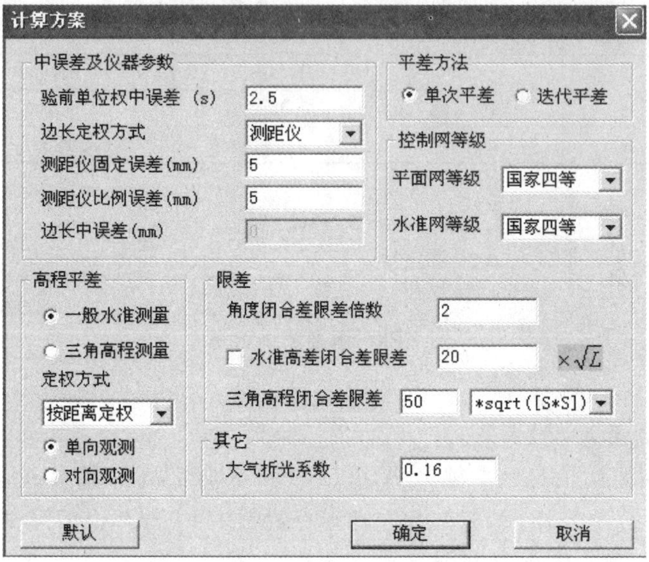

图 7-33 设置计算方案

设置项目如下:

(1)在“高程平差”中,选择“一般水准测量”,按距离定权,单向观测。

(2)在“控制网等级”中,选择水准网等级:国家四等。

(3)在“限差”中,选择水准高差闭合差限差:$20\sqrt{L}$。

(4)确认。

4. 闭合差计算与检核

打开“平差(A)”菜单,点击“闭合差计算”,计算闭合差,闭合差检核结果见图 7-34。

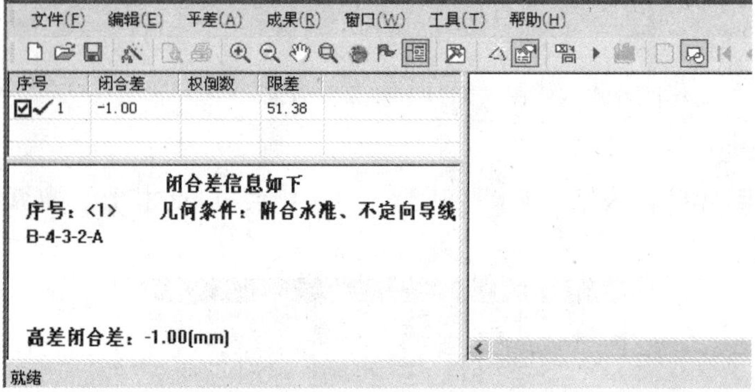

图 7-34 闭合差检核信息

本例中的附合水准路线只有一个附合条件。闭合差为−1.0 mm,限差为 51.38 mm。

5. 平差计算

打开“平差(A)”菜单,点击“平差计算”,并在测站信息区显示出未知点最终平差高程,见图 7-35。

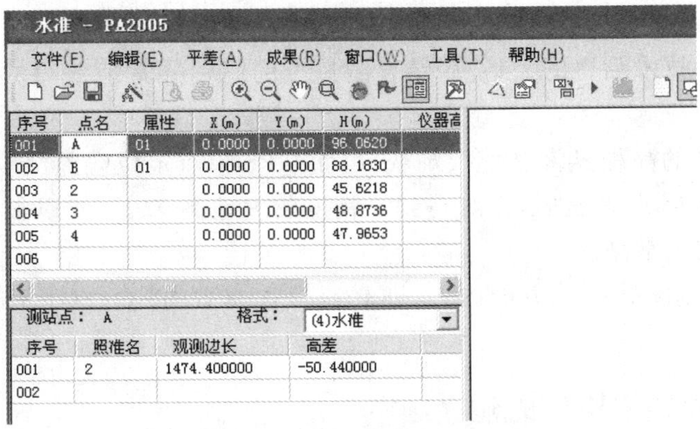

图 7-35　平差计算

6. **平差报告的生成和输出**

打开“成果(R)”菜单，点击“输出到 WORD”，生成 WORD 格式的平差报告。控制网平差报告包含：控制网概况、闭合差统计报告、起算点数据表、高差观测成果表、高程平差结果表、控制点成果表等部分。

平差报告中给出的控制网统计数据如下：

每千米高差中误差 = 1.95 (mm)

最大高程中误差[3] = 1.75 (mm)

最小高程中误差[2] = 1.47(mm)

平均高程中误差 = 1.61(mm)

规范允许每千米高差中误差 = 10(mm)

§7.12　GPS 高程测量

由 GPS 相对定位得到的基线向量，通过 GPS 网平差，可以得到高精度的大地高差。如果网中有一点或多点精确 WGS-84 大地坐标系下的大地高程，则在 GPS 网平差后，可求得各 GPS 点的 WGS-84 大地高 H_{84}。目前，GPS 高程测量的精度可以达到四等水准的精度。

在实际应用中，地面点的高程采用正常高系统。地面点的正常高 H_r 是地面点沿铅垂线至似大地水准面的距离。这种高程是通过水准测量来确定的。这就有必要找出 GPS 点的大地高 H_{84} 与正常高 H_r 的关系，并用一定的方法将 H_{84} 转换为 H_r。

图 7-36 是大地高与正常高之间的关系。

在图 7-36 中，ζ 表示似大地水准面至椭球面间的高差，叫作高程异常。显然，如果知道了各 GPS 点的高程异常 ζ 值，则不难由 GPS 点的大地高 H_{84} 求得各点的正常高 H_r 值。反过来，如果知道了各 GPS 点的大地高 H_{84} 和正常高 H_r，也可以求得各点的高程异常 ζ，即

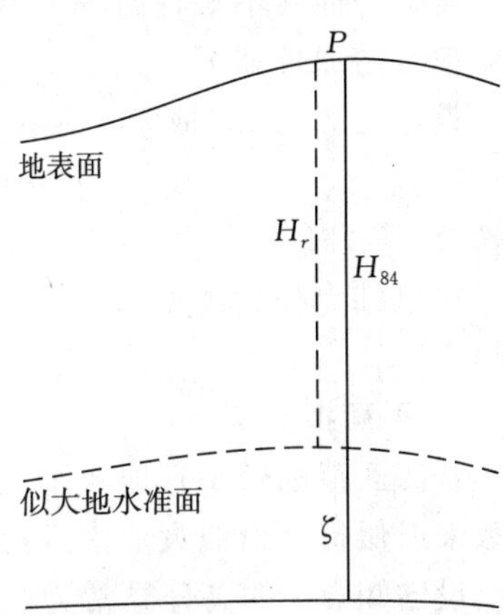

图 7-36　大地高与正常高的关系

$$H_r = H_{84} - \zeta \tag{7-29}$$

$$\zeta = H_{84} - H_r \tag{7-30}$$

这种利用GPS技术测得的大地高,结合测量点的高程异常值获得的正常高,被称为GPS高程测量。

实际上,高精度的高程异常 ζ 值很难获得,而GPS单点定位误差又较大,一般测区内缺少高精度的基准点,GPS点平差后,很难得到高精度的大地高 H_{84},所以很难应用式(7-29)精确地计算各GPS点的正常高。

GPS高程测量通常包括三方面内容,即高程异常模型的建立、GPS高程测量的外业观测和数据处理。

7.12.1 高程异常模型的建立

若测区已有高程异常模型,则可使用原有模型,否则需要新建立高程异常模型。目前,获得GPS高程异常模型的方法主要有:绘等值线图法、曲线内插法、样条函数法、Akima法、平面拟合法、多项式曲面拟合法、多面函数拟合法、曲面样条拟合法、非参数回归曲面拟合法和曲面移动法等。

下面介绍几种常用的高程异常模型建立的方法。

1. 等值线图法

这是最早的GPS高程测量方法,其原理是:设在某一测区,有 m 个GPS点,用几何水准联测其中 n 个点的正常高(联测水准的点称为已知点,下同),根据GPS观测获得的点的大地高,按式(7-30)求出 n 个已知点的高程异常。然后选择合适的比例尺,按 n 个已知点的平面坐标(平面坐标经GPS网平差后获得),展绘在图纸上,并标注上相应的高程异常,再用1～5 cm的等高距,绘出测区的高程异常图。在图上内插出未联测几何水准的 $(m-n)$ 个点(未联测几何水准的GPS点称为待求点,下同)的高程异常,从而求出这些待求点的正常高。

2. 曲线内插法

当GPS点布设成测线时,可用曲线内插法,求定待求点的正常高,其原理是:根据测线上已知点平面坐标和高程异常,用数值拟合的方法,拟合出测线方向的似大地水准面曲线,再内插出待求点的高程异常,从而求出点的正常高。

若拟合曲线不长且高程异常平缓时,通常采用多项式曲线拟合法进行曲线拟合。多项式曲线拟合法原理如下。

设点的 ζ 与 x_i(或 y_i)存在着函数关系 $(i=0,1,2,\cdots,n)$,可用下面 $m(m \leqslant n)$ 次多项式

$$\zeta(x) = a_0 + a_1 x + a_2 x^2 + \cdots + a_m x^m \tag{7-31}$$

来拟合。

在已知点处的高差 $R_i = \zeta_m(x_i) - \zeta_i$,在 $R_i^2 = \min$ 条件下解各 a_i,继而求出各点的 ζ,从而获得 H_r。

3. 平面拟合法

若测区范围较小且地势平坦,其似大地水准面可近似看成平面。这样就可以用一个平面函数来近似拟合出似大地水准面,进而求出测点的正常高。

设已知点 i 的高程异常为 ζ_i,平面坐标为 (x_i, y_i),则平面模型为

$$\zeta_i = a_1 + a_2 x_i + a_3 y_i \tag{7-32}$$

式中,ζ_i 为拟合点的高程异常;a_1、a_2、a_3 为未知参数。

采用平面拟合法进行拟合时至少需要三个公共点，在最小二乘法准则下，就可求得参数的最佳估计，并进而回代得到点的高程异常值 ζ_i。

4. 曲面拟合法

当 GPS 点布设成一定区域面时，在 GPS 网中联测一些水准点，然后利用这些点上的正高和大地高求出它们的高程异常值，再根据这些高程异常值与坐标的关系，用最小二乘的方法拟合出测区的似大地水准面。然后，利用拟合出的似大地水准面，内插出其他 GPS 点的高程异常，从而得到各未知点的正常高。

曲面拟合法包括多项式曲面拟合法、多面函数法和曲面样条拟合法等，下面仅给出较常用的多项式曲面拟合法。

多项式曲面拟合法原理如下。

设点的 ζ_i 与平面坐标 (x_i, y_i) 的关系为

$$\zeta_i = f(x_i, y_i) + \varepsilon_i \tag{7-33}$$

式中，$f(x_i, y_i)$ 为空间曲面函数；ε_i 为误差。

通常，$f(x_i, y_i)$ 可选用多项式空间曲面表达式，即

$$\begin{aligned} f(x_i, y_i) = & a_0 + a_1 x_i + a_2 y_i + a_3 x_i^2 + a_4 x_i y_i + a_5 y_i^2 + \\ & a_6 x_i^3 + a_7 x_i^2 y_i + a_8 y_i^2 x_i + a_9 y_i^3 + \cdots \end{aligned} \tag{7-34}$$

式中，a_0、a_1、a_2、… 为待定系数。于是，如果有 n 个点，则可以得到

$$\boldsymbol{\zeta} = \boldsymbol{XA} + \boldsymbol{\varepsilon} \tag{7-35}$$

式中

$$\boldsymbol{\zeta} = \begin{bmatrix} \zeta_1 \\ \zeta_2 \\ \vdots \\ \zeta_n \end{bmatrix},\ \boldsymbol{A} = \begin{bmatrix} a_0 \\ a_1 \\ \vdots \\ a_n \end{bmatrix},\ \boldsymbol{\varepsilon} = \begin{bmatrix} \varepsilon_1 \\ \varepsilon_2 \\ \vdots \\ \varepsilon_n \end{bmatrix},\ \boldsymbol{X} = \begin{bmatrix} 1 & x_1 & y_1 & x_1^2 & \cdots \\ 1 & x_2 & y_2 & x_2^2 & \cdots \\ \vdots & \vdots & \vdots & \vdots & \vdots \\ 1 & x_n & y_n & x_n^2 & \cdots \end{bmatrix}$$

对于每一个已知点，均可以列出式(7-35)。在 $\Sigma\varepsilon^2 = \min$ 条件下，可求解系数阵

$$\boldsymbol{A} = (\boldsymbol{X}^{\mathrm{T}}\boldsymbol{X})^{-1}(\boldsymbol{X}^{\mathrm{T}}\boldsymbol{\zeta}) \tag{7-36}$$

在已知高程异常权阵的情况下，式(7-36)可改写为

$$\boldsymbol{A} = (\boldsymbol{X}^{\mathrm{T}}\boldsymbol{PX})^{-1}(\boldsymbol{X}^{\mathrm{T}}\boldsymbol{P\zeta}) \tag{7-37}$$

系数求出后，再按式(7-35)求出待求点的 ζ，从而求出 H_r。

《卫星定位城市测量技术规范》规定：区域面积较大时，高程异常模型应利用 GPS 测量、水准测量、重力测量、地形测量及重力场模型等资料，按物理大地测量计算方法获得；在区域面积小、地形平坦及重力模型变化平坦地区，可利用水准测量和 GPS 测量资料，通过数学拟合方法，获得该区域的高程异常模型。

7.12.2　外业观测

GPS 高程测量按精度等级共划分为四等、图根和碎部三个等级。GPS 高程测量可与 GPS 平面控制测量同时进行，也可单独进行。GPS 高程测量时，应至少联测一个已知高程控制点进行检核，较差应符合表 7-15 的规定。

表 7-15 GPS 高程测量主要技术要求 单位:cm

等级	平地、丘陵			山地		
	模型内符合中误差	高程中误差	检测较差	模型内符合中误差	高程中误差	检测较差
四等	2.0	3.0	6.0	—	—	—
图根	3.0	5.0	10.0	4.5	7.5	15.0
碎部	10.0	15.0	30.0	15.0	22.5	45.0

GPS 水准点的布设应符合下列规定：

(1)点位应均匀分布于测区范围内。

(2)平原地区点间距不宜超过 5 km。

(3)地形起伏大时，应按测区地形特征增加点位。

(4)点位选取应符合现行行业标准中关于高程控制点的选点规定。

(5)计算选取的拟合点数不应少于五个。

求取高程异常模型时，GPS 测量和水准测量的精度等级按高于需进行 GPS 高程测量的等级进行，GPS 水准点观测技术要求应符合表 7-16 的规定。

表 7-16 GPS 水准点观测技术要求

等级	水准点联测	GPS 联测
图根	四等	四等
碎部	图根	一级

高程异常模型确定后，还应有一定数量的 GPS 水准点作为检测，计算 GPS 测量高程中误差，计算结果应符合表 7-15 的规定。检测点应符合下列规定：

(1)检测点应均匀分布于拟合区域，且应位于拟合点的中部并能反映地形特征。检测点数不应少于拟合点总数的 15%，且不应少于五个点。

(2)点位的选取应符合现行行业标准关于高程控制点的选点规定。

(3)观测及数据处理应符合现行行业标准的相关规定。

GPS 高程测量时应严格满足 GPS 外业选点、埋石、观测时间、观测环境和丈量仪器高等方面的技术要求。GPS 高程测量的等级及相应观测方法、GPS 观测等级应符合表 7-17 的规定。

表 7-17 GPS 高程测量的技术要求

等级	观测方法	GPS 观测等级
四等	静态	四等
图根	静态/RTK	二级
碎部	静态/RTK	三级

对于四等 GPS 高程测量，应选用双频接收机和性能较好的天线，测前、测后要分别量取仪器高，较差应小于 3 mm，取平均值。外业观测中应选择 PDOP 值较小的观测时间段。

区域高程异常模型均有一定的覆盖范围，采用高程异常模型进行 GPS 高程测量时，应确保 GPS 点完全分布在模型区域范围内，只能内插，不能外推，以确保 GPS 高程点的精度。

7.12.3 数据处理

GPS 高程测量的数据处理包括高程计算和检验。

1. 高程计算

(1)采用 GPS 静态观测时,数据处理应符合 GPS 静态数据处理的相关规定;采用 RTK 观测时,数据处理应符合 RTK 测量数据处理的相关规定。

(2)水准测量的数据处理应符合现行行业标准关于高程控制测量数据处理的相关规定。

(3)GPS 高程测量成果应按已确定的区域高程异常模型进行正常高程计算。

2. 检验

(1)新建立的高程异常模型的内符合中误差为

$$m_H = \sqrt{\frac{[\mathrm{d}H\mathrm{d}H]}{n-1}} \tag{7-38}$$

式中,m_H 为高程异常模型内符合中误差,单位为 cm;$\mathrm{d}H$ 为拟合点水准高程与模型计算高程的差值;n 为参与拟合的点数。

模型内符合中误差 m_H 应符合表 7-15 的规定。

(2)新建立的高程异常模型应进行模型外符合中误差(即高程中误差)计算,并应符合表 7-15 的规定。外符合高程中误差 M_H 为

$$M_H = \sqrt{\frac{[\mathrm{d}H\mathrm{d}H]}{N-1}} \tag{7-39}$$

式中,M_H 为外符合中误差,单位为 cm;$\mathrm{d}H$ 为检测点水准高程与 GPS 测量高程的差值,单位为 cm;N 为检测点数。

(3)GPS 高程测量工作完成后,应进行 100%的内业检查和 10%的外业同精度检测。外业抽检可采取水准测量、光电测距三角高程或 GPS 测量方法进行。

(4)采用水准或光电三角高程检测时,应至少联测一个已知高程点。检验较差不应超过表 7-18 的规定。

(5)采用 GPS 方法进行高程检测时,检测较差不应超过表 7-15 的规定。

(6)GPS 高程测量检测时,高程中误差 M_H 应符合表 7-15 的规定,为

$$M_H = \sqrt{\frac{[\mathrm{d}H\mathrm{d}H]}{2N}} \tag{7-40}$$

式中,M_H 为检测高程中误差,单位为 cm;$\mathrm{d}H$ 为检测点两次测量高程的差值,单位为 cm;N 为检测点数。

(7)新建立的高程异常模型外符合高程中误差的计算可与 GPS 高程测量检测高程中误差的计算进行统一设计、一次完成。

表 7-18　GPS 高程测量检测较差　　单位:mm

等级	四等	图根		碎部	
方法	四等及以上水准	图根水准	三角高程	三角高程	水准
检测较差	$30\sqrt{L}$	$60\sqrt{L}$	$0.4S$	300	

注:(1) L 为水准检测路线长度,单位为 km。小于 0.5 km 时,按 0.5 km 计。

(2) S 为三角高程边长,单位为 m。

(3)在山区,上述限差可放宽 1.5 倍。

(4)在山区,可采用四等电磁波测距三角高程检测。

思 考 题

1. 进行高程测量通常有哪几种方法？分别能达到什么等级？
2. 图上设计水准路线应注意什么？
3. 水准路线的命名及编号原则。
4. 简述水准测量的实施工作程序。
5. 精密水准仪和水准标尺有何特点？
6. 选择水准点位应遵循什么原则？
7. 什么是点之记？简述水准点点之记的绘制要求。
8. 精密水准测量作业有哪些规定？
9. 精密水准测量主要误差有哪些？针对这些误差的影响，通常要采取什么措施？
10. 1956 年黄海高程系和 1985 高程基准的主要区别有哪些？
11. 简述水准仪测微器工作原理。
12. 一、二等水准测量对尺承有什么要求？
13. 记录员在进行水准测量记录时应遵循什么原则？
14. i 角的定义是什么，它对水准测量有什么影响？对此通常采取什么措施？
15. 何谓水准仪测微器的分格值？
16. 如何检验水准标尺圆气泡？
17. 简述标尺零点误差、一对标尺零点不等差、标尺基辅常数、标尺弯曲差、大地体、水准器格值、水准器灵敏度的概念。
18. 为消除标尺零点误差对水准测量的影响，在观测时应采取什么措施？
19. 环境温度变化，i 角要变化，如何消除其对水准测量的影响？
20. 大气垂直折光对水准测量的影响是系统性的，如何减弱其对水准测量的影响？
21. 针对观测过程中的标尺和仪器的垂直位移，应采取什么措施？
22. 精密水准测量为什么往、返测要在不同的光段内进行？
23. 精密水准测量中，随着观测员的读数进程，记录员都应做什么检核？
24. 简述数字水准仪工作原理。
25. 什么叫闭合水准路线的理论闭合差？它为什么不为零？
26. 数字水准仪有什么特点？
27. 水准测量的最佳观测时段是什么时间？为何应在最佳观测时段内进行水准测量？
28. 简述一、二等水准测量读数顺序、检核项目及限差。
29. 测段结束后进行测段计算的意义。
30. 数字水准仪和光学水准仪的观测方法和读数顺序有什么区别？
31. 一、二等水准测量观测中应遵守什么原则？
32. 工程水准网，在外业观测结束后、平差计算前，应进行什么计算？
33. 何为高程导线？选定测站时有何要求？
34. GPS 高程测量共分几个等级？
35. GPS 高程测量包括几个步骤？
36. 如何获得一个测区的高程异常？
37. 什么是高程异常模型的内符合精度和外符合精度？

第 8 章　控制测量的技术设计、总结及检查验收

一项控制测量工程的整个工作过程包括：技术设计、外业测量、内业计算、技术总结、检查验收等若干部分。前七章主要介绍了控制测量的外业测量与内业计算，本章将介绍控制测量的技术设计、技术总结和检查验收等内容。

§8.1　控制测量的技术设计

控制测量技术设计工作是控制测量工作的重要组成部分，技术设计的核心工作就是针对某项控制测量工程的实施进行设计，并编写出符合规定的技术设计书。控制测量的技术设计书是指导控制测量外业与内业工作的技术性文件，它对完成控制测量工程起着重大作用。因此，在控制测量外业施测前，必须编写出既合理又经济的技术设计书。在控制测量的技术设计过程中，应充分利用原有的控制测量成果，做出合理的设计方案，并对设计方案进行精度评估，使得设计方案既能保证精度要求，又具有良好的经济指标。

进行控制测量技术设计应依据中华人民共和国测绘行业标准《测绘技术设计规定》进行。

8.1.1　技术设计的一般规定

技术设计的一般规定如下：

(1)技术设计的目的是制定切实可行的技术方案，保证测绘成果(或产品)符合技术标准和用户要求，并获得最佳的社会效益和经济效益。因此，每个测绘项目在作业前都必须进行技术设计。

(2)测绘技术设计分项目设计和专业技术设计。项目设计是测绘项目进行的综合性整体设计。专业技术设计是对测绘专业活动的技术要求进行设计，它是在项目设计基础上，按照测绘活动内容进行的具体设计，是指导测绘生产的主要技术依据。

对于工作量较小的测绘项目，可根据需要将项目设计和专业技术设计合并为项目设计。

(3)项目设计由承担项目的法人单位负责，专业技术设计由承担相应测绘专业任务的法人单位负责。

(4)技术设计文件是测绘生产的主要技术依据，也是影响测绘成果(或产品)能否满足用户要求和技术标准的关键因素。

8.1.2　技术设计的基本原则

进行技术设计应遵守以下基本原则：

(1)技术设计应按照设计依据，充分考虑用户的要求，引用适用的国家、行业或地方的相关标准，重视社会效益和经济效益。

(2)技术设计方案应先考虑整体而后局部，且顾及发展；要根据作业区实际情况，考虑作业单位的资源条件(如人员的技术能力和软、硬件配置情况等)，挖掘潜力，选择最实用的方案。

(3)积极采用新技术、新方法和新工艺。

(4)认真分析和充分利用已有的测绘成果(或产品)和资料;对于外业测量,必要时应进行实地踏勘,并编写踏勘报告。

8.1.3 对技术设计人员的要求

技术设计人员应满足以下基本要求:

(1)具备完成有关设计任务的能力,具有相关的专业理论知识和生产实践经验。

(2)明确各项设计依据内容,认真了解分析作业区的实际情况,并积极收集类似设计内容执行的有关情况。

(3)了解、掌握本单位的资源条件(包括人员的技术能力,软、硬件装备情况)、生产能力、生产质量状况等基本情况。

(4)设计人员应对其设计书负责,并善于听取各方意见,发现问题,应按有关程序及时处理。

8.1.4 对编写设计书的要求

设计人员在编写设计书时应做到:

(1)内容明确,文字简练,对标准或规范中已有明确规定的,一般可直接引用,并根据引用内容的具体情况,标明所引用标准或规范名称、日期及引用的章、条编号,且应在其引用文件中列出。对于作业生产中容易混淆和忽视的问题,应重点描述。

(2)名词、术语、公式、符号、代号和计量单位等应与有关法规和标准一致。

(3)技术设计的幅面、封面格式和字体、字号等参见《测绘技术设计规定》中的附录B。

8.1.5 技术设计的依据

编写技术设计文件前,应首先确定设计的依据。设计依据由技术设计负责人确定并形成书面文件,由单位总工程师对其适宜性和充分性进行审核。设计的依据应根据具体的测绘任务、测绘专业活动而定。通常情况下,测绘技术设计的依据包括:

(1)适用的法律、法规。

(2)适用的国际、国内或行业技术标准。

(3)用户对测绘成果(或产品)功能和性能方面的要求,主要包括任务书或合同中的有关要求、用户书面要求或口头要求的记录、市场的需求或期望。

(4)用户提供的或本单位收集的测区信息、测绘成果(或产品)资料及踏勘报告等。

(5)适用时,以往测绘技术设计、测绘技术总结提供的信息,以及现有生产过程与成果(或产品)的质量记录和有关数据。

(6)测绘技术设计必须满足的其他要求。

8.1.6 测绘项目设计书的内容

依据《测绘技术设计规定》,测绘项目设计书的内容如下。

1. 概述

说明项目来源、内容和目标、作业区范围和行政隶属、任务量、完成期限、项目承担单位和成果(或产品)接收单位等。

2. 作业区自然地理概况和已有资料情况

1)作业区自然地理概况

根据测绘项目的具体内容和特点,需要说明与测绘作业有关的作业区自然地理概况,内容可包括:

(1)作业区的地形概况、地貌特征:居民地、道路、水系、植被等要素的分布与主要特征,地形类别,困难类别,海拔高度,相对高差等。

(2)作业区的气候情况:气候特征,风雨季节等。

(3)其他需要说明的作业区情况等。

2)已有资料情况

说明已有资料的数量、形式、主要质量情况(包括已有资料的主要技术指标和规格等)及评价,说明已有资料利用的可能性和利用方案等。

3. 引用文件

说明项目设计书编写过程中所引用的标准、规范或其他技术文件。文件一经引用,便构成项目设计书设计内容的一部分。

4. 成果(或产品)主要技术指标和规格

说明成果(或产品)的种类及形式、坐标系统、高程基准、比例尺、分带、投影方法、分幅编号及其空间单元、数据基本内容、数据格式、数据精度及其他技术指标等。

5. 设计方案

1)软件和硬件配置要求

规定测绘生产过程中的软、硬件配置要求,主要包括:

(1)硬件:①规定对生产过程所需的主要测绘仪器、数据处理设备、数据存储设备、数据传输网络等设备的要求;②其他硬件配置方面的要求(如对于外业测绘,可根据作业区的具体情况,规定生产所需的主要交通工具、主要物资、通信联络设备及其他必须的装备等要求)。

(2)软件:规定生产过程中主要应用软件的要求。

2)技术路线及工艺流程

说明项目实施的主要生产过程和这些过程之间输入、输出的接口关系。必要时,应用流程图或其他形式清晰、准确地规定生产作业的主要过程和接口关系。

3)技术规定

主要内容包括:

(1)规定各专业活动的主要过程、作业方法和技术、质量要求。

(2)特殊的技术要求,采用新技术、新方法、新工艺的依据和技术要求。

4)上交和归档成果(或产品)及其资料内容和要求

分别规定上交和归档的成果(或产品)内容、要求和数量,以及有关文档资料的类型、数量等,主要包括:

(1)成果数据:规定数据内容、组织、格式,存储介质,包装形式和标识及上交和归档的数量等。

(2)文档资料:规定需上交和归档的文档资料的类型(包括技术设计文件、技术总结、质量检查验收报告、必要的文档簿、作业过程中形成的重要记录等)和数量等。

5)质量保证措施和要求

内容主要包括：

(1)组织管理措施：规定项目实施的组织管理和主要人员的职责和权限。

(2)资源保证措施：对人员的技术能力或培训的要求，对软、硬件装备的需求等。

(3)质量控制措施：规定生产过程中的质量控制环节和产品质量检查、验收的主要要求。

(4)数据安全措施：规定数据安全和备份方面的要求。

6. 进度安排和经费预算

1)进度安排

应对以下内容作出规定：

(1)划分作业区的困难类别。

(2)根据设计方案，分别计算统计各工序的工作量。

(3)根据统计的工作量和计划投入的生产实力，参照有关生产定额，分别列出年度进度计划和各工序的衔接计划。

2)经费预算

根据设计方案和进度安排，编制分年度(或分期)经费和总经费计划，并作出必要说明。

7. 附录

其内容包括：

(1)需进一步说明的技术要求。

(2)有关的设计附图、附表。

8.1.7 控制测量专业技术设计书的内容

专业技术设计是在项目设计基础上，按照测绘活动内容进行的具体设计，是指导测绘生产的主要技术依据。对于工作量较小的项目，可将项目设计和专业技术设计合并为项目设计。

《测绘技术设计规定》将专业测绘活动分为：大地测量、摄影测量和遥感、野外地形数据采集及成图、地形制图和印刷、工程测量、界线测量、基础地理信息数据建库七种。控制测量的专业技术设计，可参照“大地测量”进行，其技术设计书应包括如下内容。

8.1.7.1 任务概述

说明任务来源、目的、任务量、测区范围和行政隶属等基本情况。

8.1.7.2 测区自然地理概况和已有资料情况

1. 测区自然地理概况

根据需要说明与设计方案或作业有关的测区自然地理概况，内容可包括测区自然地理特征、居民地、交通、气候等情况和困难类别等。

2. 已有资料情况

说明已有资料的数量、形式、施测年代、采用的坐标系统、高程基准和重力基准、资料的主要质量情况和评价、利用的可能性和利用方案等。

8.1.7.3 引用文件

说明专业技术设计书编写中所引用的标准、规范或其他技术文件。文件一经引用，便构成专业技术设计书设计内容的一部分。

8.1.7.4　主要技术指标

说明作业或成果的坐标系、高程基准、重力基准、时间系统、投影方法、精度或技术等级及其他主要技术指标等。

8.1.7.5　设计方案

1. 选点、埋石

设计方案的主要内容包括：

(1)规定作业所需的主要装备、工具、材料和其他设施。

(2)规定作业的主要过程、各工序作业方法和精度质量要求。

——选点要求：①测量路线、标志布设的基本要求；②点位选址、重合利用旧点的基本要求；③需要联测点的踏勘要求；④点名及其编号规定；⑤选址作业中应收集的资料和其他相关要求等。

——埋石要求：①测量标志、标石材料的选取要求；②石子、砂、混凝土的比例；③标石、标志、观测墩的数学精度；④埋设的标石、标志及附属设施的规格、类型；⑤测量标志的外部整饰要求；⑥埋设过程中需获取的相应资料(地质、水文、照片等)及其他应注意的事项；⑦路线图、点之记绘制要求；⑧测量标志保护及其委托保管要求；⑨其他有关的要求。

(3)上交和归档成果及其资料的内容和要求。

(4)有关附录。

2. 平面控制测量

1)GPS 测量

设计方案内容主要包括：

(1)规定 GPS 接收机或其他测量仪器的类型、数量、精度指标及对仪器校准或检定的要求，规定测量和计算所需的专业应用软件和其他配置。

(2)规定作业的主要过程、各工序作业方法和精度质量要求，包括：①规定观测网的精度等级和其他技术指标等；②规定观测作业各过程的方法和技术要求；③规定观测成果记录的内容和技术要求；④外业数据处理的内容和要求：外业成果检查(或检验)、整理、预处理的内容和要求，基线向量解算方案和数据质量检核的要求，必要时需确定平差方案、高程计算方案等；⑤规定补测与重测的条件和要求；⑥其他特殊要求：拟定所需的交通工具、主要物资及其供应方式、通信联络方式及其他特殊情况下的应对措施。

(3)上交和归档成果及其资料的内容和要求。

(4)有关附录。

2)三角测量和导线测量

设计方案内容主要包括：

(1)规定测量仪器的类型、数量、精度指标及对仪器校准或检定的要求，规定测量和计算所需的计算机、软件及其他配置。

(2)规定作业的主要过程、各工序作业方法和精度质量要求，包括：①说明所规定的锁、网(或导线)的名称、等级、图形、点的密度，已知点的利用和起始控制情况；②规定标石的类型；③水平角和导线边的测定方法和限差要求；④三角点和导线点高程的测量方法，新旧点的联测方案等；⑤数据的质量检核、预处理及其他要求；⑥其他特殊要求：拟定所需的交通工具、主要物资及其供应方式、通信联络方式及其他特殊情况下的应对措施。

(3)上交和归档成果及其资料的内容和要求。

(4)有关附录。

3. 高程控制测量

设计方案内容主要包括：

(1)规定测量仪器的类型、数量、精度指标及对仪器校准或检定的要求，规定测量和计算所需的专业应用软件及其他配置。

(2)规定作业的主要过程、各工序作业方法和精度质量要求，包括：①规定测站设置基本要求；②规定观测、联测、检测及跨越障碍的测量方法，观测的时间、气象条件及其他要求等；③规定观测记录的方法和成果整饰要求；④说明需要联测的气象站、水文站、验潮站和其他水准点；⑤规定外业成果计算、检核的质量要求；⑥规定成果重测和取舍要求；⑦必要时，规定成果的平差计算方法、采用软件和高差改正等技术要求；⑧其他特殊要求：拟定所需的交通工具、主要物资及其供应方式、通信联络方式及其他特殊情况下的应对措施。

(3)上交和归档成果及其资料的内容和要求。

(4)有关附录。

4. 数据处理

设计方案内容主要包括：

(1)规定计算所需的软、硬件配置及其检验和测试要求。

(2)规定数据处理的技术路线或流程。

(3)规定各过程作业要求和精度质量要求，包括：①说明对已知数据和外业成果质量的统计、分析和评价的要求；②说明数据预处理和计算的内容和要求，如采用的平面、高程基准和起算数据，确定平差计算的数学模型、计算方法和精度要求，规定程序编制和检验的要求等；③提出精度分析、评定的方法和要求等；④其他有关的技术要求内容。

(4)规定数据质量检查的要求。

(5)规定上交成果内容、形式、打印格式和归档要求等。

(6)有关附录。

§8.2 控制测量的技术总结

测绘技术总结是在测绘任务完成后，对测绘技术设计文件和技术标准、规范等的执行情况、技术设计方案实施中出现的主要技术问题和处理方法、成果(或产品)质量、新技术的应用等进行分析研究、认真总结，并作出的客观描述和评价。测绘技术总结为用户(或下个工序)的合理使用提供方便，为测绘单位质量持续改进提供依据，同时也为测绘技术设计、有关技术标准、规定的制定提供资料。测绘技术总结是与测绘成果(或产品)有直接关系的技术性文件，是长期保存的技术性档案。

测绘技术总结分项目总结和专业技术总结。对于工作量较小的项目，可根据需要将项目总结和专业技术总结合并为项目总结。

技术总结具体的编写工作通常由单位的技术人员承担，技术总结编写完成后，单位总工程师或技术负责人应对技术总结编写的客观性、完整性等进行审核并签字，并对技术总结编写的质量负责。技术总结经审核、签字后，随测绘成果(或产品)、测绘技术设计文件和成果(或产品)检查报告一并上交和归档。

8.2.1　技术总结的依据和基本要求

1. 测绘技术总结编写的主要依据

编写测绘技术总结的主要依据为：

(1)测绘任务书或合同的有关要求,用户书面要求或口头要求的记录,市场的需求或期望。

(2)测绘技术设计文件、相关的法律、法规、技术标准和规范。

(3)测绘成果(或产品)的质量检查报告。

(4)适用时,以往测绘技术设计、测绘技术总结提供的信息及现有生产过程和产品的质量记录和有关数据。

(5)其他有关文件的资料。

2. 测绘技术总结的基本要求

编写测绘技术总结应符合以下要求：

(1)内容真实、全面,重点突出。说明和评价技术要求的执行情况时,不应简单抄录设计书的有关技术要求,应重点说明作业过程中出现的主要技术问题和处理方法、特殊情况的处理及其达到的效果、经验、教训和遗留问题等。

(2)文字应简明扼要,公式、数据和图表应准确,名词、术语、符号和计量单位等均应与有关法规和标准一致。

8.2.2　测绘技术总结的内容

《测绘技术总结编写规定》规定,测绘技术总结分项目总结和专业技术总结,均由“概述、技术设计执行情况、成果(或产品)质量说明和评价、上交和归档的成果(或产品)及其资料清单”四部分组成。

测绘技术总结的主要内容如下。

1. 概述

概要说明测绘任务总的情况,例如,任务来源、目标、工作量等,任务的安排与完成情况,以及作业区概况和已有资料的利用情况等。

2. 技术设计执行情况

本部分主要说明、评价测绘技术设计文件和有关的技术标准、规范的执行情况。内容主要包括:生产所依据的测绘技术设计文件和有关的技术标准、规范,设计书执行情况,以及执行过程中技术性更改情况,生产过程中出现的主要技术问题和处理方法,特殊情况的处理及其达到的效果等,新技术、新方法、新材料等的应用情况,经验、教训、遗留问题、改进意见和建议等。

3. 测绘成果(或产品)质量说明与评价

简要说明、评价测绘成果(或产品)的质量情况(包括必要的精度统计)、产品达到的技术质量标准,并说明其质量检查报告的名称和编号。

4. 上交和归档测绘成果(或产品)及其资料清单

分别说明上交和归档测绘成果(或产品)的形式、数量等,以及一并上交和归档的资料文档清单。

§8.3 控制测量的检查验收

控制测量包括平面控制测量和高程控制测量，是各种测绘工作的基础。由于控制测量的基础作用，各作业单位的生产和质检人员应对其给予足够的重视。控制测量工作技术含量较高，工序较多，操作规定严格，项目检核复杂，需要通过内、外业检查及现场巡视等方式进行控制监督。但应该明确的是，由于控制测量技术方案的严密性和测量结果的整体关联性，该类成果质量检验侧重于整体资料的检查。

8.3.1 检查验收基本规定

1. 两级检查一级验收

测绘成果质量通过两级检查一级验收方式进行控制。测绘成果应依次通过测绘单位作业部门的过程检查、测绘单位质量管理部门的最终检查和项目管理单位组织的验收（或委托具有资质的质量检验机构进行质量验收）。具体要求如下：

（1）测绘单位实施成果质量的过程检查。过程检查采用全数检查，最终检查一般采用全数检查，涉及野外检查项的可采用抽样检查，样本以外的应实施内业全数检查。

（2）验收一般采用抽样检查，质量检验机构应对样本进行详查，必要时可对样本以外的单位成果的重要检查项进行概查。

（3）各级检查验收工作应独立、按顺序进行，不得省略、代替或颠倒顺序。

（4）最终检查应审核过程检查记录，验收应审核最终检查记录。审核中发现的问题作为资料质量错漏处理。

（5）按合同或计划规定，测绘成果最终检查合格后，生产单位应书面向委托单位或任务下达部门申请验收。

（6）测绘成果的验收工作由任务的委托单位组织实施，或由任务的委托单位委托具有资质的检验机构实施验收。

2. 检查验收依据

相关法律法规、相关国家标准、行业标准、设计书、测绘任务书、合同书和委托验收文件等。

3. 质量等级

样本及单位成果质量采用优、良、及格和不及格四级评定。

测绘单位评定单位成果质量和批量成果质量等级。验收单位根据样本质量等级核定批量成果质量等级。

4. 质量问题处理

（1）验收中发现有不符合技术标准、技术设计书或其他有关技术规定的成果时，应及时提出处理意见，交测绘单位进行改正。当问题较多或性质较重时，可将部分或全部成果退回单位或部门进行处理，然后再次申请验收。

（2）经验收判为合格的批，测绘单位或部门要对验收中发现的问题进行处理，然后进行复查。经验收判为不合格的批，要将检验批次全部退回测绘单位或部门进行处理，然后再次申请验收。再次验收时应重新抽样。

（3）过程检查、最终检查中发现的质量问题应改正。过程检查、最终检查工作中，当对质量问题的判定存在分歧时，由测绘单位总工程师裁定；验收工作中，当对质量问题的判定存在分歧时，由委托方或项目管理单位裁定。

8.3.2　测绘成果检查验收技术规定

1. 检查可全数检查或抽样检查

检查根据不同情况采用全数检查或抽样检查。进行抽样检查时，一般应进行概查。最终检查时应审核过程检查记录。

2. 验收采用抽样检验

产品验收一般采用计数抽样检验，其抽样方案和抽样程序按标准执行。验收单位应对样本进行详查，特殊情况下可对样本以外的产品进行概查。概查实施与否应和抽样方案同时确定。验收应审核最终检查记录。

3. 明确检查验收依据

测绘成果检查与验收的依据为：相关法律法规、相关国家标准、行业标准、设计书、测绘任务书、合同书和委托验收文件等。

4. 测绘成果质量评定

现行测绘成果质量评定分为生产单位内部各级检查质量评定和验收质量评定。测绘生产单位的样本检查和批次质量判定，一般采用优、良、及格和不及格四级评定制。验收成果质量评定现在只分为合格和不合格两级。

5. 质量等级评定与核定

由测绘单位评定单位成果质量和成果质量等级。验收单位根据样本质量等级核定成果质量等级。

6. 记录与报告

检查验收记录包括质量问题及处理记录、质量统计记录等。

最终检查完成后，应编写检查报告；验收工作结束后，应编写检验报告。检查报告和检验报告随测绘成果一并上交。

8.3.3　控制测量成果质量检验内容及方式

为了更好地指导全国控制测量生产业务，增强标准的可操作性，规范各级测绘检验业务，国家测绘局 2010 年发布了测绘行业标准 CH/T 1022—2010《平面控制测量成果质量检验技术规程》和 CH/T 1021—2010《高程控制测量成果质量检验技术规程》。

在以上技术规程中，分别针对平面控制测量和高程控制测量成果的质量检验作了详细的技术规定。下面仅以高程控制测量为例，简略给出高程控制测量的成果检验内容及方式，以供学习参考。

水准测量成果主要检查内容及方式见表 8-1。

表 8-1 水准测量成果主要检查内容及方式

<table>
<tr><th>质量子元素</th><th colspan="2">检查内容</th><th>检验方式</th></tr>
<tr><td rowspan="4">数学精度</td><td colspan="2">每千米偶然中误差的符合性</td><td rowspan="4">比对分析、核查分析、实地检测</td></tr>
<tr><td colspan="2">每千米全中误差的符合性</td></tr>
<tr><td colspan="2">最弱点的高程中误差的符合性</td></tr>
<tr><td colspan="2">符合路线、环闭合差的符合性</td></tr>
<tr><td rowspan="12">观测质量</td><td rowspan="3">仪器和标尺检验、检校的符合性</td><td>仪器、标尺类型与测量等级的符合性</td><td rowspan="3">核查分析</td></tr>
<tr><td>仪器检验、检校项目的齐全性及正确性</td></tr>
<tr><td>水准标尺检验、检校项目的齐全性及正确性</td></tr>
<tr><td rowspan="4">观测条件、方法的符合性</td><td>观测条件的符合性</td><td rowspan="4">核查分析</td></tr>
<tr><td>观测方法的正确性</td></tr>
<tr><td>间歇与检测方法的正确性</td></tr>
<tr><td>水准联测和接测方法的正确性</td></tr>
<tr><td rowspan="5">成果观测、记录的正确性</td><td>测站观测误差的符合性</td><td rowspan="3">核查分析、比对分析</td></tr>
<tr><td>测段、区段、路线闭合差的符合性</td></tr>
<tr><td>成果取舍、重测的合理性和正确性</td></tr>
<tr><td>记录的规范性、划改的规范性</td><td>核查分析</td></tr>
<tr><td>测站、测段数据计算的正确性</td><td>核查分析、比对分析</td></tr>
<tr><td rowspan="9">计算质量</td><td rowspan="4">起算数据使用正确性</td><td>高程系统采用的正确性</td><td rowspan="3">核查分析</td></tr>
<tr><td>起算点等级、个数及分布情况</td></tr>
<tr><td>起算点数据的正确性</td></tr>
<tr><td>起算点的兼容性</td><td>核查分析、比对分析</td></tr>
<tr><td rowspan="3">数据处理的正确性</td><td>高差改正方法的正确性、齐全性</td><td rowspan="2">核查分析</td></tr>
<tr><td>计算方法的正确性</td></tr>
<tr><td>计算结果的正确性</td><td>核查分析、比对分析</td></tr>
<tr><td rowspan="2">验算项目的符合性</td><td>验算指标的符合性</td><td>核查分析、比对分析</td></tr>
<tr><td>验算指标的齐全性</td><td>比对分析</td></tr>
<tr><td rowspan="16">选点质量</td><td rowspan="5">点位布设合理性</td><td>网形结构合理性</td><td rowspan="3">核查分析</td></tr>
<tr><td>点位密度合理性</td></tr>
<tr><td>测段长度符合性</td></tr>
<tr><td>区段长度的符合性</td><td>核查分析、比对分析</td></tr>
<tr><td>控制网、环线、路线图的完整性、正确性</td><td>核查分析</td></tr>
<tr><td rowspan="5">点位选择的符合性</td><td>观测条件的符合性</td><td rowspan="5">实地检查、核查分析</td></tr>
<tr><td>地质条件的符合性</td></tr>
<tr><td>稳定性条件的符合性</td></tr>
<tr><td>永久性条件的符合性</td></tr>
<tr><td>选点照片或影像资料的完整性、正确性</td></tr>
<tr><td rowspan="6">点之记内容的正确性</td><td>点位、点号正确性</td><td rowspan="6">实地检查、核查分析</td></tr>
<tr><td>点位概略位置准确性</td></tr>
<tr><td>点到相关方位物距离的正确性</td></tr>
<tr><td>点位略图、交通路线图</td></tr>
<tr><td>接测图的正确性</td></tr>
<tr><td>点位说明的正确性</td></tr>
</table>

续表

质量子元素	检查内容	检验方式
埋石质量	表示坑位的规范性和尺寸的符合性	实地检查、核查分析
	标石、标志类型、规格和预制的规整性	
	标石的埋设和外部整饰的规范性	
	水准点护井建造的规范性	
	水准点标志盖、指示碑的规范性	
	水准点埋石照片或影像资料的完整性、正确性	
	委托保管手续、内容的齐全性和正确性	
整饰质量	资料装订规整性	核查分析
	资料格式规整性	
	资料正确性	
资料完整性	技术总结内容的完整性	核查分析
	检查报告内容的完整性	
	成果资料的完整性	

思　考　题

1. 控制测量技术设计的目的和任务是什么？
2. 编写控制测量技术设计的依据和原则是什么？
3. 编写技术设计的一般规定有哪些？
4. 控制测量技术设计书包括哪几部分内容？
5. 技术总结的主要目的是什么？
6. 目前我国对测绘生产任务是如何检查验收的？
7. 通过对表 8-1 相关内容的学习，你有何收获？
8. “项目设计”与“专业技术设计”有何区别？

第 9 章　常用坐标系统及转换

建立在地球上的与地球保持着固定关系的坐标系，称为地固坐标系，包括地心坐标系和参心坐标系。把坐标系的原点设在地球质量中心的坐标系称为地心坐标系；把坐标系的原点设在参考椭球中心的坐标系称为参心坐标系。

目前，我国的测绘工作常用的坐标系有：1954 北京坐标系、1980 西安大地坐标系、WGS-84 世界大地坐标系。2008 年 7 月 1 日，我国启用了 2000 国家大地坐标系。在上述坐标系统中，除 WGS-84 坐标系和 2000 坐标系属于地心坐标系外，余者均为参心坐标系。除此之外，还有为满足不同需求而建立的工程坐标系。

§9.1　地心坐标系

9.1.1　地心坐标系的建立

地心坐标系是坐标系原点设在地球质心的一类坐标系的总称，它可分为地心空间直角坐标系和地心大地坐标系。

地心空间直角坐标系通常采用的坐标轴指向见图 9-1。OZ 轴指向通常选用国际协议原点(Conventional International Origin, CIO)(或协议地级(Conventional Terrestrial Pole, CTP))，OX 轴与 OZ 轴垂直，且位于格林尼治平均子午面上，OY 轴与 OZ 轴和 OX 轴构成右手坐标系。地面点 D 的位置用(X_D,Y_D,Z_D) 三个坐标分量来表示。

地心大地坐标系与选用的某一地球椭球有关，这一地球椭球的中心与地球质心重合，其短轴的指向与空间直角坐标系相同，也是 CIO(或 CTP)，起始子午面通过格林尼治天文台，见图 9-2。大地纬度 B 为过地面点的椭球法线与椭球赤道面的夹角，大地经度 L 为过地面点的椭球子午面与起始大地子午面之间的夹角，大地高 H 为地面点沿椭球面法线至椭球面的距离。地面点 D 的位置用大地经度、大地维度和大地高(L_D,B_D,H_D) 三个量来表示。

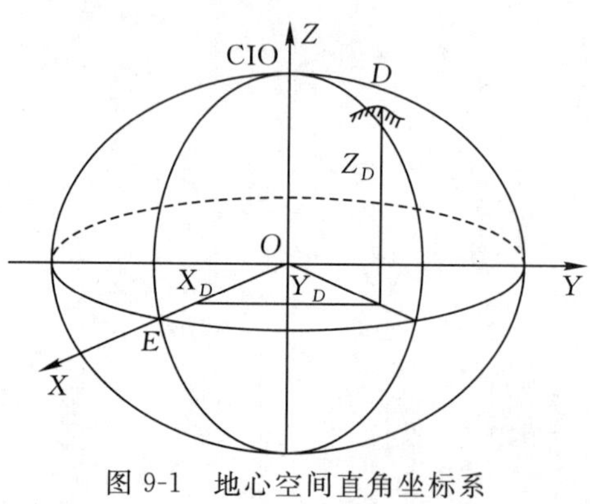

图 9-1　地心空间直角坐标系

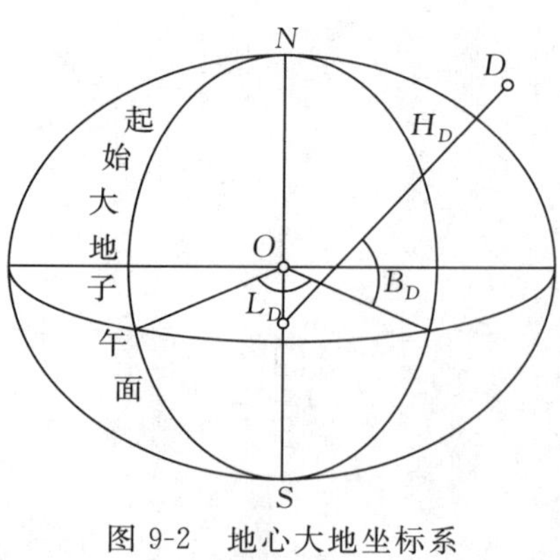

图 9-2　地心大地坐标系

9.1.2　WGS-84 世界大地坐标系

20 世纪 60 年代以来，美国国防制图局为了建立全球统一的地心坐标系统，利用了大量的卫星观测资料及全球地面天文、大地和重力测量资料，先建成了世界大地坐标系 WGS-60、WGS-66 和 WGS-72。于 1984 年开始，经过多年修正和完善，建成了一个新的更为精确的世界地心大地坐标系——WGS-84。

WGS-84 坐标系于 1985 年开始使用，1986 年生产出第一批基于 WGS-84 坐标系的地图、航测图和大地成果。由于 GPS 导航定位全面采用了 WGS-84 坐标，用户可以获得更高精度的地心坐标值，也可以通过转换获得较高精度的参心大地坐标值。

WGS-84 地心坐标系的定义为：坐标系原点位于地球质心；Z 轴指向 BIH1984.0 定义的协议地极(CTP)方向；X 轴指向 BIH1984.0 定义的零度子午圈与 CTP 赤道的交点；Y 轴垂直于 X、Z 轴，构成右手坐标系，见图 9-3。

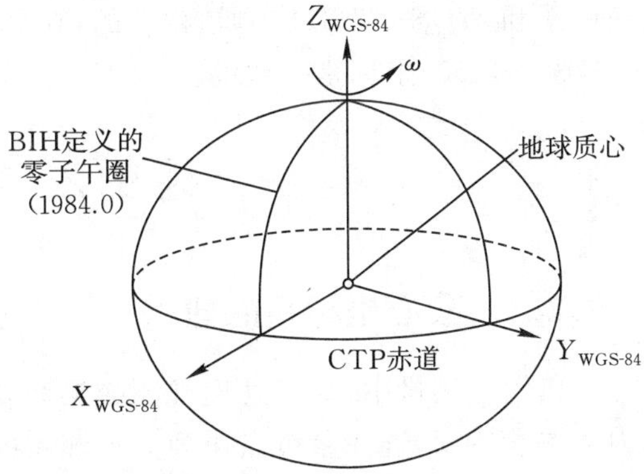

图 9-3　WGS-84 世界大地坐标系

WGS-84 坐标系采用的地球椭球，称为 WGS-84 椭球，其参数为国际大地测量与地球物理联合会第 17 届大会的推荐值，其中四个主要参数如下：

长半轴：$a = 6378137 \pm 2\text{m}$；

扁率：$f = 1/298.257\,223\,563$；

地球引力常数：$GM = (3\,986\,005 \pm 0.6) \times 10^{8}\,\text{m}^3/\text{s}^2$；

地球自转角速度：$\omega = (7.292\,115 \pm 0.150) \times 10^{-5}\,\text{rad/s}$。

自 1987 年 1 月 10 日之后，GPS 卫星星历均采用 WGS-84 坐标系，因此 GPS 网的测站坐标均属于 WGS-84 坐标系，若要求得 GPS 测站点在其他地心或参心坐标系中的坐标，就必须进行不同坐标系之间的坐标转换。

9.1.3　2000 国家大地坐标系

2008 年 6 月 18 日，经国务院批准，国家测绘局发布公告：我国将于 2008 年 7 月 1 日启用 2000 国家大地坐标系。

2000 国家大地坐标系是全球地心坐标系在我国的具体体现，其原点为包括海洋和大气的整个地球的质量中心，Z 轴由原点指向历元 2000.0 的地球参考极的方向，X 轴由原点指向格林尼治参考子午线与地球赤道面(历元 2000.0)的交点，Y 轴与 Z 轴、X 轴构成右手正交坐标系。2000 国家大地坐标系采用的地球椭球参数如下：

长半轴：$a = 6\,378\,137\ \text{m}$；

扁率：$f = 1/298.257\,222\,101$；

地心引力常数：$GM = 3.986\,004\,418 \times 10^{14}\,\text{m}^3/\text{s}^2$；

地球自转角速度：$\omega = 7.292\,115 \times 10^{-5}\,\text{rad/s}$。

2000 国家大地坐标系与现行国家大地坐标系转换、衔接的过渡期为 8～10 年。现有的各类测绘成果，在过渡期内可沿用现行国家大地坐标系，2008 年 7 月 1 日后新生产的各类测绘成果应采用2000国家大地坐标系。现有的地理信息系统，在过渡期内应逐步转换到2000国家大地坐标系；2008年7月1日后新建设的地理信息系统应采用2000国家大地坐标系。

9.1.4 2000国家大地坐标系与WGS-84的关系

2000国家大地坐标系与WGS-84同属地心坐标，两坐标系的坐标系定义及采用的椭球参数存在着少许差异。

魏子卿院士(2008)通过严密的分析论证，得出2000国家大地坐标系和WGS-84坐标系的关系：同一点在两坐标系中的数值，在经度方向没有变化，在纬度方向的变化范围为0～0.105 mm。最后得到如下结论：鉴于在坐标系定义和实现上的比较，可以认为，2000国家大地坐标系和WGS-84(G1150)是相容的；在坐标系的实现精度范围内，2000国家大地坐标系和WGS-84(G1150)坐标是一致的。

§9.2 参心坐标系

9.2.1 参心坐标系的建立

经典大地测量中，为了处理观测成果和转算地面控制网的坐标，通常须选取一参考椭球面作为基本参考面，选一参考点作为大地测量的起算点(称为大地原点)，利用大地原点的天文观测量来确定参考椭球在地球内部的位置和方向。

参心坐标系中的“参心”二字，意指参考椭球的中心。由于参考椭球中心无法准确与地球质心重合，故又称其为非地心坐标系。参心坐标系又可分为参心直角坐标系和参心大地坐标系。

参心大地坐标系的应用十分广泛，它是经典大地测量的一种通用坐标系。根据地图投影理论，参心大地坐标系可以通过高斯投影计算转化为平面直角坐标系，为地形测量和工程测量提供控制基础。

建立参心大地坐标系，必须确定椭球的形状和大小、椭球中心的位置(定位)、坐标轴的指向(定向)，并确定大地原点和起算数据。

9.2.2 1954北京坐标系

20世纪50年代初，为了加速社会主义经济建设和国防建设，全面开展测图工作，迫切需要建立一个参心大地坐标系。

鉴于当时的历史条件，首先将我国东北地区的一等锁与原苏联远东一等锁相连接，然后以连接处的呼玛、吉拉林、东宁基线网扩大边端点的原苏联1942普尔科沃坐标系坐标为起算数据，平差我国东北及东部地区的一等锁，这样传算来的坐标系，定名为1954北京坐标系。

1954北京坐标系采用了原苏联的克拉索夫斯基椭球体，其参数是：长半轴 $a=6\ 378\ 245$ m；扁率 $f=1/298.3$，原点位于原苏联的普尔科沃。1954北京坐标系可以认为是原苏联1942年坐标系的延伸，但又不完全属于该坐标系。因为该椭球的高程异常是以原苏联1955年大地水准面重新平差结果为起算数据，按我国天文水准路线推算而得；大地点高程又是以1956年青岛验潮站求出的黄海平均海水面为基准的。1954北京坐标系在我国的原点是位于河北省石家庄市柳辛庄的一等天文点。

不难看出，北京坐标系对应的参考椭球并未采用我国自己的天文测量资料来进行定位和定向，对椭球定向的含义也是不明确的。从现代观点来看，克拉索夫斯基椭球元素也不够精确，只有两个几何参数，不能反映椭球的物理特性。况且北京坐标系所定位的椭球与大地水准面（以 1956 年青岛黄海平均海水面）之间存在着自西向东递增的系统性倾斜，高程异常的最大值达到 65 m。

1954 北京坐标系在我国近 50 年的测绘生产中发挥了巨大的作用。15 万个国家大地点和数百万个加密控制点均在该系统内完成了计算工作。基于该系统测制完成了全国 1∶5 万、1∶10 万比例尺地形图，1∶1 万比例尺地形图也在相当范围内完成。可以说，以 1954 北京坐标系为基础的测绘成果和资料，已经渗透到国民经济建设和国防建设的各个领域。

9.2.3　1980 西安坐标系

为了弥补 1954 北京坐标系的不足，20 世纪 70 年代中期我国天文大地网业已建成，重建和完善国家大地坐标系的条件日趋成熟。1978 年至 1982 年间我国在进行国家天文大地网整体平差的同时，建立了 1980 西安坐标系。大地坐标系原点，设在我国中部陕西省泾阳县永乐镇北洪流村，在西安市以北 60 km，简称西安原点。因此，1980 国家大地坐标系又称为 1980 西安坐标系。

1980 西安坐标系采用了全面描述椭球性质的四个基本参数，同时反映了椭球的几何、物理特性。四个参数值是 1975 年国际大地测量与地球物理联合会第 16 届大会的推荐值：

地球椭球长半径：$a=6\,378\,140$ m；

扁率：$f=1/298.257$；

地球引力常数：$GM=3\,986\,005\times10^{8}\,\mathrm{m^3/s^2}$；

地球自转角速度：$\omega=7\,292\,115\times10^{-11}\,\mathrm{rad/s}$。

1980 西安坐标系的椭球定位，是按局部密合条件实现的。依据 1954 北京坐标系大地水准面差距图，按 1°×1°间隔，在全国均匀选取 922 点，列出高程弧度测量方程式。按 $\sum\zeta^2=$最小，求得椭球中心的位移 Δx_0、Δy_0 和 Δz_0，进而可以求出大地原点上的垂线偏差分量（η_k、ξ_k）和高程异常（ζ_k）。再由大地原点上测得的天文经纬度（λ_k、φ_k）和正常高（H_k）及至另一点的天文方位角（α_k），即可算得大地原点上的大地经纬度（L_k、B_k）和大地高（h_k）及至另一点的大地方位角（A_k），以此作为 1980 西安坐标系的大地起算数据。

1980 西安坐标系的椭球短轴平行于由地球质心指向我国地极原点 JYD1968.0 的方向，起始大地子午面平行于我国起始天文子午面。大地点高程是以 1956 年青岛验潮站求出的黄海平均海水面为基准。

1980 西安坐标系的建立，标志着我国测绘科学技术的进步和发展。无论是椭球的选择及其定位、定向，还是其后全国天文大地网的整体平差，都体现了世界当时的先进水平。

§9.3　工程坐标系

按我国相关测量规范规定，所有控制测量的观测成果，都须归化到参考椭球面上，并进一步投影到 3°带高斯平面上。根据这种规定所采用的高斯投影 3°带坐标系统，通常称为高斯正形投影统一 3°带坐标系统。采用这种坐标系统的测量边长,常常会改变其真实长度,引起长度变形,这对于大比例尺测图和工程测量是十分不利的。为有效解决这一问题,需要建立工程坐标系。

工程坐标系是为满足某些工程的实际需要而建立的一类坐标系的总称。在许多城市测量和工程测量中,若直接采用国家坐标系,可能会因为远离中央子午线或测区平均高程较大,导致长度投影变形较大,难以满足工程或实用上的精度要求。另一方面,对于一些特殊的工程测量,如大桥、大坝、滑坡监测等,有时采用国家坐标系在实际应用上很不方便。因此,常常会建立适合本地区或本工程的工程坐标系统。

为了实用、科学和方便,工程坐标系多是建立在当地的平均高程面上,并以当地测区中心子午线作为中央子午线进行高斯投影计算球的平面坐标的坐标系统。

这些工程坐标系隐含着一个与当地平均海拔高程相对应的参考椭球,常称为地方参考椭球。地方参考椭球与国家坐标系参考椭球的关系是:中心一致、轴向一致、扁率相等、仅长半径有一增量 $\mathrm{d}a$,即

$$\mathrm{d}a=(\mathrm{d}N/N)a \quad 或 \quad \mathrm{d}a=H_m+\zeta_0 \tag{9-1}$$

式中,a 为国家坐标系椭球长半径;N 为对应于国家椭球的地方独立控制网原点的卯酉圈曲率半径;H_m 为当地的平均海拔高程;ζ_0 为该地区的平均高程异常。

9.3.1 长度变形的产生和允许值

导线网或边角组合网中的观测边长归化至参考椭球面上时,其长度会缩短。设 H 为归化边长 D 的大地高(即归化高程),R 为地球平均曲率半径,则归化改正数 ΔD 的近似关系式为

$$\Delta D=-\frac{H}{R}D \tag{9-2}$$

式(9-2)表明,将地面实测边长 D 归化至参考椭球面,长度会缩短 ΔD。

将椭球面上的长度 S 投影至高斯平面,其长度会增长 ΔS。设 y_m 为投影边长的平均横坐标,R_0 为参考椭球半径,此时边长投影增长量的关系式近似为

$$\Delta S=+(y_m^2/2R_0^2)S \tag{9-3}$$

这样,地面上的一段长度,经过两次(实地到椭球、椭球到高斯平面)改正换算,其长度会发生改变。这种高斯投影平面上的长度与地面长度之差,称为长度综合变形。其计算公式为

$$\delta=+(y_m^2/2R_0^2)S-\frac{H}{R}D \tag{9-4}$$

为了方便计算,又不损害必要的精度,将椭球视为圆球,取半径 $R_0=R=6\,371$ km,再取椭球面上距离和地面距离近似相等,即 $S\approx D$,将式(9-4)写为相对变形的形式,即

$$\frac{\delta}{D}=0.001\,23y^2-15.7H \tag{9-5}$$

式中,$\frac{\delta}{D}$ 为每千米长度综合变形,单位为 cm/km;y 为测区中心的横坐标,单位为 km;H 为测区相对于椭球面的平均高程,单位为 km。

式(9-5)表明,将地面上边长改化至高斯平面所产生的长度综合变形,与测区所处投影带内的位置(坐标 y)和测区平均高程(大地高 H)有关。

控制网是直接服务于城镇或工矿地区大比例尺测图和工程测量的。因此，由控制网所提供的距离应尽可能保持其真实性。这样，地面实测的距离可以直接绘图，图纸上量取的距离也可直接标设于实地。因此就控制网的实用性而言，长度综合变形越小越好。

我国《城市测量规范》、《工程测量规范》等均对控制网的长度综合变形的允许值作出了明确规定：长度综合变形不得超过 2.5 cm/km，即相对变形不得超过 1/40 000。对于测图和工程测量来说，这样的长度综合变形要求，必将极大地降低 6°、3°分带的国家统一坐标系统的适用范围。也就是说，即使采用较窄的 3°分带的国家统一坐标系统，仍然不能满足长度综合变形的允许值的要求。因此，不得不分析研究工程坐标系统的建立问题。

我国高速铁路施工测量相关规范中规定，长度综合变形值不得大于 1 cm/km。

9.3.2　工程控制网坐标系统的建立

以参考椭球面作为计算表面(投影面)、按高斯正形投影 3°分带计算的平面坐标称为高斯正形投影统一 3°带平面直角坐标系统。在该系统中，有时综合长度变形会很大，可能远远超出 2.5 cm/km。为了缩小长度综合变形值，需要对投影面和投影带作出其他选择，此时计算出的坐标就不再属于高斯正形投影统一 3°带平面直角坐标系统，这种为缩小长度综合变形而改变高斯投影中央子午线位置和归化高程所建立的坐标系称为工程坐标系，有时也称为地方坐标系。

1. 建立工程坐标系的规定

综合《城市测量规范》和《工程测量规范》相关条款规定，平面控制测量坐标系统，应在满足测区内投影长度变形不大于 2.5 cm/km 的要求下，进行下列选择。

1)长度变形值不大于 2.5 cm/km

若长度变形值不大于 2.5 cm/km，宜直接采用高斯正形投影统一 3°带的平面直角坐标系统(此即国家坐标系，如 1954 北京坐标系或 1980 西安坐标系)。

2)长度变形值大于 2.5 cm/km

当长度变形值大于 2.5 cm/km 时，可结合测区具体情况依次采用：

(1)高斯正形投影统一 3°带的平面直角坐标系统，投影面为抵偿高程面。

(2)高斯正形投影任意带的平面直角坐标系统，投影面为参考椭球面。

(3)高斯正形投影任意带的平面直角坐标系统，投影面为测区平均高程面。

(4)高斯正形投影任意带的平面直角坐标系统，投影面为黄海高程面。

3)其他情况

(1)当测区范围较宽，而一个带的高斯正形投影任意带平面直角坐标系统不能满足要求时，应进行分带投影。

(2)在已建立工程坐标系且长度变形符合要求的地区，可沿用原有坐标系。

(3)当测区较小或有特殊要求时，可不进行投影，直接采用假定平面直角坐标系。

2. 建立工程坐标系的技术方案

1)投影于抵偿高程面上的高斯正形投影统一 3°带的平面直角坐标系统

式(9-2)表明，将距离由较高的地表高程面归化至较低的椭球面时，长度总是变短；式(9-3)又表明，将椭球面上的距离投影至高斯平面时，长度总是变长(中央子午线除外)。可见两个换算过程对长度的变形具有抵偿的性质。如果适当选择椭球半径，使得地表的距离归化到这个椭球面上所减小的数值，恰好等于由这个椭球面换算至高斯平面所增加的数值，那么高斯平面上的距离就同实际距离一致了。这个适当半径的椭球面，就称为“抵偿高程面”。

显然，欲使长度综合变形得以抵偿，必须使

$$(y_m^2/2R_0^2)S=\frac{H}{R}D \tag{9-6}$$

将推证式(9-5)时所引用的关系和数据代入式(9-6)，并取 H 的单位为 km，y 的单位为 m，得

$$H=y^2/2R=y^2/(2\times 6\ 371)=7.85\times 10^{-2}y^2 \tag{9-7}$$

利用式(9-7)可以很方便地确定抵偿高程面的位置。

例：某测区中心在高斯正形投影统一 3°带坐标系的横坐标 $y=91$ km，该地平均大地高为 900 m，按式(9-7)可算得 $H=7.85\times 10^{-2}\times 91^2=650$ m，即抵偿高程面应比平均高程面低 650 m，于是抵偿面的高程为 $H_{抵}=900-650=250$ m。也就是说，参考椭球半径扩大 250 m，归化高程变为 650 m，此时测区中心的综合长度变形刚好被抵偿为“零”。

抵偿面位置确定以后，就可以选择其中一个国家大地点作“原点”，保持它在统一 3°带的坐标值 (x_0,y_0) 不变，将其他大地控制点坐标(x,y) 换算到抵偿高程面相应的平面直角坐标系中去。换算公式为

$$\left.\begin{aligned}x_{抵}&=x+(x-x_0)H_{抵}/R\\y_{抵}&=y+(y-y_0)H_{抵}/R\end{aligned}\right\} \tag{9-8}$$

式中，R 为该地平均纬度处的椭球曲率半径。经过换算的大地控制点坐标就可作为工程控制测量的起算数据。

需要时，还可将工程坐标系中的坐标 $(x_{抵},y_{抵})$，换算成国家统一坐标系内的坐标，即

$$\left.\begin{aligned}x&=x_{抵}-(x_{抵}-x_0)H_{抵}/R\\y&=y_{抵}-(y_{抵}-y_0)H_{抵}/R\end{aligned}\right\} \tag{9-9}$$

2)投影于参考椭球面的高斯正形投影任意带的平面直角坐标系统

如果合理选择中央子午线的位置，使长度投影到该投影带中所产生的变形，恰好抵偿这一长度从地面投影到椭球面所产生变形，此时的高斯平面长度与实地长度相同。这种抵偿长度变形的投影带称为“任意投影带”。

为了确定任意投影带的中央子午线位置，可用下式计算

$$\left.\begin{aligned}l''&=7\ 362\,\frac{\sqrt{H}}{N\cos B}\\L_0&=L-l\end{aligned}\right\} \tag{9-10}$$

式中，B、L 为测区中心位置的纬度和经度；N 为椭球在纬度 B 处的卯酉圈曲率半径；H 为测区的平均高程(大地高)；l 为测区中心经度 L 与任意投影带的中央子午线经度 L_0 之差。

利用式(9-10) 可以便捷地确定任意投影带的中央子午线经度 L_0。之后，应用高斯投影坐标计算的方法，将国家大地点直角坐标换算成大地坐标(B,L)。再由大地坐标计算这些点在任意带内的直角坐标(x,y)。实际上这仅仅是一个换带计算问题，反之亦然。

3)投影于测区平均高程面的高斯正形投影任意带的平面直角坐标系统

选择这种局部坐标系的实质，在于保证测区中心处 $y\approx 0$，$H\approx 0$，使得按式(9-5) 计算的

$\frac{\delta}{D} \approx 0$,达到测区范围内的长度综合变形为最小。为此,应对用作控制测量起算数据的国家大地点坐标进行如下处理:

(1)利用高斯投影坐标正反算的方法,将国家控制点的平面坐标换算成大地坐标 (B,L),并由大地坐标计算这些点在选定的中央子午线投影带内的平面直角坐标(x,y)。

(2)选择其中一个国家点作为“原点”,保持该点在选定的投影带内的坐标(设为 x_0、y_0)不变,将其他控制点的坐标换算到选定的坐标系中,即

$$\left.\begin{aligned} x' &= x + (x - x_0)H/R \\ y' &= y + (y - y_0)H/R \end{aligned}\right\} \tag{9-11}$$

式中,符号意义同前。按式(9-11)换算的坐标值 (x',y'),可作为选定坐标系中平面控制网的起算数据。

4)投影于黄海高程面的高斯正形投影任意带的平面直角坐标系统

某些特殊情况,投影面为黄海高程面。实际上,投影于黄海高程面的高斯正形投影任意带的平面直角坐标系统与投影至参考椭球面的情形基本一致,只是需要顾及高程异常 ζ 而已,此时,任意投影带的中央子午线位置为

$$\left.\begin{aligned} l'' &= 7\,362\,\frac{\sqrt{H-\zeta}}{N\cos B} \\ L_0 &= L - l \end{aligned}\right\} \tag{9-12}$$

5)假定平面直角坐标系

当测区控制面积小于 100 km^2 时,可不进行方向和距离改正,直接把局部地球表面视为平面,建立独立的平面直角坐标系。这时,起算点坐标和起算方位角,最好能和国家网联系,如果联系有困难,可自行测定边长和方位,而起始点坐标可以假定。这种假定的平面直角坐标系仅限于在某种特定工程项目施工测量中使用。

将上述前三种局部坐标系统的选择方法加以比较可以看出:第一种方法是通过变更投影面的高度来抵偿长度综合变形的,具有换算简便、概念直观等优点;第二种方法是通过变更中央子午线的经度、选择任意带投影来抵偿长度综合变形的,同样具有概念清晰、换算简便的优点,但换系后的新坐标与原国家统一坐标系坐标差异较大;第三种方法是用既改变投影面高度,又改变投影带中央子午线,来综合抵偿长度变形的,这种方法不够简便、不易施行,也有换系后的新坐标与原国家统一坐标系坐标差异较大的缺点,不利于和国家统一坐标系之间的联系。

§9.4　坐标系的转换

9.4.1　同一基准(椭球)空间直角坐标与大地坐标的换算

在基于同一基准的坐标系中,地面上任意一点 P,在坐标系中的位置以空间直角坐标表示为$(X,Y,Z)_P$,以大地坐标表示为$(B,L,H)_P$,见图 9-4。

显然,同一坐标系中的这两种坐标存在着数学上的换算关系,关系式如下:

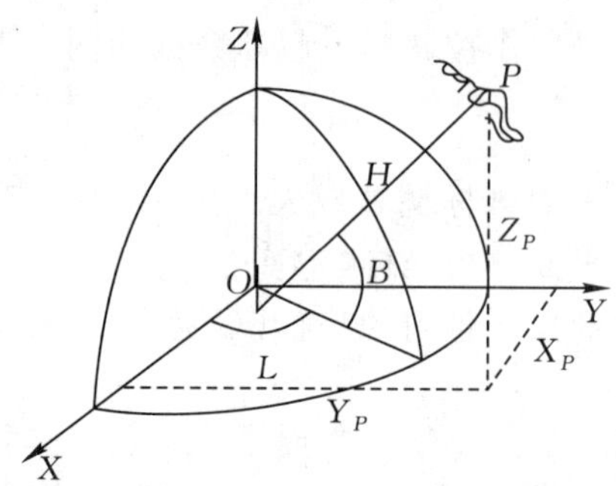

图 9-4　空间直角坐标与大地坐标的转换

1. 大地坐标转换为空间直角坐标的计算公式为

$$\left.\begin{aligned} X &= (N+H)\cos B\cos L \\ Y &= (N+H)\cos B\sin L \\ Z &= [N(1-e^2)+H]\sin B \end{aligned}\right\} \tag{9-13}$$

式中，N 为椭球的卯酉圈曲率半径；H 为大地高；e 为椭球的第一偏心率。

若以 a、b 分别表示所取椭球的长半径和短半径，则有

$$N=\frac{a}{W},\quad W=(1-e^2\sin^{2B})^{1/2},\quad e^2=\frac{a^2-b^2}{a^2}$$

2. 空间直角坐标转换为大地坐标的迭代计算公式为

$$\left.\begin{aligned} B &= \arctan\left[\tan\Phi\left(1+\frac{ae^2}{Z}\frac{\sin B}{W}\right)\right] \\ L &= \arctan\frac{Y}{X} \\ H &= \frac{R\cos\Phi}{\cos B}-N \end{aligned}\right\} \tag{9-14}$$

式中

$$\left.\begin{aligned} \Phi &= \arctan\left[\frac{Z}{\sqrt{X^2+Y^2}}\right] \\ R &= \sqrt{X^2+Y^2+Z^2} \end{aligned}\right\}$$

可见，当应用式(9-14)计算大地纬度时，要采用逐次趋近法。

9.4.2　不同基准(椭球)空间直角坐标系间的坐标换算

基于不同基准(椭球)空间直角坐标系的坐标换算，可以实现基于不同椭球的空间直角坐标系之间的换算，而这种转换与“参心”或“地心”无关。地心空间直角坐标系与参心空间直角坐标系的坐标转换，有时称为卫星网与地面网间的转换，这种转换有着很重要的作用。

自 20 世纪 60 年代以来，各国大地测量学者对此作了大量的研究，获得了多种转换方法及模型。这里只介绍三参数法和七参数法的转换模型。

1. 三参数法

设两个空间直角坐标系分别为新坐标系 O_N-XYZ 和旧坐标系 O-XYZ，这两个坐标系对应的坐标轴相互平行，坐标系原点不一致，见图 9-5。不难看出，这两个坐标系中的同一点的坐标具有如下关系

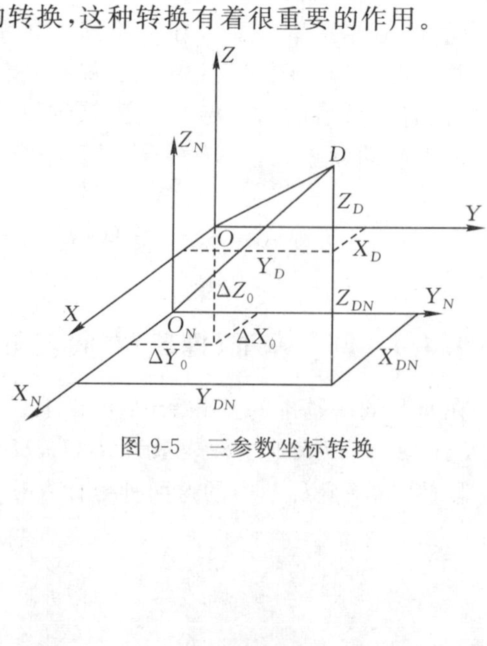

图 9-5　三参数坐标转换

$$\begin{bmatrix} X \\ Y \\ Z \end{bmatrix}_N = \begin{bmatrix} \Delta X_0 \\ \Delta Y_0 \\ \Delta Z_0 \end{bmatrix} + \begin{bmatrix} X \\ Y \\ Z \end{bmatrix} \tag{9-15}$$

式中，ΔX_0、ΔY_0、ΔZ_0 是旧坐标系原点 O 在新坐标系 O_N-XYZ 中的三个坐标分量，也称为三个平移参数。

不同空间大地直角坐标间的三参数转换公式，是在假设两坐标系之间各坐标轴相互平行的条件下导出的，这在实际上往往是不可能的。但由于欧拉角不大，加之求欧拉角的误差往往和欧拉角本身数值属同一数量级，故可近似地这样处理。此种情况在国内外一些坐标换算中经常看到。

2. 七参数法

如图 9-6 所示，实现两个空间直角坐标系间的转换，除了三个平移参数外，通常因为各坐标轴间并不平行，还存在有三个欧拉角，称为三个旋转参数。若两个坐标系的尺度不一致，还存在一个尺度变化参数，共计有七个参数。

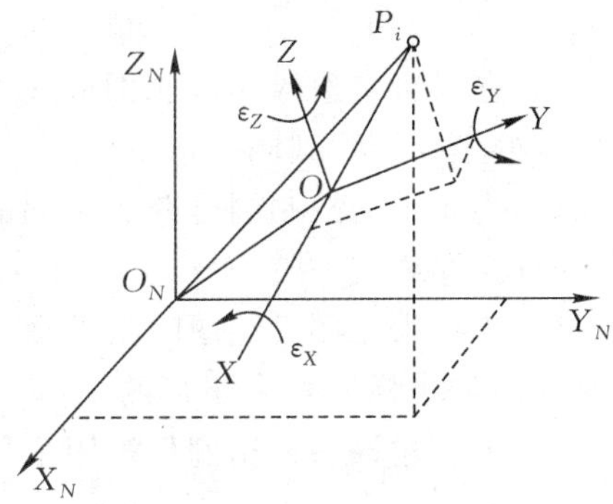

图 9-6　七参数坐标转换

七参数坐标转换有多种计算公式，这里只介绍布尔沙转换公式。

若以 $(X,Y,Z)_N$ 和 (X,Y,Z) 分别表示 P 点在空间直角坐标系 O_N-XYZ 和 O-XYZ 中的坐标，$(\Delta X_0, \Delta Y_0, \Delta Z_0)$ 表示原点坐标平移量，则布尔沙七参数换算公式为

$$\begin{bmatrix} X \\ Y \\ Z \end{bmatrix}_N = \begin{bmatrix} \Delta X_0 \\ \Delta Y_0 \\ \Delta Z_0 \end{bmatrix} + \begin{bmatrix} X \\ Y \\ Z \end{bmatrix} \mathrm{d}K + \begin{bmatrix} 0 & -Z & Y \\ Z & 0 & -X \\ -Y & X & 0 \end{bmatrix} \begin{bmatrix} \varepsilon_x \\ \varepsilon_y \\ \varepsilon_z \end{bmatrix} + \begin{bmatrix} X \\ Y \\ Z \end{bmatrix} \tag{9-16}$$

式中，$(\varepsilon_x, \varepsilon_y, \varepsilon_z)$ 为三个坐标轴的旋转角度参数；$\mathrm{d}K$ 为尺度比变化参数。

式(9-16)适用于任意两个空间直角坐标系间的相互变换。若把该式的 $(X,Y,Z)_N$ 认为是地面参心坐标系，而 (X,Y,Z) 是 WGS-84 坐标系，则它是将 GPS 观测坐标值向地面参心坐标系转换的公式。若将地面参心坐标转换为地心坐标，只需将转换参数的符号改变即可。

9.4.3　高斯投影正算和反算

高斯投影可以将椭球面转变为高斯平面，换句话说，高斯投影可以将基于椭球面上的大地坐标 (B,L) 转变为高斯平面上的坐标 (x,y)，或逆之，从而实现坐标系的转换，此转换称为高斯投影正、反算。

1. 高斯投影正算

高斯坐标投影正算公式见式(6-20)，式中的子午线弧长计算公式为式(6-21)和式(6-22)。

2. 高斯投影反算

高斯投影坐标反算公式见式(6-24)，式中底点纬度的计算公式为式(6-25)至式(6-28)。

9.4.4　平面直角坐标系的转换

测量工作中用到的平面直角坐标系很多，通常有国家坐标系统，如 1954 北京坐标系和

1980 西安坐标系，还有工程坐标系及自由平面直角坐标系等。实际工作中经常会遇到各类平面坐标系间的转换问题。

1. 高斯投影邻带换算

前面叙及，为了限制高斯投影的长度变形，采用分带的办法来解决，分带又使得各带投影后分别组成一个独立的坐标系。这样给测绘生产实践提出了新的问题，即怎样解决带与带之间的联系问题。这种联系需要将一个带的平面坐标换算成相邻带的平面坐标，简称为坐标换带。

1）为什么要进行换带

在工程测量中，利用国家控制点时，为了减少投影变形，一般在下列几种情况下，需要换带。

(1)在投影带边缘地区测图或施工放样时，往往需要利用到另一带的控制点，因此必须将这些点的坐标换算到同一带中。

(2)当布设的控制网分跨于不同的投影带时，为了便于平差计算，需要将邻带的部分（或全部）坐标换算到同一带中。

(3)进行大比例尺测图时要求采用 3°带的坐标，而国家控制点通常是 6°带的坐标，因此需要将 6°带的坐标换算为 3°带的坐标。

(4)工程建设和大比例尺测图采用任意带时，须将已有的 6°带（或 3°带）坐标换算为任意带的坐标。

2）换带的基本方法

此方法是利用椭球面上的大地坐标作为过渡，即把某投影带的平面坐标通过投影反算（已知 x、y，求 L、B）公式，换算成椭球面上的大地坐标；再将此大地坐标，利用投影正算（已知 B、L 求 x、y）公式，换算成相邻带的平面坐标。

这种方法适用于各种不同宽度的相邻投影带之间的坐标换算。例如，由一个 6°带换算到另一个 6°带，6°带换算到 3°带，3°带换算到另一个 3°带或 6°带，以及 3°带和 6°带与任意带间的互相换算。

已知某点 P 在第一投影带内的高斯平面坐标为 $(x,y)^{\mathrm{I}}$，该带的中央子午线经度为 L_0^{I}。设另一邻带（即第二投影带）的中央子午线经度为 L_0^{II}，现求 P 点在第二投影带的坐标 $(x,y)^{\mathrm{II}}$。这就是高斯投影邻带换算问题，具体做法如下：

(1)利用式(6-24)将 $(x,y)^{\mathrm{I}}$ 换算成 (B,l^{I})，同时计算 $L=L_0^{\mathrm{I}}+l^{\mathrm{I}}$，得到该点大地坐标 (B,L)。

(2) 计算 P 点在第二带的经差，$l^{\mathrm{II}}=L-L_0^{\mathrm{II}}$。

(3)利用式(6-20)将 (B,l^{II}) 换算成 $(x,y)^{\mathrm{II}}$。

例：已知某点 P 在 6°带的坐标为

$x=3\,273\,640.427$ m，$y=20\,735\,437.233$ m。求 P 点在 3°分带第 40 带的坐标。

解：(1)由 y 值可知 P 点在 6°带第 20 带内，$L_0^I=117°$，横坐标的自然值 $y=235\,437.233$ m，由 P 点的坐标值(3 273 640.427，235 437.233)，利用式(6-24)反算得到 P 点在椭球面上的大地坐标为(29°33′28.830″，119°25′44.400″)。

(2)计算 P 点在第二带的经差，$l^{\mathrm{II}}=L-L_0^{\mathrm{II}}=119°25'44.400''-120°=-0°34'15.600''$。

(3)由 P 点的大地坐标(29°33′28.830″，−0°34′15.600″)，利用式(6-20)，正算得到 P 点在

3°分带的第 40 带坐标为(3 271 313.647,－55 337.510),写成国家坐标形式为(3 271 313.647,40 444 662.490)。

所以 P 点在 3°分带上第 40 带的坐标为(3 271 313.647,40 444 662.490)。

2. 四参数法平面直角坐标系间的坐标换算

在实际的测绘工作中,经常会遇到在一个较小的工作区域内同时存在两个平面坐标系的问题,这时通常要进行平面直角坐标系的转换。

二维平面直角坐标系间的坐标变换参数有四个($\Delta X_0, \Delta Y_0, K, \varepsilon$),即两个平移参数,一个尺度参数,一个旋转参数,见图 9-7。当四个参数已知时,可按式(9-17)直接进行坐标转换,即

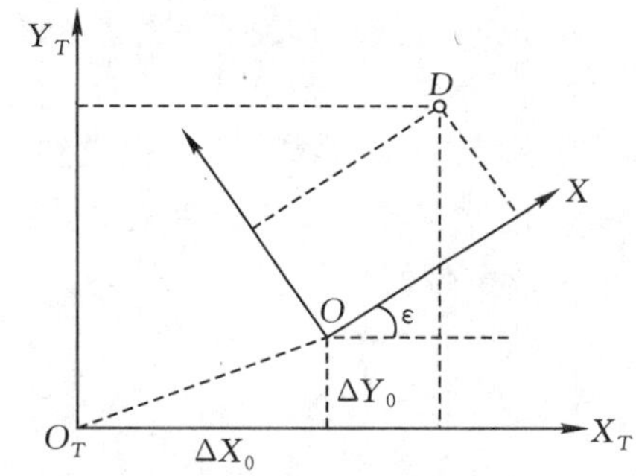

图 9-7　平面直角坐标转换

$$\left.\begin{aligned} x_T &= \Delta x_0 + kx\cos\varepsilon - ky\sin\varepsilon \\ y_T &= \Delta y_0 + kx\sin\varepsilon - ky\cos\varepsilon \end{aligned}\right\} \tag{9-17}$$

现引入附加未知数 $p = k\cos\varepsilon$, $q = k\sin\varepsilon$,将式(9-17)线性化为

$$\left.\begin{aligned} x_T &= \Delta x_0 + px - qy \\ y_T &= \Delta y_0 + qx + py \end{aligned}\right\} \tag{9-18}$$

倘若转换参数未知,则可用两个公共点解出参数。实际上,往往采用多个公共点,用线性化的式(9-18)按最小二乘原理解出未知参数 Δx_0、Δy_0 和 p、q 后,再计算 k 和 ε,即

$$k = \sqrt{p^2 + q^2} \tag{9-19}$$

$$\varepsilon = \arctan(q/p) \tag{9-20}$$

3. 不同参心坐标系间高斯平面直角坐标的换算

下面讨论一下不同参心坐标系间高斯平面直角坐标换算的实用意义。例如,如何把 1954 北京坐标系的高斯平面直角坐标换算为 1980 西安坐标系的高斯平面直角坐标。一般来说,如果测区范围较小,不同参心坐标系间高斯平面直角坐标的换算可以直接按照平面坐标系四参数进行换算;如果测区较大,则不能直接转换,否则转换后将使坐标的精度降低,因为直接按平面直角坐标转换没有考虑到椭球的形状和大小。

测区较大时,不同参心坐标系间高斯平面直角坐标的换算必须考虑到椭球的形状和大小,其转换过程如下:

(1)旧高斯平面直角坐标,按照高斯投影坐标反算公式换算为本参心坐标系中的(旧)大地坐标,即 $(x,y)_{旧} \Rightarrow (B,L)_{旧}$。

(2)旧大地坐标换算成同一基准下的旧空间直角坐标,即 $(B,L)_{旧} \Rightarrow (X,Y,Z)_{旧}$。

(3)旧空间直角坐标按照空间直角系间的坐标换算方法转换成新空间直角坐标,即 $(X,Y,Z)_{旧} \Rightarrow (X,Y,Z)_{新}$。

(4)新空间直角坐标换算成同一基准下的新大地坐标,即 $(X,Y,Z)_{新} \Rightarrow (B,L)_{新}$。

(5)新大地坐标根据新的椭球参数按照高斯投影正算公式,换算为新椭球参心坐标系中的高斯平面直角坐标,即 $(B,L)_{新} \Rightarrow (x,y)_{新}$。

思 考 题

1. 举例说明，测量工作会经常用到哪些坐标。

2. 说明什么是地心坐标系，什么是参心坐标系。这两种坐标系的坐标有几种表示形式？

3. 为何要建立工程坐标？建立工程坐标系有几种方案？

4. 不同椭球空间直角坐标系的转换能解决哪些实际问题？

5. 说明“三参数转换”和“七参数转换”的区别和应用场合。

6. 长度综合变形公式中，H 与 y 是以什么样的函数形式影响长度变形的？

7. 利用坐标转换公式可以求解转换参数吗？

8. 已知某点3°分带的平面坐标值 $x=3\,591\,644.425$ m、$y=40\,679\,857.812$ m，求该点在相邻3°带东带的坐标值。

参考文献

高绍伟,董俊峰. 2007.控制测量[M].北京:煤炭工业出版社.

郭际明,丁士俊,苏新洲,等. 2009.大地测量学基础实践教程[M].武汉:武汉大学出版社.

孔祥元,郭际明,刘宗泉. 2006.大地测量学基础[M].武汉:武汉大学出版社.

林玉祥. 2006.实用测绘软件及应用[M].北京:教育科学出版社.

林玉祥. 2007.控制测量技术[M].北京:中国电力出版社.

林玉祥. 2009.控制测量[M].北京:测绘出版社.

林玉祥. 2010.控制测量实训指导[M].北京:测绘出版社.

乔仰文,辛久志,王晓辉.1999.GPS高程拟合的几种常用方法[J].东北测绘,22(2):10-11.

王勇智. 2010.GPS测量技术[M].北京:中国电力出版社.

魏子卿.2008.2000中国大地坐标系及其与WGS-84的比较[J].大地测量与地球动力学,28(5):1-5.

杨国清. 2007.控制测量学[M].郑州:黄河水利出版社.

附录1　控制测量实训的一般要求

控制测量实训是为掌握控制测量基本技能所进行的训练，对学生良好职业素养的养成起着重要的作用。在实训中，应严格执行现行的测量规范，遵守测绘行规，高度仿真实际控制测量工作过程，达到训练目的。控制测量实训要遵守相关的技术要求。

一、实训前的准备

(一)业务准备

通常，单个实训项目的实训时间为2学时，为了在这有限的时间内完成实训任务，并达到较好的实训效果，在实训开始之前，每名学生必须充分做好以下个人业务准备工作。

(1)必须明确实训的目的、内容和要求。要求每次实训前一定要认真学习、领会本次实训的实训指导。

(2)复习与本次实训有关的理论知识，设计完成实训任务的技术方法。要求每位实训者在实训之前要认真学习教科书中有关章节的内容，在充分理解的基础上加以归纳、总结，使之成为个人的见解，设计完成实训任务的技术途径。

(3)拟定实训实施步骤和细则，对实训的全过程应心中有数，做起来有条不紊。

(二)实训器材、实训场地的准备

实训器材的准备工作一般由测量实验室有关老师根据实训任务书的要求逐一落实。实训进行前，每组同学遵照实验室的规章制度办理领取手续后，方可将仪器带出室外。实训中需要的一些文具用品应自备。

指导教师事先应进行实训场地准备，使之能够满足实训要求。实训课开始前，实训者必须准时到指定地点就位。

二、测量仪器的借领、使用和维护

(一) 仪器的借领

学生进行控制测量实训，所用仪器设备应依学校的有关规定到实验室借领。借领时应对其做如下项目的检查。

1. 仪器箱检查

仪器箱盖是否关好、锁好，锁扣是否牢固，仪器箱背带、提手是否牢固。

2. 脚架检查

脚架与仪器是否匹配，脚架是否稳固、各部分是否完好。

3. 仪器检查

该项检查涉及内容较多，不同类型仪器检查的项目也不尽相同，借领仪器时应对所借仪器做全面检查或对部分主要项目进行检查。检查项目大致包括：仪器有无旧有的摔伤或破损，箱内附件是否齐全，制微动机构功能是否正常，照准部是否旋转自如，光学测微器功能是否正确，目镜与物镜的调焦功能是否灵活，光学镜片有无污迹，脚螺旋是否间隙适中、旋转自如，对点器功能是否正确，其他各按键及旋钮的功能是否正常等。对于电子类仪器设备，应做通电测试。

4．附属设备检查

有些实训项目需要用到一些其他附属设备，如反光棱镜、对讲机、温度计、气压计、充电器、水准标尺等，对这些附属设备的功能和质量应做仔细检查。

5．仪器问题的处理

借领仪器时，如发现仪器和附属设备有任何问题，都应在第一时间向仪器管理人员申明。

（二）仪器的开箱与装箱

（1）仪器箱应平放在地面上或其他平台上才能开箱，不要抱在怀里或托在手中开箱。

（2）取出仪器前应先牢固安放好三脚架，仪器自箱中取出后不宜用手久抱，应立刻固定在三脚架上。

（3）开箱后在未取出仪器前，要记住仪器安放的位置和方向，以免用毕装箱时因安放不正确而损伤仪器。

（4）仪器用毕装箱时，应将脚螺旋和微动螺旋置于适中位置，关闭补偿器开关，将各制动钮松开（若是立式仪器箱，应将制动钮紧固），轻轻扣好箱盖、搭好环扣、锁好。

（三）自箱中取出仪器

（1）自箱内取出仪器时，应一手托住照准部支架，另一手扶住基座部分，轻拿轻放，不要用一只手抓仪器。

（2）取仪器和使用仪器过程中，要注意避免触摸仪器的目镜、物镜、棱镜等光学部件，以免沾污，影响成像质量。绝对不允许用手指或手帕等物擦拭仪器的光学部分。

（3）仪器自箱中取出后，应立即将仪器箱关上，以免丢失箱内附件或使灰尘等杂物进入箱中。

（四）架设仪器

（1）伸缩式脚架三条腿抽出后要把固定螺旋拧紧。用力过猛会造成螺旋滑丝，用力太轻会导致脚架自行收缩而摔坏仪器。

（2）架设仪器时，三条腿分开的跨度要适中，并得太靠拢容易被碰倒，分得太开容易滑落。

（3）在脚架安放稳妥并将仪器放到脚架上后，要立刻旋紧仪器和脚架间的中心连接螺旋，防止因忘记拧上连接螺旋而摔坏仪器。

（4）任何时候不得蹬、坐仪器箱、脚架、标尺等器材。

（五）使用仪器

（1）有太阳时必须给仪器打伞遮阳，防止烈日暴晒；注意防止雨淋仪器和仪器箱。

（2）在任何时候，仪器必须有人守护。

（3）制动螺旋不宜拧得太紧，微动螺旋和脚螺旋宜使用中段，松紧要调节适当。

（4）操作仪器时，用力要均匀，动作要准确、轻捷，用力过大或动作太猛都会对仪器造成损坏。

（5）仪器用毕装箱前，清点箱内附件，如有缺少，立刻寻找。用软毛刷轻拂仪器表面的灰尘，将物镜盖盖好，然后将仪器箱关上，扣紧、锁好。

（6）实训期间尽量使存放仪器的室温与实训地点的温度接近。

（7）棱镜、透镜等光学部件不得用手接触或用毛巾等擦拭，必要时要使用擦镜纸或麂皮擦拭。

(8)水准测量时,扶尺员立尺要用双手扶好,严禁脱开双手。要注意保护好标尺的分划面和底面。观测间歇,不得将标尺随便靠在树上或墙上。

(9)对于电子仪器,应保证其电源电压稳定可靠;绝不可把物镜对向太阳,以免烧毁电子元器件;当出现极端天气时,应停止观测。

(六)仪器出现故障时的处理

(1)发现仪器出现故障,应立即停止使用,及时向指导教师或仪器管理人员汇报,绝对禁止擅自拆卸,应交由实验室专业维修人员进行维修。

(2)仪器出现故障,不能勉强带病使用,以免增大损坏程度。

(3)当仪器在使用过程中出现像滑落等重大事故时,绝不可隐瞒,应及时向指导教师汇报,并将事故的详细经过以书面形式上报至仪器管理部门。

(七)仪器迁站

(1)在长距离迁站或通过行走不便的地区(如较大的沟渠、山林等)时,应将仪器装入箱内搬迁。

(2)在短距离且平坦地区迁站时,仪器可以不必装箱,但仪器要尽量保持竖直状态,尽最大可能使仪器安全。

(3)每次迁站都要清点所有仪器、附件、器材等,防止丢失。

(4)迁站时切勿跑行,防止摔坏仪器。

(5)电子类仪器在迁站时一定要关闭电源。

(八)仪器的归还

(1)仪器用毕归还前,应将脚螺旋、微动螺旋置于适中位置,并用毛刷将仪器上灰尘掸净,盖好物镜盖。

(2)将脚架上的泥土及灰尘擦拭干净。对于因瓦水准标尺,回拢扶尺环,用软布将标尺尺面与底面擦拭干净。

(3)如仪器在使用时出现过异常情况,应主动向仪器管理人员说明。

(4)将仪器箱打开,等待仪器管理人员检查验收。

三、测量资料的记录、计算及整理

测量资料的记录是测量成果的原始数据,十分重要。为保证测量原始数据的绝对可靠,应养成良好的职业习惯。原始数据的记录应严格遵守相关规定,详见§1.6节相关内容;测量成果的整理、计算及具体要求,也详见该节相关内容。

附录 2　GPS 静态相对测量实训指导

本实训宜在学完§2.1～§2.7 节及附录 1 的全部内容之后进行。实训开始之前，应在教师的指导下初步学习附录 7 至附录 10 的相关内容。

利用 GPS 定位技术进行平面控制测量的技能训练，按照其工作过程，将其训练内容及建议学时设计如下：

(1)技术设计，2 学时。

(2)选点、组网、埋石、绘制点之记，2 学时。

(3)GPS 数据采集，6 学时。

(4)GPS 基线解算与网平差，2 学时。

(5)技术总结，2 学时。

本实训应结合学校 GPS 接收机数量、学生人数和实训场地等实际情况，以 3～6 人为一小组、3～4 个小组为一个实训大组为宜。选定一名大组长，由指导教师指导并由大组长组织，共同完成此实训任务。

实训场地宜选在校园内，结合校园大小及点位的情况，建立由 8～10 点构成的校园 GPS 控制网，顾及校园面积等因素，GPS 控制网的等级不宜太高，以二级为宜。本实训要求每一大组完成校园 GPS 控制测量的全过程，最后上交一份合格的校园 GPS 控制测量成果资料。

一、编写 GPS 技术设计书

(一)实训任务

本实训项目为编写"××学院(校)GPS 控制测量技术设计书"，其重点放在"设计方案"部分。限于校园面积等因素，设计校园 GPS 控制网的等级以二级为宜。

(二)实训目的

(1)通过编写技术设计书，系统地了解应用 GPS 静态相对测量技术进行平面控制测量的工作内容和程序。

(2)通过对《测绘技术设计规定》、《工程测量规范》、《城市测量规范》和《卫星定位城市测量技术规范》等国家标准的学习、领会与应用，增强规范意识，提高从事实际测绘工作的能力和职业素养。

(3)对应用 GPS 静态相对测量技术进行平面控制测量的理论知识进行梳理，并得到充分的强化和提高。

(三)实训内容

(1)结合本校具体情况，由指导教师下达仿真的 GPS 测量任务书。具体内容应包括任务名称、测区范围、控制网等级及规模、任务量、已知点、坐标基准、执行的技术标准、工期、应上交的成果资料等内容。

(2)系统学习关于 GPS 静态相对测量的理论知识，认真领会相关技术规范中的条款内容，为编写"××学院(校)GPS 控制测量技术设计书"奠定理论基础和知识储备。

(3)对测区(校区)进行踏勘、收集资料、制定详细的施测方案。

(4)对控制网的位置基准、方位基准、尺度基准和控制网网型进行设计。

(5)依《测绘技术设计规定》规定,制定详细的设计方案,并撰写"××学院(校)校园GPS控制测量技术设计书"。设计书大致应包括任务概述、测区自然地理概况、已有资料情况、作业依据、主要技术指标、设计方案、上交成果和附图附表等内容,参见本书§8.1节。

(四)上交资料

要求每人独立撰写一份"××学院(校)校园GPS控制测量技术设计书"。

二、选点、埋石、绘制点之记

本实训项目宜在完成前一个实训项目之后进行。在前一实训项目中,对××学院(校)校园GPS控制网的精度等级、规格、选点原则、构网原则等都做了技术规定,本实训项目的实施将完全依照"××学院(校)GPS控制测量技术设计书"的技术要求进行。

(一)实训目的

(1)这是完成技术设计后、在野外数据采集之前不可或缺的一个重要环节,忽视了这个环节,整个GPS控制测量工作过程将不完整。特别是对于将要成为承担控制测量任务的技术负责人,更应特别注重此环节的技术训练。

(2)通过此项目的训练,应掌握GPS控制点的选点要领、标石的技术规格与埋设及控制网网型的设计。

(3)通过训练,熟练掌握绘制GPS控制点点之记的技术技能。

(二)实训内容

1. 选点

(1)点位的基础应坚实稳固,易于保存。

(2)点位应选在便于安置和操作接收设备、周围视野开阔、有利于本次实训作业且安全的地方。

(3)净空条件良好,视场内成片障碍物的高度角不宜超过15°,以免卫星信号被遮挡。

(4)点位应远离大功率无线电干扰源,点位附近不应有大面积水域和容易造成多路径误差的大型反射物。

(5)GPS点名应简洁、准确,不得重复,整个实训大组的点名和编号应统一。

(6)结合测区(校区)实际情况,依据技术设计书提出的技术要求,构成合理的GPS控制网。

2. 标石埋设

(1)标石的中心标志应用不锈钢或圆钢等材料制成,中心应有"十"刻划。

(2)参考《工程测量规范》(或其他技术标准)和控制测量教材相关内容,明确不同等级GPS控制点的技术规格与埋设要求。

(3)结合技术设计书,明确本控制网各点的技术规格和埋设要求,并进行控制点埋设。

(4)校园可能不具备标石埋设条件,此时可模拟埋设,并用钢钉或木桩代替控制点标石。

3. 绘制点之记

(1)控制点点之记有两方面功能,其一是对埋石情况进行说明,其二是可以让没有到达过该点的人凭点之记找到该点。

(2)按要求绘制所有GPS控制点点之记,并对绘制好的点之记进行检验。检验方法:把甲组绘制的点之记交给乙组,看是否能够顺利地把控制点找到。

(三)所需设备及物品

(1)预制好的控制点标石(或钢钉和木桩等)。

(2)埋石所用原材料和工具。

要注意的是:限于校园的实际情况,可能只能用水泥钢钉、木桩等替代GPS控制点标石。

(四)实训要求

(1)GPS控制点的技术规格与埋设要求,请参照《工程测量规范》的附录B或"××学院(校)校园GPS控制测量技术设计书"。

(2)参考本书相关章节绘制点之记,在"点位略图"栏,要至少标出三处以上点位至重要地物间的距离关系,并在"点位说明"中用文字予以表述。

(3)建议该实训项目的实施以实训大组的形式进行,由大组长负责组织本实训项目的实施。

(4)每人都要至少独立绘制一个GPS控制点点之记。

(五)上交资料

(1)××学院(校)校园GPS控制网点位布设图。

(2)××学院(校)校园GPS控制网点之记(每人至少一个点)。

三、GPS数据采集

GPS静态相对测量的数据采集工作是整个GPS控制测量工作的重要组成部分,各学校可能拥有各种不同型号的GPS接收机,可针对本校实际拥有的1～2种GPS接收机机型进行数据采集训练。应该说,不同厂家的GPS接收机,其工作原理是相同的,其操作方法也是相近的。

(一)实训目的

(1)学会根据卫星可见性预报表、交通状况、仪器状况、人力状况、精度等级等因素合理地制定GPS外业测量的观测调度计划。

(2)熟练掌握1～2种型号的GPS接收机的操作,并正确进行静态相对测量的设置与数据采集。

(3)培养良好的团队意识与协作精神,提高从事测绘工作的职业素养。

(二)实训内容

(1)熟悉GPS接收机的具体操作,包括线缆连接、天线安置、仪器设置、接收数据、正确量取天线高等,应明确和牢记各种显示信息的含义及对这些信息应采取的处理措施等。

(2)考虑各方面综合因素,针对××学院(校)校园GPS控制测量任务,由大组长负责制定出一份切实可行的GPS外业观测调度计划。

(3)按调度计划对校园GPS控制网进行测量,完成整个控制网的外业数据采集过程;按规范要求,每测站应对必要的测站信息进行现场记录。

(三)注意事项

(1)本实训项目应以大组为单位,并由大组长具体组织实施。

(2)在外业观测前按作业技术要求设置好仪器的各项参数。

(3)每天出测前，做好仪器的准备工作，检查所用仪器及相关配件是否完好并互相匹配，确保到达点位能正常工作。

(4)整个作业期间，接收机必须有专人维护管理，并在作业前充足电。仪器管理实行专人负责制。

(5)各小组严格按照调度表的规定作业，听从大组长的统一指挥，以保证观测的同步进行。当情况变化需要修改调度计划时，必须经大组长同意。

(6)观测时做到人不离岗。严禁周围无关人员接近或触摸仪器，以保护仪器的安全进而保证观测的正常进行。

(7)每测站应正确量取、记录天线高，并在停止观测之前将天线高和控制点点名输入至接收机。

(8)每测站应于现场如实填写GPS观测手簿表，不可追记。

(9)数据采集过程应严格执行"××学院(校)校园GPS控制测量技术设计书"相关要求。

(四)所需设备及物品

每小组应领取：

(1)用于静态测量的GPS接收机1套(其中含接收机主机、三脚架、充电器和通信电缆等)。

(2)对讲机1部(含充电器)。

(3)GPS外业观测手簿1本。

(五)上交资料

(1)GPS外业测量调度计划表。

(2)GPS外业观测原始数据备份。

(3)GPS外业观测手簿。

四、GPS基线解算与网平差

每天GPS外业观测结束后应及时进行数据的下载与备份和基线向量解算，对于无法解算出来的基线向量，应纳入到第二天的观测计划当中。完成了全部基线向量的观测后，方可进行此项目的训练。

(一)实训目的

(1)通过此实训项目的训练，掌握GPS数据处理的全过程，包括数据的下载、解算起点的选定、基线向量的解算与检核、三维无约束平差、投影、转换与二维(或三维)约束平差等。

(2)通过基线向量解算及网平差计算，熟练掌握1～2款GPS基线解算软件与后处理软件的使用。

(3)通过对平差结果文件的解读分析，明确结果文件中各量的具体含义，特别是各精度指标的含义。给出最终坐标结果及其精度指标，并对坐标结果进行评价。

(二)实训内容

针对与GPS接收机相匹配的基线解算与平差软件，全面掌握其使用方法与技巧，具体训练内容如下：

(1)从接收机中把观测数据下载到计算机中，并将原始观测数据进行备份。

(2)结合软件的操作，选定基线向量的起算点，完成基线向量的解算。

(3)进行同步环、异步环及重复基线的检核。如检核超限,则应分析原因并进行合理的重测。

(4)在WGS-84坐标下进行三维无约束平差,检核控制网的内符合情况。

(5)加入约束条件(约束条件为已知数据,由指导教师给出),实现从WGS-84椭球向地方坐标系椭球的数据转换,并投影至高斯平面。然后在高斯平面坐标系中进行二维(或三维)约束平差。

(6)对平差结果文件进行分析,综合评价GPS控制网的坐标精度。

(三)所需设备及物品

每大组所需:

(1)一台计算机。

(2)基线解算与平差计算软件,建议采用正版的随机软件。

(四)上交资料

(1)导出的基线向量解算结果文件和网平差结果文件(电子文档)。

(2)同步环、异步环和重复基线检核结果及说明。

(3)控制点成果表与精度指标(纸质文档)。

五、编写技术总结报告

在完成了以上四个实训项目后,便可进行实训项目五,即撰写"××学院(校)校园GPS控制测量技术总结"。GPS测量技术总结应遵照《测绘技术总结编写规定》的具体要求进行编写。

(一)实训目的

(1)通过此实训项目,掌握应用GPS静态相对测量技术进行平面控制测量全部过程的最后一个工作环节。

(2)通过对《测绘技术总结编写规定》、《城市测量规范》和《工程测量规范》等国家标准的学习、领会与应用,更加进一步增强规范意识,提高从事实际测绘工作的能力和职业素养。

(3)通过此项目的训练,可以总结出在完成整个GPS工程过程中的经验和存在的不足,明确在哪一个技术环节上还有待进一步提高。

(4)明确技术设计书与技术总结报告的相同之处与主要区别。

(二)实训内容

本实训项目主要训练内容就是编写"××学院(校)校园GPS控制测量技术总结",核心内容就是检核在完成校园GPS控制测量任务中对技术设计书的执行情况。

(1)以实训项目"××学院(校)校园GPS控制测量技术设计"为技术依据,检查工程任务的整体完成情况。

(2)汇总前四个实训项目的完成情况,准备好编写技术总结报告的素材资料。

(3)依《测绘技术总结编写规定》编写"××学院(校)校园GPS控制测量技术总结"。

(三)注意事项

(1)技术总结报告中的某些内容可以与技术设计的相关内容相同,如任务概述、测区自然地理概况和已有资料情况等。

(2)一定要分清"技术设计"与"技术总结"的区别。技术设计是对即将进行的测绘任务提出设计方案，其中主要包括施工工艺、工作流程和技术要求等；技术总结是对任务的完成情况和技术设计的执行情况进行总结。绝不可把“技术总结”写成“技术设计第二”。

(四)上交资料

要求每人独立撰写一份“××学院(校)校园GPS控制测量技术总结”。

(五)技术总结内容

技术总结大致应包含下列内容：

(1)测区概况，自然地理条件等。

(2)任务来源，测区已有测量情况，施测目的和基本精度要求。

(3)施测单位，施测起止时间，技术依据，作业人员情况，接收设备类型、数量及检验情况，观测方法，重测、补测情况，作业环境，重合点情况，工作量与工日情况。

(4)野外数据检核，起算数据情况，数据后处理内容、方法与软件情况。

(5)外业观测数据质量分析与野外检核计算情况。

(6)方案实施与规范的执行情况。

(7)上交成果中尚存问题和需说明的其他问题。

(8)应上交的成果资料及各种附表与附图。

附录3　精密角度测量实训指导

进行精密角度测量，可以采用光学经纬仪、电子经纬仪和电子全站仪。事实上，光学经纬仪更具代表性，所以本附录重点介绍光学经纬仪的检验及方向观测，并适当兼顾电子经纬仪和全站仪。

本实训宜在教材第3章的学习过程中或学完后进行。结合学校的仪器型号、仪器数量、学生人数和实训场地等实际情况，实训以小组为单位，每小组以4~6人为宜。

一、精密光学经纬仪认识及读数

(一)实训目的

(1)认识DJ2级光学经纬仪的整体结构并了解各部件的作用与功能。

(2)学会DJ2级光学级经纬仪的对径重合读数方法。

(3)掌握配置水平度盘及测微器初始读数方法。

(二)使用仪器及工具

DJ2级经纬仪一台(含脚架)，记录板一块，记录纸若干(自备)。条件具备时，参加实训的各组应领取两种以上不同型号的DJ2经纬仪，以备交换练习。

(三)实训内容

(1)进行两种不同型号的DJ2光学经纬仪认识与读数练习。

(2)认识仪器整体结构及各部件的名称、位置、功能，掌握各部件的使用方法。

(3)固定照准部制动螺旋，慢慢旋转水平微动螺旋，同时观察读数窗内刻划线的运动情况，然后旋转测微轮，观察测微器刻划线运行情况，验证重合读数法的读数原理。

(4)每人在2～4个不同度盘测微器位置上读数并作记录，同时现场描绘出读数窗中的影像图(含度盘读数、测微器读数及度盘对径分划线)，掌握对径重合读数方法。

(5)任意瞄准一目标，由组长配置水平度盘读数为0°00′30″±15″，然后组员分别通过测微器使对径分划线精密接合并读数，记录读数差值。

(6)瞄准某一目标，制动仪器。任意设定该方向数值，然后对度盘和测微器进行配置，实际配置值与设定值之差不宜超过15″。

(7)与其他组交换仪器，进行另一种型号经纬仪的读数练习，重复进行步骤(2)～(6)进行操作训练。

(四)实训报告编写提纲

此实训项目需要编写实训报告，实训报告编写提纲如下：

(1)实训项目名称、目的及时间、地点。

(2)所用仪器名称及编号。

(3)实训报告中应体现出“实训内容”中第(4)、(5)、(6)、(7)步的训练过程和结果。

(4)简要叙述对径重合读数方法和配置度盘测微器初始读数方法。

(5)写明本次实训共有哪些类型的仪器、读数窗中的影像有何特点。

(五)上交资料

每人书写一份实训报告。

(六)其他

以配置DJ2光学级经仪度盘测微器初始读数为15°32′35″为例,其操作方法如下,供参考。

1. 瞄准目标

粗瞄被照准目标,水平制动,利用水平微动螺旋精确照准目标。

2. 配置测微器读数

旋转测微螺旋,配置测微器读数,本例为02′35″。

3. 配置度盘读数

打开度盘变位钮保护盖(或挂上档),旋转度盘变位钮,配置度盘读数,本例为15°30′。特别注意,此时应使对径分划线尽量精密接合。

4. 对径重合读数

关闭度盘变位钮保护盖(或摘开档)。检查照准目标的准确性,通过旋转测微螺旋使度盘的对径分划线精密接合,然后进行读数(度盘读数+测微器读数)。实际读数与设定值之差不宜超过15″,否则再一次重复上述操作。

二、精密光学经纬仪检验

平面控制测量中,用于角度测量的经纬仪需经检定,经检定合格的经纬仪方可用于角度测量。按JJG 414—2011《光学经纬仪》的规定,光学经纬仪的检定项目有十余项,本实训仅对其中的部分检定项目进行检验。

(一)实训目的

(1)通过实训进一步熟悉仪器结构、性能及各项技术指标的含义。

(2)掌握检验仪器各项技术指标的方法和步骤等基本技能,确保测角仪器的各项指标合乎规范要求。

(3)只有了解仪器,才能用好仪器。对仪器了解的越透,进行精密测角时才越得心应手。

(二)仪器及工具

进行光学经纬仪检验,每小组需准备如下仪器设备及其他备品:

(1)借用DJ2型经纬仪一台(含脚架)、测伞一把、记录板一块。自备铅笔、小刀、直尺等。

(2)根据不同的检验项目,所需的其他一些附属仪器设备或备品。

(三)实训要求

(1)每4~6人为一实训小组,由组长全面组织本小组的实训活动。

(2)具体的实训内容和所需课时由教师根据教学计划安排酌定。

(3)条件具备时,尽量将实训安排在实验室内。若在室外进行,应打伞遮阳。

(4)既要完成实训任务,又要保证每人都得到应有的技术训练。

(四)实训内容

正文表3-2中列出了光学经纬仪的检验项目,表3-3中列出了全站仪测角部分的检验项目,且§3.4节中对相关项目的检验方法与检验步骤都有详细描述。此项实训的内容由任课教师根据教学大纲或授课计划酌情选定检验项目。

(五)上交资料

实训结束,每人应上交实训报告。实训报告的内容应包括实训项目名称、实训目的、实训步骤、实训结果和结论等。

三、四等水平方向观测

(一)实训目的

(1)掌握方向观测法观测程序。

(2)掌握方向观测法记录方法和测站的限差检核。

(3)通过方向观测法进行经纬仪精密测角基本功训练。

(二)仪器与工具

每组借用DJ2经纬仪一台(含脚架)、测伞一把、记录板一块,自备铅笔、小刀、直尺等。

(三)实训要求

(1)复习关于方向观测法的观测和记录等相关内容。

(2)观测与记录要严格遵守相应的操作规程和记录规定(参见本书§1.6节),对不合格的成果应返工重测。

(3)记录员向观测员回报后再做记录,记录表格中的计算内容应训练用"心算"完成。

(4)每人至少测一至二个合格测回,全组完成一套六个测回的合格成果。

(5)方向观测的限差要求见附表3-1。

附表3-1　水平方向观测的技术要求

等　级	仪器型号	光学测微器两次重合读数之差/(″)	半测回归零差/(″)	一测回内2C互差/(″)	同一方向值各测回较差/(″)
四等及以上	1″级仪器	1	6	9	6
	2″级仪器	3	8	13	9
一级及以下	2″级仪器	—	12	18	12
	6″级仪器	—	18	—	24

注:(1)全站仪、电子经纬仪水平角观测时不受光学测微器两次重合读数之差指标的限制。

(2)当观测方向的垂直角超过±3°的范围时,该方向2C互差可按相邻测回同方向进行比较,其值应满足表中一测回内2C互差的限值。

(3)观测的方向数不多于三个时,可不归零。

(4)水平角的观测值应取各测回的平均数作为测站成果。

(6)水平方向观测记录表格见附表3-2。

(四)实训内容与步骤

本实训项目就是要进行四等水平方向观测训练。水平方向观测一测回的操作步骤:

(1)先选择好远距离的边长均匀的4～5个方向,各方向的边长应满足规范要求,各方向竖直角尽量相等,并尽量接近于零。

(2)安置仪器后,盘左将仪器照准零方向,按附表3-3配置各测回水平度盘和测微器初始位置。

(3)顺转照准部1～2周后精确照准零方向,进行水平度盘和测微器读数(一次照准两次重合读数)。

附表 3-2　水平方向观测手簿

第____测回　仪器______ No________　点名：________　等级：______　　日期：________年____月____日

天气：__________　班级：__________　组别：__________　　开始：______时______分

成像：__________　观测者：__________　记录者：__________　　结束：______时______分

方向号数名称及照准目标	读数						左－右（2C）	$\frac{左+右}{2}$	方向值	附　注
	盘左			盘右						
	° ′	″	″	° ′	″	″	″	″	° ′ ″	
____										
____										
____										
____										
____										
____										
____										
____										

归零差 $\Delta_{左}$：________　　归零差 $\Delta_{右}$：________

附表 3-3　水平方向观测(四等)度盘和测微器初始位置表

测回序号	1	2	3	4	5	6
度盘位置/(° ′)	0°00′	30°12′	60°24′	90°35′	120°47′	150°59′
测微器位置/(″)	50	30	10	50	30	10

(4)顺转照准部,精确照准两方向,仍按上述方法读数。顺转照准部依次进行 3、4、…、n 方向的观测,最后闭合至零方向,以上构成上半测回。

(5)换至盘右,逆转照准部 1～2 周后精确照准零方向,按上法读数。

(6)逆转照准部按与上半测回相反的顺序观测 n、$n-1$、…、3、2,直至零方向,构成下半测回。

(7)上、下半测回构成一个测回。记录员应按附表 3-1 的要求进行测站限差检核。

(五)上交资料

每组上交一份合格的六个测回观测成果。

附录 4　精密距离测量实训指导

本实训宜在学完第 4 章之后或学习过程中进行。结合学校仪器类型、数量、学生人数和实训场地等实际情况，每小组以 5～7 人为宜。

一、实训目的

全站仪的型号很多，其功能及操作界面也不尽相同。导线测量主要利用全站仪的角度测量与距离测量功能。本实训项目通过对某一型号电子全站仪的操作训练，达到如下目的：

(1)会正确安置仪器和反射棱镜，并正确测量其高度。

(2)明确各旋钮及键盘功能，会正确操作。

(3)掌握全站仪基本设置内容和方法并进行正确设置。

(4)熟练进行斜距、平距、高差、水平角及竖直角测量。

二、仪器与工具

每组领取全站仪一台(含电池和脚架)、记录板一块、测伞一把，自备仪器说明书、记录纸等。反光棱镜可以几个小组合用一块。

三、实训内容与步骤

(1)正确安置全站仪与反射棱镜，并测量仪器高和棱镜高。

(2)熟悉全站仪的各种旋钮、制微动机构等功能，按仪器说明书进行键盘操作练习，熟记各按键功能。

(3)对全站仪进行基本设置，仪器型号不同，设置内容也会不同。明确哪些设置内容会直接影响角度测量与距离测量，如角度单位、距离单位、温度气压改正、棱镜常数设置、角度显示形式等。

(4)进行水平角、竖直角(天顶距)、水平距离、斜距等测量练习。

(5)配置水平度盘初始读数。

四、注意事项

(1)实训前应认真阅读仪器的操作说明书，明确本次实训的目的及要求。

(2)全站仪属贵重测量仪器，操作时应倍加爱护，注意仪器各旋钮的旋转力度，确保仪器的安全。

(3)棱镜及全站仪透镜等光学部件，不得用手接触或用毛巾、纸巾等物擦拭，必要时应使用擦镜纸或麂皮进行擦拭。

(4)电池、电缆插头等要对准插入，用力不能过猛，以免折断。

(5)绝不可把物镜对向太阳，以免烧毁电子元器件。

(6)实训过程中任何时候仪器和棱镜都要有人看护。

附录5　导线测量实训指导

一、Ⅰ级导线测量

Ⅰ级导线测量实训项目宜在校园内进行，若边长无法满足规范要求，可适当缩短，以不影响实训效果为宜。Ⅰ级(及以下等级)导线测量用于测图的加密控制，导线测量的同时，通常附带三角高程测量，以同时获得控制点的平面坐标和高程。

(一)实训目的

(1)掌握全站仪导线测量正确的仪器和棱镜的安置方法，会正确量高。

(2)明确导线测量的意义与作用，熟练掌握Ⅰ级导线测量的外业工作过程，主要包括水平方向观测和距离观测、测站观测数据的记录、计算与限差检核。

(3)掌握三角高程测量的观测方法和计算方法。

(4)借助Ⅰ级导线测量的训练，通过拓展，可以掌握从事更高等级导线测量的观测技能与记录计算方法。

(二)仪器与工具

每组借用2″级全站仪一台(含脚架和电池)、带觇板的反光棱镜(含脚架)两套、测伞一把、记录板一块，自备2H铅笔、小刀、直尺。

(三)实训要求

(1)复习水平方向观测、距离测量、三角高程测量和导线测量的相关理论知识。

(2)熟悉所用仪器的特性和操作方法，明确方向观测、竖直角观测和距离观测的要点与技术要求，掌握观测方法和记录计算方法。

(3)结合实训场地状况，每小组合作完成一条至少有三个未知点的附合导线的观测与记录计算工作，得到导线的所有观测角和边长。

(4)本次实训的导线测量执行《城市测量规范》相关技术条款，三角高程测量的竖直角观测执行《国家三、四等水准测量规范》相关技术条款。Ⅰ级导线测量的技术指标见附表5-1，水平方向观测和距离测量的技术要求见附表5-2和附表5-3，三角高程测量执行四等标准，其竖直角观测的技术要求见附表5-4。

附表5-1　导线的主要技术指标

等级	闭合环或附合导线长度/km	平均边长/m	测距中误差/mm	测角中误差/(″)	导线全长相对闭合差
Ⅰ级	≤3.6	300	≤15	≤5	1/14 000

附表5-2　导线水平角方向观测法的技术要求

等级	仪器	测回数	半测回归零差/(″)	一测回2C较差/(″)	同一方向值各测回较差/(″)	方位角闭合差/(″)
Ⅰ级	DJ2	2	8	13	9	$10\sqrt{n}$

注：n为测站数。

附表 5-3 导线测距的主要技术要求

平面控制网等级	仪器精度等级	测回数	一测回读数较差/mm	各测回较差/mm
Ⅰ级	5 mm 级	2	≤5	≤7
	10 mm 级	2	≤10	≤15

注：一测回是指照准目标一次，一般读数四次，可根据仪器出现的离散程度和大气透明度进行适当增减。

附表 5-4 电磁波测距三角高程测量竖直角观测的主要技术指标

高程等级	垂直角观测(DJ2)			对向观测高差较差/mm	附合或环形闭合差/mm
	测回数	指标差较差/(″)	测回较差/(″)		
四等	4	≤5	≤5	$\pm 45\sqrt{D}$	$\pm 20\sqrt{L}$

注：(1)四等三角高程测量竖直角应进行对向观测，各两测回。

(2)仪器、反光镜或觇牌的高度，应在观测前后各量测一次并精确至 1 mm，取其平均值作为最高度。

(3)高程成果的取值，应精确至 1 mm。

(4) D 为测段长度，单位为 km；L 为符合路线(或环线)长度，单位为 km。

(5)对不合格的成果需返工重测，直至合格。

(6)记录员应向观测员回报后再做记录，并严格遵守记录规则。

(7)各小组要充分发扬团结协作精神，在组长的带领下，既要完成实训任务，又要让所有组员得到观测及记录的训练。要求每位同学至少观测一站、记录一站、立棱镜一站。

(8)导线观测记录表见附表 5-5。

(四)实训内容与步骤

(1)结合场地情况，在给定的已知点间布设 3～4 个导线点，构成一条Ⅰ级导线路线。

(2)在每个导线点上用全站仪分别进行方向观测两测回，单方向距离观测两测回，双向竖直角观测，每方向两测回。距离观测值应为斜距。

(3)每测站限差检核合格后即可迁站，直至把所有测站测完，得到合格的观测数据。

(4)编制已知数据表和观测数据表及导线略图，为导线的平差计算做准备。

(五)上交资料

(1)合格的外业测量手簿。

(2)导线计算略图、已知数据表和观测数据表。

(3)实训报告。

二、导线测量的概算与验算

导线的外业测量结束后，通常需要进行必要的内业计算，如导线的概算、验算和平差计算等。导线测量获得的观测数据是基于地球表面的，而导线最终的坐标结果是基于高斯平面通过平差计算获得的，所以必须将观测值从地面归算至椭球面，并最终投影至高斯平面，这一过程就叫概算。另外，导线形式会满足一些固有的几何关系，对这些几何关系的检核就叫验算。

(一)实训目的

(1)明确导线测量概算、验算的意义和目的，进一步掌握相关的理论知识。

(2)掌握将方向观测值和距离观测值归算至高斯平面的计算方法。

(3)掌握导线验算的计算方法。

附表 5-5　导线观测记录表

测站：________

________年____月____日　班级__________　组别__________　仪器高__________

仪器________天气________　成像__________　温度__________　气压____________

水平角观测：

测回序号	觇点	读　数/(°　′　″) 盘左	读　数/(°　′　″) 盘右	2C /(″)	半测回方向值 /(°　′　″)	方向值 /(°　′　″)

垂直角观测：

测回序号	觇点	读　数/(°　′　″) 盘左	读　数/(°　′　″) 盘右	指标差 /(″)	垂直角 /(°　′　″)	目标高 /m

边长观测：

由________至________					由________至________				
测回序号	距离(斜距)测量/m				测回序号	距离(斜距)测量/m			
	读数 1	读数 2	读数 3	平均		读数 1	读数 2	读数 3	平均
测距中数					测距中数				

观测者__________　记录者__________

(二)理论知识基础

1. 方向观测值的归算

1)将水平方向观测值归算至参考椭球面——三差改正

将导线的水平方向观测值从地面归算至参考椭球面,需要加入三差改正,即垂线偏差改正、标高差改正和截面差改正。由于三项改正数均较小,所以对于四等及以下精度等级的导线,不必进行此项改正,认为地面上的水平方向观测值就是椭球面上基于大地线方向的方向观测值。

2)将椭球面上的方向观测值投影至高斯平面

将椭球面上的方向观测值投影至高斯平面,投影线为一条曲线,将曲线改正为直线,需要加入方向改正(也叫曲率改正),即

$$\left.\begin{aligned}\delta''_{12}&=\frac{\rho''}{2R_m^2}(x_1-x_2)y_m\\ \delta''_{21}&=\frac{\rho''}{2R_m^2}(x_2-x_1)y_m\end{aligned}\right\}\qquad(\text{附 5-1})$$

式中,x_1、x_2 为 1、2 两点的坐标值,单位为 m;R_m 为测距边中点处在参考椭球面上的平均曲率半径,单位为 m;y_m 为 1、2 两点的横坐标平均值。

对于导线测量来说,方向改正对导线方向的影响甚微,所以可以忽略此项改正。

2. 将地面测量的距离(斜距)归算至高斯平面

导线测量中的距离测量是在地球表面上进行,通常为斜距,而导线坐标的平差计算通常在高斯平面上进行。因此需要将地面上的实测斜距归算至高斯平面。

将电磁波测距斜距,归算至高斯平面,分三步进行:

第一步,对斜距 D 进行测距仪加常数改正、乘常数改正及气象改正后,再将其归算至平均高程面得到平距。

若引入 D 为电磁波测距斜距,K 为测距仪加常数,R 为测距仪乘常数系数,D' 为经加常数改正后斜距,D'' 为经乘常数改正后斜距,ΔD_n 为大气改正数,h 为测距边两点间高差,则可得改正公式。

加常数改正为

$$D'=D+K\qquad(\text{附 5-2})$$

乘常数改正为

$$D''=D'+D'\times R\qquad(\text{附 5-3})$$

大气改正,对于波长 $\lambda=0.832\ \mu m$ 的红外测距信号,其改正公式为

$$\Delta D_n=\left(278.96-\frac{0.387\,2P}{1+0.003\,661t}\right)D''\qquad(\text{附 5-4})$$

经大气改正后的斜距为

$$S=D''+\Delta D_n\qquad(\text{附 5-5})$$

将经过上述三项改正后的斜距归算至平均高程面,公式为

$$D_P=\sqrt{S^2-h^2}\qquad(\text{附 5-6})$$

第二步,将平距归算为参考椭球面上的测距边长度,见附图 5-1 即

$$D_0=D_P\left(1-\frac{H_m+\zeta}{R_A+H_m+\zeta}\right)\qquad(\text{附 5-7})$$

式中，D_0 为归算到参考椭球面上的测距边长度，单位为 m；H_m 为测距边两端的平均高程，单位为 m；ζ 为高程异常，即似大地水准面高出参考椭球面的高差，单位为 m；R_A 为参考椭球体在测距边方向法截弧的曲率半径，单位为 m。

第三步，将椭球面上的长度投影至高斯平面，即

$$D_g = D_0\left(1 + \frac{y_m^2}{2R_m^2} + \frac{\Delta y^2}{24R_m^2}\right) \quad (附 5\text{-}8)$$

式中，D_g 为测距边在高斯投影面上的长度，单位为 m；y_m 为测距边两端点横坐标的平均值，单位为 m；R_m 为测距边中点处在参考椭球面上的平均曲率半径，单位为 m；Δy 为测距边两端点横坐标的增量，单位为 m。

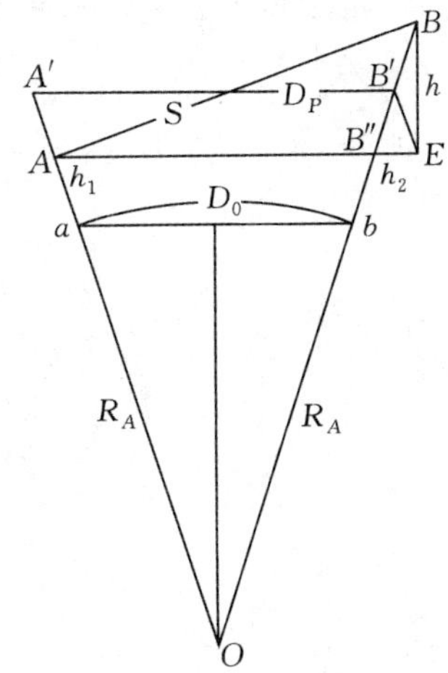

附图 5-1　测距成果的归算

3. **导线测量的验算**

依导线(网)几何条件检验控制网观测质量，不仅可以检验作业本身的误差，也可以检验网内某些粗差和系统误差的影响，因而能全面地表示观测质量。

导线(网)需要进行如下项目的检核。

1)计算导线方位角条件和环形条件闭合差

为了检核角度的观测质量，如导线产生方位符合条件就要计算方位角条件闭合差。观测角度在左角时其公式为

$$f_\beta = T_0 - T_n + [\beta_i]_1^n + n \cdot 180° \quad (附 5\text{-}9)$$

按式(附 5-9)计算得到的 f_β 值，在一级导线中，不能超过 $\pm 10\sqrt{n}''$。

当导线构成闭合环时，环形闭合差为

$$w_{环} = [\beta_i]_1^{n'} - (n' - 2) \cdot 180° \quad (附 5\text{-}10)$$

式中，n' 为闭合环内角个数。环形闭合差的限值为

$$\Delta_{环} \leqslant 2\sqrt{n'}\, m_\beta \quad (附 5\text{-}11)$$

2)计算导线测角中误差

当导线网内有多个方位符合条件时，可按方位角条件闭合差计算测角中误差

$$m_\beta = \sqrt{\frac{1}{N}\left[\frac{f_\beta f_\beta}{n}\right]} \quad (附 5\text{-}12)$$

式中，f_β 为附合导线或闭合导线环的方位角闭合差，单位为(″)；n 为计算 f_β 时的测站数；N 为 f_β 的个数。

测角中误差不应超过相应等级测角中误差的标称值，对于一级导线不应超过 5″。

3)测距边单位权中误差

$$\mu = \sqrt{\frac{[Pdd]}{2n}} \quad (附 5\text{-}13)$$

式中，μ 为单位权中误差；d 为各边往、返距离的较差，单位为 mm；n 为测距边数；P 为各边距离的先验权，其值为 $\frac{1}{\sigma_D^2}$，σ_D 为测距的先验中误差，可按测距仪器的标称精度计算。

4)任一边的实际测距中误差

$$m_{Di} = \mu\sqrt{\frac{1}{P_i}} \quad (附 5\text{-}14)$$

式中，m_{Di} 为第 i 边的实际测距中误差，单位为 mm；P_i 为第 i 边距离测量的先验权。

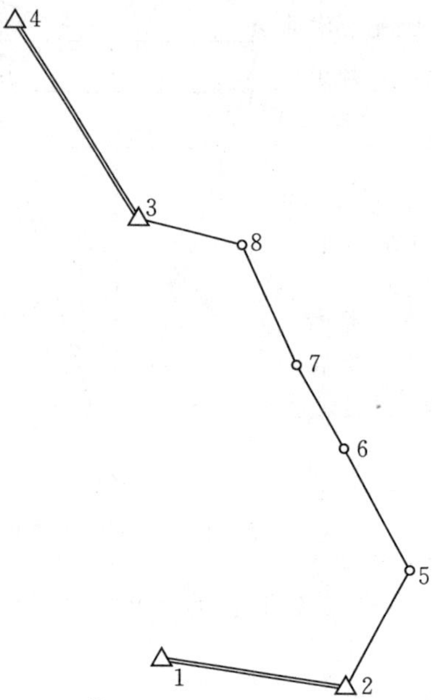

附图 5-2　导线示意

5）平均测距中误差

当网中的边长相差不大时，平均测距中误差为

$$m_D=\sqrt{\frac{[dd]}{2n}} \tag{附 5-15}$$

式中，m_D 为平均测距中误差，单位为 mm。

（三）实训软件

（1）NASEW2003。

（2）平差易 PA2005。

（四）实训内容

一条四等附合导线，见附图 5-2，已知数据见附表 5-6，观测数据见附表 5-7，导线边长（平距）采用测距精度为 5 mm＋5×10^{-6} 的测距仪测量所得，边长已进行加常数改正、乘常数改正和温度气压改正，导线的平均高程为 400 m，大地水准面差距为零。

附表 5-6　导线已知数据表

点名	X /m	Y /m
1	4 535 082.262	565 138.645
2	4 534 794.120	567 117.820
3	4 539 728.280	564 871.860
4	4 541 816.391	563 497.163

附表 5-7　导线观测数据表

测站	照准方向	观测方向 /(° ′ ″)	边长(平距) /m
2	1	000 00 00	
	5	110 10 09	1 417.007
3	8	000 00 00	
	4	223 59 13	
5	2	000 00 00	
	6	122 33 48	1 465.989
6	5	000 00 00	
	7	179 17 54	1 019.165
7	6	000 00 00	
	8	184 25 48	1 406.683
8	7	000 00 00	
	3	127 54 35	1 133.418

（1）将方向观测值归算至高斯平面，并分析本例“三差改正”与“方向改正”的实际意义。

（2）将观测边长归算至高斯平面，并分析本例各项改正数的大小，可否具有实际意义。

（3）进行导线的验算，计算导线方位角条件闭合差和导线测角中误差。

(4)写一份实训总结,重点分析各项归算改正数对导线测量的影响。

(五)上交资料

(1)“实训内容”中的计算结果。

(2)实训报告。

三、导线测量的平差计算

导线(网)经概算和验算后,方可进行平差计算,以获得导线点的平差坐标。

(一)实训目的

通过导线平差项目的训练,至少应学会两种目前市面流行平差软件的功能及应用,主要包括软件功能、平差计算步骤、平差结果分析等,并对前一个实训项目的概算结果进行验证。通过实例,计算出概算项目对导线平差结果的影响程度。

(二)实训软件

(1)NASEW2003。

(2)平差易 PA2005。

(三)实训内容

(1)熟悉所用平差软件的计算功能、操作界面、导线的平差计算步骤。

(2)导线的原始数据在前一个实训项目中已经给出。

(3)将概算后的导线测量数据进行平差,得出各导线点坐标。

(4)换一款平差软件重新进行平差计算,观察两款软件计算结果是否存在差异。

(5)对计算结果进行精度分析。

(四)上交资料

(1)未进行概算的导线平差坐标、点位中误差。

(2)只进行水平方向概算的导线平差坐标、点位中误差。

(3)只进行边长概算的导线平差坐标、点位中误差。

(4)经边长和观测方向概算的导线平差坐标、点位中误差。

(5)平差计算情况总结。

附录6　精密水准测量实训指导

一、i 角的检验与校正

(一)实训目的

(1)明确水准仪视准轴与水准管轴之间正确的几何关系。

(2) 明确 i 角误差对水准测量有何影响,如何克服 i 角误差对水准测量的影响。

(3)熟悉精密水准仪和因瓦水准标尺特性,通过测微器及楔形丝进行标尺读数。

(4) 掌握水准仪 i 角误差检验与校正的操作程序和数据计算方法。

(二)使用仪器

每组借用S1级水准仪一台(含脚架)、尺台(重量不小于5 kg)两只、因瓦标尺一对、扶尺竹竿四支、测绳(或皮尺)一条、记录板一块,自备文具。

(三)实训内容与步骤

(1)在平坦地面上选择 A、B 两个立尺点,其距离为 $S=20.6$ m。再在同一直线上,选择两个仪器点 J_1 和 J_2,J_1A 和 J_2B 的距离也是 $S=20.6$ m,见附图6-1。

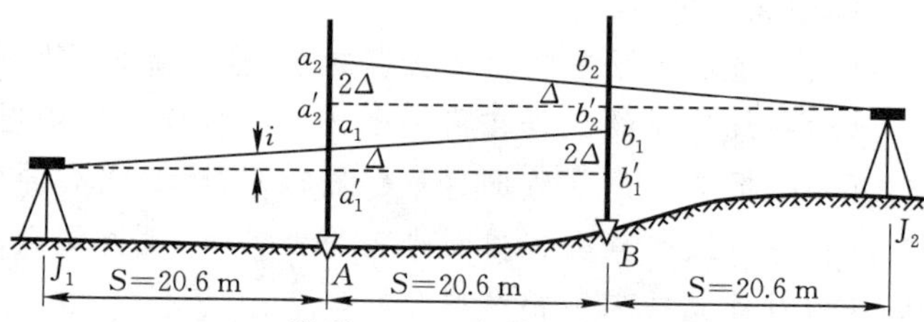

附图6-1　i 角检验示意

(2)先在 J_1 点观测,照准 A、B 两点的水准标尺,各读取四次中丝读数,取四次读数的平均数分别为 a_1 和 b_1。如果 $i=0$,正确读数应分别是 a_1' 和 b_1',所以由 i 角引起的读数误差,在 A 尺是 Δ,B 尺是 2Δ。

(3)同样,在 J_2 点观测时照准 A、B 两点的水准标尺,所得读数的平均数为 a_2 和 b_2。正确读数是 a_2' 和 b_2',i 角引起的读数误差分别是 2Δ 和 Δ。

(4) 计算 i 角,参阅教材。

(5)对于DS1水准仪,如若 i 角大于15″,则应进行校正,校正应在指导教师指导下进行。校正 i 角宜在 J_2 测站进行,计算出水准标尺 A 上的理论读数:$a_2'=a_2-2\Delta$。然后调节测微螺旋和微倾螺旋,使水准仪在水准标尺 A 上的读数为 a_2',此时符合水准气泡影像分离,校正水准器的上、下改正螺旋,直至气泡两端影像符合为止。然后检查另一水准标尺 B 上的读数是否为:$b_2'=b_2-\Delta$。

(四)实训要求

(1)一定要正确使用测微器及楔形丝进行读数。

(2)注意保护标尺尺面及底面,正确使用扶尺环。

(3)校正水准器的改正螺旋时应先松开一个改正螺旋,再拧紧另一个改正螺旋,不可将上、下两个改正螺旋同时拧紧或同时松开。

(4) 此 i 角的校正方法仅针对符合气泡式水准仪。

(5) 组内每人都要进行 i 角检验的观测与记录训练。

(6)i 角检验表格见附表6-1。

附表 6-1　*i* 角的检验

仪器：　　　　　　水准尺：No　　　　　　观测者：
时间：　　　　　　　　　No　　　　　　记录者：
日期：　　　　　　成　像：　　　　　　检查者：

测站	观测次序	水准标尺读数		高差 $(a-b)$/mm	i 角的计算
		A 尺读数 a	B 尺读数 b		
J_1	1				AB 标尺间距离 $S=20.6$ m， $2\Delta(\text{mm})=(a_2-b_2)-(a_1-b_1)=$　　　mm $i''=10\Delta=$　　　$''$
	2				
	3				
	4				
	中数				
J_2	1				
	2				
	3				
	4				
	中数				
	1				
	2				
	3				
	4				
	中数				
	1				
	2				
	3				
	4				
	中数				

附图：

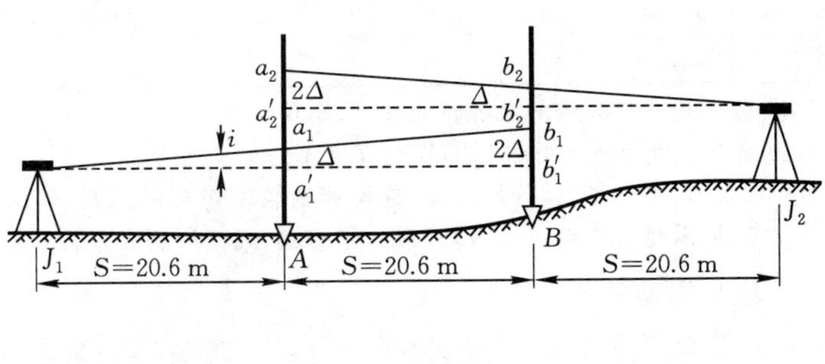

(五)上交资料

每两人上交一份合格的 i 角检验表,要求一人观测,另一人记录及计算。

二、二等水准测量

(一)实训目的

(1)掌握精密水准仪及水准标尺的正确使用方法。

(2)明确精密水准测量观测程序,熟练掌握一测站上的观测读数与记录、计算及检核全部内容。

(3)学会进行"往、返高差计算"及"测段小结"计算。

(二)实训内容

(1)每组选取相距 300 m 左右的两固定水准点,构成一水准测段,设成偶数站。要求每站前后视距尽量相等。

(2)采用正确的观测程序和记录规则,每两人完成该段二等水准测量往、返测量,返测时记录员与观测员对调。扶尺、量距等工作由组内其他同学协助。

(3)进行测站数据检核。

(4)进行测段高差和测段距离的计算。

(5)组内进行观测成果比较,较差较大者,应予重测。

(三)仪器工具

每组借用 S1 水准仪 1 台(含脚架)、标尺 1 对、尺台(重量不小于 5 kg)1 对、竹竿 4 支、测绳(或皮尺)1 条、记录板 1 块,自备文具。

(四)实训要求

(1)观测程序:往测奇数站与返测偶数站为后—前—前—后;往测偶数站与返测奇数站为前—后—后—前。后—前—前—后的读数顺序为:后视基本分划上丝、下丝、中丝,前视基本分划中丝、上丝、下丝,前视辅助分划中丝,后视辅助分划中丝。这里的"下丝"为离地面近的视距丝。

(2)由往测(或返测)转为返测(或往测)时,前后视标尺应对调。

(3)测站检核执行《工程测量规范》规定(注意与《国家一、二等水准测量规范》的区别),见附表 6-2。

附表 6-2 二等水准测量技术规定

等级	视线长度		前后视距差/m	前后视距累积差/m	视线离地面最低高度/m	基辅分划读数较差/mm	基辅分划所得高差较差/mm	水准路线测段往返测高差不符值/mm
	仪器类型	视距/m						
二	S1	≤50	≤1.0	≤3.0	≥0.5	≤0.5	≤0.7	$\pm 4\sqrt{L}$

注:(1)L 为往返测段、附合或环线的水准路线长度,单位为 km。

(2) 二等水准视线长度小于 20 m 时,其视线高度不应低于 0.3 m。

(3)数字水准仪观测,不受基、辅分划或黑、红面读数较差指标的限制,但测站两次观测的高差较差,应满足表中相应等级基、辅分划或黑、红面所测高差较差的限值。

(4)记录规则与计算取位参见第 1 章。

(5)每个水准组的人员配置如下:观测 1 人,记录 1 人,立尺 2 人,量距 2 人,打伞 1 人。

(五)注意事项

(1)组长负责组织实训小组完成本实训项目,并对组员进行合理分工,要求每一位组员都能进行观测训练、记录训练和计算训练。

(2)正确操作精密水准仪,并正确读数。上、下丝读数时,要分别用上、下丝平分相关刻划;读取中丝读数时要用楔形丝卡准标尺某一整数刻划,这当然要通过旋转测微螺旋来实现。

(3)注意保护水准标尺的尺面和底面。如标尺需要短时放置休息时,尽量不要斜放,以防滑倒;平放要收回扶尺环,侧面着地;标尺底面不可直接落在地上;标尺需要较长时间放置时,一定要将其放置到尺箱之内。

(4)如水准仪与测微器为分体结构,则在使用时,应对测微器采取加固措施,避免滑落。

(5)扶尺应使用竹竿,绝不可脱手,以防摔坏标尺。

(6)观测与记录要严格遵守《工程测量规范》和其他技术规定。

(7)一(二)等水准测量记录表见附表6-3。

(六)上交资料

每二人上交一份合格的观测成果(往、返测),以小组为单位装订后上交。

三、水准测量概算

概算是水准测量外业结束之后、平差计算之前必须进行的一项准备工作。概算前必须对水准测量的外业观测资料进行严格的检查,在确认观测资料正确无误、各项限差都符合要求后,方可进行概算。

水准网平差计算前,必须进行水准标尺每米长度误差的改正数计算、正常水准面不平行的改正数计算;构成环线的,要进行环闭合差改正计算;有时为了满足某些急需概略高程的应用需求,需要计算各水准点的概略高程。

(一)实训目的

(1)明确水准测量概算的意义,认识到水准测量概算在整个数据处理过程中的重要地位。

(2)明确水准测量概算的内容和计算步骤。

(3)掌握水准测量概算的计算方法,熟练进行外业高差和概略高程计算。

(二)实训内容

一条二等水准路线,观测数据见附表6-4,另已知:Ⅰ沈唐03高程592.443 m,Ⅰ沈唐06高程711.843 m,标尺尺长改正数 $f=-0.06$ mm/m。试完成该水准路线的概算。

(三)计算步骤

1. 水准标尺每米长度误差的改正数计算

对所有测段高差按往、返测分别进行水准标尺每米长度误差改正数的计算,即

$$\sum \delta_f = f \sum h \tag{附 6-1}$$

式中,f 为一对水准标尺长度偏差;$\sum h$ 为测段观测高差。

2. 正常水准面不平行的改正数计算

按水准测量规范规定,各等级水准测量结果,均须计算正常水准面不平行的改正。正常水准面不平行改正数 ε 为

$$\varepsilon_i = -AH_i\Delta\phi'_i \tag{附 6-2}$$

式中,ε_i 为各测段的正常水准面不平行改正数;A 为常系数,$A=0.000\,001\,537\,1\sin2\phi$,$\phi$ 为水准路线平纬度;H_i 为测段平均高程;$\Delta\phi'_i$ 为测段纬度差。

附表 6-3　一(二)等水准观测记录表

____自______________至______________　　　　________年____月____日

时刻　始____时____分 末____时____分　天气__________　温度________℃　云量__________

成像__________　风向风速__________　土质______________　太阳方向______________

班级__________　组别______________　观测员______________　记录员______________

测站编号	后尺 上丝 / 下丝	前尺 上丝 / 下丝	方向及尺号	标尺读数		基+K减辅(一减二)	备考
	后视距	前视距		基本分划(一次)	辅助分划(二次)		
	视距差 d	$\sum d$					
			后	.	.		
			前	.	.		
			后一前	.	.		
			h	—	.		
			后	.	.		
			前	.	.		
			后一前	.	.		
			h	—	.		
			后	.	.		
			前	.	.		
			后一前	.	.		
			h	—	.		
			后	.	.		
			前	.	.		
			后一前	.	.		
			h	—	.		
			后	.	.		
			前	.	.		
			后一前	.	.		
			h	—	.		
			后	.	.		
			前	.	.		
			后一前	.	.		
			h	—	.		
			后	.	.		
			前	.	.		
			后一前	.	.		
			h	—	.		
			后	.	.		
			前	.	.		
			后一前	.	.		
			h	—	.		

第　　页

3. 水准路线闭合差计算

路线闭合差为

$$w=(H_0-H_n)+\sum h'+\sum \varepsilon \qquad (附\ 6\text{-}3)$$

式中，H_0、H_n 为水准测量路线两端点的已知高程；$\sum h'$ 为水准测量路线中各测段加入尺长改正数 δ_f 后的往返测高差中数之和；$\sum \varepsilon$ 为水准测量路线中各测段的正常水准面不平行改正数之和。

附表 6-4　××二等水准路线观测高差表

水准点号	纬度/(°　′)	距离/km	观测高差/m 往测	观测高差/m 返测
Ⅰ沈唐 03	39 51			
		5.6	+47.121 52	−47.120 10
Ⅱ锦山 01	39 46			
		6.4	−41.048 31	+41.049 39
Ⅱ锦山 02	39 42			
		7.3	−16.347 09	+16.345 11
Ⅱ锦山 03	39 37			
		6.2	+11.401 01	−11.398 00
Ⅱ锦山 04	39 31			
		5.2	+28.894 09	−28.896 10
Ⅱ锦山 05	39 28			
		4.8	−20.743 72	+20.744 20
Ⅱ锦山 06	39 25			
		7.4	+25.617 51	−25.619 21
Ⅱ锦山 07	39 20			
		5.6	+20.102 40	−20.103 90
Ⅱ锦山 08	39 17			
		6.3	+36.472 30	−36.473 11
Ⅱ锦山 09	39 18			
		5.2	+27.886 02	−27.884 21
Ⅰ沈唐 06	39 14			

4. 高差改正数的计算

水准测量路线中每个测段的高差改正数为

$$v=-\frac{R}{\sum R}w \qquad (附\ 6\text{-}4)$$

即将水准测量路线闭合差 w 反号，按与测段距离 R 成正比予以配赋。

5. 概略高程的计算

根据已知点高程及改正后的高差，各水准点的概略高程为

$$H_i=H_{i-1}+h_{i-1,i}+\varepsilon_{i-1,i}+v_{i-1,i} \qquad (附\ 6\text{-}5)$$

即第 i 点的概略高程，等于 $(i-1)$ 点的高程加 $(i-1)$ 点至 i 点经改正后的高差、正常水准面不平行改正及高差改正数。

正常水准面不平行改正计算表、水准测量外业高差和概略高程计算表见本实训教程的表。

(四)其他

水准测量外业高差和概略高程计算表见附表 6-5。

(五)上交资料

(1)正常水准面不平行改正计算表。

(2)水准测量外业高差和概略高程计算表。

附表 6-5 ____等水准测量外业高差和概略高程计算表

标石类型 / 水准点编号	水准点位置	纬度 ϕ	测段编号	测段距离 R /km	距起算点距离 /km	往测方向	土质（土、砂、石松紧与植被等）	天气（阴晴和风力）		往测			返测			观测高差标尺长度改正		往返测高差不符值	不符值积累	加 δ 往返测高差中数 h' / 正常水准面不平行改正 ϵ / 闭合差改正 v	概略高程	备注
								往测	返测	施测月日	测站数 上午	测站数 下午	施测月日	测站数 上午	测站数 下午	往测	返测					
1	2	3	4	5	6	7	8	9	10	11	12	13	14	15	16	17	18	19	20	21	22	23

日期：201　　年　　月　　日　　　计算者：

四、水准测量的平差计算

(一)实训目的

(1)明确平差计算在高程控制测量中的重要性,了解几款目前市面上常用的高程控制测量平差软件。

(2)通过训练,掌握平差软件的基本操作步骤,并能获得正确的计算结果。

(3)会对平差结果进行必要的精度分析。

(二)平差软件

推荐使用如下软件的正式版本。作为训练,也可以使用网上搜寻到的免费版本。

(1)PA2005。

(2)NASEW2003。

(3)原武汉测绘科技大学的 COSA。

(三)实训内容

(1)进行附合水准路线的平差计算,已知点高程及观测数据在附图 6-2 中已经标出,试计算各未知点平差高程。

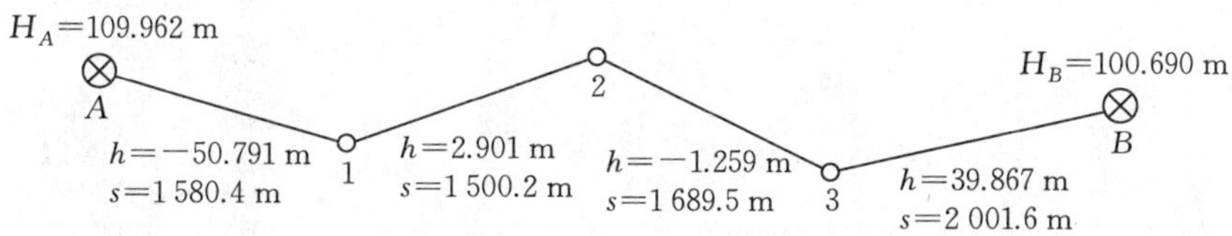

附图 6-2　附合水准路线示意

(2)某二等水准网,见附图 6-3,已知 BM6 点高程 450.356 m,观测数据见附表 6-6,试进行水准网平差,计算出未知节点高程,并进行精度评定。

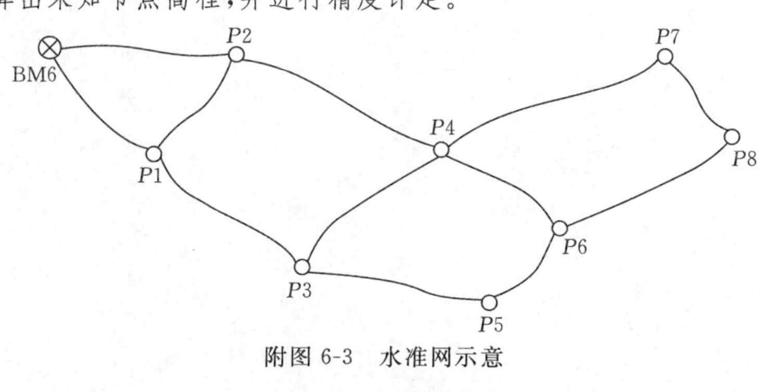

附图 6-3　水准网示意

附表 6-6　观测数据表　　单位:m

测段序号	测段起点	测段终点	测段距离	观测高差
1	BM6	$P2$	20 128	+9.125
2	$P1$	BM6	15 224	+0.893
3	$P1$	$P2$	10 615	+10.012
4	$P1$	$P3$	25 128	+6.193
5	$P2$	$P4$	30 025	+2.640
6	$P3$	$P4$	20 229	+6.481

续表

测段序号	测段起点	测段终点	测段距离	观测高差
7	*P*3	*P*5	20 568	+6.999
8	*P*4	*P*6	15 227	+1.712
9	*P*4	*P*7	30 812	+26.214
10	*P*5	*P*6	5 888	+1.212
11	*P*8	*P*6	25 016	−64.388
12	*P*8	*P*7	10 666	−39.844

(四)注意事项

(1)本实训项目中所用平差软件,或由指导教师提供,或由学生自己上网搜寻。

(2)本实训项目应在机房中进行,课内 2 学时,课外 2 学时。

(五)上交资料

(1)“实训内容”中得到的高程控制点高程及精度指标。

(2)对高程控制测量平差计算过程的总结。

附录7　丹东—通化拟建高速公路基础控制测量技术要求

一、概述

丹东—通化拟建高速公路工程是辽宁省为振兴东北老工业基地、促进辽宁东部地区经济发展，并作为连接东部港口与吉林省城市的省级快速通道而兴建的工程。该工程被列入辽宁省"十一五"计划首批重点工程项目。路线推荐线起点位于本溪市桓仁县拐磨子乡，与吉林省通化市接壤，中心地理坐标为：北纬41°30′，东经125°29′；终点位于丹东市蛤蟆塘镇，与正在修建的丹东—庄河高速公路终点相接，中心地理坐标为：东经124°18′，北纬40°10′；路线全长约200 km(不含比较线)，路线基本走向为东北至西南，以南北向为主。沿途地势呈现北高南低，起伏很大，绝大多数为山岭及重丘地带，植被覆盖率很好，地貌较好。为满足该工程的工程可行性研究、初步设计，以及施工图等各设计阶段对基础测绘资料的需要，配合整个工程进度，制定本技术要求。

二、执行的技术标准

本次控制测量作业应参照执行下列规范及标准：

(1) GB 50026—1993《工程测量规范》。

(2) GB 12898—1991《国家三、四等水准测量规范》。

(3) GB/T 18314—2001《全球定位系统(GPS)测量规范》。

三、控制测量设计方案

平面控制测量以D级GPS网为首级控制网，通过加密Ⅰ级(5″)导线或E级GPS点来完成。高程控制采用四等水准测量。

(一)平面控制测量

1. 坐标系统的确定

根据测区已有1∶1万地形图的坐标系统及考虑到日后高速公路建设施工、征地等综合需要，兼顾公路坐标系统须满足每千米变形值小于2.5 cm的要求，同时还必须考虑国家三角点间的兼容性及与丹东—庄河在建高速公路原有控制成果和地形图的顺利衔接等综合因素。由于本段路线为东北至西南走向，整个路线分别穿越123°和126°中央子午线，但路线经由地区的高程相差过于悬殊，最大高差估计能超过500 m，采用国家标准坐标系难以满足规范要求。建议平面坐标系统采用抵偿坐标系，如果一条投影中央子午线、一个投影面难以满足要求，可考虑设置两套抵偿坐标系来解决上述问题。可根据路线东西向长度及控制点高程来最终决定抵偿坐标参数。但必须采用1980西安坐标系作为数学转换依据。为了和丹庄高速公路顺利衔接，本次成果还应计算1954北京坐标系坐标。

本路线采用的坐标系统有：

(1)丹通抵偿坐标系。

(2)WGS-84 坐标系统。

(3)1980 西安坐标系。

(4)1954 北京坐标系。

本路线所有平面控制点均须提供上述前三种坐标系统的计算成果。GPS 控制点还须提供 WGS-84 坐标成果。

2. 选点与埋石

平面控制点的选取与设计路线间应有良好的通视条件,以利于路线放样。GPS 标石、Ⅰ级导线点(E 级 GPS 点)标石及尺寸统一为:15 cm×15 cm×120 cm。

1)GPS 点的布设

GPS 点位埋设除满足《全球定位系统(GPS)测量规范》中的规定外,D 级 GPS 控制网每 4 km 布设一对通视点。原则上在距线路设计中心线 100～200 m 范围内,且对点之间的距离不得小于 500 m。植被茂密的地区应适当增加 GPS 点。

GPS 控制网必须在各高速公路的连接处布设控制点,与已建高速公路相接处应在跨越原公路两侧布点。应对起点处位于丹东—庄河的在建高速公路的立交区的控制点进行联测,数量不少于三个,见附表 7-1。同时应实地测量具有明显特征的、已建成的、固定构造物的平面坐标及高程。

附表 7-1 丹东—庄河高速公路控制点成果 单位:m

点名	X 坐标	Y 坐标	高程	备 注
GP001	4 448 7**.***	613 6**.***	38.***	1954 北京坐标系,123° 中央子午线
GP002	4 448 3**.***	613 7**.***	48.***	
TN003	4 447 9**.***	613 3**.***	52.***	
TN004	4 447 5**.***	613 2**.***	57.***	

2)Ⅰ级导线点的布设

Ⅰ级导线点采用 E 级 GPS 点替代。导线点原则上应每隔 500～1 000 m 布设一个,且应在沿线路中心线左右约 100～200 m 范围内布设。但在植被茂密、通视条件较差的地区,应在适当增加埋石点数量,点位应尽可能沿线路两侧交叉布设。当受地形条件影响时,线路一侧的控制点可超过三个点,但应尽量保证这些点的点位有利于观测和日后使用,并在合适位置增加过渡点。

特大桥、互通式立交、隧道洞口等位置附近必须至少有三个两两之间相互通视的控制点。如果遇到隧道地表高程很高,而隧道长度又小于 3 km 的情况,可直接通过 GPS 测量传递边长,不必强行在高山顶部布设控制点,从而降低劳动强度,提高工作效率,但必须保证洞口处控制点精度满足要求。

GPS 点位和Ⅰ级(5″)导线点埋设时,顶部须露出地面 5～10 cm,且必须在底部设置混凝土基础。应保证混凝土的数量及质量,回填过程要加强底部的夯实、稳固,保证桩位稳定,无明显变形。

3. 平面控制测量的实施

用于平面控制测量的 GPS 接收机、全站仪、数码水准仪、电子水准仪等设备,必须有质检部门的检定合格证书并要在使用前进行自检。

1)GPS 测量

定位方法采用静态相对定位,精度等级为 D 级。

布网、观测要求:布网按"先整体,后局部"的原则进行,即首级网必须达到观测时段、平均设站数、点位间距、最弱边精度等精度指标的要求,并且须与三等以上国家三角点进行联测。如有可能,最好与国家 B、C 级 GPS 点联测。联测的国家点应沿设计路线两侧均匀分布,用于转换计算的控制点数不得少于四个。

布设的网型必须有充分的检核条件,兼顾全网的精度指标和可靠性指标,应采取相应措施提高网的精度指标。网中不允许有单节点和自由基线存在,即网形只能采用边连式或网连式。观测时要做到短边必测,尤其是那些位于特大桥、隧道洞口处的短边。观测时段长度除参照规范要求进行以外,还应视点位的净空条件、卫星状况、基线长度、使用仪器性能等情况,酌情决定是否做适当的延长或缩短。如果分区布网,必须考虑相邻网间数据的一致性。两家以上单位或队伍作业时,应协调彼此间的进度和相邻点间的相互联测,若数据格式或解算软件允许,应尽量组成一个网进行整体平差。若出现不同时期或需要补充测量的情况,则后期测量的控制点的 WGS-84 坐标应以前期控制点为准,进行 WGS-84 坐标的约束平差。

野外观测、数据检核、基线解算应严格按规范及程序操作规程进行。由于本测区树木茂密,且沟壑林立,极不利于 GPS 观测,影响数据质量,必须严格检查基线解算精度,确保质量。GPS 网进行平差时,除进行内部检验外,还必须检验国家三角点的兼容性。

精度要求:最弱点位中误差不得大于 5 cm,最弱边长相对中误差小于 1/40 000。

GPS 高程可作为水准测量的检查依据,但不得作为最终成果使用。

2) Ⅰ级(5″)导线的施测

考虑到各单位的测量设备和手段的实际情况,采用 E 级 GPS 点观测来代替Ⅰ级导线点观测,观测事项、数据处理、精度指标等执行相应的规范要求。

若采用导线测量,则应采用起闭于两个 GPS 点之间的、有连接方向的附合导线或组成导线网;GPS 点相对于Ⅰ级导线点的起始边长相对中误差不得超过 1/40 000。Ⅰ级导线测量的各项技术指标见附表 7-2、附表 7-3。

非同一导线施测的相邻导线点的坐标必须采用有效的检测方法检测。

附表 7-2　Ⅰ级导线测量技术指标(一)

导线等级	导线总长/km	测角中误差/(″)	测边中误差/mm	方位角闭合差/(″)	导线全长相对闭合差
Ⅰ级	8	5	±15	$10\sqrt{n}$	1/15 000

注:n 为测站数。

附表 7-3　Ⅰ级导线测量技术指标(二)

导线等级	半测回归零差/(″)	2C 变动或半测回同三方向较差/(″)	各测回同一方向较差/(″)	同一测站指标差之差各测回垂直角之差/(″)
Ⅰ级	12	15	12	15

GPS 点编号统一采用数字前冠以 GP 的形式,即 GP1、GP2、…顺序编号。Ⅰ级导线点编号统一采用数字前冠以 TN 的形式,即 TN1、TN2、…顺序编号。

(二)高程控制测量

高程控制采用四等水准测量及 1985 国家高程基准。

1. 选点要求

距中心线左右 100～200 m 范围内，每隔 3 km 左右埋设一个四等水准点。水准点不得与 GPS 点及导线点共用同一标石，同时埋设的水准点不宜与 GPS 点、导线点距离过近，造成浪费。但沿途如遇到桥、涵、闸、高压线塔等永久性建筑物的合适部位时，对其加工处理后，可作为四等水准点使用。布设水准点时，还须考虑与 GPS 联测的可行性及便捷性。

无论是水准点还是 GPS 点均须绘制详细的点之记。

水准点编号统一采用数字前冠以 BM 的形式，即 BM1、BM2、…。

特大桥、互通立交等处必须至少有一个四等水准埋石点。

四等水准点标石尺寸：采用混凝土柱普通水准标石，尺寸为 15 cm×15 cm×120 cm；埋设要求见《国家三、四等水准测量规范》。

2. 四等水准的施测

水准路线的布设，原则上最好整个测区布设一条附合水准路线（长度不能超过 80 km）或一个水准网，并统一进行水准路线（网）的整体平差。应注意分析所采用的国家不同等级、不同路线水准点之间的兼容性。由于路线线位基本沿 G201 国道布设，沿途国家水准点相对较多，水准路线宜布设多条附合路线，以缩短水准路线长度，同时检查相邻处水准点的高程。特别是两家接合处及与原控制点高程比较，不能出现异常情况。如果出现水准作业难度极大的情况（跨越高山密林区），可采用光电测距三角高程往返观测代替四等水准。几何水准出现断链，应先从两侧水准点推算出三角高程闭合点高程，三角高程所测高差比较检查后方可进行整个路线计算。

为保证高程测量精度，要求作业单位使用电子水准仪进行几何水准测量。使用过程中应注意光线影响、最低视线、路面温度影响、测量模式等环节。

在特殊困难地区或特殊情况下，可采用光电测距三角高程往返观测代替四等水准，但应注意三角高程往返观测的时间间隔应尽量短，应尽可能采用同步对向观测。

GPS 测量的大地高高差可以作为检查水准测量中是否含有粗差的手段，特别是各独立段测量高差的检查。

仪器的检验、观测记录、平差计算等按《国家三、四等水准测量规范》中的规定执行。仪器的检验应保留相应的记录。

四、质量控制

供方收到本技术要求后，应指定技术负责人，并在 5 日内完成技术设计书的编写，包括详细的精度指标、作业方法、投入本项目的作业人员及资质名单、仪器设备、工期计划等，报需方审批通过后，方可开展生产作业。生产中要有专门的工程负责人。

供方须建立完善的质量保证体系，确保测绘产品质量。需制定检查计划，列出要检查的有关内容。

供方应加强对本要求及已方作业书的学习，确保作业人员了解测绘的重点和难点，并留有相应的记录。在对各道工序进行各级检查的基础上，编写《质量检查及质量鉴定报告》，该报告为上交成果，同时作为需方进行质量验收的重要依据。

供方应在外业工作结束前的适当时机，通知需方安排产品质量验收，并做好验收前的相应准备工作。需方将按 CH 1002—1995《测绘产品检查验收规定》及相应规范进行验收及质量评定。

需方鼓励供方结合项目在生产过程中采用新方法、使用新设备、尝试新工艺，切合实际大胆进行科研和技术创新，全方位提高产品的科技含量，但要与需方沟通后实施。应对整个生产项目中的经验教训作详细的技术总结，以利于今后工作的不断改进。

五、上交资料

产品验收时供方须上交下列资料。

(一)GPS测量

(1)仪器检验资料(1份，复印件)。

(2)全部数据光盘(1套)。

(3)野外观测记录手簿(1套)。

(4)平差计算手簿(含国家三角点起算数据，1套)。

(5)点之记(1套)。

(6)GPS网图。

(二)5″级导线(E级GPS点)控制测量资料

(1)仪器检验资料(1份，复印件)。

(2)野外观测手簿(含电子记录)(1套)。

(3)计算手簿(含点位略图)(1套)。

(4)点之记(1套)。

(三)高程控制测量资料

(1)仪器检验资料(1份，复印件)。

(2)野外观测手簿(含电子记录，1套)。

(3)计算手簿(含国家水准点起算数据，1套)。

(4)网图、路线图(1份)。

(5)点之记(1套)。

(四)基础控制点成果表

(1)含D级GPS成果(2份)。

(2)5″级导线成果(2份)。

(3)高程控制成果(2份)。

(4)WGS-84坐标(2份)。

附录8　铁岭—朝阳拟建高速公路
阜新至三十家子段基础控制测量
及航摄测量综合成图技术设计书

一、任务概述

受××的委托，我院承担了铁岭—朝阳拟建高速公路阜新至三十家子段拟建高速公路工程的测绘工作。路线起点位于阜新市新丘区，终点位于朝阳市凌原县三十家子，全长约260 km，采用航测成图的方法，前期的任务是线路勘察、选点、埋石和基础控制测量。

二、测区概况

阜新至三十家子段拟建高速公路位于辽宁省西北部，沿途地势起伏较大，多为山地及丘陵，地貌较为破碎。该线路位于东经121°36′～119°25′，北纬41°23′～42°00′之间，线路长约260 km，基本为东西走向。

三、技术依据

(1)GB 50026—1993《工程测量规范》。

(2)GB/T 7929—1995《1∶500,1∶1000,1∶2000 地形图图式》。

(3)GB 12898—1991《国家三、四等水准测量规范》。

(4)GB/T 18314—2001《全球定位系统(GPS)测量规范》。

(5)GB 7931—1987《1∶500,1∶1000,1∶2000 地形图航空摄影测量外业规范》。

(6)GB 7930—1987《1∶500,1∶1000,1∶2000 地形图航空摄影测量内业规范》。

(7)GB 15967—1995《1∶500,1∶1000,1∶2000 地形图航空摄影测量数字化测图规范》。

(8)GB 14804—1993《1∶500,1∶1000,1∶2000 地形图要素分类与代码》。

(9)本技术设计书。

四、基础控制测量

平面控制测量以D级GPS网为首级控制网，通过加密Ⅰ级(5″)导线来完成，高程控制采用四等水准测量。

(一)平面控制测量

1. 坐标系统、投影

公路工程坐标系统必须满足投影变形值小于2.5 cm/km的要求，为了满足这个要求，应建立专用的任意度带作为中央子午线的抵偿坐标系统。建议本测区的抵偿坐标系统按如下的规则来建立。

(1)尽量建立较少的抵偿坐标系统。

(2)每一系统的最低、最高和距中央子午线最远的地方，满足投影变形值小于2.5 cm/km

的要求，抵偿(包括高程归化、高斯投影)变形为

$$\Delta S = -\frac{\Delta h \times S}{R_m + H_m + h_m} + \frac{y_m^2 \times S}{2 \times (R_m + H_m + h_m)^2}$$

式中，ΔS 为抵偿变形值；Δh 为地面点到抵偿面的高差(在抵偿面以上为正数，反之为负数)；S 为基线或导线边的长度；R_m 为当地的地球平均曲率半径($R_m = \sqrt{M \times N} = \frac{c}{V^2}$，其中 M 为子午圈半径，N 为卯酉圈半径，具体细节请查阅相关资料，这里可概略取 6 370 km)；H_m 为测区平均高程面(或抵偿面)高程；h_m 为当地高程异常值，即大地水准面相对于参考椭球面的高程；y_m 为地面点相对于抵偿坐标系的中央子午线东西方向上的距离。

(3)一条线路上有两个以上(含两个)抵偿坐标系统时，要保证重叠部分的投影变形。

(4)一条线路上有两个以上(含两个)抵偿坐标系统时，重叠部分(一般控制部分要有 10 km)必须提供两套抵偿坐标。

本测区采用下列坐标系统：

(1)1954 北京坐标系。

(2)公路抵偿坐标系。

(3)WGS-84 坐标系。

本测区所有平面控制点均须提供上述前两种坐标系统的计算成果。本测区 GPS 控制点还须提供 WGS-84(大地、空间直角)坐标成果。

2. 选点与埋石

所有平面控制点与设计路线之间应有良好的通视条件，以利于路线放样。GPS 标石尺寸 15 cm×15 cm×120 cm。Ⅰ级导线点标石尺寸为 12 cm×12 cm×120 cm。

GPS 点位埋设除满足《全球定位系统(GPS)测量规范》中的规定外，D 级 GPS 控制网每 4 km 布设一对通视点。原则上在距线路设计中心线 100～200 m 范围内，且对点之间的距离不得小于 500 m。植被茂密的地区应适当增加 GPS 点。布设点位处应利于 GPS 信号接收，远离高压线、通信线和其他强磁场的地方，点位上方不要有遮挡。

GPS 控制网必须在各高速公路的连接处布设控制点，与已建高速公路相接处应跨越原公路两侧布点，还应对位于阜新市附近的互通立交区与 2003 年布设的四平—阜新拟建高速公路的控制点进行联测。

原则上每 500～1 000 m 沿线路中心线 100～200 m 范围内应布设一个Ⅰ级(5″)导线点并埋石。但在植被茂密、通视条件较差的地区，应适当增加埋石点，点位应尽可能沿线路两侧交叉布设，线路一侧连续埋石不得多于 3 个点。

大桥、立交、隧道进出口附近必须至少有一对相互通视的控制点。

GPS 点位和Ⅰ级(5″)导线点埋设时，须顶部露出地面 5～10 cm，且必须在底部设置混凝土基础，以满足公路测设要求。

四等点和一级导线点应在标石上标记并绘制点之记。点名编号沿路线前进方向自东向西流水编号，字头朝北。

点位应选在非耕地内，若在耕作区，应选在田埂或其他非耕地上。

埋石点点之记用黑色钢笔或黑色碳素笔填写；点之记方向为上方朝北。点之记统一采用国家地形测量二队提供的表格格式。

3．平面控制测量的实施

用于平面控制测量的GPS接收机及全站仪等设备，必须有质检部门的检定合格证书，并在使用前自检。要特别做好基座用前检查，其他的各项检查也是必须的。

1)D级GPS网施测

定位方法：快速静态定位。

构网方法：采用边联式或网连式构网方法。

布网要求：按“先整体，后局部”的原则进行，即首级网必须单独组网，并且与三等以上国家三角点进行联测。

必须有充分的检核条件，兼顾全网的精度指标和可靠性指标。为了网的精度可靠性，网中不允许有单节点和自由基线存在。观测时要做到短边必测，观测时段长度除按规范要求进行外，还应视点位净空条件、卫星状况、基线长度、使用仪器等情况做适当的延长或缩短。两家作业时接头处的控制点要进行联测，平差时应组成一个网进行整体平差。

数据检核、基线解算，应严格按规范及程序操作规程进行。GPS网平差时，除进行内部检验外，还必须检验国家三角点的兼容性。

网中最弱点点位中误差不得大于5 cm，最弱边长相对中误差小于1/40 000。

施测GPS平面网时，要施测GPS高程，作为水准测量的检查依据。

D级GPS网，建议尽可能进行整体统一网平差；如果分区布网，必须考虑相邻网间数据的一致性，要求对两网衔接处进行充分论证和精度分析，在资料中提供分析过程和分析结论。

2)Ⅰ级导线测量(GPS施测方法)

(1)Ⅰ级GPS控制网的布设原则及要求。根据委托方的要求及测区需要，布设一级GPS控制网。GPS控制点的边长一般情况下不要相差过大，以使精度分布均匀。

为求得GPS点在地面坐标系中的坐标，要求在测区联测四个以上D级大地点，这些点在测区中的分布要合理。

采用边连接布网方法，并构成尽量多的检核条件，不允许自由基线存在。

GPS网约束平差后，其最弱边边长相对中误差应不低于1/20 000，相对于已知点的最弱点位中误差不大于5 cm。

(2)点位要求。点位基础坚实牢固，易于长期保存和安全作业，有利于其他测量手段进行扩展与联测。点位布设应便于安置接收设备，便于仪器操作，视野开阔，被测卫星的地平高度角应大于15°，远离大功率无线电发射源(如电视台、微波站等)，其距离不得小于200 m；远离高压输电线，其距离不小于50 m，通视良好的地方布设，应尽量避开较大面积水域。

(3)GPS外业观测。外业观测是GPS网测量的重要环节，所采集的数据是内业处理、平差计算和推求GPS点成果的基本依据。

外业观测时统一采用世界协调时(UTC)，其与北京时(BST)的关系为：UTC＝BST－8 h。

外业数据采集技术指标按附表8-1执行。

附表 8-1 GPS 测量技术要求

项目/级别	Ⅰ级
卫星高度角	≥15°
有效观测卫星数	≥4
时段中任一卫星有效观测时间/分钟	≥15
时间长度/分钟	≥40
数据采样间隔/秒	15
PDOP 值	≤6

采用美国 Ashtech GPS 接收机，其标称精度为($10\ \text{mm}+1\times10^{-6}$)。

观测时 GPS 天线尽量安置在标志中心的垂线方向上，直接对中，对中误差应不大于 3 mm，天线高度应在观测前后各量取一次，读至 0.001 m，两次量高之差不应大于 3 mm，取中数后作为天线高。

(4)GPS 控制网的精度要求。相邻点间弦长精度为

$$\sigma=\sqrt{a^2+(b\cdot d)^2}$$

式中，σ 为 GPS 边长标准差(基线向量的弦长中误差)，单位为 mm；a 为固定误差，单位为 mm (D、E 级均为 10)；b 为比例误差，单位为 1×10^{-6}(D 级为 10，E 级为 20)；d 为相邻点间距离，单位为 km(GPS 网平均边长)。

(5)GPS 外业数据检核。外业观测结束后，应及时对观测质量进行评定，内容包括：

——成果是否符合规程和设计书要求，观测数据是否真实可靠；

——三边同步环的坐标分量相对闭合差不宜超过 9×10^{-6}，同步环的环线全长相对闭合差不宜超过 15×10^{-6}；

——异步环的坐标分量闭合差和全长闭合差应符合

$$W_x、W_y、W_z\leqslant 2\sqrt{n}\sigma$$

$$W\leqslant 2\sqrt{3n}\sigma$$

式中，W 为异步环闭合差，n 为独立环中的边数。

——重复基线的长度较差，不应超过 $2\sqrt{2}\sigma$。

——数据采用率不宜低于 80%。

(6)GPS 数据处理。基线解算采用随机软件 Ashadj 进行，网平差可采用 Tgpps、Ashadj 或 Solution 进行。

数据处理包括：全面检查外业数据，进行编辑、加工整理，以独立基线向量观测值组成一级 GPS 网进行平差处理。计算各 GPS 点在 WGS-84 坐标系中的空间三维坐标：与地面控制网连接，输入各已知点坐标，求算各待定点的抵偿坐标。

3) Ⅰ级导线测量(电磁波测距导线方法)

Ⅰ级导线控制测量(平面)是在利用 D 级 GPS 控制点的基础上对测区进行控制点加密以满足地形测量、像控点施测的需要，可采用的仪器为 T2 型经纬仪配合红外测距仪或同等级全站仪进行施测。

点位的选取、埋石及编号参照Ⅰ级 GPS 控制点的选取、编号及埋石。Ⅰ级导线控制测量的施测要求见附表 8-2、附表 8-3：

附表 8-2 Ⅰ级导线测量技术要求

复合导线长度/m	平均边长/m	测距中误差/mm	测角中误差/(″)	测距测回数	测角测回数 DJ2	方位角闭合差	导线全长相对闭合差
8 000	500～1 000	±15	±5	2	2	$\pm 10'' \sqrt{n}$	1/15 000

注:其中 n 为转折角个数。

附表 8-3 Ⅰ级导线测角技术要求

导线等级	半测回归零差/(″)	2C 变动或半测回同一方向较差/(″)	各测回同一方向较差/(″)	同一测站指标差之差、各测回垂直角之差/(″)
Ⅰ级	12	15	12	15

注:节点间的导线长度不应大于上表规定的 0.7 倍。

4)编号及埋石

如果采用先布设 GPS 骨干网,再加密电磁波测距 5″导线的方法,D 级 GPS 控制点的编号统一采用数字前冠以 GP 的形式,即 GP1、GP2、…;Ⅰ级导线点的编号统一采用数字前冠以 TN 的形式,即 TN1、TN2、…。各级控制点均要按统一标准绘制点之记。

(二)高程控制测量

高程采用四等水准测量,1985 国家高程基准。

1. 选点要求

距中心线 100～200 m 范围内,每隔 3 km 至少埋设一个四等水准点。水准标石要求埋到不易被破坏的地方。水准点不得与 GPS 点及导线点共用同一标石,并要求标石底部夯实,加水泥基座。沿途如遇到的桥、涵、闸、高压线塔等永久性建筑物的合适部位时,对其加工处理后,可作为四等水准点使用。布设水准点时,还须考虑与 GPS 联测的可行性及便捷性。

水准点编号统一采用数字前冠以 BM 的形式,即 BM1、BM2、…。

大桥、立交、隧道进出口附近必须至少有一个四等水准埋石点。

四等水准点标石尺寸:采用国标混凝土柱普通水准标石,尺寸为 20 cm×20 cm×120 cm;埋设要求见《国家三、四等水准测量规范》,但水准标石不埋入地下,顶部可稍露出地面 3～5 cm,水准标石上方不加护盖。每个点均须绘制详细的点之记,点之记统一采用国家地形测量二队提供的表格格式。

2. 四等水准的施测

水准路线的布设,原则上最好整个测区布设一条附合水准路线或一个水准网,并统一进行水准路线(网)的整体平差。若布设多条路线,应检查相邻处的水准点高程。

Ⅳ等水准应联测所有 D 级 GPS 点、Ⅰ级导线点。

在特殊困难地段或高差很大的情况下,可采用光电测距高程导线代替四等水准,但必须往返观测。

仪器的检验、观测记录、平差计算等按《国家三、四等水准测量规范》中的规定执行,基本情况如下:①水准联测最好以同等级相同线路的一、二、三等国家水准点为起算点,确保水准精度;②四等水准测量,每千米水准测量的偶然中误差不超过 5 mm,权中误差不超过 10 mm,测站高差观测中误差不得大于 1.5 mm。

四等水准路线长度应符合《国家三、四等水准测量规范》中的要求:环线长度不应大于 100 km,附合路线长度不应大于 80 km,节点间最大长度不应超过 30 km。

四等水准测量采用相应精度的水准仪和3 m区格式木质双面水准标尺进行。施测前应按照规范要求对所使用仪器和标尺进行检验。对水准仪的i角检查应在作业刚开始的第一个星期内每天一次，i角不大于20″，超过者应进行改正；待i角稳定后，可每15天检查一次。若仪器受到碰撞或其他方面影响时，要随时进行检校。一对标尺零点差不得大于1 mm，弯曲差不得大于8 mm。四等水准的观测采用中丝读数法，直接读取视距，单程观测，观测顺序为后—后—前—前，每测段的测站数应为偶数。

水准仪每天检校i角一次，使i角保持在20″之内并做记录。要求视距小于100 m，前后视距差不得大于3 m，每站的前后视距累积差不得大于10 m，视线高要求能三丝读数。水准手簿记载：视距取至米，将各测站高差计算出来，黑红面读数差不得大于3 mm，两次高差之差不得大于5 mm，检测间歇点高差之差不大于5 mm，路线闭合差不大于$20\sqrt{L}$ (mm)，最低视线为能三丝读数，往返视距总和取至0.01 km，各测站高差中数取至0.1 mm，各测段高差中数取至1 mm。

工作中间歇时应停在埋石的控制点上，否则应设立两个固定点，重新工作时应检测两点间高差，符合要求后方可继续工作。

红外仪电磁波高程导线施测四等水准技术的要求：

(1)仪器高、棱镜高在测前、测后各量取一次，取中数记入手簿。垂直角施测DJ2四测回，垂直角测回差和指标差之差都要小于7″。测距边往返各一测回，每测回照准一次，读数四次。对向观测高差较差不大于$45\sqrt{D}$（D为测距边长度，单位为km)，测距的斜边要加仪器的加常数、乘常数、气温、气压改正。气温记载至0.1 ℃，气压记载至mbar①。

(2)其他精度要求同水准仪施测相同。

四等水准的记录采用传统手工记簿方式进行。

四等水准的平差计算采用NASEW控制网平差系统进行，注意各项精度指标的检查，缺项的地方，必要之处可手工计算给出。

(三)基础控制成果的检查

成果实行三级检查：观测者和计算者分别都要对平差数据及成果进行认真的检查，然后上交给中队检查员进行检查，最后由院总工办人员对各项重要资料进行检查。检查内容为：点位密度、路线布设、位置选择的合理性，标石、标志的规格和埋设质量，点之记的内容正确性、各种测量仪器检验的真实性，观测实施的正确性，手簿记录的正确性，各项误差与限差的符合情况，对照起算数据核查平差过程与精度情况，以及资料的完备性。

五、航测外业

(略)

六、外业调绘

(略)

① 1 mbar＝100 Pa。

七、航测内业

（略）

八、质量保证措施

（略）

九、上交测绘成果成图资料

（一）基础控制资料

(1)平差计算手簿(含国家三角点起算数据)(1 套)。

(2)点之记(1 套)。

(3)GPS 成果表(4 份),包括首级控制点的 WGS-84 坐标。

(4)GPS 网图(1 份)。

(5)仪器检验资料(1 份)(复印件)。

(6)野外观测记录手簿(1 套)。

(7)质量检查及质量评定报告(2 份)。

（二）5″级导线控制测量资料

(1)仪器检验资料(1 份)(复印件)。

(2)野外观测记录手簿(1 套)。

(3)计算手簿(含点位略图)(1 套)。

(4)质量检查及质量评定报告(2 份)。

(5)5″级导线成果表(4 份)。

（三）高程控制测量资料

(1)仪器检验资料(1 份)(复印件)。

(2)野外观测记录手簿(1 套)。

(3)计算手簿(含国家水准点起算数据)(1 套)。

(4)网图、路线图(1 份)。

(5)高程控制成果表(4 份)。

(6)质量检查及质量评定报告(2 份)。

应上交的其他测绘成果本书略。

附录9　惠州市大亚湾引水工程测量技术要求

一、前　言

惠州市是一个位于广东省东南部的综合性大都市，供水工程是关系着整个城市的政治、经济繁荣发展的重要支撑点，为了改善惠州市大亚湾人民的生活及生产用水问题，我公司承接了惠州市大亚湾引水工程的工程施工。通过野外实地踏勘、对该区域进行充分的调查研究，对实施可能性等方面进行了综合性研究论证，为建设该项目的决策提供了科学的依据。

接到任务后我公司积极组织力量进行现场踏勘，编写技术要求等。

二、测量任务概述

(一)测区范围及任务

本测区位于东经 114°17′39″～ 114°18′10″、北纬 22°27′19″～ 23°05′42″附近。测区北临东江，南至大亚湾南海石化，西有惠澳大道，东侧为丘陵地带，总长约 47 km；测区为丘陵地区、山地广布、丘谷之间，地势起伏延绵，海拔高 10～120 m。整个线路通视条件较差，给测量及工程施工带来较大的困难。

本工程项目的任务如下：

(1)根据提供预定方案设定的位置(1∶2 万地形图)，按照提供的有关资料，以及上述范围进行Ⅰ级导线、Ⅳ等水准、中桩放样、横断面施测。

(2)遵照国家颁布的《工程测量规范》布设 5″导线控制点、Ⅳ等水准高程测量、对隧道进出口、泵站、跨越公路段进行 1∶500 地形图测量。

(3)以上成果要求提供一套数字化地形图电子文件及地形图。

(4)保质保量完成施工放样工作，在工程施工中监督、协助施工队伍把好施工质量关；指导施工队确定施工附属设施、临时建筑、施工便道的布设，以免妨碍后期施工工作，在施工过程中根据现场实际情况提供合理化建议，提高工程施工效率。

(5)随着电子科技的不断发展，GIS 的不断完善，电子文件已逐渐代替了图文文件。本工程在施工过程中，使用“EPS2000、CAD2002、CASS5.0、CACC4.0、天正建筑 5.0”等相关软件，对工程中的相关数据进行平差计算和资料整理。

(二)作业依据

(1)GB 50026—1993《工程测量规范》。

(2)SL 52—1993《水利水电工程施工测量规范》。

(3)GB/T 7929—1995《1∶500，1∶1000，1∶2000 地形图图式》。

(4)GB 12898—1991《国家三、四等水准测量规范》。

(5)GB 14912—1994《大比例尺地形图机助制图规范》。

(6)本工程《技术要求》。

（三）已有资料

(1)本工程收集到国家 GPS 点 43 个点作为本工程平面控制起算点。

(2)本工程收集到三等水准点 15 个，是珠基高程系①成果，作为本工程高程控制起算点。

(3)委托方提供的 1∶2 万地形图，1∶2 万地形图的地物、地貌逼真，取舍恰当，为本次测量工作的交通、控制点选埋、联测等工作提供了方便。

(4)起算数据见 GPS、三等水准成果表。

（四）坐标系统、高程系统和基本等高距、图幅分幅

(1)平面采用 1954 北京坐标系、高程采用珠基高程系。

(2)基本等高距 1∶500 为 0.5 m。

(3)测区地球平均曲率半径 $R=6\,363\,350$ m，大气折光系数 $K=0.14$。

(4)1∶500 图幅采用 50×50 正规分幅。图幅号采用图幅西南角坐标 X、Y 的千米数表示，X 坐标在前，Y 坐标在后，1∶500 中间以短线相联；图号由西往东、由北往南用阿拉伯数字按顺序编号，即 1、2、3、…；图幅内有明显地形、地物名的应标注图名，或按工程部位标注图名。

(5)图幅编辑时，图名、图号、图幅号应按上下顺序排列在图幅上方的正中；图幅上方右侧标注工程名称，图幅左下方标注测绘单位名称。

（五）施工质量、进度保证及技术难点解答

经过实地踏勘，本测区位于丘陵地区，测区内山地广布、丘谷之间地势起伏延绵，这些都给测绘工作带来了一定的困难。为了保证生产质量、施工进度及后继工程服务，我公司组织专业技术小组进行踏勘、搜集资料、编写设计书，严格按 ISO 9000 质量管理体系操作运行。

组织了以梁××、王××等五名工程师，八名专业技术员组成的技术调研队伍。

组织了下列主要测绘仪器：宾得 R-322N 全站仪 1 台(2″级)、宾得 R-325N 全站仪 1 台(5″级)、徕卡 SET 2110 全站仪 1 台(2″级)、拓普康 GTS-602 全站仪 1 台(2″级)、捷创力 GDM600 全站仪 1 台(2″级)、南方 NTS-352 全站仪 1 台(2″级)、DJ2 经纬仪 2 台、ND3000 测距仪 2 台、DJ6 经纬仪 3 台、自动安平水准仪 11 台、便携式手提电脑 2 台、台式电脑 8 台、喷墨式打印机 8 台、对讲机 30 台、PC-E500 计算机 1 台及各相应配套设备。

为了保证工程的顺利进行，公司组织了各标段对本工程可预见的技术难点、工程质量及进度、安全生产等问题进行了讨论，本工程是线状地形约 47 km。经讨论决定平面位置采用一级导线联测高等级控制点，高程测量采用布设四等水准网的方式进行施测，以确保四等水准高程的精度，平差时按节点网进行严密平差，在施测过程中，与三角高程进行比较，发现问题及时处理。

三、控制测量

（一）平面控制

1. Ⅰ级导线控制

Ⅰ级导线点在 GPS 控制点基础上，布设成单一附合导线或导线网。

导线测量技术要求见附表 9-1。

① 珠基高程系是以珠江基面为基准的高程系，在广东地区应用较为广泛。

附表 9-1 导线测量技术要求

等级	附合导线长度/km	平均边长/m	测距测回	水平角测回		测角中误差/(″)	测距中误差/mm	方位角闭合差/(″)	全长相对闭合差
				J2	J6				
Ⅰ级	4.0	400	2	2	4	±5	±15	10	1/15 000

导线施测采用三联脚架全圆观测法施测，水平角观测的技术要求按《工程测量规范》相关条款执行。

导线点选点应选在通视条件良好、利于施工放样及控制发展、地基稳固的位置，埋石规格为 20 cm×25 cm×40 cm。

导线相邻边长比不能超过 1/3，方向角不得小于 30°，导线总长不得超过 4.5 km，平均边长约 400 m。

光电测距导线边采用单向或往返观测，导线边长均观测两测回，每测回四次读数，一测回内读数较差应小于 5 mm，单程测回间较差应小于 10 mm。

沿线有其他测绘单位的埋石点时，可利用原埋石点，但需要标注自己的点名，记录相应的点名存档，以免后期施工放样用错点。水泥路面上布设的控制点应刻 20 cm×20 cm 方框及十字线，并用红漆装饰。

施测时应对 GPS 点进行检测，相邻标段应布设成节点导线，以保证各标段在同等精度下施工，提高工程施工放样质量。

2. 图根控制

图根点在高级控制点的基础上发展，其发展次数一般为两次，困难地区，可再附合一次。图根导线以测距导线施测。图根点的精度，相对于临近控制点的点位中误差不应大于 2 cm。当图根点不能满足工程施工放样需要时，可测设支点或测距支导线。支导线边不得超出三条，且不能连续发展。

(二)高程控制

四等水准测量采用徕卡 NA2 水准仪配合双面区格水准标尺，采用后—前—前—后顺序，用中丝法直读距离观测。观测前，对水准仪的 i 角及水准标尺各项进行了检查和检视，均符合规范的要求，外业观测的各项限差均在规范规定的限差之内。

本测区以国家高等级水准点作为高程控制起算点，布设四等水准网，作为首级高程控制，以满足工程施工高程控制发展的需要。高程控制是输水管线安装的关键工序，需严格按四等观测标准控制，四等水准点应尽量测出点位的坐标。

沿线 GPS、Ⅰ、Ⅱ级导线点应施测四等水准。当高差大于 50 m 时，可不联测四等水准，但必须联测三角高程。

1 km 内必须布设四等水准点，各标段起讫点 500 m 内应埋设四等水准点，保证相邻标段衔接处 1 km 内有四等水准点。隧道进、出口部位必须布设四等水准点，水准点埋石标准为 20 cm×30 cm×50 m。

等外水准、测距高程导线，自四等水准联测点起发展不得超过两次。

四等水准观测采用 DS3 以上型号的水准仪，三丝法读数，观测顺序为后—前—前—后，各测段测站为偶数站。作业前须对水准仪和水准尺进行检校，DS1 型水准仪视准轴与水准管轴的夹角 $i \leqslant 15''$，DS3 型 $i \leqslant 20''$。

水准观测采用 DS3 型水准仪，主要技术要求见附表 9-2。

附表 9-2 水准观测的主要技术要求

等级	附合路线长度/km	高程闭合差/m	最大视距长度/m	前后视距差/m	前后视距累积差/m	黑红面读数之差/mm	黑红面所测高差之差/mm
四等	≤16	$\leqslant 20\sqrt{L}$	100	≤3	≤10	≤3.0	≤5.0
等外		$\leqslant 30\sqrt{L}$	100	大致相等	≤20	≤4.0	≤6.0

注：L 以 km 为单位。

仪器技术指标见附表 9-3。

附表 9-3 水准仪技术指标

序号	仪器指标项	四等限差	超限处理办法
1	标尺弯曲差	8.0 mm	施加改正
2	一对标尺零点不等差	1.0 mm	调整
3	标尺基、辅分划常数偏差	0.5 mm	采用实测值
4	一对标尺名义米长偏差	0.50 mm	禁止使用
5	标尺分米分划误差	1.0 mm	禁止使用
6	调焦透镜运行误差	1.0 mm	禁止使用
7	i 角	20″	校正，自平水准仪应送厂校正
8	测站高差观测中误差	1.0 mm	禁止使用
9	竖轴误差	0.5 mm	禁止使用
10	自动安平水准仪磁致误差	0.12″	禁止使用
11	垂直度盘测微器行差	2.0″	禁止使用
12	一测回垂直角观测中误差	3.0″	禁止使用

设置测站要求见附表 9-4。

附表 9-4 水准测量测站设置技术要求

等级	视线长度		前后视距差	前后视距积累差	视线高度
	仪器类型	视距			
四等	DS3	≤100	≤3.0	≤10.0	三丝能读数
	DS1，DS05	≤150			

水准路线闭合差的限差规定见附表 9-5。

附表 9-5 水准路线技术指标

等级	测段、路线往返测高差不符值	测段、路线的左右路线高差不符值	附合路线或环线闭合差		检测已测测段高差的差
			平原	山区	
四等	$\pm 20\sqrt{K}$	$\pm 14\sqrt{K}$	$\pm 20\sqrt{L}$	$\pm 25\sqrt{L}$	$\pm 30\sqrt{R}$

注：K 为路线或测段的长度，单位为 km；L 为附合路线（环线）长度，单位为 km；R 为检测测段长度，单位为 km；山区指高程超过 1 km 或路线中最大高差超过 400 m 的地区。

光电测距三角高程导线主要技术要求见附表 9-6。

附表 9-6　光电测距三角高程导线主要技术要求

等级 项目	平均 边长/m	边数	垂直角 测回数		垂直角指标 差较差/(″)		往返高差 较差/m	闭合差 /m
			J2	J6	J2	J6		
Ⅰ 级	400	12	2	2	15	25	$\pm 0.01S$	

注：S 为边长，以百米为单位。

四、平差计算和资料整理

平面坐标成果等级点取至 0.001 m，图根点取至 0.01 m。水准联测高程成果取至 0.001 m，三角高程取至 0.01 m。

所有控制点（包括起算点）成果装订成册。经水准联测的控制点应在成果表备注栏中注明水准等级。

五、地形图测绘

（略）

六、工程施工测量

（略）

七、成果的检查和评定

各项资料及成果的检查按《工程测量规范》、《水利水电工程施工测量规范》有关章节执行。为保证测绘产品质量，设专职检查员，严格实行三检制，层层把关，上道工序未验收合格不得进行下道工序。检查工作执行以下规定：

(1)各等级点应进行 100%检查，并作好记录。

(2)观测手簿、平差计算成果应认真、详细检查。

(3)控制点计算内业 100%检查，外业自检 30%。项目部抽检 15%。

(4)严格检查各项技术要求是否达到规范和技术要求的规定。

(5)经检查员检查后并评为质量合格的成果及资料，如经主管部门验收出现质量事故，检查员应负相应责任。

八、上交成果资料

(1)技术要求。

(2)仪器检验校正资料。

(3)控制网网图。

(4)控制测量外业资料。

(5)控制测量计算及成果资料。

(6)所有测量成果及图件电子文件。

九、已知控制点资料

大地坐标成果表见附表 9-7。

附表 9-7 大地坐标成果

点名	X /m	Y /m	纬度 B /(° ′ ″)	经度 L /(° ′ ″)
GPS08	2 562 8**. ***	3 850 6**. ***	23° 05′ **″	114° 17′ **″
GPS45	2 518 6**. ***	3 852 1**. ***	22° 27′ **″	114° 18′ **″

注：本测区地球平均曲率半径用 GPSD23 计算，取舍为 $R = 6\ 363\ 350$ m；大气折光系数查表得 $K = 0.14$。

GPS 点成果表见附表 9-8。

附表 9-8 GPS 点成果

点名	等级	坐标		高程/m	备注
		纵坐标 X /m	横坐标 Y /m		
GPS04	Ⅲ等	2 560 0**. ***	38 552 7**. ***		
GPS05	Ⅲ等	2 560 4**. ***	38 551 9**. ***	15. ***	Ⅲ等水准
GPS08	Ⅲ等	2 562 8**. ***	38 550 6**. ***	20. ***	Ⅲ等水准
GPS41	Ⅲ等	2 521 0**. ***	38 551 6**. ***		
GPS45	Ⅲ等	2 518 6**. ***	38 552 1**. ***	41. ***	Ⅲ等水准
GPSE1998	Ⅵ等	2 524 0**. ***	38 552 0**. ***		
珠水局 119	Ⅲ等	2 550 3**. ***	38 552 0**. ***		
ⅣD20	Ⅵ等	2 518 3**. ***	38 553 8**. ***		
GPSD01	Ⅲ等	2 563 2**. ***	8 550 1**. ***		
⋮	⋮	⋮	⋮	⋮	⋮

三等水准点成果表见附表 9-9。

附表 9-9 三等水准点成果

点名	等级	坐标		高程/m	备注
		纵坐标 X /m	横坐标 Y /m		
Ⅲ水 01	Ⅲ等			16. ***	
Ⅲ水 02	Ⅲ等			16. ***	
Ⅲ水 03	Ⅲ等			17. ***	
Ⅲ水 04	Ⅲ等			16. ***	
⋮	⋮	⋮	⋮	⋮	⋮

附录 10　京沪高速铁路精密控制测量技术设计书

一、任务概况

根据部工管中心《关于保证无碴轨道控制测量精度的通知》及院生产安排，对京沪高速铁路徐州至上海段(DK665＋100～DK1309＋150)，正线长度 646.207 km，施测基础平面控制网(B级 GPS 平面控制网)、线下施工控制测量(C级 GPS 平面控制网、与既有四等 GPS 网联测)及二等水准高程控制网，制定本技术设计书。

二、作业依据

(1)《客运专线无碴轨道铁路工程测量技术暂行规定》。

(2)GB/T 18314—2001《全球定位系统(GPS)测量规范》。

(3)TB 10054—1997《全球定位系统(GPS)铁路测量规程》。

(4)GB 12879—1991《国家一、二等水准测量规范》。

(5)CH 1002—1995《测绘产品检查验收规定》。

(6)CH 1003—1995《测绘产品质量评定标准》。

(7)本《技术设计书》。

三、基本技术要求

平面坐标系采用 30′带宽的投影，采用 WGS-84 椭球参数，保证投影长度变形值不大于 10 mm/km。中央子午线设置见附表 10-1。

附表 10-1　中央子午线设置

起点里程	终点里程	中央子午线
DK665＋100	DK713＋999.744	117°30′00″
DK714＋000	DK759＋000	117°00′00″
DK759＋000	DK885＋710.37(断链前)	117°30′00″
DK885＋710.37(断链前)	DK953＋000	118°00′00″
DK953＋000	DK1013＋435.51(断链前)	118°30′00″
DK1013＋000(断链后)	DK1067＋300	119°00′00″
DK1067＋300	DK1122＋500	119°30′00″
DK1122＋500	DK1169＋000	120°00′00″
DK1169＋000	DK1238＋500	120°30′00″
DK1238＋500	DK1287＋999.17	121°00′00″
DK1287＋999.17	终点	121°30′00″

为了满足《客运专线无碴轨道铁路工程测量技术暂行规定》对投影变形控制值不大于 10 mm/km 的要求，投影面大地高的取值要提高，高程抵偿面按附表 10-2 分段。

附表 10-2 高程抵偿面分段

起点里程	终点里程	中央子午线	投影面大地高 /m	最大投影变形值 /(mm/km)
DK665+100	DK714+000	117°30′00″	40	9.4
DK714+000	DK759+000	117°00′00″	30	8.5
DK759+000	DK858+500	117°30′00″	30	8.4
DK858+500	DK885+710	117°30′00″	70	8.3
DK885+710	DK940+400	118°00′00″	70	7.9
DK940+400	DK953+000	118°00′00″	40	10.0
DK953+000	DK1013+435	118°30′00″	25	8.1
DK1013+435	DK1067+300	119°00′00″	30	8.7
DK1067+300	DK1122+500	119°30′00″	15	9.4
DK1122+500	DK1169+000	120°00′00″	15	9.8
DK1169+000	DK1238+500	120°30′00″	10	7.7
DK1238+500	DK1287+999	121°00′00″	10	8.3
DK1287+999	DK1305+121	121°30′00″	20	7.7

高程系采用 1985 国家高程基准。此外，为与北京至徐州段衔接，要联测铁三院 CPⅠ(GPS B 级点)平面点四个、二等水准点一个。

CPⅠ最弱边相对中误差小于 1/170 000，基线边方向中误差不大于 1.3″，相邻点的相对点位中误差小于 $5+D\times10^{-6}$ mm。采用全站仪测量 CPⅠ(GPS C 级点)时，CPⅠ以点间距为 4 km 设一点对，点对间间距不小于 1 km 且必须通视。当采用 GPS 测量 CPⅡ时，CPⅠ点间距为 4 km，不做点对；CPⅡ最弱边相对中误差小于 1/100 000，基线边方向中误差不大于 1.7″；CPⅡ点间距为 1 000～800 m，要求前后点通视，至少有一个点与之通视。

二等水准测量每千米偶然中误差不超过 1 mm，全中误差不超过 2 mm。测段、区段、路线往返测高差不符值不超过 $4\sqrt{K}$，附合路线闭合差不超过 $4\sqrt{L}$，检测已测测段高差之差不超过 $6\sqrt{R}$。二等水准点按每 2 km 设置一个，并位于离开线路中线 50～150 m 范围内。重点工程地段根据实际情况增设。二等水准按附合路线或闭合路线观测，不能按支水准路线观测。

二等水准点在满足 CPⅠ、CPⅡ对点位的要求时，可与 CPⅠ、CPⅡ共用。

四、GPS 点测量

(一)点名及点号

GPS B、C 级点不取点名，点之记中点名一栏不填。

点号：GPS B、C 级点点号分别由“CPⅠ”和“CPⅡ”加三位流水号组成。自徐州至上海方向编号，点号唯一。“CPⅠ”表示 GPS B 级，“CPⅡ”表示 GPS C 级。当 CPⅠ、CPⅡ与二等水准共点时，点号分别按 GCPⅠ、GCPⅡ加三位流水号编排。

(二)标石

1. 类型

标石的基本形状采用正四棱柱状混凝土普通标石，见附图 10-1 和附图 10-2。

2. 规格

B 级点(CPⅠ)下底 30 cm×30 cm,上底 20 cm×20 cm,高 95 cm。

C 级点(CPⅡ)下底 20 cm×20 cm,上底 15 cm×15 cm,高 65 cm。

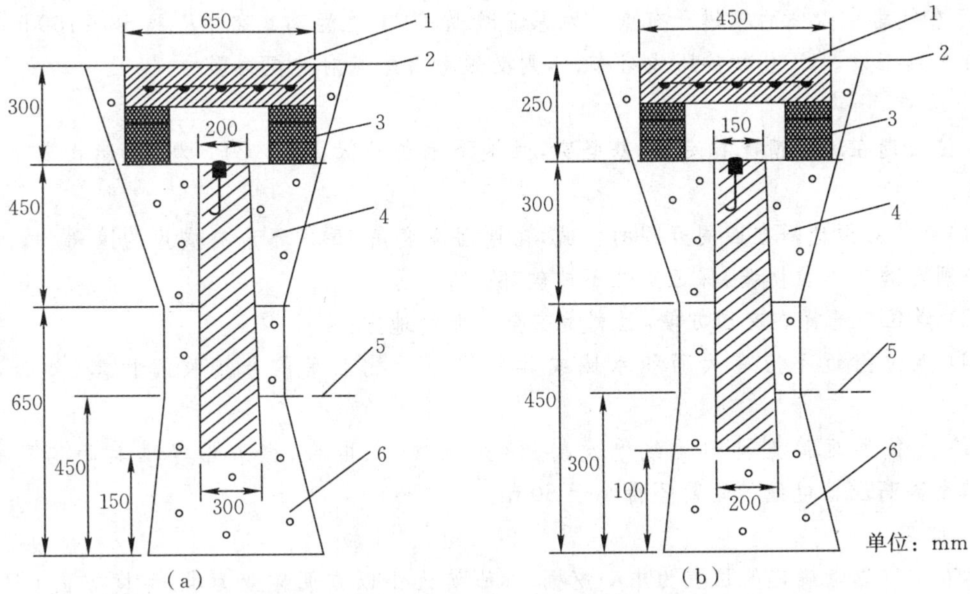

附图 10-1 CPⅠ标石埋设

1-盖;2-土面;3-砖;4-素土;5-冻土线;6-混凝土

建筑物顶上设置标石,标石应和建筑物顶面牢固连接。建筑物上各等级平面控制点标石设置规格应符合附图 10-3 的规定(包括 CPⅠ、CPⅡ、CPⅢ)。

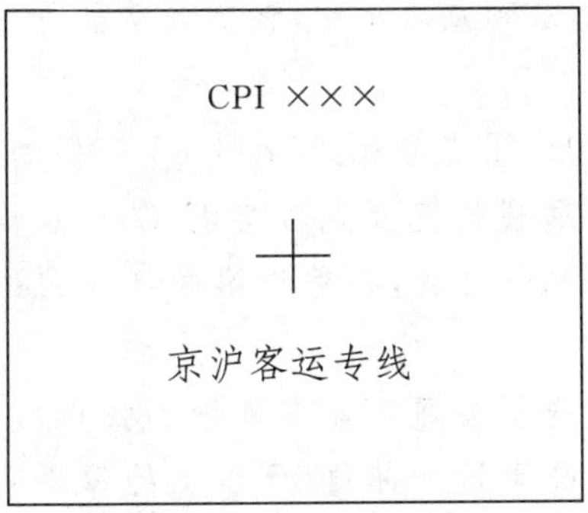

附图 10-2 CPⅠ标石顶面

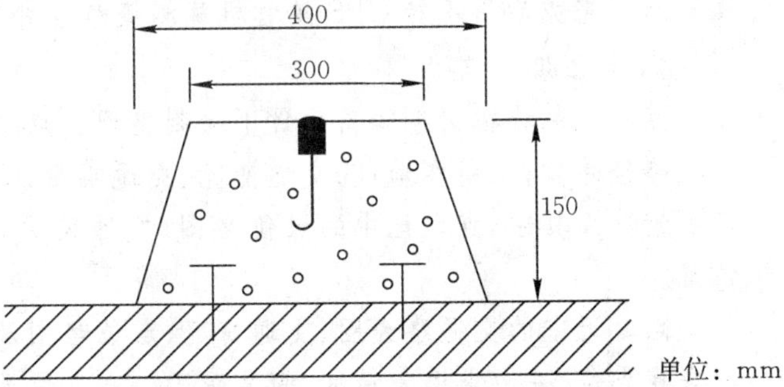

附图 10-3 建筑物上各等平面控制点标石设置

CPⅡ点与水准点共用时,其标石埋设按水准点实施。

3. 制作

柱石采用预制或现浇。

在预制柱石上压印 B、C 级点点号,并用油漆描红。现浇时,点号现场压印。

4. 中心标志

考虑 CPⅠ、CPⅡ与二等水准共点,所以 CPⅠ、CPⅡ、二等水准点中心标志均按一个规格制作。均采用不锈钢质中心标志,在标志的正中位置刻制长 10 mm、深、粗均小于 0.5 mm 的“十”字丝作为 GPS 观测的对中点。

(三)控制点布设要求

沿铁路设计中线两侧 50～1 000 m 范围布设 GPS B 级网点，按“基本技术要求”中规定的点间距布设。在沿线大型桥梁、隧道处考虑加布点。为兼顾 GPS 网形，在实地条件允许时，CPⅠ可在铁路中心线两侧错开布点。为保证通视，CPⅡ在距离线路中心线 50～150 m 范围内沿线路一侧布设。CPⅡ如要跨线路布设，则必须考虑路基对通视的影响。

1. 选点

点位应选在地质情况稳定、地基坚实，且地下水位较低、利于 GPS 观测、能长期保存的稳定区域。

(1)点位必须选择在四周开阔的区域，在地面高度角 15°内不应有成片的障碍物。点位选取时必须与施工单位协调，保证点位不被破坏。

(2) 点位应选择在交通方便，且利于安全作业的地方。

(3) 点位附近不应有大面积水域或其他强烈干扰卫星信号接收的物体(如金属广告牌等)。

(4) 点位须远离大功率无线电发射源(如电视台、电台、微波站等)，其距离不得小于 200 m，远离高压输电线的距离不得小于 50 m。

2. 埋石

标石坑以选点确定的位置为中心挖掘，标石坑大小以方便作业为准，深度方面 CPⅠ不小于 1.4 m，CPⅡ不小于 1.1 m。若采用现浇标石，在施工时必须充分搅拌并捣实，埋石时不用回填土，全部采用混凝土回填，并夯实；若采用预制标石，在施工时必须先在标石坑底部采用贫混凝土，回填时标石四周分别采用贫混凝土和素土回填，并夯实。

3. 施测概略经纬度

埋石完成后用手持 GPS 接收机施测概略经纬度并记录到点之记中，精确到整秒。

4. 点之记

点之记制作在文字编辑软件下绘制整理。点之记包括：①点号；②所在 1∶1 万图的图号；③概略经纬度；④所在地；⑤交通情况、交通略图；⑥点位通视情况及点位略图；⑦选点情况及埋石情况。其中，点之记中的点位略图、交通路线图用 CAD 绘制，再剪切镶嵌到表内的相应位置。

点之记中的交通路线图、交通情况、点位略图及点位说明要尽可能多地增加找点信息，以便查找点位，并力求语言精练、简洁明了。当点位周围有高于地平仰角 15°以上的障碍物或大面积水域时，需在现场绘制点位环视图，确保点之记内容完整、格式统一、整齐美观。

5. 拍照

在埋石过程中，应及时拍照以反映标石埋设的客观过程，照片为 6 寸彩色。挖好基坑拍一张，安放完标石拍一张，全部埋好后拍一张。拍照所使用的数码相机分辨率不低于 200 万像素。拍照时应调整好相机日期、时间，文件大小以 1 MB 左右为宜。拍照方向为由南往北拍。将完整点号作为影像文件名。

(四)GPS 观测及内业数据处理

1. 坐标基准

WGS-84 坐标系，参考历元 2000.0。

2．时间

GPS观测和记录采用UTC协调世界时(UTC=北京时间－8 h)。

3．GPS B级网技术、精度指标

在观测CPⅠ、CPⅡ同时，每隔10～20 km观测一个既有GPS D级点，其观测技术指标同CPⅡ。CPⅠ、CPⅡ的观测技术指标见附表10-3。

附表10-3　CPⅠ、CPⅡ观测技术指标

	CPⅠ	CPⅡ
观测模式	静态观测	静态观测
卫星高度角/(°)	15	≥15
有效卫星总数/颗	≥6	≥4
平均重复设站数/个	≥2(边联结)	≥1
观测时段数/个	2	1～2
时段长度/min	≥90	≥60
采样间隔/s	15	15～60
PDOP值	≤6	≤8

GPS B级网最弱边边长相对中误差应小于1/170 000。GPS C级网最弱边边长相对中误差应小于1/100 000。

4．设站

作业前，光学(激光)对点器与基座必须严格检查校准，在作业过程中应经常检查保持正常状态。对中误差小于1 mm。

天线安置应严格对中、整平并指北，正确量取至厂商指定的天线参考点高度，并须获得厂商提供的参考点至天线相位中心改正常数，以便于在随后的数据处理中精确计算天线高。

天线高每时段测前(必须在开机之前)和测后(必须在关机之后)各量取一次，每次应在相同的位置。从天线三个不同方向(间隔120°)量取，或用接收机天线专用量高器量取，两次量取误差不大于±2 mm时，取平均值记入观测手簿。

测站上所有规定作业项目经认真检查均符合要求、记录资料完整无缺、将点位恢复原状后方可迁站。

在有效观测时段内，如中途断电，则该时段必须重测。因观测环境及卫星信号等原因造成数据记录中断累计时间超过25分钟，则该时段重测。同步环内，如同步观测时间小于80分钟，则该时段重测。

每一同步环观测两个时段，前后时段仪器尽量保持一致，严格对中整平，尽量避免因多次安置仪器对重复基线较差带来的影响。

同一时段观测时间不允许跨UTC时间0时，即北京时间早上8时。

以“点号＋年积日＋时段号”构成数据文件名。

例：数据文件 CPⅠ209 298 1 2，CPⅠ209为点号，298为年积日，1为该点同步环流水号，2为时段号。

(五)大地点联测

在网段的起点、中间、终点附近各联测一个国家一等三角点，至少要有两个点。在起、终点的一等三角点必须与邻网保持一致。

(六)内业数据处理

原则上GPS网基线解算采用仪器商提供的随机软件,网平差采用鉴定合格的专门软件。

每天要对观测数据进行同步环和异步环、重复基线进行计算检核。应及时进行观测数据的处理和质量分析,检查其是否符合规范和技术设计要求。单基线解算不合格时,要分析原因。

解算出每一时段的基线向量边后,计算出该观测时段同步环坐标分量闭合差。当各基线的同步观测时间超过观测时段的80%时,其闭合差应符合

$$\left.\begin{aligned} W_x &\leqslant \frac{\sqrt{n}}{5}\sigma \\ W_y &\leqslant \frac{\sqrt{n}}{5}\sigma \\ W_z &\leqslant \frac{\sqrt{n}}{5}\sigma \\ W &\leqslant \sqrt{W_x^2+W_y^2+W_z^2}\sigma \end{aligned}\right\}$$

式中,W_x、W_y、W_z为同步环坐标分量闭合差;W为同步环闭合差;n为同步环的边数;σ为各级GPS网相邻点间弦长精度。

由独立观测边组成的异步环的坐标分量闭合差应符合

$$\left.\begin{aligned} V_x &\leqslant 3\sqrt{n}\sigma \\ V_y &\leqslant 3\sqrt{n}\sigma \\ V_z &\leqslant 3\sqrt{n}\sigma \\ V &\leqslant 3\sqrt{3n}\sigma \end{aligned}\right\}$$

式中,V_x、V_y、V_z为异步环坐标分量闭合差;V为异步环闭合差;n为异步环的边数;σ为相应等级的标称精度。

同一边任意两个时段成果互差应小于GPS接收机标准差的$2\sqrt{2}$倍。当检查发现,观测数据不能满足要求时,应对成果进行全面分析,必要时应采取补测或重测。

各级GPS网相邻点间弦长精度表示为

$$\sigma=\sqrt{a^2+(b\times d)^2}$$

式中,σ为中误差,单位为mm;d为相邻点间距离,单位为km。

当各项要求符合标准后,应以全网有效观测时间最长网点的WGS-84三维坐标作为起算数据,进行GPS网的无约束平差。基线向量的改正数($V_{\Delta x}$,$V_{\Delta y}$,$V_{\Delta z}$)的绝对值应在规定限差3σ之内。GPS测量的精度指标见附表10-4。

附表10-4 GPS测量的精度指标

级别	B	C	D	E
a /mm	≤8	≤10	≤10	≤10
b /(mm/km)	≤1	≤5	≤10	≤20

注:a为固定误差,单位为mm;b为比例误差系数。

在无约束平差确定的有效观测基础上,进行三维约束平差。约束平差中,基线向量的改正数与剔除粗差后无约束平差结果的同名基线相应改正数的较差($d_{\Delta x}$,$d_{\Delta y}$,$d_{\Delta z}$)应不大于规定限差2σ的要求。基线精度为

$$\sigma=\sqrt{a^2+(b\times d\times 10^{-6})^2}$$

式中，固定误差 $a=8$ mm，$b=1$ mm/km，d 为基线长度，单位为 km。

(七)上交资料清单

(1)技术设计书。

(2)仪器检验资料。

(3)GPS 网联测图。

(4)GPS 网展点图(标出通视方向，线位及里程)。

(5)GPS 网原始观测数据、手簿。

(6)GPS 网平差计算资料。

(7)GPS 网成果表。

(8)点之记。

(9)工作报告、技术总结、检查报告。

(10)除仪检资料和观测手簿外所有资料的光盘。

五、二等水准测量

(一)水准线路布设

二等水准测量线路基本沿线路按附合水准或闭合水准布设，点间距为 2 km 左右，对沿线的一、二等水准点进行联测。以可靠、稳定的一等水准点作为高程起算和构成附合线路或闭合线路，利用二等水准点作为高程检查。水准点可不进行重力测量。

根据江苏省地质调查研究设计院、上海市地质调查研究设计院《京沪高速铁路丹阳至上海段地面沉降地区轨道结构类型选择研究报告》，丹阳至上海段(DK1112＋500～DK1305＋121)，线路长 193.769 km，为地面沉降区。

因此，为了保证京沪高速铁路的顺利施工和运营维护的需要，结合沿线工程地质条件和京津城际铁路施工经验，沿线需要布设基岩点、深埋水准点和一般水准点三种类型的高程控制点，组成统一的高程控制网。

水准点的高程采用正常高，按照 1985 国家高程基准起算。

(二)水准点选点

高程路线尽量沿便道进行，水准点选点必须保证地基坚实稳定，不受施工影响，利于标石的长期保存与观测。水准点离高速铁路施工中线 50～150 m 为宜，深埋水准点离高速铁路施工中线 50～400 m 为宜。

基岩点是收集国家既有基岩点直接利用。

深埋水准点：徐州至丹阳段地质条件较好，但为了给本工程提供稳定的高程基准和运营维护的需要，考虑每 28 km 左右布设一个深埋水准点，计划布设 14 个。丹阳至上海段地处区域性地面沉降区，计划按每 18 km 左右设置一个深埋水准点，计划布设 12 个。这样徐州至上海段共计布设 26 个深埋水准点。

一般水准点：《客运专线无碴轨道铁路工程测量技术暂行规定》要求一般点间距不大于 2 km。

下列地点不应选埋水准点：

(1)易受水淹、潮湿或地下水位较高的地点。

(2)易发生土崩、滑坡、沉陷等地面局部变形的地区。

(3)土质松软的地点。

(4)距已有铁路 50 m、公路 30 m 以内的地区。

(5)在修建铁路及其设施时可能毁坏标石的地点。

(6)地形隐蔽不便观测的地点。

(三)水准点编号

水准点编号为 BS×××(三位流水号)。流水号自北向南编排,点号唯一。分段测量时,可预设每段编号,预设编号不够用时,可在编号后加支点编号,如 BS366-1。

(四)水准点标石及点之记

一般水准点标石及标心与 CPⅠ、CPⅡ相同。埋石在现场浇灌,挖坑后底部要夯实,先浇灌底部,待基本凝固后再用模板浇灌上部,并插入不锈钢标心,保持标心垂直和半球露出混凝土约 1～2 cm。每个水准点埋设后,绘制点之记图(附图 10-2)。在水准点标石埋石中应对部分标石的坑位、标石浇灌进行照相记录。照片文件名与水准点号对应。标石编号用字模压制,字头朝前进方向,即朝上海方向,并用红油漆填写字体。

深埋水准点的埋设。深埋水准点根据沿线地层情况,埋设至持力层,预计深度 40 m(最大深度 40 m),不足 40 m 的必须钻孔到基岩,其埋设位置及深度见深埋水准点布置表。

深埋水准点编号为 BS001～026(三位流水号)。流水号自北向南编排,点号唯一。

深埋水准点标面按设计院提供的字模进行整饰。标盖厚度不小于 5 cm,正面表面上部刻字为"深埋基准水准标",下部为"京沪客运专线"。

1. 施工工艺

(1)定位:根据工程需求,现场确定具体点的埋设位置。

(2)钻进成孔:采用 GC150～300 型工程钻机、ϕ130 三翼钻头钻进至要求层位深度,测定孔深。

2. 质量要求

(1)孔深误差小于 1/1 000。

(2)孔斜小于 1°。

(3)如基岩埋深不足 40 m,则钢管应下到基岩基础中 30 cm 以上。

(4)钢管为 ϕ 108 mm,钢管连接应牢固。钢管打入后,钢管内应用水泥砂浆或细石混凝土填实。

(5)钢管上部应锲入水准标石,钢管锲入标石一般在 1.2 m 左右,钢管在标石的中心。

3. GPS 点、导线点及普通水准点埋设标准

按《国家一、二等水准测量规范》规定,标石点的稳定,一般地区至少需经过一个雨季。根据施工情况,很难按这一规定实施。只能采取应急措施,标石全部现场浇灌,分层夯实和适当浇水养护。同时在整体上应在明年安排复测。

水准点标石规格及埋石要求见附图 10-4,深埋水准点标石埋设要求见附图 10-5,水准点点之记见附表 10-5。

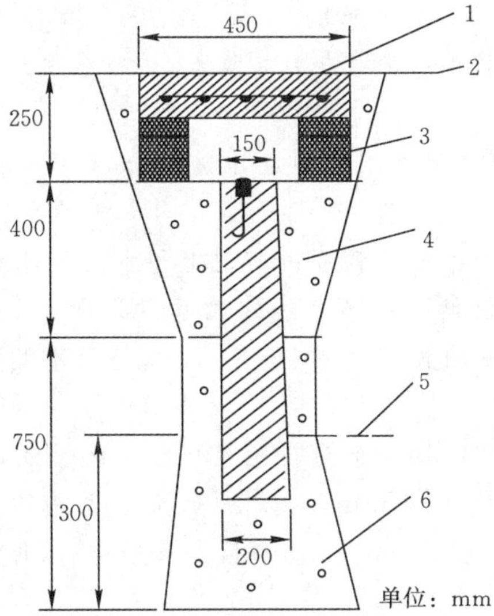

附图 10-4　普通水准点标石埋设

1-盖；2-土面；3-砖；4-素土；5-冻土线；6-贫混凝土

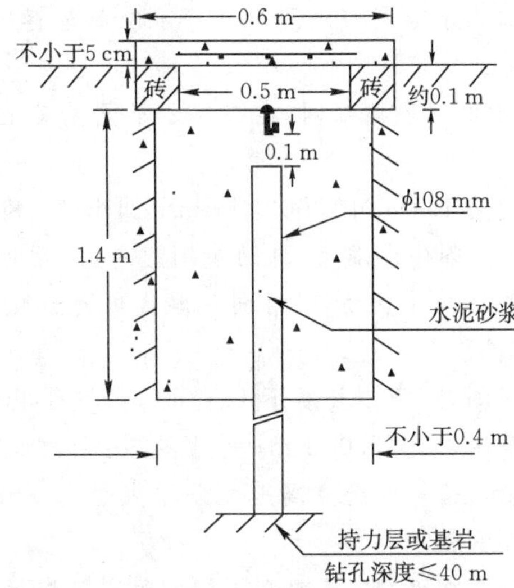

附图 10-5　深埋水准点标石埋设

附表 10-5　京沪客运专线二等水准点点之记

京沪客运专线　　　　　　　　　　　　　　　　　　点名：BS

		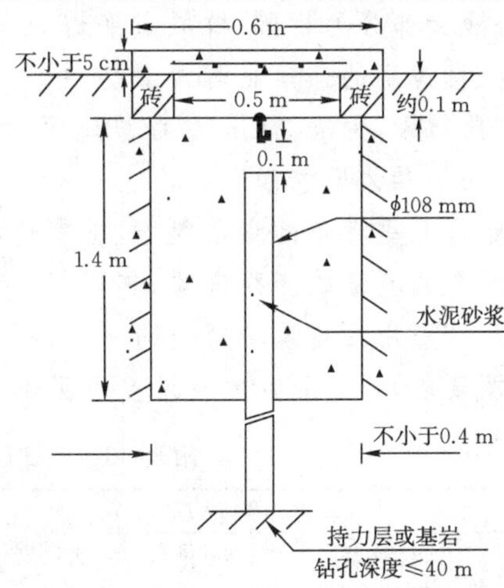		
线路里程		标石类型	混凝土	
经 纬 度				
所 在 地				
交通路线			地别土质	
点位说明				
选点单位		埋石单位		
选 点 者		埋 石 者		
选点日期		埋石日期		
备　　注				

(五)水准测量

二等水准网按照国家二等水准测量标准施测，以联测的基岩点为起算点，进行整体严密平差计算。

CPⅢ高程控制网，在二等水准网基础上，按照国家二等水准测量标准施测，起闭于二等水准点。

使用 Leica NA3003/Trimble Dini12 精密电子水准仪或同精度的其他电子水准仪，2 m 或 3 m 因瓦条码水准尺，自动观测记录，采用单路线往返观测。一条路线的往返测必须使用同一类型仪器和转点尺垫，沿同一路线进行。观测成果的重测和取舍按《国家一、二等水准测量规范》有关要求执行。

观测时，视线长度不大于 50 m，前后视距差不大于 1.5 m，前后视距累积差不大于 6.0 m，视线高度不小于 0.3 m；测站限差：两次读数差不大于 0.4 mm，两次所测高差之差不大于 0.6 mm，检测间歇点高差之差不大于 1.0 mm；观测时，按后—前—前—后的顺序进行，每一测段应为偶数测站。

一组往返测宜安排在不同的时间段进行；由往测转向返测时，应互换前后尺再进行观测；晴天观测时应给仪器打伞，避免阳光直射；扶尺时应借助尺撑，使标尺上的气泡居中，标尺垂直。

跨越较大河流或水域时，应按《国家一、二等水准测量规范》跨河水准测量有关技术要求执行。

由于全线大部分为桥梁，桥梁高平均 10 m，如果采用精密的水准测量实施难度很大，采用不量仪器高、棱镜高的三角高程测量方法与二等水准测量相结合的方法解决高程传递问题。水准线路分段布设，每隔 2 km 左右与地面二等水准点联测一次。不量仪器高、棱镜高的三角高程测量方法的具体要求如下：

(1)用于观测垂直角的测角仪器，垂直角测角中误差必须小于±1.0″。

(2)用于距离测量的测距仪器，其测距标称精度必须达到±(1 mm+1×10^{-6})。

(3)前后视所用的棱镜必须是同一个，不必量取其高度。

(4)观测要求，每次测量的技术要求见附表 10-6。

附表 10-6 三角高程测量技术要求

垂直角测量				距离测量			
测回数	两次读数差/(″)	测回间指标差互差/(″)	测回差/(″)	测回数	每测读数次数	四次读数差/mm	测回差/mm
4	±1.0	±3.0	±2.0	2	4	±2.0	±2.0

二等级水准测量精度要求见附表 10-7。

附表 10-7 等级水准测量精度要求 单位：mm

水准测量等级	每千米水准测量偶然中误差 M_Δ	每千米水准测量全中误差 M_W	限差			
			检测已测段高差之差	往返测不符值	附合路线或环线闭合差	左右路线高差不符值
二等	±1.0	±2.0	$6\sqrt{L}$	$4\sqrt{L}$	$4\sqrt{L}$	—

注：L 为水准路线长度，单位为 km。

水准测量观测顺序如下：

(1)往测奇数站:后视基本分划、前视基本分划、前视辅助分划、后视辅助分划。

(2)往测偶数站:前视基本分划、后视基本分划、后视辅助分划、前视辅助分划。

(3)返测时,奇数站的观测顺序与往测偶数站相同,偶数站的观测顺序与往测奇数站相同。

(六)联测

精密三角高程测量应尽量与线路附近可靠的一等水准点联测,构成附合路线,其长度不超过300 km,高差闭合差不超出$\pm 4\sqrt{L}$ mm(L为水准路线长度,单位为km)。或和二等水准点联测,以检查精密三角高程测量高程,高差不符值不超出$\pm 6\sqrt{L}$ mm。

(七)计算

1. 每千米测量偶然中误差计算

单棱镜往返观测按往返测高差计算高差不符值,高低双棱镜观测分别按高棱镜和低棱镜分别计算高差求高差不符值。

每千米测量偶然中误差为

$$M_{\Delta}=\pm\sqrt{(\Delta\Delta/L)/(4\cdot n)}$$

式中,Δ为高差不符值,单位为mm;L为测段长,单位为km;n为测段数。

2. 正常水准面不平行改正数计算

观测高差归算为正常高高差应加入正常水准面不平行改正数,即

$$\varepsilon_i=-AH_i\Delta\varphi_i$$

式中,ε_i为第i测段的正常水准面不平行改正数,单位为mm;A为常系数,可在正常水准面不平行改正数的系数表中查取;H_i为测段始末点的近似高程,单位为m;$\Delta\varphi_i$为测段始末点的纬度差,单位为(′)。

(八)上交成果

(1)观测记录(打印记录)和原始文档,以及原始文档打印软件。

(2)高差计算表。

(3)高程计算表。

(4)水准点高程表。

(5)点之记。

(6)水准点埋石照相记录(光盘)。

(7)仪器检验报告(复印件)。

(8)技术总结。

六、项目质量管理

(1)质量检查分选点埋石、观测两阶段进行。只有当上阶段工作质量合格后才能开展下阶段工作。

(2)工程质量检查实行二级检查制。在工程实施单位自查自检的基础上,由院质量检查部门负责二级检查。

(3)各级检查人员根据各工种、工序所应遵循的“规程”、“规范”及“设计书”的具体要求,进行检查并提供成果质量评价。

(4)检查面:自查自检100%,二级检查按《测绘产品质量检查验收规定》执行。

附录 11　丹东—通化拟建高速公路控制测量技术总结

一、任务概述

为加快辽宁省基础公路设施的建设步伐，积极落实国务院关于“振兴东北老工业基地”的指示精神，国家测绘局××测量队受××交通勘测设计院委托，承担“丹东—通化拟建高速公路控制测量工程”。其中国家测绘局××测量队承担本项目的部分外业测绘任务。具体路线为 Z 线 K0＋000～K199.89，共计 200 km 的基础控制测量任务。

国家测绘局××测量队 2005 年 4 月 27 日至 2005 年 7 月 20 日，历时 85 天，埋设四等水准标石 103 块、GPS 标石 105 块、5″标石 337 块，共计 545 块。联测基础控制点 443 点(其中丹庄线 1 个点)，联测四等水准 528.3 km，作基础控制点点之记 545 个。

二、已有资料分析利用情况

(一)大地资料

沿线国家级三角点、水准点，分别由国家测绘局、总参测绘局于 20 世纪 50 年代至 90 年代施测，其中国家一、二、三等三角点，Ⅰ等水准点，均由国家大地数据处理中心进行全国统一平差，作为本测区基础控制的起算点。

国家测绘局××测量队联测了以下国家起算点。

1. 三角点

Ⅱ双对岭、Ⅱ蚂蚁顶子、Ⅱ大黑顶子、Ⅱ虎沟岗、Ⅱ头道沟岭、Ⅱ南天门、Ⅲ亮桓沟顶、Ⅱ白石砬子。

2. 水准点

Ⅰ丹抚 62、Ⅰ丹抚 69、Ⅰ丹抚 71、Ⅰ丹抚 73、Ⅰ丹抚 77、Ⅰ丹抚 36、Ⅰ丹抚 33、Ⅰ丹抚 39、Ⅰ丹抚 42、Ⅰ丹抚 27、Ⅰ丹抚 23、Ⅰ丹抚 44、Ⅰ丹抚 49、Ⅰ沈丹 48、Ⅰ丹抚 9、Ⅰ丹抚 10、Ⅰ丹抚 12、Ⅰ丹抚 13、Ⅰ丹抚 14、Ⅰ丹抚 17、Ⅰ丹抚 18、Ⅰ丹抚 19、Ⅰ丹抚 20、Ⅰ丹抚 21、Ⅰ丹抚 22。

(二)地形图资料

1∶1 万地形图由××交通勘测设计院提供，为辽宁省测绘局 1982 年、1983 年调绘，1983 年至 1985 年成图，平面坐标采用 1954 北京坐标系，高程为 1956 年黄海高程系，基本等高距为 5 m、2.5 m。

由××交通勘测设计院提供 1∶5 万地形图，由总参测绘局成图，平面坐标采用 1954 北京坐标系，高程为 1956 年黄海高程系，基本等高距为 10 m，由国家测绘局 1994 年编绘。平面坐标采用 1980 西安坐标系，高程为 1985 国家高程基准，基本等高距 20 m。

(三)道路路线资料

由××交通勘测设计院提供 1∶1 万地形图、道路中线、切点、交点坐标及曲率半径，以及沿线设计立交桥范围等技术资料，是整个工程作业范围的主要依据。

三、作业技术依据

(1)GB/T 18314—2001《全球定位系统(GPS)测量规范》。

(2)GB 50026—1993《工程测量规范》。

(3)GB 12898—1991《国家三、四等水准测量规范》。

(4)《丹东至通化拟建高速公路控制测量技术要求》。

四、生产组织实施

(一)资源投入

1. 人员投入

(1)作业人员:36 人。

(2)管理及检查人员:8 人。

(3)辅助生产人员:8 人。

2. 设备投入

(1)Ashtech Locus GPS 双频接收机,10 台(套)。

(2)天宝 GPS 接收机,5 台(套)。

(3)STEP-1 GPS 单频接收机,5 台(套)。

(4)DL-102C 电子水准仪,6 台。

(5)TC1102 全站仪,1 台。

(6)拓普康 722 全站仪,1 台。

(7)拓普康 720 全站仪,2 台。

(8)计算机,6 台。

(9)Canon LBP-1120 打印机,2 台。

(10)汽车,6 辆。

(二)采用的坐标系统及高程系统

1. 坐标系统

(1)1954 北京坐标系。

(2)1980 西安坐标系。

(3)丹通抵偿坐标系(投影转换采用 1980 椭球参数,共分两个带:中央子午线 124°21′,投影面高程为 150 m;中央子午线 125°07′,投影面高程为 370 m)。

2. 高程系统

高程系统采用 1985 国家高程基准。

(三)作业方式

平面控制采用 GPS 静态相对定位,以边连接的形式建立基础控制网;高程控制采用四等水准测量。

(四)控制测量设计方案的执行情况

1. 选点、埋石

个别点位在中线一侧连续埋设多达七个,经过程检查人员指出,在线路另一侧增选一个点位满足了设计要求。

标石埋设过程中，部分点位遇到了石层，标石高根据实地情况保持了与地面的关系，并且在标石底部与石层间用混凝土浇注，均在点之记标石断面图中标出。

标石规格符合要求，均做了点之记，点号的编排依照设计要求，全测区按照不同标石类型、点号连续编排。点号编排如下：BM001—BM032、BM200—BM243、BM472—BM500、TN001—TN069、TN200—TN301、TN560—TN700、GP001—GP024、GP200—GP244、GP463—GP500。

2. GPS 观测

(1)仪器的对中误差均小于 3 mm，开、关机前仪器高量取较差小于 3 mm。

(2)仪器的架设均高出地面 1 m。

3. 数据预处理

(1)GPS 观测数据文件以年积日和时段号进行了数据组织管理，并用磁盘作了双备份。

(2)GPS 观测数据经内业查看符合规范要求。

4. 基线解算

所有参与平差的基线结果均为固定解。

5. GPS 网平差

由于任务是一期下达，平面控制在三个作业单位分网平差基础上，进行整网平差。GPS 四等控制网由 442 点组成，由国家测绘局××测量队于 2005 年 4 月至 2005 年 6 月施测。用 GPS 相对静态定位方法，对 442 个 GPS 点施测 GPS 四等点观测。

平面控制网以二、三等三角点为起算点，利用武汉大学的科傻 GPS 数据处理系统进行平差。

无约束平差时以 GP232 为固定点进行 WGS-84 无约束平差。计算结果见附表 11-1。

附表 11-1 无约束平差计算结果统计

多余观测数	2 181	已知点数	1	总点数	453
GPS 基线向量数	1 179	中央子午线	126°	M0/cm	0.805
PVV/cm^2	1 413.503	MP/cm	5.32	最弱边	1/46 000

1954 北京坐标系数学基础采用：高斯正形投影，中央子午线东经 126°，属 3°带投影第 41 带。

1954 北京坐标系下的 9 个二、三等起算点见附表 11-2。

附表 11-2 1954 北京坐标系平差起算点

点名	点号	等级
小葫芦套东山	XHLT	Ⅲ
双对岭	SHDL	Ⅱ
蚂蚁顶子	MYDZ	Ⅱ
大黑顶子	DHDZ	Ⅱ
虎沟岗	0HGG	Ⅲ
头道沟岭	TDGL	Ⅱ
南天门	0NTM	Ⅱ
亮桓沟顶	SJ01	Ⅲ
白石砬子	SJ02	Ⅱ

1954 北京坐标系约束平差结果见附表 11-3。

附表 11-3　1954 北京坐标系平差结果统计

多余观测数	1 468	已知点数	9	总点数	453
GPS 基线向量数	1 179	中央子午线	126°	M0/cm	0.994
PVV/cm^2	1 451.418	MP/cm	1.51	最弱边	1/28 000

1980 西安坐标系数学基础采用：高斯正形投影，中央子午线东经 126°，属 3°带投影第 41 带。

1980 西安坐标系 9 个二、三等起算点见附表 11-4。

附表 11-4　1980 西安坐标系平差起算点

点名	点号	等级
小葫芦套东山	XHLT	Ⅲ
双对岭	SHDL	Ⅱ
蚂蚁顶子	MYDZ	Ⅱ
大黑顶子	DHDZ	Ⅱ
虎沟岗	0HGG	Ⅲ
头道沟岭	TDGL	Ⅱ
南天门	0NTM	Ⅱ
亮桓沟顶	SJ01	Ⅲ
白石砬子	SJ02	Ⅱ

1980 西安坐标系约束平差结果见附表 11-5。

附表 11-5　1980 西安坐标系平差结果统计

多余观测数	1 468	已知点数	9	总点数	453
GPS 基线向量数	1 179	中央子午线	126°	M0/cm	0.880
PVV/cm^2	1 136.388	MP/cm	1.33	最弱边	1/32 000

抵偿坐标系数学基础采用：中央子午线东经 124°21′，以平均高程 150 米为投影面，和中央子午线东经 125°07′，以平均高程 370 米为投影面，建立两个抵偿坐标系，参数椭球采用 1980 西安坐标系参考椭球。

平面分网平差。坐标系分别为：1954 北京坐标系、1980 西安坐标系、抵偿坐标系。

平面控制网以二、三等三角点和与其通视的丹庄引线网点为起算点，利用武汉大学的科傻 GPS 数据处理系统进行平差。

6. 平面控制精度检测统计

(1)用实测边长对利用 GPS 测量坐标反算出的边长进行检测，共检测了 11 条边，其中差值最小值为 0 mm，最大值为 9 mm，平均值为 3 mm。

(2)用实测边长对二维约束平差坐标反算出来的边长进行检测，也检测了 11 条边，其中差值最小值为 4 mm，最大值为 18 mm，平均值为 9 mm。

7. 水准测量

(1)全线路进行四等水准测量共计 528.3 km，埋设标石 545 个点，联测 23 个Ⅰ等水准点。

(2)平差后，平差结果指数有：① PVV＝2 004.640；②高差观测值总数为 600；③多余观测数为 42;④验后每千米高程测量高差中误差为±6.908 mm;⑤每千米单位权中误差为±6.840 mm;⑥ S =529.219 km;⑦总点数为 617。

五、质量管理措施和质量评定

(一)质量措施

(1)作业人员在生产前均进行了岗前培训,并经考核合格后上岗。

(2)作业前进行了基座检校,对接收机的参数进行了定期检查。

(3)生产作业中严格执行专业设计书及相关的技术标准。

(4)生产过程中的一切质量活动,均有相应的质量记录。

(5)采取了小组互查、过程检查和最终检查。

(二)质量评定

基础控制测量质量评定合格。

六、作业率统计

设备投入:20 台 GPS 接收机、6 台 DL-102C 电子水准仪、4 台全站仪、6 台计算机、2 台打印机、6 辆汽车。

人员投入:管理及检查 8 人、作业员 36 人、辅助生产人员 8 人。

2005 年 4 月 27 日至 2005 年 7 月 20 日,历时 85 天,埋设四等水准标石 103 块、GPS 标石 105 块、5″标石 337 块,共计 545 块。联测基础控制点 442 点(其中丹庄 1 个点)。联测四等水准 528.3 km,绘制基础控制点点之记 545 个。

七、技术结论

(1)设计方案合理,满足生产实地要求,生产组织合理有效。

(2)作业方法正确,符合设计要求。

(3)控制点布网合理,检核条件充分,成果可靠。计算方法正确,点位精度高。

八、上交资料

(一)GPS 测量

(1)仪器检验资料(1 份,复印件)。

(2)全部数据光盘(1 套)。

(3)野外观测记录手簿(1 套)。

(4)平差计算手簿(含国家三角点起算数据,1 套)。

(5)点之记(1 套)。

(6)GPS 网图。

(二)5″级导线(E 级 GPS 点)控制测量资料

(1)仪器检验资料(1 份,复印件)。

(2)野外观测手簿(含电子记录)(1 套)。

(3)计算手簿(含点位略图)(1 套)。

(4)点之记(1 套)。

(三)高程控制测量资料

(1)仪器检验资料(1份,复印件)。

(2)野外观测手簿(含电子记录,1套)。

(3)计算手簿(含国家水准点起算数据,1套)。

(4)网图、路线图(1份)。

(5)点之记(1套)。

(四)基础控制点成果表

(1)含D级GPS成果(2份)。

(2)5″级导线成果(2份)。

(3)高程控制成果(2份)。

(4)WGS-84坐标(2份)。

附录12　铁岭—朝阳拟建高速公路阜新至三十家子段专业技术总结

一、任务概述

受××的委托，我院承担了铁岭—朝阳拟建高速公路阜新至三十家子段拟建高速公路工程的测绘工作。路线起点位于阜新市新丘区，终点位于朝阳市凌原县三十家子，全长约260 km，采用航测成图的方法，前期任务是线路勘察、选点、埋石和基础控制测量。

(一)测区基本情况

阜新至三十家子段拟建高速公路位于辽宁省西北部，沿途地势起伏较大，多为山地及丘陵，地貌较为破碎。该线路位于东经121°36′～119°25′，北纬41°23′～42°之间，线路长约260 km，基本为东西走向。

(二)任务概况

平面控制测量以D级GPS网为首级控制网，通过加密Ⅰ级(5″)导线来完成。

(三)作业软件

航测外业控制测量：清华山维NASEW 99控制网平差软件、Ashtech solution基线处理及网平差软件。

(四)工程起止时间

本项目为航空摄影测量平面基本控制测量，要求从2004年9月起，至2004年11月末结束全部外业控制测量工作。我院按要求于2004年9月开始外业控制测量，于2004年11月末顺利结束工作。

二、基本要求

采用以下坐标系统：

(1)1954北京坐标系(高斯-克吕格投影6°分带，中央子午线120°)。

(2)1980西安坐标系(高斯-克吕格投影6°分带，中央子午线120°)。

(3)公路抵偿坐标系统(1980西安坐标系，中央子午线120°11′及120°08′)。

本测区所有平面控制点均须提供上述三种坐标系统的计算成果。

低偿坐标系要求在1980椭球上进行。第二轴，120°11′，投影面300 m(相对椭球面)，带宽80 km；第一轴，中央子午线为121°08′，投影面230 m(相对椭球面)。两轴分带处位于第一轴向西40 km处(G216至G213之间)。

三、施测仪器及人员配置

Ashtech型GPS接收机4台，专业技术人员10名(其中高工1名，工程师1名，助理工程师2名，技术员6名)，笔记本电脑2台，汽车2辆。

四、作业依据

(1)GB 50026－1993《工程测量规范》。

(2)GB/T 18314—2001《全球定位系统(GPS)测量规范》。

(3)GB 7931—1987《1∶500 1∶1000 1∶2000 地形图航空摄影测量外业规范》。

(4)《铁岭—朝阳拟建高速公路阜新至三十家子段基础控制测量及航摄测量综合成图技术设计书》。

(5)GB/T 17941.1—2000《数字测绘产品质量 第1部分:数字线划地形图、数字高程模型质量要求》。

(6)GB/T 18316—2001《数字测绘产品检查验收规定和质量评定》。

(7)CH 1003—1995《测绘产品质量评定标准》。

(8)CH 1002—1995《测绘产品检查验收规定》。

五、基础控制资料及已有资料利用情况

(1)测区内有1∶1万、1∶5万地形图可供划定范围、技术设计、踏勘选点。

(2)测区内有国家各等级平面控制点,这些点的平面坐标系均为国家标准坐标系,可作为加密控制点的起算依据。

六、基本控制测量

基础控制测量分为D级GPS控制测量及Ⅰ级(5″)导线测量。进行基础控制测量时,根据实际情况对全部路线施测统一GPS网,保证GPS网等级在E级以上。

(一)选点埋石

基本控制点在选点时要保证每个点至少与一个相邻点通视,D级GPS控制网每4 km布设一对通视点。原则上,要选在距线路设计中心线100～200 m范围内,且对点之间的距离大于500 m。Ⅰ级(5″)导线原则上每500～1 000 m沿线路中心线100～200 m范围内布设一点并埋石;植被茂密的地区应适当增加控制点。GPS点应选在地势开阔,附近无高大遮蔽物、大功率发射源,便于安置仪器的地方。GPS标石尺寸为15 cm×15 cm×120 cm;Ⅰ级导线点标石尺寸为12 cm×12 cm×120 cm。

(二)GPS控制测量

GPS控制网的施测采用3台Ashtech型GPS接收机(标称精度5 mm+1×10^{-6})利用静态定位的方法进行,数据采样间隔15秒/历元,观测时间均大于45分钟,卫星高度角不小于15°,有效卫星数均不小于5,PDOP值不大于6,采用边连接构网方式布网,平均边长小于1 km。

测区控制网总点数为251个(9个已知点)。采用Ashtech Solution软件进行基线解算及网平差;所有基线解均为双差固定解,用广播星历进行解算,电离层改正和对流层改正均采用标准模型;对于基线解置信度没有达到95%以上的基线进行了重测处理,使所有基线解的置信度均达到了100%。

GPS网平差时首先在WGS-84坐标系下进行了三维无约束平差,判定GPS网无残余的粗差基线向量,且其内部符合精度良好。

在无约束平差确定的有效观测量基础上，在1954北京坐标系及1980西安坐标系进行了三维约束平差。

从1980坐标到抵偿坐标的转换用××省交通设计院提供的应用程序“GSTY500”完成，由院专人完成。

(三)已知点情况

1954北京坐标系，6°带(21带，中央子午线123°)坐标见附表12-1。

附表12-1 1954北京坐标系已知点

点名及等级	序号	X	Y	5万图号
西石粒子Ⅲ等	A03	4 649 6**.***	349 8**.***	K-51-75-甲
穆家沟东山Ⅲ等	A04	4 641 0**.***	339 7**.***	K-51-75-甲
九连洞山Ⅲ等	A05	4 640 2**.***	331 1**.***	K-51-74-乙
金家沟Ⅲ等	A06	4 637 4**.***	326 7**.***	K-51-74-乙
西灰道Ⅲ等	A01	4 661 2**.***	379 3**.***	K-51-64-丙
四管营子Ⅲ等	A02	4 658 8**.***	384 2**.***	K-51-64-丙
东洼Ⅲ等	A07	4 628 8**.***	310 0**.***	K-51-74-丙
老君庙Ⅲ等	A08	4 630 0**.***	302 9**.***	K-51-74-丙

上述点的1980西安坐标(21带，中央子午线123°)见附表12-2。

附表12-2 1980西安坐标系已知点

点名及等级	序号	X	Y	Z
西石粒子Ⅲ等	A03	4 649 6**.***	21 349 8**.***	516.*
穆家沟东山Ⅲ等	A04	4 641 0**.***	21 339 7**.***	331.*
九连洞山Ⅲ等	A05	4 640 1**.***	21 331 1**.***	247.*
金家沟西山Ⅱ等	A06	4 637 3**.***	21 326 6**.***	224.*
西灰通Ⅲ等	A01	4 661 1**.***	21 379 3**.***	415.*
四管营子Ⅲ等	A02	4 658 8**.***	21 384 2**.***	223.*
东洼Ⅲ等	A07	4 628 8**.***	21 309 9**.***	359.*
老君庙Ⅲ等	A08	4 629 9**.***	21 302 8**.***	332.*

网中所用各点的1954北京坐标要用120°中央子午线的成果，其坐标见附表12-3。

附表12-3 1954北京坐标系下的坐标值

序号	纵坐标 x/m	横坐标 y/m	序号	纵坐标 x/m	横坐标 y/m
A03	4 648 7**.****	598 5**.****	A01	4 661 3**.****	627 6**.****
A04	4 639 8**.****	588 7**.****	A02	4 659 1**.****	632 6**.****
A05	4 638 6**.****	580 1**.****	A07	4 626 6**.****	559 4**.****
A06	4 635 7**.****	575 8**.****	A08	4 627 4**.****	552 3**.****

网中所用各点的1980西安坐标也要用120°中央子午线的成果，其坐标见附表12-4。

附表 12-4 1980 西安坐标系下的坐标值

序号	纵坐标 x /m	横坐标 y /m	序号	纵坐标 x /m	横坐标 y /m
A04	4 639 7**.****	588 7**.****	A01	4 661 3**.****	627 5**.****
A03	4 648 7**.****	598 5**.****	A02	4 659 1**.****	632 5**.****
A05	4 638 6**.****	580 1**.****	A07	4 626 5**.****	559 4**.****
A06	4 635 6**.****	575 8**.****	A08	4 627 4**.****	552 3**.****

A08 号点与整网不兼容。

1954 坐标东端要求与阜新段高速公路联测，并进行检测，现已经完成。（A02 号点〈四管营子〉去年联测过，并在平差中使用了该点，今年也进行了联测。但由于点位的不兼容性，今年平差时没使用 A02、A04、A08 点。经验证，今年的 A01 与 A02 不兼容较大，两点差 0.4 m，所以今年的 1954 平差结果与去年相差约 0.5 m。）

西端联测西安的点位（C300、C301），要求把两个点位（C300、C301）纳入到我院的 GPS 网中进行约束平差，西安两个点的坐标见附表 12-5。

附表 12-5 （C300、C301）两点坐标

	1954 北京坐标（x，y）		1980 西安坐标（x、y）	
C300	4 619 8**.****	546 5**.****	4 619 7**.****	546 4**.****
C301	4 619 4**.****	546 2**.****	4 619 3**.****	546 2**.****

七、质量保证措施

（1）本项目的生产质量管理要坚持质量第一。针对生产过程的各个环节，各质量体系要素能够得到有效的控制和运行，以确保产品质量符合和满足要求。

（2）加强人员、仪器设备管理。本次工程项目开工前，对所有参加作业的技术人员传达了仪器安全操作、交通安全管理等措施计划，并对投入使用的仪器、设备、器具等按规定进行了一次全面的规范化检校，并装订成册作为资料上交。

（3）作业前所有作业人员有针对性地学习了技术设计书和相关规范，了解技术设计书和规范的有关要求，做到正确运用。

（4）各级生产技术人员重视过程检查，自始至终加强技术指导，处理好技术标准的统一工作。经常保持与贵阳市测绘院之间的相互联系，确保作业过程中出现的问题得到及时、妥善的解决。

（5）实行自查互查制度，以便减少差、错、漏现象的发生。合理安排外业工作时间，杜绝外业工作量积累过多现象，以免造成资料量过大，整理时易发生错误。

八、结论

本项目共联测控制点 251 个，其中已知点 9 个。人员投入共 10 人次。主要仪器、设备投入有：Ashtech GPS 接收机 4 台（套）、笔记本电脑 2 部、打印机 1 台、汽车 2 部。整个工程软硬件投入达到了沈阳交通勘测设计院和《工程技术设计书》的要求，为工程的优质、及时完成提供了保障。

整个作业过程的技术要求严格执行各项国标、规范和《工程技术设计书》的有关规定，以保

证高精度的测绘成果。

由前面的精度统计可知，从埋石、选点到GPS控制测量，每一项成果的精度都达到了《工程技术设计书》和有关规定的精度要求，是一份合格、优质的成果。因此，我院所上交的资料可提供下道工序使用。

九、检查验收及上交资料

(一)检查验收

按照《测绘产品检查验收规定》，作业部门对作业成果实行二级检查，即在作业员自查、互查的基础上，实行测绘室二级检查，检查比例均为100%，然后由院进行验收。

控制点选点埋石检查率为10%，外业观测手簿检查率为200%，计算过程检查率为200%，成果整理检查率为100%。

(二)上交资料

(1)技术设计书。

(2)控制点略图及成果资料。

(3)GPS观测记录手簿及平差计算过程。

(4)专业项目技术总结一份。

(5)质量体系文件要求的有关记录。

(6)以上所有资料的电子文档(光盘一张)。

附页

GPS控制网精度统计

1. 无约束平差

(1)同步环坐标分量及环线相对闭合差见附表12-6。

附表12-6 同步环坐标分量及环线相对闭合差

项目/比较	环线	坐标分量相对闭合差/m		环线全长相对闭合差	环线长/m
		X	Y		
最小	G121-G118-G120-G119-G121	0.000	0.000	1/651 694 762	3 691.545
最大	G125-G126-G123-G125	−0.001	0.002	1/701 886	1 816.747

(2)独立环坐标分量闭合差及环线相对闭合差见附表12-7。

附表12-7 独立环坐标分量闭合差及环线相对闭合差

项目/比较	环线	坐标分量相对闭合差/m		环线全长相对闭合差	环线长/m
		X	Y		
最小	G217-G216-G218-G219-G217	0	0	1/10 401 883	3 812.639
最大	G185-G184-G186-G187-G185	0.013	−0.026	1/68 051	1 965.477

(3)复测基线长度较差见附表12-8。

附表 12-8　复测基线长度较差

项目 比较	复测基线	坐标分量差/m		相对闭合差	环线长 /m
		X	Y		
最小	G007-G005	0.001	−0.001	1/38 866 629	566.758
最大	G185-G184	0.010	0.020	1/18 224	239.236

(4)基线向量改正数见附表 12-9。

附表 12-9　基线向量改正数

项目 比较	基　线	改正数/m			路线长 /m
		$V\Delta x$	$V\Delta y$	$V\Delta z$	
最大	A01-G223	0.022	0.025	0.025	9 407.660
最小	G008-G009	0.001	0.001	0.002	180.092

2. 约束平差(1980 西安坐标系)

(1)边长相对中误差见附表 12-10。

附表 12-10　边长相对中误差

项目 比较	基线边	坐标分量差/m		基线边长 /m	相对闭合差
		ΔX	ΔY		
最小	G086-G079	0.020	0.020	3 185.528	1/53 0921
最大	G028-G029	0.003	0.004	108.223	1/27 055

(2)点位中误差见附表 12-11。

附表 12-11　点位中误差

项目 比较	点　号	坐标分量中误差/m		点位中误差 /m
		ΔX	ΔY	
最小	G139	0.004	0.004	±0.006
最大	G042	0.011	0.011	±0.016

附录13　惠州市大亚湾引水工程测量技术总结

一、概述

随着经济建设的飞速发展，为了满足大亚湾城市规划、建设和管理的需要，为大亚湾的城市规划建设提供科学依据，我公司承接了大亚湾供水工程的施工工作。

城市供水系统是城市建设的重要基础建设之一，为了确保供水工程的顺利进行，确保工程施工质量，本次施工测量工作中，每千米范围内都测设有四等水准点，每个重点工程施工部位附近均布设了一级导线点，且尽量保证可直接进行施工工程测量，以确保施工放样的工程质量。

二、测区范围

本工程位于广东省惠州市东南部。

本工程位于东经114°17′39″～114°18′10″、北纬22°27′19″～23°05′42″。

本测区采用38带坐标，计算得出地球平均曲率半径 R =6 363 350 m、大地折光系数 K = 0.14、归算高程面 H =70.0 m。

三、采用的坐标、高程系统及作业依据

(1)平面采用1954北京坐标系，高程采用珠基高程系。

(2)GB 50026—1993《工程测量规范》。

(3)SL 52—1993《水利水电工程施工测量规范》。

(4)GB/T 7929—1995《1∶500，1∶1000，1∶2000地形图图式》。

(5)GB 12898—1991《国家三、四等水准测量规范》。

(6)GB 14912—1994《大比例尺地形图机助制图规范》。

(7)本工程《技术要求》。

四、完成工作量

项目完成工作量见附表13-1。

附表13-1　项目完成工作量

项　目	数目	长度或面积	备　注
四等水准埋石	××个		
一级导线点埋石	××个		埋桩
一级导线点观测	××个	××km	平均边长×× m
四等水准路线		××km	节点网
检查验收			占总工作量10%

五、已知成果的收集及利用情况

本工程收集到国家三等 GPS 点 43 个，成果采用 1954 北京坐标系，3°带成果。从检测结果分析，GPS 点成果精度可靠，点位埋石稳固，发展良好，可以作为本工程平面控制起算点。

本工程收集到三等水准点 15 个，是珠基高程系成果，从使用结果分析，水准起算点成果精度可靠，点位埋石稳固，可以作为本工程高程控制起算点。

委托方提供的 1∶2 万地形图。1∶2 万地形图的地物、地貌逼真，取舍恰当，为本次测量工作的交通、选埋、控制点联测及测图分幅等工作提供了方便。

六、使用主要仪器设备

(1)宾得 R-322N 全站仪，2 台。

(2)徕卡 SET 2110 全站仪，1 台。

(3)拓普康 GTS602 全站仪，1 台。

(4)捷创力 GDM600 全站仪，1 台。

(5)南方 NTS-352 全站仪，1 台。

(6)自动安平水准仪，10 台。

(7)笔记本电脑及台式电脑，11 台。

(8)PC-E500 计算机，1 台。

(9)喷墨式打印机，8 台。

七、测量人员及时间安排情况

本工程共投入工程师、技术员 14 人，测工 12 人，于 2003 年 10 月 20 日进场，2004 年 12 月 15 日完成全部野外工作，并同时上交成果资料。2004 年 9 月 30 日前上交数字化图地形图光盘。

八、控制测量

(一)一级导线测量

本工程布设了××个一级导线点。

1. 一级导线选点及埋石

根据实际需要，预先在 1∶2 万地形图上预选一级导线点，然后到实地选定点位并埋设混凝土标石。

一级导线平均边长为× m，各组两点之间相互通视，一级导线点编号沿北方向采用前冠字母“I”加阿拉伯数字按顺序编号，即 I01、I02、I03、I04。选点时现场绘制了点之记。

一级导线埋石规格为 12 cm×15 cm×40 cm，中间嵌入“十”字的铁铆钉，并在标石面压印点号“I××”，其字头朝北方向，涂红油漆整饰，并在点旁插小旗作为标志。

2. 一级导线观测

一级导线观测采用宾得 R-322N 全站仪，利用全圆方向观测法进行观测，联测了含有××个 D 级 GPS 控制点共××点的控制网(详见控制网图)。

3. 一级导线解算及平差

一级导线成果的平差计算采用清华三维 NASEW V3.0 程序计算，Y 值加入了 500 km 常数值等各项改正值，采用纯迭代平差法进行严密平差计算，其各项精度指标均满足规范要求，详见一级导线网平差计算手簿。

(二)图根控制测量

图根控制采用在高级点上布设支点方法联测，水平角、垂直角、边长各测一测回，图根点布设的数量以满足施工放样、测图需要为准。图根点实地用红油漆书写点号，采用刻石或木桩标志，编号采用前冠字母“P”加阿拉伯数字的形式按顺序编号，即 P01、P02、…、P30。图根点的高程均为三角高程测量。

图根成果的计算采用清华山维 NASEW V3.0 程序进行计算。

九、高程控制测量

(一)四等水准路线布设

根据起算点分布和所需联测的平面控制点情况，本工程以三等水准点为起算点，布设了一个有××个节点的四等水准节点网，以保证测区高程控制网的强度及高程精度。

(二)四等水准观测及记录计算

四等水准观测使用徕卡 NA2 水准仪配区格双面水准标尺，采用三丝法按后—后—前—前的顺序进行。观测前对水准仪及水准标尺进行了各项检查，均符合规范要求。

水准成果的平差计算采用清华山维 NASEW V3.0 程序计算，其各项精度指标均满足规范要求，详见四等水准网平差计算手簿。

十、工程施工测量

(略)

十一、检查验收

为了保证成果质量，检查验收是在小组自查的基础上，由检查员组织，对观测记录手簿、导线平差计算、内业图面及整饰接边、控制点展点、地形图野外巡视等内业进行了 100%检查，对外业进行了工程总量 10%的抽检。

通过检查，对处理的成果进行复核，认为本工程的一级导线、四等水准控制点埋石稳定，便于长期保存，成果精度可靠，能满足施工放样需要。工程施工放样的精度符合规范要求，各项限差均在规范规定的限差之内。

1∶500 测图表示方法正确，取舍恰当合理，能满足设计的需要。

十二、上交资料

(1)技术要求。

(2)四等水准观测记录手簿。

(3)四等水准平差计算手册。

(4)城市一级导线观测记录手簿。

(5)城市一级导线平差计算手簿。

(6)各级控制点成果表。

(7)技术总结。

(8)各种附表及仪器检查鉴定证书等。